高等院校卓越计划系列丛书

土木工程自主创新试验

材料与结构分册

余世策　主编

钱匡亮　刘承斌　彭　宇　冀晓华　副主编

中国建筑工业出版社

图书在版编目(CIP)数据

土木工程自主创新试验材料与结构分册/余世策主编. —北京：
中国建筑工业出版社，2018.7
（高等院校卓越计划系列丛书）
ISBN 978-7-112-22305-3

Ⅰ.①土… Ⅱ.①余… Ⅲ.①土木工程-建筑材料-高等学校-
教材 Ⅳ.①TU5

中国版本图书馆 CIP 数据核字(2018)第 123675 号

　　本教材选取建筑材料、结构工程、风工程等三个方向编写了《土木工程自主创新试验》（材料与结构分册）。本书主要介绍了建筑材料微观结构、建筑材料宏观特性以及结构工程、风工程相关的仪器设备，创新试验的理论与方法、开展创新试验的指南、本科生创新试验案例等几个部分。

　　本试验教材是根据浙江大学土木工程本科生专业课《土木工程自主创新试验》及《探究性与创造性试验》的试验教学大纲要求编写，是浙江大学土木工程学科创新试验课程的指导教程。同时也可以作为相关学科的科研试验的教学用书，以及土建工程技术人员的参考用书。

责任编辑：赵梦梅　李笑然
责任校对：王雪竹

高等院校卓越计划系列丛书

土木工程自主创新试验
材料与结构分册
余世策　主编
钱匡亮　刘承斌　彭　宇　冀晓华　副主编

*

中国建筑工业出版社出版、发行(北京海淀三里河路9号)
各地新华书店、建筑书店经销
北京红光制版公司制版
北京京华铭诚工贸有限公司印刷

*

开本：787×1092毫米　1/16　印张：21½　字数：534千字
2018年12月第一版　2018年12月第一次印刷
定价：56.00元
ISBN 978-7-112-22305-3
(32186)

浙江大学建筑工程学院卓越计划系列教材

丛 书 序 言

随着时代进步，国家大力提倡绿色节能建筑，推进城镇化建设和建筑产业现代化，我国基础设施建设得到快速发展。在新型建筑材料、信息技术、制造技术、大型施工装备等新材料、新技术、新工艺广泛应用新的形势下，建筑工程无论在建筑结构体系、设计理论和方法，以及施工与管理等各个方面都需要不断创新和知识更新。简而言之，建筑业正迎来新的机遇和挑战。

为了紧跟建筑行业的发展步伐，为了呈现更多的新知识、新技术，为了启发更多学生的创新能力，同时，也能更好地推动教材建设，适应建筑工程技术的发展和落实卓越工程师计划的实施，浙江大学建筑工程学院与中国建筑工程出版社诚意合作，精心组织、共同编纂了"高等院校卓越计划系列丛书"之"浙江大学建筑工程学院卓越计划系列教材"。

本丛书编写的指导思想是：理论联系实际，编写上强调系统性、实用性，符合现行行业规范。同时，推动基于问题、基于项目、基于案例多种研究性学习方法，加强理论知识与工程实践紧密结合，重视实训实习，实现工程实践能力、工程设计能力与工程创新能力的提升。

丛书凝聚着浙江大学建筑工程学院教师们长期的教学积累、科研实践和教学改革与探索，具有了鲜明的特色：

（1）重视理论与工程的结合，充实大量实际工程案例，注重基本概念的阐述和基本原理的工程实际应用，充分体现了专业性、指导性和实用性；

（2）重视教学与科研的结合，融进各位教师长期研究积累和科研成果，使学生及时了解最新的工程技术知识，紧跟时代，反映了科技进步和创新；

（3）重视编写的逻辑性、系统性，图文相映，相得益彰，强调动手作图和做题能力，培养学生的空间想象能力、思考能力、解决问题能力，形成以工科思维为主体并融合部分人性化思想的特色和风格。

本丛书目前计划列入的有：《土力学》《基础工程》《结构力学》《混凝土结构设计原理》《混凝土结构设计》《钢结构原理》《钢结构设计》《工程流体力学》《结构力学》《土木工程设计导论》《土木工程试验与检测》《土木工程制图》《画法几何》等。丛书分册列入是开放的，今后将根据情况，做出调整和补充。

本丛书面向土木、水利、建筑、园林、道路、市政等专业学生，同时也可以作为土木工程注册工程师考试及土建类其他相关专业教学的参考资料。

浙江大学建筑工程学院卓越计划系列教材编委会

前　　言

21世纪是中国土木工程蓬勃发展的时期，土木工程师承担了工程设计、施工、质量监督等技术和管理工作，不仅要求工程师具备扎实的专业基础知识和处理复杂系统工程问题的综合能力，更要求工程师具有卓越的创新能力和统筹能力。自主性和创新性能力的培养成为新时期土木工程人才培养的关键，浙江大学建筑工程学院于2009年开设了"土木工程自主创新试验"课程，并在2017年开设了"探究性与创新性试验"课程，这些课程设置的目的是为训练和提高学生综合运用所学专业知识的能力、从实际生活中观察和发现问题的能力、组织合理团队使用试验手段解决问题的能力。学生在完成专业课程的理论学习和掌握基本试验技术的基础上，在教师的指导下，自主设计试验项目、制定实施方案、购置试验材料、制作试验模型，经教师认可后自主进行试验，试验内容涵盖了土木工程的各个学科方向，这是建设土木工程创新试验教学体系的全新尝试。

土木工程学科方向众多，包括建筑材料、岩土工程、桥梁工程、道路工程、结构工程、风工程、交通工程、水利工程等，因篇幅有限，本教材选取建筑材料、结构工程、风工程等三个方向编写了第一分册《土木工程自主创新试验》（材料与结构分册），本书主要介绍了建筑材料微观结构、建筑材料宏观特性以及结构工程、风工程相关的仪器设备，创新试验的理论与方法、开展创新试验的指南、本科生创新试验案例等几个部分。本试验教材是根据浙江大学土木工程本科生专业课"土木工程自主创新试验"及"探究性与创造性试验"的试验教学大纲要求编写，是浙江大学土木工程学科创新试验课程的指导教程。同时也可以作为相关学科的科研试验的教学用书，以及土建工程技术人员的参考用书。

本书由余世策任主编，钱匡亮、刘承斌、彭宇、冀晓华任副主编，全书由蒋建群教授审核。本书第1~4章由彭宇编写，第5~9章由钱匡亮编写，第10章由冀晓华编写，第11~14章由刘承斌编写，第15~18章由余世策编写，最后由余世策统稿。本书的编写工作得到了浙江大学建筑工程学院重点教材建设项目、浙江大学校级本科教材立项项目、浙江省高校实验室工作研究重点项目（ZD201606）等项目的资助，在此表示感谢！

由于编写时间仓促，经验不足，书中错误和不足恐难避免，欢迎广大教师和读者批评指正。

编者

2018年3月

目　　录

第一篇　建筑材料微观结构

第 1 章 概　　述

1.1　材料的结构层次

所谓材料的结构是指材料内部各组成单元之间的相互联系与相互作用的方式，从其存在形式上来说，材料的结构有晶体、非晶体、孔结构以及这些结构的相互组合；而从尺度上来说，从宏观到微观，可将材料的结构层次分为宏观、显微、亚显微、微观结构等不同的结构层次，这些结构层次大体上是根据我们所采用的观察仪器（工具、设备）的分辨率来划定的。宏观结构是指用人眼所能观察到的结构，其组成单元是相、颗粒、孔隙、裂纹等；显微结构是借助光学显微镜能够观察到的结构范围，其组成单元是相，包括相的大小、种类、形貌特征、相互关系等；亚显微结构需要通过普通电子显微镜才能观察到的结构范围，其组成单元包括晶粒、微晶粒、胶粒等单个的粒子，包括粒子的大小、形状、分布以及微观裂缝以及微孔等；微观结构（包括纳米结构）则是需要通过高分辨电镜、透射电镜等先进的测试仪器才能观察到的结构范围，其组成单元是原子、分子、离子或离子团等，包括质点的聚集状态、排列形式等[1]。

要指出的是，目前在材料科学领域中，不同材料分支内对于材料结构层次的划分也不统一。有的材料设计科学家按研究对象的空间尺度将结构划分为三个层次：

（1）工程设计层次：尺度对应于宏观材料，涉及大块材料的加工和使用性能的设计研究；

（2）连续模型尺度：典型尺度在 1m 量级，这时材料被看作连续介质，不考虑其中单个原子、分子的行为；

（3）微观设计层次：空间尺度在 1nm 量级，是原子、分子层次的设计。

另外，根据其尺寸的大小，中国科学院一些专家将整个宏观－微观世界的物质结构划分为 8 个层次，共跨 62 个量级，如下：

（1）宇观（Cosmoscopic）：指人们用各种波段的天文望远镜及航天飞机上的各种现代宇宙探测仪器能观察到的宇宙尺度。在这一尺度范围，主要作用力是万有引力和电磁作用力，主要学科是宇宙学、天文学、牛顿力学和广义相对论。

（2）遥观（Remote sensoscopic）：指人们用地球轨道上的人造卫星的遥感技术（Remote sensing）能够观察到的尺度，大致从 1 km 到 30000 km，所以把遥观的英文译名定为 Remote sensoscopic。这个尺度范围的主要作用力也是万有引力和电磁作用力，主要学科是地球科学、地理学、遥感学、经典力学。

（3）宏观（Macroscopic）：是指人眼能够直接观察到的尺度，大致从 0.1 mm 到 1 km。在这个尺度范围，主要作用力也是万有引力和电磁作用力，主要学科是经典力学、经典物理学、经典化学、经典生物学、工程科学、技术科学等。

（4）显微观（Optico－microscopic）：是指以放大几百倍的光学显微镜为观察手段的尺度，大致从 $1\mu m$ 到 $100\ \mu m$。在这个尺度范围，主要作用力是万有引力、电磁作用力，以及由表面张力（包含毛细管作用）等引起的效应，主要学科是经典力学、微生物学、显微医学（包含显微外科、病理分析等）、微电子技术，等等。

（5）介观（Mesoscopic）：是指介乎显微观和微观之间的尺度，大致从 1nm 到 100nm，所以叫它纳米观（Nanoscopic）更为确切。这个尺度可用扫描电镜、透射电镜、扫描隧道显微镜、原子力显微镜等来观察。因为它的特征是量子状态和经典状态的交叉和混合，因而赋予纳米分子、纳米材料、纳米器件等许多特异的性质和功能，有广阔的应用前景。在这个尺度范围，主要作用力是万有引力、电磁作用力，以及由表面张力、平均自由途径等引起的效应，主要学科是纳米科学和纳米技术。在纳米科学领域，量子力学和经典力学同时起作用，在理论探讨上有特殊难度。

（6）微观（Microscopic）：是指原子和小分子的尺度范围，从 $1\sim 10A=0.1\sim 1nm$。在这个尺度范围内的主要作用力是电磁作用力，具有量子化和波粒二重性的特征，主要学科是量子力学、相对论量子力学、原子物理、分子物理、量子化学、单分子化学等。

（7）皮米观（Picoscopic）：尺度范围为 $1\sim 100pm=0.01\sim 1A=10^{-12}\sim 10^{-10}m$，即硬 X-射线波段和软 λ 射线波段，介乎原子和原子核之间的尺度。将来在对超固体、中子星、白矮星等超高密度物质的结构研究中要涉及这一尺度范围。

（8）飞米观（Fentoscopic）和亚飞米观（Subfentoscopic）：前者是指原子核的尺度，从 $1\sim 10fm=10^{-15}\sim 10^{-14}=10^{-13}\sim 10^{-12}cm$；后者是指夸克和电子的尺度（$10^{-16}cm$）以及超弦理论模型和宇宙大爆炸理论中更小的尺度，直到 $10^{-33}cm$，跨 20 个量级。在这个尺度范围，主要作用力是电磁作用力、强相互作用力、弱相互作用力，具有色荷、对称性、量子化和波粒二重性等特征，主要学科是量子色动力学、规范场论、超弦理论、宇宙大爆炸理论等。皮米、飞米和亚飞米观也可总称为渺观。

以上这种尺度划分方法的跨度十分巨大，有些尺度甚至超出常人可以理解的范围。对于材料研究者来说，我们更习惯于用下面这种方法，即简单地将我们所处的三维空间内的结构划分为四个层次[2]：

（1）宏观：这是人类日常活动的主要范围，即人通过自身的体力，或借助于器械、机械等所能通达的时空。人的衣食住行，生产、生活无不在此尺度范围内进行。其空间尺度大致在 0.1mm（人眼能辨力最小尺寸）至数万公里（人力能跋涉之最远距离），时间尺度则大致在 0.01s（短跑时人所能分辨的速度最小差异）至 100 年（人的寿命差不多都在百年以内）。现今风行的人体工程学就是以人体尺度 1m 上下为主要参照。图 1-1 所示的上海中心大楼及其基坑可属于我们土木工程行业内所常见的宏观结构。

（2）介观：介观的由来是因为它介于宏观与微观之间。其尺度主要在微米与毫米量级。用肉眼或普通光学显微镜就可以观察。在材料学中其代表结构是晶粒，也就是说需要注意微结构了，如织构，成分偏析，晶界效应，孔中的吸附、逾渗、催化等问题都已开始显现。现在，介观尺度范围的研究成果在材料工程领域，如耐火材料工业、冶金工业等行业中有许多直接而成功的应用；图 1-2 所示的混凝土立方体试块与骨料可归类于介观结构，细骨料的下限值（$150\mu m$）可被认为是宏观与微观尺寸的分界线，因为这已经接近于人眼的分辨率极限，低于这个尺寸的结构需要借助于电子显微镜才能够被人清晰分辨。

图 1-1　宏观结构

上海中心，高 632m，共使用 33 万 m^3 混凝土、6.2 万 t 钢筋及 14.2 万 m^2 玻璃。右侧为上海中心基础地板，这是我国民用建筑领域一次性连续浇筑方量最大的基础底板工程。其大底板是一块直径 121m、厚 6m 的圆形钢筋混凝土平台，位于深 31.4m，局部深 34.4m 的深基坑底部，面积相当于 1.6 个国际标准足球场大小。由 18 台三一泵车运行 60h，完成 61000m^3 大底板混凝土的浇筑任务。

(a)　　　　　　　　　　　　　　　　　　　　　　　　(b)

图 1-2　介观结构

(a) 混凝土标准立方体试块，边长为 0.20m、0.15m 或 0.10m；

(b) 普通混凝土用骨料，粒径为 150μm～40mm

（3）微观：其尺度主要在微米量级，也就是前面所说的显微结构。多年以来借助于光学显微镜、电子显微镜、X 射线衍射分析、电子探针等技术，对于晶态、非晶态的材料在这一尺度范围的行为表现与微观结构均有较多的研究，许多研究测试方法业已成为材料学研究的常规手段。在材料学中，这一尺度的代表结构有晶须、雏晶、分相时产生的液滴等；图 1-3 所示的氢氧化钙晶体与水化硅酸钙凝胶及粉煤灰颗粒是水泥基材料中最常见的微观结构。

（4）纳观：其尺度范围在纳米至微米量级，即 10^{-6}～10^{-9}m，大致相当于几十个至几

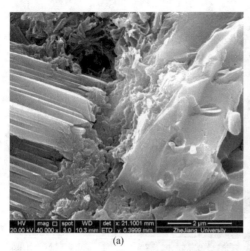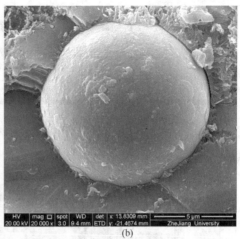

图 1-3　微观结构

(a) 氢氧化钙与水化硅酸钙凝胶；(b) 粉煤灰颗粒

百个原子集合体的尺寸。在这一尺度范围已经显现出量子性，已经不再能将研究对象作为连续体，不能再简单地以其统计平均量作为表征，微结构中的缺陷、掺杂等所起的作用明显加大。图 1-4 左侧所示的碳纳米管可用于显著增强混凝土的抗拉性能与柔韧性、提高混凝土强度，其直径从几纳米至几十纳米，长度从数百纳米至几个微米。图 1-4 右边所示是水泥基材料中直径较小的钙矾石，其直径从几个纳米至数十、数百纳米。

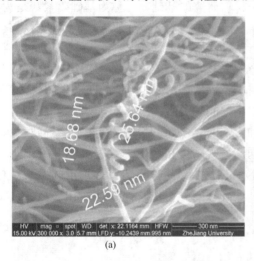

图 1-4　纳观结构

(a) 碳纳米管直径从数个纳米至数十个纳米，长度为数微米至数十微米）；

(b) 混凝土中针棒状水化产物钙矾石（其直径约为数十到数百个纳米，长度为数个微米）

不同学科对结构进行不同的划分是为了其研究之便捷。无论是按照何种结构分类方法，人眼所能观察到的物体尺寸极限大约为 $100\sim200\mu m$，低于这个尺度的颗粒或结构则需要借助于光学显微镜或者电子显微镜才能够观测得到。不同尺度的物质、结构需要采用的观测手段大致如图 1-5 所示：

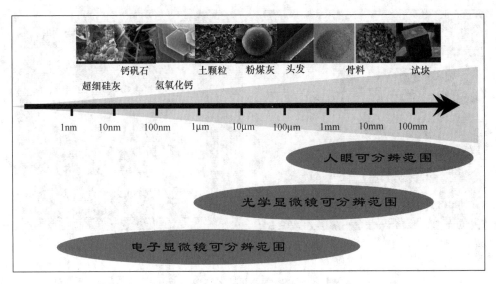

图 1-5　常见土木工程材料尺度范围及所需应用到的观测手段

1.2　材料四要素

材料科学与工程中研究的四要素[3-4]：使用效能、性能、合成加工和结构和成分，后三者是材料研究的基础，可称为基础要素，是为实现材料具有某种使用效能而服务。为了使材料具有某种特殊性能（亦即使用效能），可以从原材料性质、合成工艺和改善微观结构等三个方面来达到目的。材料学家常用图 1-6 所示的四要素图来表征材料四要素之间的关系。三个基础要素之间又是相互联系和影响的，比如不同的合成工艺会导致材料出现不同的微观结构和性能（对于水泥混凝土来说，采用不用的搅拌和养护工艺会得到不同微观结构、不同强度和性能的构件）；同时不同的微观结构又

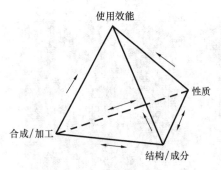

图 1-6　材料的四要素之间的关系

会导致材料性能的差异和对合成工艺的需求不同（如通过引入气孔，可使混凝土的体积密度与导热系数降低）。

下面从各自角度对材料四要素进行简要的介绍：

1.2.1　使用效能

使用效能或者说使用性能通常是指材料在最终的使用过程中的行为和表现。是材料的固有性质与产品设计、工程能力和人类需要相融合在一起的一个要素，是我们设计、选择和使用某一种材料的最重要因素，所以材料设计必须以使用效能为目的进行设计才能得到最佳的方案。因此，往往将材料的合成与加工、材料的性质看作是元器件或构件设计过程中不可少的一部分。由于材料在使用中所处的条件和使用环境是复杂的，因此材料在使用过程中的表现和行为才是对材料最有效地考验，也是衡量材料使用价值的依据。材料在使

用环境下的表现和评价有时会对材料科学与工程产生非常大的知识性贡献。如断裂韧性、韧/脆转变温度、混凝土开裂、碳化、钢筋锈蚀、氯盐腐蚀、化学腐蚀等一系列问题都是材料在使用过程中出现问题后给人们一种知识性反馈和科学总结。只要材料是为某种目的在某种特殊条件下使用，这个要素将永远发展下去。比如海工混凝土必须使用抗渗性能、抗海盐侵蚀、抗化学侵蚀性能较好的混凝土，而大体积混凝土则必须使用水化热较低的水泥。而使用效能取决于材料四要素之中的三项基础要素，因此，建立使用效能与材料基本性能相关联的模型，了解失效模式，发展合理的仿真程序，开展可靠性、耐用性、预测寿命的研究，以最低代价延长使用期，对新材料研制、设计和工艺是至关重要的。

1.2.2 性质

性质是材料功能特性和效用的定量度量和描述。性质作为材料科学与工程四个基本要素之一是理所当然的，既然材料是人们用于制造有用物品、器件和各种构件和产品的物质，它必然具有其特定的性能。例如，金属材料具有刚性和硬度，可以用做各种结构件；它具有延展性，可以加工成受力或导电的线材；陶瓷具有很高的熔点、高的强度和化学惰性，可用作高温发动机和金属切削刀具等；而具有压电、介电、电导、半导体、磁学、机械特性的特种陶瓷，在相应领域发挥应用；但陶瓷的脆性则限制了它的应用。高分子材料组分的迁移特征，加速了其性能的退化，也对环境造成伤害；而其耐热性、耐候性较差，又限制了其在需要耐热和耐候领域的应用。而混凝土正因为其优异的抗压性能、耐久性能、可塑性能而被广泛地运用于现代工程之中，成为目前用量最广，最为重要的建筑材料，然混凝土也具有抗拉性能差、自重大、易开裂等缺陷性质。材料的性质也表示了其对外界刺激的整体响应，材料的导电性、导热性、光学性能、磁化率、超导转变温度、力学性能等都是材料在相应外场作用下的响应，正是这种响应创造了许多性能特殊的材料。

任何状态下的材料，其性能都是经合成或加工后的材料结构和成分所产生的结果。弄清性质和结构的关系，可以合成性质更好的材料，并按所需综合性质设计材料。而且最终将影响到材料的使用性能。在材料设计和使用过程中，只有掌握了材料本身的性质，才能够合理、正确地选对材料并在实际工程运用当中取长补短、为我所用。比如钢筋混凝土就是将混凝土（高抗压性能）与钢筋（高抗拉性能）的优势互补运用的最好的复合材料之一。

1.2.3 合成和加工

合成与加工是指建立原子、分子和分子聚集体的新排列，在原子尺度到宏观尺度的所有尺度上对结构进行控制以及高效而有竞争力地制造材料和构件的演变过程。合成常常是指原子和分子组合在一起制造新材料所采用的物理和化学方法。合成是在固体中发现新的化学现象和物理现象的主要源泉，合成还是新技术开发和现有技术改进中的关键性要素。合成的作用包括合成新材料、用新技术合成已知的材料或将已知的材料合成为新的形式、将已知材料按特殊的要求来合成三个方面。而加工除了上述为生产出有用的材料对原子和分子控制外，还包括在较大尺度上的改变，有时也包括材料制造等工程方面的问题。

合成和加工不仅赋予材料一定的尺寸形状，而且是控制材料成分和结构的必要手段。钢材可以通过退火、淬火、回火等热处理来改变它们的内部结构而达到预期的性能，冷轧硅钢片经过复杂的加工工序能是晶粒按一定的去向排列而大大减少铁损。飞机发动机的叶片可以通过铸造时的凝固控制做成单晶体叶片，使之没有晶粒边界，大大提高了他的使用温度和性能。总的来说，材料的合成和加工是获得高质量和低成本产品的关键，把各种材料加工成整体材料、元器件、结构或系统的方法都将关系到工作的成败，材料加工能力对于把新材料变成有用制品都是十分重要的。

1.2.4 结构与成分

材料的化学组成与微观结构对其性能有着重要的影响。由于分析化学的发展和分析仪器的进步，人们对化学成分影响材料性能的重要性认识越来越深刻。例如铁碳合金，其性能与含碳量紧密相关。如果不含碳，就是纯铁，延展性好，但强度低，当含碳量不超过2.11％时，我们称之为钢，随着钢中含碳量的增加，钢的强度、硬度直线上升，但塑性、韧性急剧下降，工艺性能也变得很差；含碳量超过2.11％后，工业上称之为铸铁，铸铁虽然强度较低，但有很好的切削、消震性能，加上生产简便，成本低廉，因此也得到了广泛应用。

同样，结构也是导致材料性能差异的重要因素。金刚石和石墨都是由碳元素构成的，然而两者内部结构不同，也就是碳原子的排列方式不同，造成了彼此性能上的天壤之别。金刚石是自然界中最硬的物质，绝缘、透明、折射光的能力很强。石墨与金刚石正好相反，它是自然界中最软的物质之一，颜色深灰、导电、不透明，被用作铅笔芯、电极和电刷。

每个材料都含有一个从原子和电子尺度到宏观尺度的结构体系，对于大多数材料来说，所有这些结构尺度上化学成分和分布是立体化的，这是制造该种特定材料所采用的合成加工的结果。因此，只有理解并能够控制材料的结构，才能得到人们所追求的材料性能。

总之，上述四个要素是相互关联的、缺一不可的，对材料科学与工程的发展来说，这四个要素必须是整体的。材料的四要素反映了材料科学与工程研究的共性问题，其中合成和加工、使用效能是两个普遍的关键要素，这是在这四个要素上，各种材料相互借鉴、相互补充、相互渗透。抓住了这四个要素，就抓住了材料科学与工程研究的本质。而各种材料，其特征所在，反映了该种材料与众不同的个性。如果我们这样去认识，则许多长期困扰科技工作者的问题都将迎刃而解。

1.3 材料微观结构研究手段

从以上材料四要素当中可以了解到，材料的微观结构与成分、材料性能、工艺和使用效能之间有着十分密切的关系，因此对于材料微观结构的研究也就十分必要。

材料具有不同层次、不同类别的微观结构，对于不同的微观结构，也需要用不同的手段和仪器进行研究，这些手段有直接的与间接的，有电子的与光学的，有光谱的、波谱的与X射线谱图的等等[5]。下面就将用于水泥混凝土微观结构研究的几种测试手段进行简要介绍，在实际科研当中，要准确、全面地了解到一种材料的各种结构信息，需要将不同种类的仪器结果进行结合和对比分析。

1.3.1 电子显微镜

电子显微镜是当前运用最广泛的一种材料微观结构研究手段，它是一种电子的、直接的微观结构分析手段，这是本篇的介绍主题之一，将在后续章节中详细介绍。

1.3.2 X射线衍射分析仪

X射线衍射仪（XRD）是进行材料晶体结构分析的重要设备，用于物相定性、定量分析，晶胞参数测定，晶粒大小、结晶度、残余应力分析、择优取向分析、薄膜厚度的测定和物相纵向深度分析等，也是混凝土学科内运用非常广泛的一个结构研究手段。将XRD得到的水泥水化粉末样品晶体结构信息与扫描电镜得到图像进行结合分析，帮助水泥研究者认识了水泥中各种复杂的水化产物形态并解决了无数工程与科学问题。

X射线衍射仪主要由X射线发生器、测角仪、记录仪和水冷却系统组成，新型的衍射仪还带有条件输入和数据处理系统。图1-7给出了X射线衍射仪的原理图与仪器实图。

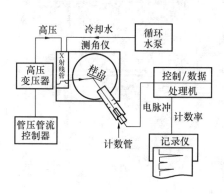

图1-7　X射线衍射仪原理图与仪器实图（图像来自浙江大学大仪共享平台）

X射线衍射仪的原理是根据晶体对X射线的衍射线的位置、强度及数量来鉴定结晶物质之物相的方法。每一种结晶物质都有各自独特的化学组成和晶体结构，没有任何两种物质，它们的晶胞大小、质点种类及其在晶胞中的排列方式是完全一致的。因此，当X射线被晶体衍射时，每一种结晶物质都有自己独特的衍射花样，它们的特征可以用各个衍射晶面间距 d 和衍射线的相对强度 I/I_0 来表征。其中晶面间距 d 与晶胞的形状和大小有关，相对强度则与质点的种类及其在晶胞中的位置有关。所以任何一种结晶物质的衍射数据 d 和 I/I_0 是其晶体结构的必然反映，因而可以根据它们来鉴别结晶物质的物相。

水泥是一种十分复杂的材料，水泥与水发生反应（水化反应）以后会生成一系列的晶体与非晶体的物质，通过XRD技术，多年来我们对于这些物质的认识越来越清晰。如图1-8所示是笔者所测一种骨料的粉末衍射图谱，经分析可知该种骨料中含有石英、绿泥石、角闪石、长石及云母等矿物。

图1-9为普通硅酸盐四大主要矿物的XRD图谱[6]，硅酸三钙有三方与三斜晶系两种晶型，两种晶型的XRD谱不一样，这里仅给出了三方晶型的图谱（图1-9a）。硅酸二钙的晶型种类更多，这里给出了其中三种XRD图谱（图1-9b、c和d）。图1-9e与f分别为铝酸三钙与铁铝酸四钙。

图1-10是几种胶凝材料原材料的XRD图谱，图1-10a为普通硅酸盐水泥熟料，通过分析图谱，可以知道熟料中主要矿物为 C_3S，次要矿物分别为 C_2S、C_3A 与 C_4AF。当材料中所含物相较多时，各物相的峰会相互重叠，当重叠峰较多时，对物相的识别会带来一些难度。现在可用一些成熟的商业软件进行快速地定性识别，如Jade，但要正确地将复杂材料中的各相均进行识别也需要掌握一定的技巧。定性分析，常用三强峰、四强峰的方

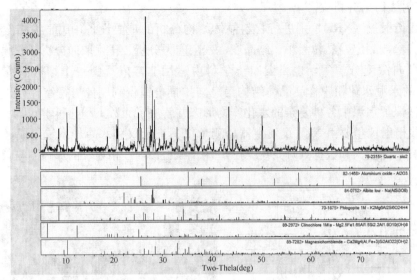

图 1-8　骨料样品的 XRD 谱图，从图中结果可知，
骨料中有石英、绿泥石、角闪石、长石及云母等矿物。

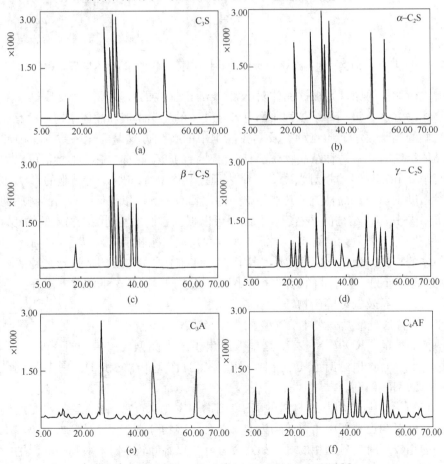

图 1-9　硅酸盐水泥中四大主要矿物的 XRD 图谱[6]
(a) C_3S；(b) α-C_2S；(c) β-C_2S；(d) γ-C_2S；(e) C_3A；(f) C_4AF

法，亦即将该物相的标准图谱与所得谱图进行对比，当标准图谱中的强度最高的三个峰、四个峰或更多的峰均能与未知图谱相重叠，则可初步认定该未知图谱中含有该物相。同时，进行分析时，也应提前对材料有一个基本的了解，它是金属、非金属还是有机物？主要成分有哪些等等，有了这些信息以后，才能够选择合适的卡片进行寻峰与分析。

图 1-10b 为白色硅酸盐水泥熟料 XRD 图谱，可见该熟料主要矿物与普通硅酸盐水泥相近，其中少了 C_4AF 相而多了 CA_2 相，且其中各矿物的含量也不同。高铝水泥（图1-10c）中的矿物组成与硅酸盐水泥体系则完全不同。而通过图谱可以知道，粉煤灰（图1-10d）中的矿物主要是石英与莫来石。

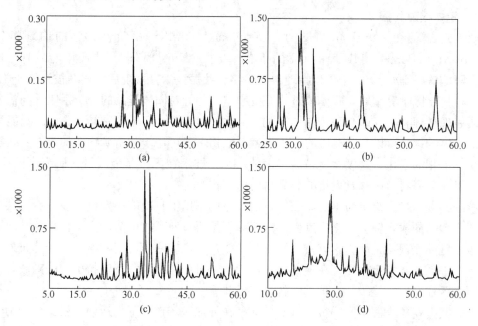

图 1-10　几种胶凝材料原材料 XRD 谱图[6]

（a）硅酸盐水泥熟料；（b）白色硅酸盐水泥熟料；（c）高铝水泥熟料；（d）粉煤灰

图 1-11 给出的是水泥中的两种水化产物的图谱，图 1-11a 为水化硅酸钙，对比水化硅酸钙图谱与图 1-9 中的未水化硅酸钙，可见其各峰的位置均发生了变化。水泥的水化是一个非常复杂的过程，其中涉及的化学、物理反应极多，在不同的环境中水化产物的晶型

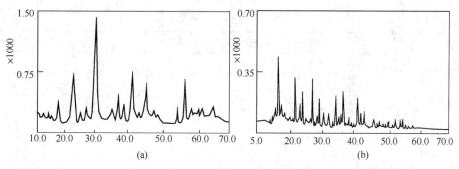

图 1-11　水化产物的 XRD 谱图[6]

（a）水化硅酸钙；（b）高硫型水化硫铝酸钙（钙矾石）

也会发生微妙的变化。图 1-11a 是人工合成的纯硅酸钙进行水化后的 XRD 谱图，因此它的"谱峰"还比较容易识别。当原材料中所含的矿物种类变多后，水化反应会复杂许多倍，各种水化产物的谱峰之间的重叠会十分严重，这时候要能正确地识别这些水化产物是不容易的，需要操作者具有足够的耐心——对比和排除可能的物相。现在，许多的科研人员利用 XRD 不仅要进行定性分析，更要进行定量分析，定量分析的难度比定性分析要大许多，需要运用到一些特殊的技术方法[7-9]。且 XRD 只能对材料中晶体物相进行分析，当材料中存在大量非晶体物质时，用 XRD 图谱进行定量分析，计算的难度与误差均会较大。

1.3.3　固体核磁共振

核磁共振现象（Nuclear Magnetic Resonance，NMR）由哈佛大学的伯塞尔教授（Edward Mills Purcel）和斯坦福大学的布洛赫教授（Felix Bloch）于 1945 年发现，他们二人也因此获得 1952 年的诺贝尔物理学奖。核磁共振技术自发现后，逐渐被运用于物理、化学、材料、医学等领域。固体核磁共振技术是一种针对固体样品的分析手段。与需要被测物质表现长程有序（即必须为晶体）的 X 射线衍射技术不同，固体核磁共振既能测定有序的晶体结构又可以测定无序的凝胶或者熔融物，还可用于分析矿物在加热或者机械研磨等状态下相的变化。这极大地拓展了固体 NMR 技术在无机非金属材料研究中的应用，因为无机非金属材料中含有大量的非晶物质与结构。

核磁共振是指磁矩不为零的原子核，在外磁场作用下自旋能级发生塞曼分裂，共振吸收某一定频率的射频辐射的物理过程。然而并不是所有原子核都能产生这种现象，原子核能产生核磁共振现象是因为具有核自旋。原子核自旋产生磁矩，当核磁矩处于静止外磁场中时产生进动核和能级分裂。在交变磁场作用下，自旋核会吸收特定频率的电磁波，从较低的能级跃迁到较高能级，这种过程就是核磁共振。

核磁共振现象来源于原子核的自旋角动量在外加磁场作用下的运动。根据量子力学原理，原子核与电子一样，也具有自旋角动量，其自旋角动量的具体数值由原子核的自旋量子数决定，实验结果显示，不同类型的原子核自旋量子数也不同，见表 1-1 所示：

$I=1/2$ 的原子核，电荷均匀地分布于原子核表面，这样的原子核不具有电四极距，核磁共振的谱线窄，最宜于核磁共振检测；$I>1/2$ 的原子核，电荷在原子核表面呈非均匀分布，电四极距不为零。凡是有电四极距（不论是正值还是负值）的原子核都具有特殊的弛豫机制，常导致核磁共振的谱线加宽，这对于核磁共振信号的检测是不利的。

不同类型原子核的自旋量子数　　　　　　　　　　　　　　　　　　表 1-1

质量数/A	质子数/Z	中子数/N	自旋量子数/I	核磁性	实例
偶数	偶数	偶数	0	无	^{12}C、^{16}O、^{32}S
偶数	奇数	奇数	1	有	^{2}H、^{6}Li、^{14}N
			2		^{58}Co
			3		^{10}B
奇数	奇数/偶数	偶数/奇数	1/2	有	^{1}H、^{13}C、^{15}N、^{19}F、^{31}P
			3/2		^{7}Li、^{9}Be、^{11}B、^{23}Na、^{33}S
			5/2		^{17}O、^{25}Mg、^{27}Al、^{55}Mn

根据量子力学原理，原子核磁矩与外加磁场之间的夹角并不是连续分布的，而是由原子核的磁量子数决定的，原子核磁矩的方向只能在这些磁量子数之间跳跃，而不能平滑的变化，这样就形成了一系列的能级。当原子核在外加磁场中接受其他来源的能量输入后，就会发生能级跃迁，也就是原子核磁矩与外加磁场的夹角会发生变化。这种能级跃迁是获取核磁共振信号的基础。为了让原子核自旋的进动发生能级跃迁，需要为原子核提供跃迁所需要的能量，这一能量通常是通过外加射频场来提供的。根据物理学原理当外加射频场的频率与原子核自旋进动的频率相同的时候，射频场的能量才能够有效地被原子核吸收，为能级跃迁提供助力。因此某种特定的原子核，在给定的外加磁场中，只吸收某一特定频率射频场提供的能量，这样就形成了一个核磁共振信号。

核磁共振仪一般由永久磁体、射频源、射频接收机、探头、线圈、计算机系统等几部分构成，图 1-12 所示的是 NMR 原理构造图与仪器外观。

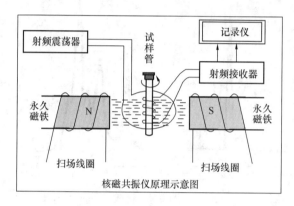
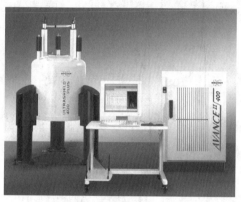

图 1-12 核磁共振仪原理与核磁共振仪器外观（图像来自布鲁克公司）

水泥中常见的硅酸盐水泥熟料主要矿物组成是硅酸三钙、硅酸二钙、铝酸三钙和铁铝酸四钙。硅酸盐水泥水化产物主要为硅酸三钙和硅酸二钙水化产生的水化硅酸钙凝胶（C-S-H gel），因此铝、硅、钙成了水泥化学中最主要的分析元素。鉴于 ^{27}Al 和 ^{29}Si 是常见的具有核磁矩的原子核，可以利用固体核磁共振对水泥熟料、水化产物微观结构、水化程度、水化活性等进行研究，核磁共振近年来逐渐变成研究水泥微观结构的最为先进的手段—[10-12]。

硅酸盐水泥熟料中的铝主要通过固溶体的形式存在于硅酸三钙（阿利特）和硅酸二钙（贝利特）之中，部分以铝酸盐和铁铝酸盐形式存在，Al 均为 4 配位。图 1-13 所示为硅酸盐水泥的 ^{27}AlNMR 谱，其中曲线 a 是实际测出的硅酸盐水泥的 ^{27}AlNMR 谱图，曲线 b 为拟合谱，曲线 c 和 d 分别为将拟合谱 b 分峰处理后的谱图。其中 c 为固溶于硅酸盐矿物中的 ^{27}AlNMR，化学位移值为 80ppm 且峰型较尖锐；d 为以铝酸盐形式存在的 ^{27}AlNMR，由于固溶有 Mg^{2+}、Fe^{3+}、Na^+ 等，引起晶格畸变，导致 NMR 信号宽化。

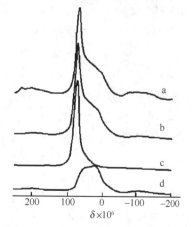

图 1-13 硅酸盐水泥的 ^{27}AlNMR 谱

13

硅酸二钙（C_2S）、硅酸三钙（C_3S）是硅酸盐水泥熟料的主要矿物成分，分析其[29]Si NMR 可知，C_2S 有四种晶形，分别为 α-C_2S、α′L-C_2S、β-C_2S 和 γ-C_2S，每种晶形对应的化学位移分别为 -70.7ppm，-70.8ppm，-71.4ppm 和 -73.5ppm，都属于 Q^0 位，如图 1-14 所示；而 C_3S 在不对称单元中有 9 个 Si 位（也都同属 Q^0 位），在 NMR 波谱中化学位移分别对应 -69.2ppm、-71.9ppm、-72.9ppm、-73.6ppm、-73.8ppm、-74.0ppm 和 -74.7ppm 这 7 个位置。图 1-15 中的 C_3S 样品显示有 5 个清晰的峰形，分别处于 -69.1ppm、-71.8ppm、-72.8ppm、-73.6ppm 及 -74.6ppm 处，最强峰实际上是由三个共振吸收峰重叠而成。通常情况下，普通硅酸盐水泥中 C_2S 和 C_3S 的核磁共振吸收峰会产生宽化现象，这是由于固溶有杂质离子使 C_2S 和 C_3S 产生晶格畸变现象，利用核磁共振波谱对宽峰的分峰拟合来对比分析研究 C_2S、C_3S 的掺杂情况。

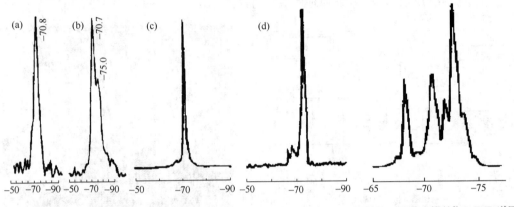

图 1-14　硅酸二钙四种晶形的[29]SiNMR 谱图　　　　图 1-15　硅酸三钙的[29]SiNMR 谱图

利用固体核磁共振进行结构分析时，如 XRD 一样，需要确定各标准物相的化学位移植，表 1-2 中给出了硅酸盐水泥体系中一些常见物相的化学位移植。

硅酸盐水泥中常见矿物的[29]Si 化学位移值[6]　　　　　　　　　　表 1-2

矿物（化合物）	英文名	化学式	试样来源	δ	图
岛状硅酸盐（Q^2）					
粒硅镁石	Chondrodite	$Mg_5 (SiO_4)_2 (OH, F)_2$	芬兰	60①	
铁橄榄石	Forsterite	Fe_2SiO_4	合成	61.9	
橄榄石	OLivine	$(Mg, Fe)_2SiO_4$	合成	62②	
硅酸四锂	Tetralithium silicate	Li_4SiO_4	合成	64.9	
钙镁橄榄石	Monticellite	$CaMgSiO_4$	合成	66.3	
硅酸三氢钠	Sodium trihydrogen silicate	NaH_3SiO_4	合成	66.4	
硅酸二氢钠	Sodium dihydrogen silicate	$Na_2H_2SiO_4 \cdot 8.5H_2O$	合成	67.8	
硅酸二钡	Dibarium silicate	Ba_2SiO_4	合成	70.3	
硅酸三钙	Tricalcium silicate	Ca_2SiO_5	合成	67.60, 68.49, 59.44, 71.06, 72.15, 73.06, 73.94	

矿物（化合物）	英文名	化学式	试样来源	δ	图
α-硅酸二钙	α-dicalcium silicate	$\alpha\text{-}Ca_2SiO_4$	合成	70.3	
β-硅酸二钙	β-dicalcium silicate	$\beta\text{-}Ca_2SiO_4$	合成	71.4 70.4	
γ-硅酸二钙	γ-dicalcium silicate	$\gamma\text{-}Ca_2SiO_4$	合成	73.5	
α-水化硅酸二钙	α-dicalcium silicate bydrate	$\alpha\text{-}Ca \cdot SiO_4 \cdot$ $(0.3\sim1.0)\ H_2O$	合成	71.78	
粒状硅钙石	Calcio-chondrodite	$Ca_3(SiO_4)_2(OH)_2$	合成	72.2	
硅酸钙石	Afwillite	$Ca_3(HSiO_4)_2 \cdot 2H_2O$		71.3·73.3	
硅铍石	Phenacite	Ba_2SiO_4		74.2	
红柱石	Andalusite	Al_2SiO_5	巴西	79.8	
锆英石	Ziccon	$ZrSiO_4$	乌拉尔	81.6	
蓝晶石	Kyanite	Al_2SiO_5	乌拉尔	82.9	
钙铝榴石	Grossularite	$Ca_3Al_2(SiO_4)_2$	乌拉尔	83.4	
黄玉（黄晶）	Topaz	$Al_2(F_2 \cdot SiO_4)$	波希明	85.6	
硅线石	Sillimanite	Al_2SiO_3	切斯特(美)	87.1	

① 指本章对应图谱的序号；

② 指宽信号。

XRD 与 NMR 是两种在水泥基材料中运用非常广泛的物质结构研究方法，能够给我们提供非常全面且有用的信息。当然，要全面了解一样材料，特别是未知材料的结构、组成信息时，需要将各种分析测试方法相联合起来运用。扫描电镜作为一种强有力的微观结构研究手段，可以很好地与其他所有方法联合使用。

1.4 扫描电镜的发展简史

同其他任何一个科学发明一样，扫描电镜也是经过许多代人的努力才得以出现，同时也是多学科相互交叉所形成的产物。透射电镜的出现要早于扫描电镜，可以这样说，扫描电镜是在透射电镜的基础之上发展而来的[13]。

1873 年德国物理学家 Ernst Karl Abbe 和 Hermann von Helmholtz 分别提出的解像力（即分辨率）与照射光的波长成反比的理论，奠定了显微镜的理论基础。Abbe 也是一名杰出的企业家，他与 Carl Zeiss、Otto Schott 一起创办了光学仪器制造商蔡司公司。

1923 年，法国科学家 Louisde Broglie 发现，微观粒子本身除具有粒子特性以外还具有波动性。他指出不仅光具有波粒二象性，一切电磁波和微观运动物质（电子、质子等）也都具有波粒二象性，是一个电场与磁场交替转换向前传递的过程。电子在高速运动时，其波长远比光波要短得多，于是人们就想到是不是可以用电子束代替光波来实现成像，进一步坚实了电子显微镜的理论基础。

1926 年，德国物理学家 H·Busch 提出了关于电子在磁场中的运动理论。他指出具有轴对称性的磁场对电子束来说起着透镜的作用。从理论上设想了可利用磁场作为电子透镜，达到使电子束会聚或发散的目的。

有了上述两方面的理论作为基础，1932 年，德国柏林工科大学高压实验室的 M. Knoll 和 E. Ruska（图 1-16）研制成功了第 1 台实验室电子显微镜，这便是后来透射电子显微镜（Transmission Electron Microscope，TEM）的雏形。其加速电压为 70kV，放大倍数仅为 12 倍。尽管这样的放大倍数还微不足道，但它有力地证明了使用电子束和电磁透镜可形成与光学影像相似的电子影像，这为以后电子显微镜的制造研究和提高奠定了基础。

Ernst Ruska
(1906-1988)

Max Knoll(1897-1969)   Ernst Ruska(1906-1988)

图 1-16　德国科学家马克思·卡诺尔和他的学生鲁斯卡

1933 年，E. Ruska 用电镜获得了金箔和纤维的 1 万倍的放大图像。至此，电子显微镜的放大倍数已超过了光镜，但是对显微镜有着决定意义的分辨率，这时还只刚刚达到光镜的水平。

1937 年，柏林工业大学的 Klaus 和 Mill 继承了 Ruska 的工作，拍出了第 1 张细菌和胶体的照片，获得了 25nm 的分辨率，从而使电镜完成了超越光镜性能的这一丰功伟绩。

1939 年，E. Ruska 在德国的 Siemens 公同制成了分辨率优于 10nm 的第 1 台商品电镜。由于 E·Ruska 在电子光学和设计第一台透射电镜方面的开拓性工作被誉为"本世纪最重要的发现之一"，他获得了 1986 年的诺贝尔物理学奖。除 Knoll、Ruska 以外，同时其他一些实验室和公司也在研制电镜。如荷兰的菲利浦（Philip）公司（后来的 FEI，FEI 于 2016 年被 Thermo 公司收购）、美国的无线电公司（RCA）、日本的日立公司等。

1944 年 Philip 公司设计了 150kV 的透射电镜，并首次引入中间镜。

1947 年法国设计出 400kV 的高压电镜。20 世纪 60 年代初，法国制造出 1500kV 的超高压电镜。

1970 年法国、日本又分别制成 3000kV 的超高压电镜。

进入 20 世纪 60 年代以来，随着电子技术的发展，特别是计算机科学的发展，透射电镜的性能和自动化程度有了很大提高。现代透射电镜的晶格分辨率最高已达 0.1nm，放大率达 150 万倍。人们借助于电镜不但能看到细胞内部的结构，还能观察生物大分子和原子的结构，应用也愈加广泛和深入。

扫描电镜（Scanning Electron Microscope，SEM）作为商品出现则较晚，虽早在 1935 年，Knoll 在设计透射电镜的同时为了研究二次电子发射现象，就提出了扫描电镜的原理及设计思想，并设计了一台仪器（被认为是第一台扫描电子显微镜）。其原理如图 1-17所示，他把一个阴极射线管改装，以便放入样品，从另一个阴极射线管获得图像（两管用一个扫描发生器同步扫描，用二次电子信号调制另一台显示器）。束斑尺寸在 0.1－1mm 之间，因为二次电子发射的变化产生反差。其装置虽然简单，当时建造的机器也没有实用价值，但其勾画出了扫描电子显微镜的原理性轮廓，时至今日，所有扫描电镜的基本结构均是在此结构基础上发展演变而来。

1940 年英国剑桥大学首次试制成功扫描电镜。但由于分辨率很差且拍照时间过长，因此没有立即进入实用阶段，直至 1965 年英国剑桥科学仪器有限公司才开始正式生产商品扫描电镜（图 1-18）。20 世纪 80 年代后扫描电镜的制造技术和成像性能提高很快，目前高分辨型扫描电镜使用冷场发射电子枪，分辨率已达 0.6nm，放大率达 80 万倍。

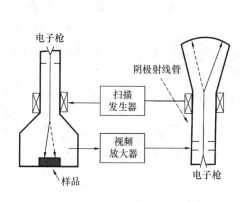

图 1-17　Knoll 于 1935 年所设计的
扫描电镜工作原理图

图 1-18　1965 年英国剑桥科学仪器有限公司生产的
第一台商用扫描电子显微镜

我国从 20 世纪 50 年代初便开始研制透射电镜，1959 年第 1 台透射电镜诞生于上海新跃仪表厂，此后中型透射电镜开始批量生产。目前国产透射电镜分辨率已达 0.2nm，放大倍数约为 80 万倍。扫描电镜也于 20 世纪 70 年代开始生产。国内主要生产电镜的厂家是：北京中科院科学仪器厂、上海新跃仪表厂、南京江南光学仪器厂等。笔者依据网络上的资料，整理出了国产电镜的发展大事记，录于表 1-3：

中国扫描电子显微镜的发展大事记　　　　　　　　　　　　　　表 1-3

序号	时间	厂　家	概　述
1	1965	中国科学院科学仪器厂	我国第一台 DX-2 型透射式电子显微镜
2	1975	中国科学院科学仪器厂	自行研制成功 DX-3 型透射电子显微镜，并获得 1978 年获全国科学大会一等奖

序号	时间	厂 家	概 述
3	1977	上海新跃仪表厂	SMDX-1P 型微区分析扫描电镜,我国自行研制的第一台扫描电子显微镜
4	1977	中国科学院科学仪器厂	X-3F 双道 X 射线光谱仪,与 DX-3 扫描电镜匹配,发展为 DX-3A 分析扫描电镜。并获 1978~1979 年中国科学院重大科技成果一等奖
5	1978	上海新跃仪表厂	TSM-1 型扫描电镜(30nm,17kV),获上海市重大科技成果奖
6	1979	云南大学物理系	自行设计研制的 YWD-1A 型扫描电镜
7	1979	江南光学仪器厂	DXS-1 小型扫描电镜
8	1983	中国科学院科学仪器厂	中国科学院科学仪器厂从美国 Amray 公司引进微机控制、分辨本领 6nm,功能齐全的 Amray-1000B 扫描电镜生产技术
9	1985	中国科学院科学仪器厂	生产了 KYKY-1000B 扫描电镜,共生产 100 台。获 1988 年国家科技进步奖二等奖,并列为我国 1979~1988 年重大科技成果
10	1987	中国科学院科学仪器厂	实现了 Amray-1000B 扫描电镜国产化。制成了大试样室,及背散射电子探测器,可获得元素成分分布图像。配备低温试样台(−170℃~+18℃连续可调,冷刀可断裂试样,适于观察生物及含水试样)和试样拉伸台
11	1987	上海电子光学技术研究所与上海硅酸盐研究所	将 DXS-10 型台式扫描电镜改装成国内第一台 SR-1 型热波电子显微镜,1989 年获上海市优秀产品三等奖
12	1988	中科院北京科学仪器厂	研制成功 LaB6 阴极电子枪,使 KYKY-1000B 扫描电镜的分辨本领由 6nm 提高到 4nm
13	1989	江南光学仪器厂	自行设计研制成功计算机控制 DXS-3 型高性能扫描电镜,其基本性能、自动化程度达到了 80 年代初国际水平。获 1991 年机电部科技进步一等奖
14	1993	中科院科仪中心(原中国科学院科学仪器厂)	研制成 KYKY-1500 型高温环境扫描电镜。增加了高温试样台及低真空试样室,改进了真空系统及信号电子接收器等
15	1995	中国科学院北京科仪中心	研制成功 KYKY-2800 型扫描电镜分辨本领 4.0~4.5nm
16	1998	中国科学院北京科学仪器研制中心	研制成功样品台自动调节控制系统。具有全面的五轴运动控制功能,采用 Windows 等技术可对样品台进行远程控制,实现了电镜操作的计算机屏幕化管理
17	1999	中国科学院北京科学仪器研制中心	研制生产的全计算机控制扫描电镜 KYKY-3800 型扫描电子显微镜
18	1999	中国科学院上海冶金研究所	研制成功扫描电子显微镜用新型背散射电子探测器——鲁宾逊探测器
19	2000	北京有色金属研究总院	研制成功扫描电镜电子背散射衍射接收系统
20	2004	北京中科科仪股份有限公司(原中国科学院北京科学分院)	成功研制 EM-3200 型数字化扫描电镜

18

序号	时间	厂　家	概　述
21	2006—2013	北京中科科仪股份有限公司	先后承担"十一五"国家科技支撑重大计划课题"场发射电子源、场发射电子枪和超高真空系统"、国家重大科学仪器设备开发专项的项目中"深紫外激光光发射电子显微镜（PEEM）工程化"任务与"场发射枪扫描电子显微镜开发与应用"等项目
22	2014	北京中科科仪股份有限公司	成功研制 KYKY-6000 系列扫描电子显微镜与 KYKY-8000F 场发射扫描电子显微镜

第 2 章　扫描电镜的原理与构造

2.1　扫描电镜工作原理

电镜中，从电子枪处发射出的一束聚焦的、具有相当能量的电子轰击样品时会在样品内部激发出一系列的电子信号，如二次电子，背散射电子，俄歇电子，吸收电子，透射电子，X 射线，阴极发光等，如图 2-1a 所示。不同的信号携带有样品不同方面的信息，通过不同的信号收集器将信号收集并对信号进行处理、分析，便可得到样品形貌、成分、结构和元素组成等相关信息。在扫描电镜当中，常用的信号有二次电子、背散射电子和特征 X 射线，三种电子信号的产生机理如图 2-2 所示。下面对这三种信号的特征逐一进行简要介绍。

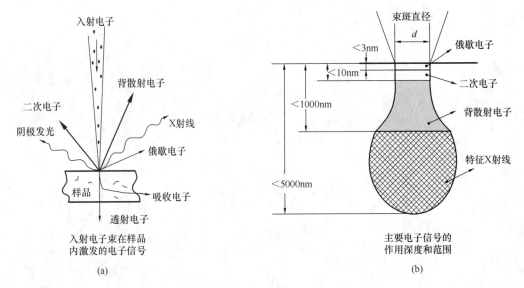

图 2-1　扫描电镜中的各电子信号及其发射深度示意图

2.1.1　背散射电子

背散射电子是指被固体样品原子核反射回来的一部分入射电子（高能入射电子束进入样品后，相当一部分电子在与质量和体积都远大于它的样品原子核相撞后被反弹回来，这部分电子被称之为背散射电子，见图 2-2），其中包括弹性背散射电子和非弹性背散射电子。弹性背散射电子是指被样品中原子核反弹回来的、散射角大于 90 度的那些入射电子，其能量基本上没有变化（能量为数千到数万电子伏特，接近于入射电子的能量）。非弹性背散射电子是入射电子与核外电子撞击后产生非弹性散射，不仅能量变化，而且其运动方向也会发生变化。非弹性背散射电子的能量范围很宽，从数十电子伏特到数千电子伏特，

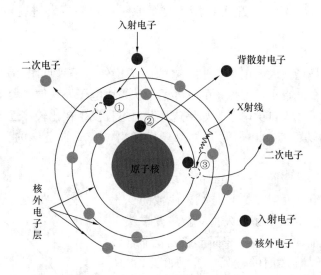

图 2-2　二次电子、背散射电子与 X 射线三种信号产生示意图

如图 2-3 所示。入射电子进入样品后会沿着深度和周围有一定程度的扩散（扩散程度与入射电子能量、样品密度及平均原子序数高低相关），越靠近样品表面，扩散越小，越深入样品内部，扩散越大，因为越进入样品内部，入射电子与样品原子核和核外电子相撞的几率增大，其入射方向更容易被改变，其扩散范围如"水滴"状，如图 2-1b 所示。在入射电子全部扩散范围内均产生图 2-1a 所示的所有电子信号，但因不同类型信号的能量不同，所以其能够从样品中逃逸出来的能力也不同。能量越高的信号，能够从更深、更广的区域逃逸出来被检测到，如背散射电子和 X 射线；能量较低的信号，只能从表面较浅的区域逃逸出来，如二次电子与俄歇电子。见图 2-1b 所示。

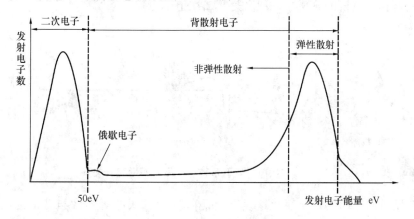

图 2-3　各种电子信号电子能量分布图

从数量上看，弹性背散射电子远比非弹性背散射电子多。背散射电子的产生范围在样品内 100~1000nm 的深度。背散射电子的产额（亦即发射系数）随样品微区的平均原子序数的增加而增加（如图 2-4 所示），即平均原子序数高的区域要比平均原子序数低的区域产生的背散射电子数量多，电子数量越多的区域在扫描图像上就越亮，因此，背散射电子图像上的明暗主要反映的是样品微区平均原子序数的大小。所以利用背散射电子作为成

21

像信号不仅能分析形貌特征，也可以用来显示原子序数衬度，进行成分的定性与定量分析。

2.1.2 二次电子

所谓二次电子是指被入射电子轰击出来的原子核外电子（见图2-2）。由于原子核和外层价电子间的结合能很小，当原子的核外电子从入射电子处获得了大于相应的结合能的能量后，可脱离原子成为自由电子。如果这种散射过程发生在比较接近样品表层处，那些能量大于材料逸出功的自由电子可从样品表面逸出，变成真空中的自由电子，即二次电子。

二次电子来自样品表面5～10nm的区域，能量为0～50eV。它的产额（发射系数）与原子序数的变化关系不大（图2-4）。二次电子的发射系数主要取决于样品的表面形貌特征，它对试样表面形态变化非常敏感，能有效地显示试样表面的微观形貌。如图2-5所示，样品表面有小凸起、小颗粒或尖角处产生的二次电子数量较多，在二次电子图像上这些区域就较亮，而较平整的面或是凹坑和裂缝处产生的二次电子数量较少，在二次电子图像上这些区域就较暗；因此二次电子图像上的明暗程度代表样品微区的表面起伏。二次电子主要用于表面形貌观察，这是扫描电镜中运用最为广泛的信号。

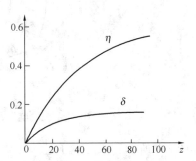

图 2-4　背散射电子（η）与二次电子（δ）发射系数与样品微区平均原子系数关系

由于二次电子发自样品表层，入射电子还没有被多次反射，因此产生二次电子的面积与入射电子的照射面积没有多大区别，所以二次电子的分辨率较高，可达到1～2nm。不做特别说明，扫描电镜的分辨率一般就是指二次电子分辨率。

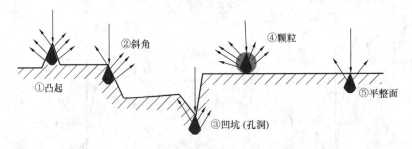

图 2-5　二次电子发射系数与样品表面形貌的关系

图 2-6 显示的是钛酸锶－氧化镁复合功能陶瓷的二次电子图像与背散射电子图像对比，可以看到左边的二次电子图像能够很好地表征陶瓷表面颗粒的形态、大小和起伏状态，然而却不能通过这张图像将钛酸锶与氧化镁区分开来；在同样的视域里，用背散射成像模式拍摄的电子图像却能够将二者很好地区分开来，因钛酸锶的平均原子序数要远大于氧化镁，通过前面的知识我们可以知道，背散射电子图像中，钛酸锶颗粒的亮度要明显高于氧化镁颗粒。通过右边的背散射电子图像可以知道，氧化镁的颗粒较大，而钛酸锶颗粒较细小，氧化镁颗粒形成了陶瓷的骨架结构，而钛酸锶作为功能因子，均匀地分散于氧化

镁颗粒之间。背散射电子图像能很好地区分样品中成分差异明显的物相，但是它对形貌变化的解析度却弱了许多，对比左右两张图可以看到，背散射电子图像中颗粒的颗粒感、起伏状态并不如二次电子图像那样明显。

(a)   (b)

图 2-6　SrTiO3—MgO 储能陶瓷的二次电子图像

（a）二次电子图像；（b）背散射电子图像

同背散射电子图像比较起来，二次电子的分辨率、清晰度、景深都更高，图 2-7 给出的是水泥中的主要水化产物之一氢氧化钙与碳纳米管改性水泥浆体的二次电子图像，通过二次电子图像，我们可以对水泥中各水化产物的形态特征、颗粒大小等特征进行研究分析。除了在水泥科学，在医学、材料学中，扫描电镜的广泛运用，主要是利用二次电子进行微观形貌成像分析。

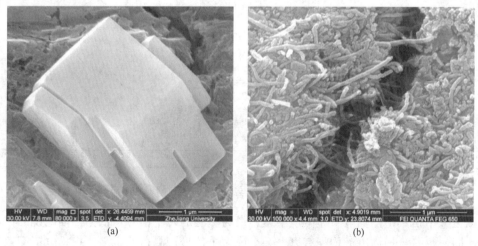

(a)   (b)

图 2-7　氢氧化钙

（a）氢氧化钙；（b）碳纳米管改性水泥浆体

2.1.3　特征 X 射线

特征 X 射线是原子核外的内层电子受到激发以后在能级跃迁过程中直接释放的具有特征能量和波长的一种电磁波辐射（见图 2-2）。X 射线一般在样品的 $500nm \sim 5\mu m$（根据加速电压、束斑直径以及样品平均原子序数的不同而不同）深度区域内发出，因此其分辨率要比背散射电子更低。样品表面逸出的 X 射线有特征 X 射线与连续 X 射线之分，其中，特征 X 射线的能量与波长仅以样品的元素种类相关，且一一对应，一种特定的元素只能发射出一种或数种具有特征能量与波长的 X 射线。因此通过 X 射线能量色散谱仪（能谱仪）和波长色散谱仪（波谱仪）对这些特征 X 射线进行收集，对其能量和波长进行分析，便可以得到与之相对应的化学元素，因此，X 射线能够实现对样品微区的元素分析。如图 2-8 所示，是一张表面锈蚀的钢筋混凝土背散射照片，其中亮度从亮到暗依次是钢筋、锈蚀层、混凝土与骨料，在其中三个点进行能谱元素分析，可以得到第一点只有 Fe 元素，中间锈蚀层含有铁与氧，而暗区域，含有钙、硅、铝氧等水泥中常见元素。

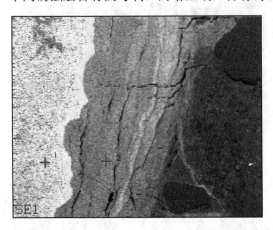
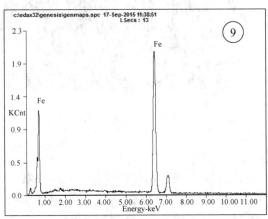
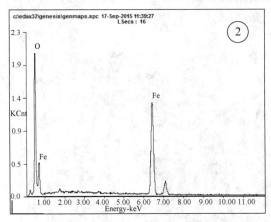
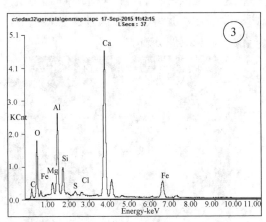

图 2-8 钢筋混凝土锈蚀试样背散射电子显微镜图与表面几个点的能谱谱图

以上三个信号是扫描电子显微镜中运用最为广泛的几个信号，依据扫描电镜的作用和功能不同，每一台扫描电镜均配有以上一个或多个信号探测器。也因为扫描电镜配备了这些探测器，使得扫描电镜不只是具有单纯的物相放大功能，而是可以实现对材料从微观结构、微区成分、元素组成等各方面的定性和定量分析。其他信号中，俄歇电子是原子内层电子能级跃迁过程中释放出来的能量不是以 X 射线的形式释放而是用该能量将核外另一电子击出，脱离原子变为二次电子，这种二次电子叫做俄歇电子。因每一种原子都有自己特定的壳层能量，所以它们的俄歇电子能量也各有特征值，其能量在 $50 \sim 1500 \mathrm{eV}$ 范围内。俄歇电子是由试样表面极有限的几个原子层中发出的，俄歇电子信号可适用于表层化学成分分析。表 2-1 中综述了扫描电子显微镜中几种电子信号的用途和对比。

扫描电子显微镜中几种电子信号及其用途　　　　　　　　　　　表 2-1

图像（功能）	信号	探测器	用途
二次电子图像（SE）	二次电子	E-T 探测器、LFD、GSED	表面形貌像
背散射电子图像（BSE）	背散射电子	BSED、YAG	成分像、形貌像
能量色散谱（EDS）	X 射线	能谱仪	元素分析
波长色散谱（WDS）	X 射线	波谱仪	元素分析（精度更高）
背散射电子衍射（EBSD）	背散射电子衍射	Phosphor ScreenCCD	晶粒、晶面取向
荧光（CL）	阴极发光	PMT、PBS	半导体及绝缘体缺陷、杂质

2.2　扫描电镜的构造

一般来讲，一台扫描电镜由以下几个部分构成：

从上到下依次是：（1）电子枪；（2）电磁透镜；（3）扫描系统；（4）信号收集系统；（5）图像显示和记录系统；（6）真空系统；（7）电源系统；（8）信号处理和显示系统。如图 2-9 所示。

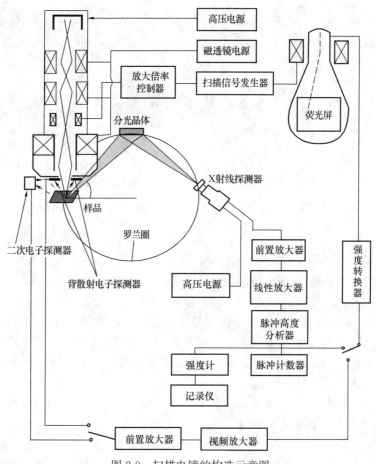

图 2-9　扫描电镜的构造示意图

2.2.1 电子枪

一般处在扫描电镜镜筒的最上端，其作用是利用阴极与阳极灯丝间的高压产生高能量的电子束。电子枪的必要性是具有很高的亮度（Brightness）与较小的能量散布（Energy Spread）。目前，常用的电子枪灯丝有三种：钨（W）灯丝、六硼化镧（LaB6）灯丝与场发射（Field Emission）灯丝三种，其中场发射灯丝又分为热场发射与冷场发射灯丝两种。不同灯丝之间的差别在于束流直径、束流稳定性、亮度及使用寿命等的不一样，当然不同灯丝之间的价格也是差异巨大。下面对这三种灯丝进行简要介绍。

（1）钨灯丝

目前大多数扫描电镜采用热阴极电子枪，也就是钨灯丝电子枪，是用 0.1mm 直径的钨丝制成 V 形，使用 V 形的尖端作为点发射源，曲率半大约为 0.1mm（见图 2-10）。其优点是灯丝价格较便宜，对真空度要求不高，缺点是钨丝热电子发射效率低，发射源直径较大，即使经过二级或三级聚光镜，在样品表面上的电子束斑直径也在 3nm 以上，因此仪器分辨率受到限制。同时钨灯丝属于热发射，以热游离（Thermionization）方式来发射电子：在灯丝电极加直流电压，钨丝发热而发射电子，温度在 2600～2800K 之间。钨丝有很高的电子发射效率，温度越高电流密度越大，同时材料的蒸发速度随温度升高而急剧上升，因此钨灯丝的寿命比较短，一般在 50～150h 之间。

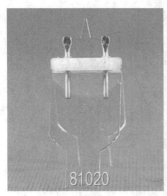

图 2-10　典型钨灯丝结构图（图像来自于 Electron Microscopy Sciences 网站）

（2）六硼化镧灯丝

现在较高等级的扫描电镜采用六硼化镧（LaB_6）（见图 2-11）或场发射电子枪，使二次电子像的分辨率能够达到 1nm 或者更高。LaB_6 是一种特殊结构的晶体，由于它具有金属的良好导电性及逸出功低的特点，当它工作在 1400～1680℃ 时，可以获得 10～100A/cm^2 的直流发射电流，远高于氧化物阴极及纯金属阴极。同时还具有很好的热稳定性和化学稳定性，在大气中需要加热到 600℃ 温度以上才会被氧化，此外，LaB_6 阴极耐离子轰击，抗中毒能力强，当不工作时即使在室温下，它也可反复、多次暴露于大气中，对发射电子能力和使用寿命几乎没有影响。

LaB_6 具有极高的热电子发射效率，在温度为 1500K 时就可达到与钨灯丝相同的束流密度（钨灯丝需要达到 2700K 的温度），而提高温度其发射效率将进一步提升。在相同的束流密度下，其寿命要远大于钨灯丝。但同时，LaB_6 在正常工作时，腔体内的真空度必须要优于 10^{-5}Pa 量级，这就需要在电子枪附近加装一台离子泵，且该离子泵需要长期运转（与场发射电镜相似），因此电镜的造价和维护成本均较钨灯丝电镜高。

（3）场发射灯丝

场发射电子枪阴极使用 0.1mm 直径的钨丝，经过腐蚀制成针状的尖阴极，一般曲率半径 100nm～1μm 之间（如图 2-12、2-13 所示）。场发射灯丝工作原理是工作时在尖阴极表面增加强电场，从而降低阴极材料的表面势垒，并且可以使得表面势垒宽度变窄到纳米尺度，从而出现量子隧道效应，在常温甚至在低温下，大量低能电子脱离灯丝针尖，通过"隧道"发射到真空中。场发射电子因为从极尖锐（图 2-12）的阴极尖端发射出来，可得到极细而又具有高电流密度的电子束，其亮度可达游离电子枪（即钨灯丝）的数百倍或千倍。要从极细的钨针尖场发射电子，金属表面必需完全干净，

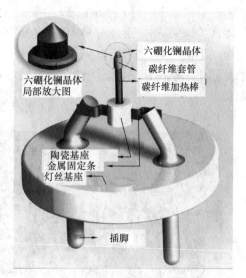

图 2-11　六硼化镧灯丝（图像来自于 Electron Microscopy Sciences 网站）

无任何外来材料的原子或分子在其表面，即使只有一个外来原子落在表面亦会降低电子的场发射，所以场发射电子枪必需保持超高真空度，来防止钨阴极表面被污染。由于超高真空设备价格极为高昂，所以一般除非需要高分辨率的扫描电镜成像，否则较少采用场发射电子枪。场发射电子枪又可分为热场发射电子枪与冷场发射电子枪。

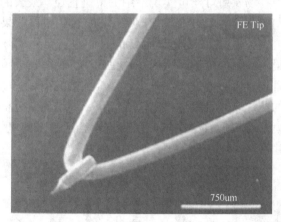
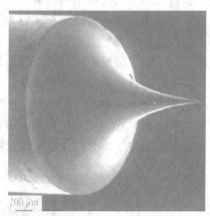

图 2-12　冷场发射灯丝（图像来自于 HITACHI 公司）

冷场发射式最大的优点为电子束直径最小，亮度最高，因此影像分辨率最优。能量散布最小，故能改善在低电压操作的效果。为避免针尖被外来气体吸附，而降低场发射电流，并使发射电流不稳定，冷场发射式电子枪需在极高的真空度（10^{-10} Pa）下操作，虽然如此，还是需要定时短暂加热针尖至 2500K（此过程叫做 Flashing），以去除所吸附的气体原子。它的另一缺点是发射的总电流最小。图 2-12 为一种冷场发射灯丝图。

热场发式电子枪是在 1800K 温度下操作，避免了大部分的气体分子吸附在针尖表面，所以免除了针尖 Flashing 的需要。热式激发模式能维持较佳的发射电流稳定度，并能在

较差的真空度下（$10^{-9} \sim 10^{-7}$ Pa）操作。虽然亮度与冷式相类似，但其电子能量散布却比冷式大 3～5 倍，影像分辨率较冷场差。图 2-13 为一种热场发射灯丝图。为了保证灯丝洁净、不被污染、氧化，热场发射灯丝出厂前往往被封装在一个容器内，容器内的空气被抽掉，让灯丝在真空状态下储存和运输，能有效地避免灯丝在运输、存放过程中被氧化、损伤。

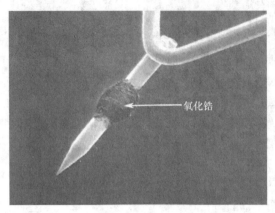

图 2-13　热场发射灯丝及其封装套件（图片来自于 FEI 公司）

简单来说，四种灯丝之间，钨灯丝的制造工艺最简单、价格最便宜，但其束流密度较小、束斑直径大，即不能实现高分辨能力和拍摄高清图片；六硼化镧比钨灯丝的分辨能力更强，依次是热场发射与冷场发射。其中冷场发射灯丝可实现最细的束斑直径与最大的束流密度，进而实现最高的分辨率。四种灯丝简单对比如图 2-14 所示。虽然从图像效果上来看，应该选择场发射电镜而非钨灯丝电镜，但在具体选择电镜的时候也需要从实际出发，毕竟场发射电镜的价格是钨灯丝电镜的数倍、维护运行成本也更高，且钨灯丝电镜也非一无是处，它价格便宜、维护简单，且经过多年的发展和进步，如今高端的钨灯丝电镜也能够有较高的分辨率和得到十分清晰的照片，并且钨灯丝电镜在能谱、波谱元素分析方面具有优势。因此，不同单位在购买电镜时应根据自身需求与条件选择合适型号的电镜，表 2-2 给出了四种灯丝电镜参数的详细对比。

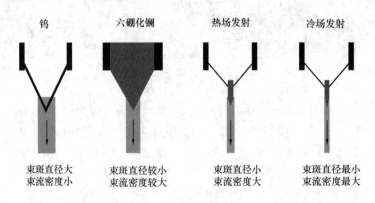

图 2-14　四种灯丝束斑直径与束流密度比较

28

参数名称	钨灯丝	六硼化镧灯丝	冷场发射灯丝	热场发射灯丝
亮度（A/cm^2·sr）	10^5	10^6	$10^{10} \sim 10^9$	5×10^8
光源交叉斑（μm）	$20 \sim 40$	$7 \sim 15$	$0.01 \sim 0.02$	$0.02 \sim 0.04$
束斑＝1nm 时的电流	0.1pA	1pA	$100 \sim 1000$pA	500pA
能量发散（eV）	$1.5 \sim 2.0$	$0.8 \sim 1.0$	$0.2 \sim 0.5$	$0.5 \sim 0.8$
工作温度（K）	$2600 \sim 2800$	$1600 \sim 1800$	~ 300	$1700 \sim 1800$
电子逸出功（eV）	$4.4 \sim 4.5$	$2.0 \sim 2.9$	~ 4.0	$2.5 \sim 3.0$
灯丝烧洗（Flashing）	不需要	不需要	每 8h 一次	不需要
束流稳定性（%/h）	$\leqslant 0.1$	$\leqslant 0.2$	$\geqslant 5\%$	$\leqslant 0.5$
使用寿命（h）	$50 \sim 200$	~ 1000	$\geqslant 10000$	$\geqslant 10000$
使用真空度需求（Pa）	$\sim 10^{-3}$	$10^{-4} \sim 10^{-5}$	$< 10^{-7}$	$< 10^{-6}$
电子束抗干扰能力	强	较强	差	一般
最大束流（nA）	1000	1000	$\leqslant 20$	$\leqslant 200$
高分辨电镜适用	不能	可用	很好	很好
能谱	很好用	很好用	配大面积晶体可用	好用
波谱	很好用	好用	不能用	可用

2.2.2　电磁透镜

电子枪产生的高能电子束比较发散，为使电子束束斑直径减小以增大扫描电镜的分辨率，常在电子枪以下样品舱以上的空间内设置一级或多级电磁透镜。电磁透镜的作用主要就是将电子束的束斑直径逐渐缩小，将原来直径约为 50μm 的束斑缩小成一个只有几个纳米的细小束斑。电场和磁场都可使运动的电子发生偏析，改变其运动轨迹，从而使电子束汇聚或是发散。用静电场构成的透镜称为静电透镜，用通电线圈产生的磁场构成的透镜称为电磁透镜，目前电镜中用得较多的是电磁透镜。扫描电镜一般有三个聚光镜，前两个透镜是强透镜，用来缩小电子束光斑尺寸。第三个聚光镜是弱透镜，具有较长的焦距，在该透镜下方放置样品可避免磁场对二次电子的运动轨迹造成干扰。钨灯丝和六硼化镧电镜的聚光镜和物镜均为电磁透镜，场发射电镜中的第一聚光镜通常采用静电透镜，第二聚光镜与物镜采用电磁透镜。图 2-15 是扫描电镜中电磁透镜原理示意图。

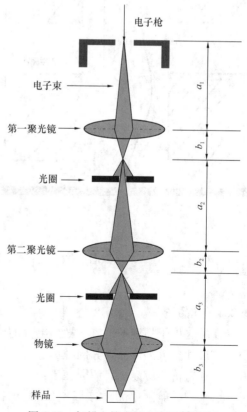

图 2-15　扫描电镜中的电磁透镜系统

电镜中的透镜均为缩小透镜，经过三级透镜的缩小，可将由电子枪出发射出的较发散的电子束（直径约为 $30\sim100\mu m$）缩小至几十埃或几个纳米。三个透镜的总缩小率可达 2000～3000 倍。缩小率的具体计算方法如下：

$$s = m_1 \times m_2 \times m_3 = \frac{b_1}{a_1} \times \frac{b_2}{a_2} \times \frac{b_3}{a_3} \tag{2-1}$$

2.2.3 扫描偏转线圈

我们之所以将扫面电镜称之为"扫描电镜"，是因为它的成像方式是电子束在样品表面进行逐点、逐行扫描，而后通过数据收集和处理系统，将收集到的电子信号转换为图像。而使电子束能够从左到右、从上至下、逐点逐行进行扫描的，便是本节要介绍的扫描偏转线圈。

扫描线圈是扫描电镜中一个重要部件，不同机型、不同厂家的电镜的放置位置也不同，有的将其放置在第二聚光镜与物镜之间，有的将其放置在物镜的中部空间内而使电子束在进入末级透镜的强磁场之前就发生偏转。现在的扫描电镜基本都采用的是英国麦可马伦（McMullan）提出的双偏转线圈结构，如图 2-16 所示。入射电子束进入上偏转线圈 A 时，方向会发生偏转，进入下偏转线圈 B 时，随即发生第二次偏转。电子束在偏转的同时进行逐行扫描，电子束在下偏转线圈 B 的作用下，在试样表面上扫出一个矩形框，相应地可在显示器上显现出一副与之相对应的放大图像，如图 2-17。这便是扫描电镜中扫描系统工作的基本原理。

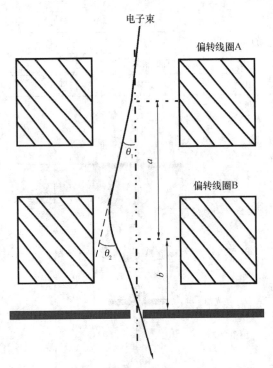

图 2-16 双偏转线圈示意图

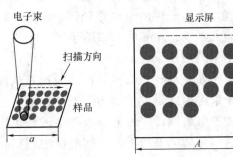

图 2-17 同步扫描、显示示意

2.2.4 样品舱

样品舱位于物镜的下方，扫描电镜的样品舱远大于透射电镜，因此扫描电镜中可容纳更多、尺寸更大的样品，其内径可达几百毫米。一般来讲，扫描电镜的样品舱容积越大，其成本和售价相应越高，原因在于：

（1）样品舱须用优质的无磁性不锈钢材料铸成，要求内部组织缜密，无明显气泡、放气量小、易于清洁；

（2）样品舱越大，其铸造工艺、精加工工艺要求更高；

（3）样品舱越大，样品台的三维运行范围增大，对其移动的精度和稳定性要求更高；样品台及其载重的增大，要保证其精度与稳定性也将更难；

（4）样品舱越大，为了调节内部真空度，与之配套的真空泵系统的排气量与电机的功率需要随之增大；

（5）样品舱越大，其预留接口更多。预留接口的气密性、防护性成本更高。

不同厂家所生产扫描电镜的样品舱形状和大小各异，从其外形来说有类似于圆柱形、半圆柱形、不等边四边形、五边形、六边形等，见图 2-18 所示。同一厂家所生产的不同型号电镜其样品舱外形、大小一般也不同，图 2-19 为 FEI 公司 QUANTA 系列的从低到高三个型号，QUANTA 250、450 与 650 的外形图，可见三个型号电镜的样品舱外形与大小均不相同。设计不同外形和尺寸的样品舱其考量主要有设计需求、电镜功能需要、运用领域、精度需求、造价等。

图 2-18　外形各异的扫描电镜样品舱（图像来自于 FEI、日立、蔡司等公司）

样品舱壁上预设有大小、形状不一的许多"接口"，用于布置不同功能的探测器，样品舱越大，可留置的预设接口可越多，这样扫描电镜可实现的功能便越多。本实验室所购置的 FEIQUANTAFEG650 电镜的样品舱外形如图 2-20 所示。该型号电镜的样品台可实现"五轴联动"，除了"X、Y、Z轴"三个方向的运动而外，样品台还可实现"旋转和倾斜"，五个轴的控制手柄分别布置在样品舱的正面和顶面（见图 2-20）。样品舱的两侧及后方分别用来安装各种功能的探测器，本机上安装的探测器有背散射电子探测器（样品舱右侧，见图 2-20）、温度控制台（样品舱左侧，见图 2-20）、二次电子探测器（样品舱左

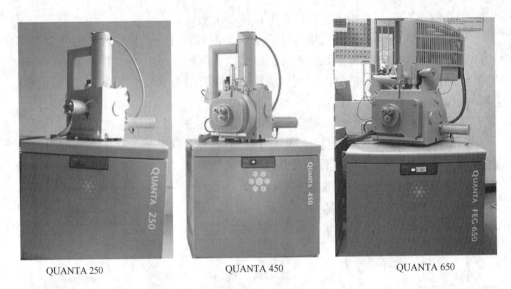

QUANTA 250   QUANTA 450   QUANTA 650

图 2-19　FEI 公司 QUANTA 系列 250、450 及 650 电镜外形比较

（250、450 图来自于 FEI 公司，650 为本实验室实拍图）

后侧，见图 2-20）、能谱仪探测器（样品舱后侧，见图 2-20）。另从样品舱右侧可看到，在背散射电子探头的上方仍有两个预留接口未被占用，即在有需要的情况下可启用这两个接口安装更多功能的部件以实现更多的功能，如背散射衍射、原位加载等。

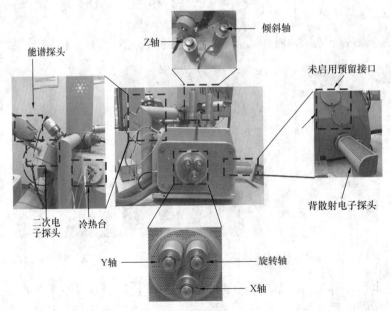

图 2-20　FEI QUANTA FEG 650 环境扫描电子显微镜样品舱外视图

　　样品舱内部的主要部件是样品台，以及各种不同功能探头的布置（见图 2-21）。信号的收集效率和相应检测器的安放位置和角度有很大关系，因此样品舱越大，越能够实现扫描电镜的多功能和大样品观察。QUANTA650 型号电镜的样品台可实现 X 轴与 Y 轴方向150mm、Z 轴方向65mm 的移动，－5 度到 70 度倾斜以及 360 度范围的连续转动。

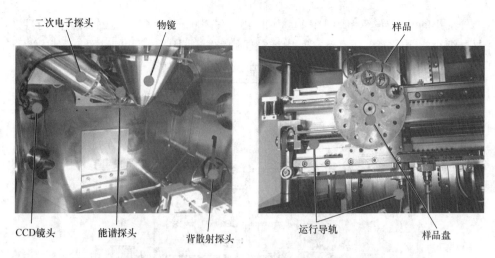

二次电子探头　　　　物镜　　　　　　　　　　　　　　样品

CCD镜头　　能谱探头　　　背散射探头　　　　运行导轨　　　　样品盘

图 2-21　FEI QUANTA FEG 650 环境扫描电子显微镜样品舱内视图

2.2.5　真空系统

扫描电镜中的多个部件，需要在较高真空中才能较好的工作，为使电子枪具有较高的寿命、较高的亮度以及产生稳定的电子束流，电子枪在工作与未工作时均需要保持在较高的真空中，而普通的电子探测器也需要在一定的真空环境中才能具有较好的效果。因此每一台扫描电镜均需要配置性能、稳定性优良的真空系统。最普通的钨灯丝电镜至少配备一级真空系统，即钨灯丝、透镜和样品舱均处于一个相连通的空间内，如图 2-22 所示。在试验时，将样品放置在样品台，关闭舱门之后，开始抽真空，当达到预定值之后，才能够打开电子枪进行试验。当试验结束时，关闭电子枪，而后放掉真空。一级真空系统的电镜在试验时，每次更换样品均需要开关电子枪，且电子枪频繁地在高真空与环境气压之间转换，很不利于电子枪的保养。

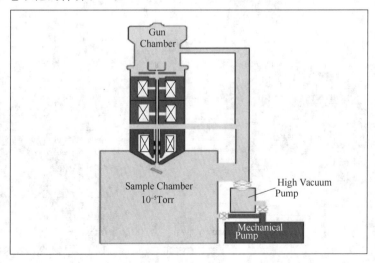

图 2-22　扫描电镜单级真空示意图（图像来自于网络）

因此为了使电子枪保证较长的寿命和较高的使用效果，电镜逐渐发展出多级真空系统，如图 2-23 所示。即电子枪、透镜和样品舱分别处于不同的真空中，各级真空之间由一个十分细小的阀门连接，阀门在未工作时处于关闭状态，只有在工作时将阀门打开，电子束通过细小的阀门进入样品室。其中样品舱因频繁地需要进行更换样品，其内的真空常在高真空与环境气压之间转换，而镜筒与电子枪内一直保持着较高的真空。

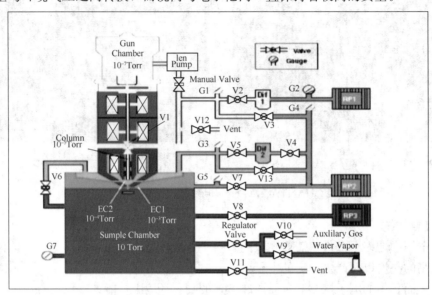

图 2-23　扫描电镜多级真空示意图（图像来自于网络）

场发射扫描电子显微镜的电子枪需要在极高的真空中才能保持较长的寿命、较高的亮度与较稳定的束流，电子枪室的真空度在 10^{-7}Pa 级，透镜中的真空度在 10^{-6}Pa 级，而样品舱内的真空可以在一个较大的范围内连续可调，见图 2-24。现今许多场发射电镜的样

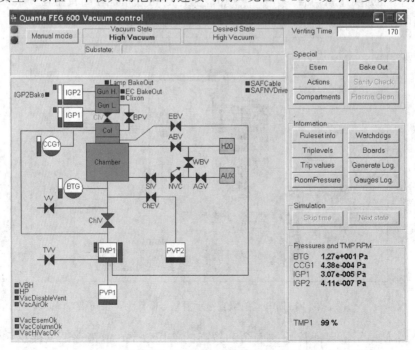

图 2-24　FEI QUANTA FEG 650 环境扫描电子显微镜真空系统

品室内的真空可在5000到10^{-5}Pa内连续可调，可实现高真空、低真空与环境真空三种观察模式，在环境真空与低真空模式下，可实现对未喷镀样品、未完全干燥样品的直接观察。

2.2.6 信号接收、处理及显示系统

扫描电镜中还有一个十分重要的组成部分，信号接收、处理和显示系统。它由各种探测器、信号转换系统、信号放大系统和显示系统组成。各探测器接收到的信号均为电子信号，需要经过一定的后台程序处理，最后才能得到样品表面直观的形貌信息、成分信息与元素信息。

不同的信号需要用不同的探测器进行接收，前面章节中介绍过入射电子与样品相互作用后产生的一系列信号中都携带有样品某方面的信息，这些信息要被我们所解析首先需要有合适的探测器去接收携带这些信息的各种信号，这里简单介绍我们常用的两种探测器：二次电子探测器与背散射电子探测器。

传统 E-T 二次电子探测器：

1956 年，英国史密斯（Smith）首次将光电倍增管与传统二次电子探测器（SED）组合起来接收二次电子，形成了当今电镜上运用最广泛的二次电子探测器基本结构：即前端为闪烁体，后端接光电倍增管。由于最初，该探测器的收集效率较低、图像信噪比（S/N）低，Everhart和 Thornley 两人对该探测器进行了改进，在入射电子接触闪烁体之前将其加速到约10Kv 的能量，并将闪烁体直接贴到光导管的前端，然后再让光信号进入到光电倍增管内。这样的组合使探测器的接收效率与图像信噪比均显著提高，经过他们改进后的该

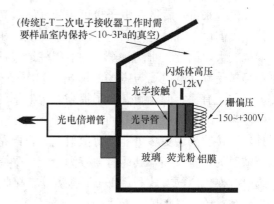

图 2-25 传统 E-T 探测器结构示意图

类型探测器被称为 Everhart-Thornley（简称 E-T）探测器，这种探测器几乎已经成了扫描电镜的标配。其结构如图 2-25 所示，主要有三部分组成：

（1）闪烁体：先在一片洁净无气泡的玻璃表面涂覆一层荧光粉（YSi_2O_7：Ce^{3+}），而后在荧光粉表面镀一层约 70～80nm 厚的铝膜，该层铝膜一方面用作施加 10kV 高压的电极，另一方面也可降低入射杂散光的干扰以提高有用信号的接收效率。工作时，二次电子在高压电位的吸引下加速达到荧光粉上使荧光粉发光，即把电信号转换成光信号，再利用光导管将光信号传输到光电倍增管。

（2）光导管：其作用系将荧光层发出的光信号无缺地传输至光电倍增管。

（3）光电倍增管：光电倍增管（Photo Multiplier Tube，PMT）是一种可把微弱光信号转换成电信号输出，并能够获得很高电子倍增能力的光电探测器件。1934 年，库别茨基首先提出了光电倍增管的设计雏形；1939 年，兹沃雷金制成了光电倍增管器件，紧接着 1942 年，兹沃雷金等人又首先提出将光电倍增管用于电镜上；直到 1956 年，英国的史密斯首先将光电倍增管与 SED 组合来接收二次电子。自此以后，光电倍增管在为提高扫描电镜信号接收效率、增强信噪比、提高分辨率等方面立下了汗马功劳。光电倍增管的原

理如图 2-26 所示，主要部件有三个：光电阴极（K）、光电倍增装置（由数个倍增电极构成，D_1、D_2、D_3、…D_n）、光电阳极（A）。其原理如下：光电阴极 K 在受光照射后释放出光电子，光电子在电场作用下飞向第一个倍增电极 D_1，引起电子的二次发射，电子数量倍增，这些电子在电场的作用下飞向倍增电极 D_2，再次产生倍增，激发比之前更多的二次电子，以此规律不断地倍增下去，到达阳极 A 时，总增益可达 $10^4 \sim 10^7$ 倍。

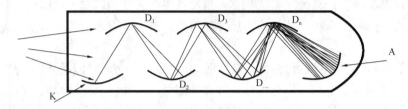

图 2-26　光电倍增管原理示意图

背散射电子探测器：

理论上来讲，背散射电子也可用闪烁体与光电倍增管所组成的 E－T 二次电子探测器来接收。但由于背散射电子与二次电子的能量相差较大，它们在真空中的运行特征、轨迹相异也较大，因此很难用一个探测器很好地兼顾两种信号。二次电子的能量低，其运行轨迹很容易受到周围电场与磁场的影响。如图 2-27 所示，二次电子探测器一般安放在机器侧方，向下有一定的倾斜。为了提高二次电子的收集效率，在其入口处施加一定的偏压，当偏压为正时，将会有更多的二次电子被接收。当偏压为负时，大量的二次电子将会被排斥掉，而接收到的更多可能为背散射电子，但是用这样方式接收背散射电子的效率太低，因背散射的能量较高，其运行轨迹为直线，受周围环境（如 250V 偏压）影响较小，因此若通过改变偏压的方式利用 E－T 探测器来接收背散射电子，则只有往这个方向的极少量的电子被接收。且如图 2-27 所示，大部分的背散射电子的出射方向正面向上，因此背散射电子探测器常安放在样品的正上方，其形状如图 2-28 所示，一般由对称布置的四块、六块或八块闪烁体构成，中间一个小口。

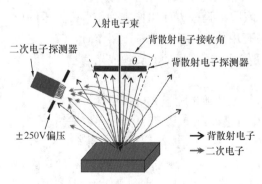

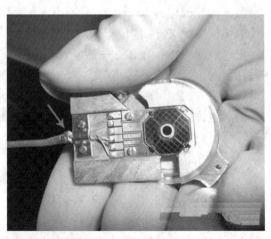

图 2-27　背散射电子与二次电子
运行轨迹及其探测器的安放

图 2-28　一种背散射电子器
（图像来自于仪器信息网）

无论是二次电子探测器还是背散射电子探测器，抑或是其他的本书里未介绍到的探测器，其种类均很多样。不同电镜厂家都有自己的专利产品，且相互之间并不兼容，这里只是介绍了其中最基本的概念，读者若对此有兴趣，可通过互联网或查看相关专业书籍。

2.3 扫描电镜技术参数

2.3.1 放大倍数

扫描电镜的放大倍数是指所用显示屏成像区域的边长与电子束在试样表面所扫描的同方向实际尺寸之比，亦即图 2-17 中的 A 与 a 的比值，即放大倍数 M：

$$M = \frac{A}{a} \tag{2-2}$$

放大倍数基本取决于显示器偏转线圈电流与电镜扫描线圈的电流之比，实际工作中通常是维持显示器的图像偏转线圈电流不变，而通过调节扫描线圈的电流来改变放大倍数。扫描电镜的放大倍数变化范围很广，一般的扫描电镜最大可至十万倍，而场发射扫描电镜的放大倍数最高可至 30 万倍。扫描电镜的放大倍数通常是连续可调的，即可实现在低放大倍数下迅速地浏览、定位物相，找到感兴趣区域，而后在高放大倍数下进行微区成像和分析。

通常人们在做扫描电镜实验时，都一味追求高放大倍数，但放大倍数并不是越大越好，而是应该根据需要与有效放大倍数而定。有效放大倍数的概念是指：人眼分辨率为 0.2mm，若扫描电镜的分辨率为 5nm，那么有效放大倍数即为 40000 倍（0.2mm/0.5nm），若扫描电镜分辨率为 1nm，那么有效分辨率可达 200000 倍。高于扫描电镜最高分辨率计算出来的有效放大倍数的图像并不能增加图像的细节，只是一种虚放，并无太大的实际意义。换句话说，理论上，当我们需要观察的细节是 5nm，那么只要将照片放大至 40000 倍就已经足够；若需要观察细节为 50nm，那么只需要放大至 4000 倍便已经足够。盲目追求高放大倍数只会使得到的图片细节更模糊难辨，且过大的放大倍数使得图像所包含的区域更小，更不具代表性。

有效放大倍数的概念使我们对于电镜的放大倍数有了一个更理性的认识，但实际上我们要分辨某个 5nm 细节时，需要的放大倍数要比有效放大倍数稍大一些，如 60000 到 80000 倍。目前，很多厂家都自称自己的电镜可达 30～50 万倍的放大倍数。

2.3.2 分辨率

分辨率，对于微区成分分析来说，它是指能够分析的最小区域（一般为矩形）；对成像而言，它是指能够分辨两个点之间的最小距离。如何界定"能够分辨两个点之间的最小距离"有一个公认的标准—瑞利准则，如下：

一个物点发出的光波经过透镜系统后，由于衍射与像差的存在，其在成像平面上的投影像为一个圆斑，而非一个点（类似于往水中投掷一石子后形成的水波）。该圆斑的光强度分布及衍射图纹如图 2-29 所示，圆斑中央是亮度最高的圆点，与其相邻的是第一暗环，随后是第一明环和

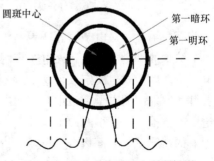

图 2-29　圆点在像平面上所所投影
圆斑的光强度分布示意图

第二暗环，越往外，其强度越低。两个相邻的物点成像后得到的是两个相邻的圆斑，当这两个圆斑相距较远时，二者衍射图纹相互干扰较弱，两个圆斑之间界限明显、清晰可辨，则我们说该两个物点所成的像是可分辨的，如图 2-30a 所示。当这两个圆斑相距太近，衍射图纹相互重叠，如图 2-30c 所示，则为不可分辨。瑞利判据是指，当一个圆斑的强度中心正好落在相邻圆斑的第一暗区时，仍认为是可分辨的，且被认为是分辨率的极限（如图 2-30b 所示），即两个圆斑继续靠近则被认为是不可分辨的（图 2-30c）。达到分辨率的极限之时，两个圆斑的光强度分布叠加曲线（图 2-30 中的虚线所示）的中央强度约等于原圆斑光强度中央峰的 80%，与此相对应的两个物点之间的距离则被称为透镜系统的分辨率。

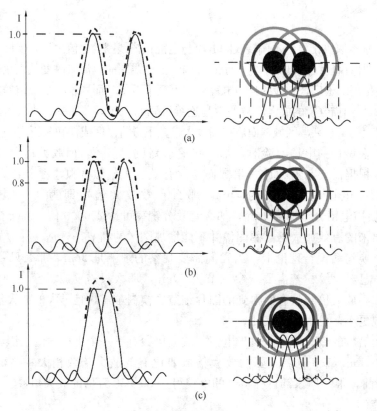

图 2-30　分辨率的瑞利判据示意图

（a）两圆斑可分辨；（b）两圆斑可分辨的极限；（c）两圆斑不可分辨

前面介绍过，从电子枪处产生的较发散的电子束经过三级电磁透镜的缩聚后可达直径为数个纳米的细微电子束，该电子束的直径便是扫描电镜理论上可达的分辨率极限。不同的电子枪发射模式也决定了可达的最小电子束直径，参见图 2-14 可知，四种灯丝中冷场发射灯丝发射出的电子束最小，因而冷场发射灯丝扫描电镜更易实现高分辨。经过推算，理论上电子枪可能获得的最小电子束直径 $d_{\min}$ 可用下面的公式来表示（在不考虑各种球差与像差的情况下，后面将会介绍，分辨率还受到各种像差的影响）：

$$d_{\min} = \left(\frac{4 I_0}{\pi^2 R} \right)^{\frac{1}{2}} \times \frac{1}{\alpha_0} \tag{2-3}$$

式中：I_0 为电流；R 为电子枪亮度；$α_0$ 为孔径角。可以知道，电子束直径与电流成正比，与孔径角和电子枪亮度成反比。场发射灯丝的亮度远高于钨灯丝枪，因而更易减小电子束直径。

电镜厂家标称自己电镜的分辨率之时，说的就是上面的概念，也就是销售工程师在投标书上写的"最高分辨率1nm"指的是他们可将电子束做到的最小直径，这个最小直径——前面讲过——是该仪器所能达到的理论上的最高分辨率，那么实际工作当中我们是否能够得到这么高分辨率（等于束斑直径）的图像呢？实际上，图像的实际分辨率要小于电子束的直径，一方面是由于各种像差与球差的存在，另一方面是由于电子束在试样内部会发生一定的扩散，使得有效激发范围大于入射电子束的直径。图 2-1b 给出了各种不同信号的激发范围，常用的三种信号当中，X射线激发范围最大，其次是背散射电子与二次电子，激发范围增大使得分辨率降低。即便是激发范围最小的俄歇电子与二次电子，它也或多或少发生一定程度的扩散而使得激发直径大于入射电子束的束斑直径，因此从理论上来说，扫描电镜的分辨率不可能越过束斑直径的极限。激发范围还与加速电压、束流和样品平均原子序数（或密度）相关。

图 2-31 给出了加速电压、不同平均原子序数（或密度）的样品中激发范围的关系示意图。对于同一个样品，加速电压越大，激发范围越广；对于同一个加速电压，密度越大的样品中电子的激发范围越小，反之密度越小，电子束在其中的扩散范围越大。所以，这里就在加速电压与高分辨率之间产生了一个矛盾，首先需要通过加大加速电压提高电子枪亮度，提高电子枪亮度一方面可减小束斑直径，另一方面可显著提高图像信噪比，这对于提高分辨率是有利的；但是加速电压提高以后，电子在样品中的扩散便会增大，这又会导致实际分辨率的降低。

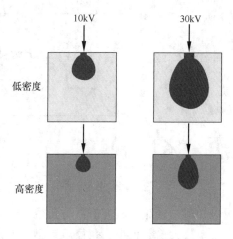

图 2-31　不同加速电压在不同密度材料内的扩散范围示意图

所以，从束斑直径的角度来说，要提高图像的分辨率，我们要选择尽可能小的束斑直径。束斑直径小，电子束在样品中的扩散范围相应也小，理论上可以得到更高的分辨率，但束斑直径减小以后，信号的强度又会降低。另外要减小束斑直径，需要提高电子枪亮度，也就是加大加速电压，加速电压加大以后，电子束的能量提高，其在样品中的扩散又将增大。另外，为了提高电子枪亮度也提高加速电压后，高能电子束对样品的破坏也将增大，致使样品表面微小的颗粒或某些细节的辨识度变差，这也是在试验过程中要密切注意的，时常发生加速电压提高以后样品"粗糙"的表面变得"光滑"。减小束斑直径另一途径是减小束流，束流减小以后又会导致信号质量变弱，图像的信噪比降低，信噪比降低以后，图像的清晰度与分辨能力也变弱。

另外，同样的拍摄条件，不同的样品可以得到的最好实际分辨率也是不一样的。因为密度较低的样品中电子束的扩散比密度较大的样品大，因此密度低的样品在同样拍摄条件下的分辨率永远不及密度较高的样品。以聚合物改性水泥举例来说，聚合物的密度要远低于水泥或骨料，且聚合物较易受到高能电子束的损伤，因此聚合物元素（聚合物颗粒或聚合物薄膜）的成像质量要比水泥水化产物难。

综上所述，扫描电镜的极限分辨率是极难达到的，除了以上列举的原因而外，分辨率还受到像差、调制信号类型、电镜所处环境中的磁场、机械振动等的影响。所以，在进行试验时，应根据样品条件与需求合理地选择有效分辨率进行成像。

2.3.3 景深

景深是指能够对高低不平样品各部位都能同时进行聚焦成像的能力范围，也就是焦点附近上下最清晰图像区域的那段距离。如图 2-32 所示：

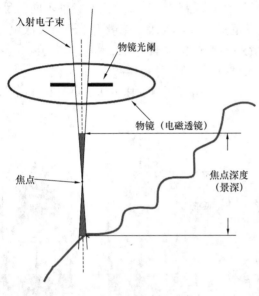

图 2-32　扫描电镜的景深示意图

扫描电镜一大特点是其景深大，远大于光学显微镜与透射电镜，由扫描电镜拍摄出来的图片立体感极强，因此可很好地用来分析断口的微观形貌。图 2-33 对比了光学显微镜与扫描电镜的图像对比，可以看到，同样区域、同样放大倍数下，景深更大的扫描电镜图像中的立体感更强、细节更清晰可辨。

扫描电镜的景深（L）可用以下计算公式来表示：

$$L = \pm \frac{\dfrac{r}{M} - d}{2\alpha} \qquad (2\text{-}4)$$

式中：M 为放大倍数；d 为束斑直径；r 为人眼分辨率极限（一般取 0.2mm）；2α 为物镜孔径角。由式中关系可以知道，景深与放大倍数与孔径角成反比，放大倍数越大、孔径角越大，则景深越小；反之，放大倍数越小、孔径角越小，则景深越大。因此提高景深的措施有二：孔径角不变前提下，减小放大倍数；放大倍数不变前提下，减小孔径角。孔径角的大小取决于物镜光阑的大小与工作距离，三者之间的辩证关系如图 2-34 所示。

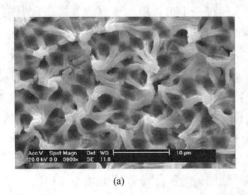

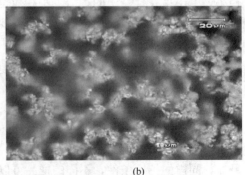

(a) (b)

图 2-33　扫描电镜与光学显微镜图像景深示意图（图像来自网络）

(a) 扫描电镜图像；(b) 光学显微镜图像

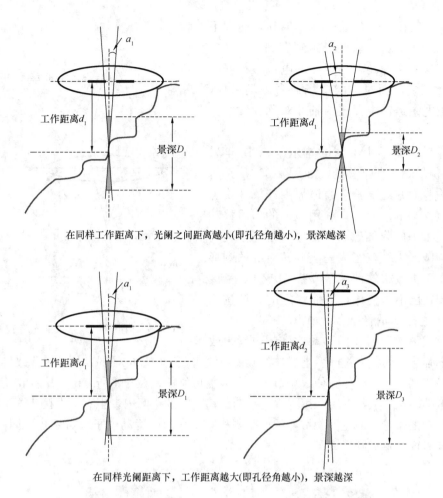

在同样工作距离下，光阑之间距离越小(即孔径角越小)，景深越深

在同样光阑距离下，工作距离越大(即孔径角越小)，景深越深

图 2-34　扫描电镜景深与物镜光阑间距、孔径角、工作距离之间的关系示意图

2.3.4　像散

无论是光学显微镜还是电子显微镜，由于透镜的存在（电子显微镜中的电磁透镜与光学显微就中的玻璃透镜），都存在一定的像差问题。对扫描电镜成像影响较大的有像散、球差及色差三种。

像散（Astigmatism），是指一个物点经过透镜散射后，在相应的高斯像平面上显现的是一个模糊椭圆的现象。象散主要来源是仪器实际使用的电磁透镜与理论设计透镜之间的差距。如透镜材料成分和结构的差异、机械加工上的微弱误差、上下极靴之间不同轴、透镜之间合轴不良、镜筒内部真空度较差及器件表面被污染等都会造成磁透镜的电磁场分布不对称，而导致透镜在不同方位的聚焦能力不同，进而造成在不同方位上的焦点落在理论设计焦点的前后位置，这种由于透镜的非对轴、对称引起的像差称为像散，其光路图如图2-35 所示。相互垂直的两个光路的焦点之间有一个距离 Z_a，这个距离越大，说明像散越厉害，两个距离越近，像质量越高。物点的图像仅在约 Z_a 的一半处形成圆形光斑，而在其他所有位置均形成椭圆光斑。

当有较明显像散存在时，物相会被拉长成椭圆状，影响图像的清晰度与分辨率。像散存在时，一般在较低倍数时并不明显，而到了3000 倍以上时，则能较明显地观察到。为了矫正像散带来的图像畸变，现在的电镜上都安装有消像散器，由面对称的电场或者磁场组成，用来矫正电磁透镜中存在的轴非对称导致的像散问题。

消像散器最早由美国的希尔于 1947 年采用，为机械式的消像散器，如图 2-36（a）所示，在物镜上方的电子束通道周围安放 8 块可里外往返移动的永磁体，利用磁体的前后移动产生强度不一的附加磁场，把原来不完全旋转对称的椭圆形束斑校正成完全旋转对称的圆形束斑。由于机械式的消像散器操作不便、精度较差，现在已不再使用，取而代之的是结构与其相同的电磁式消像散器，如图 2-36（b）所示。电磁式消像散器非用移动磁体的位置来改

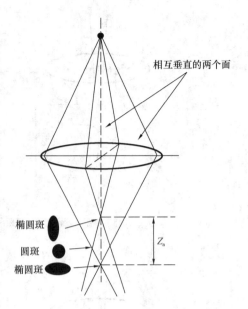

图 2-35　像散存在时形成的光路示意图

变磁场的强弱，而是通过改变电磁体的励磁电流来改变磁场的强弱，用于消除或者减小像散。电磁式消像散器操作方便、调节灵活、性能可靠，现在几乎所有电镜中都在使用电磁式消像散器，它一般都安装在第二聚光镜与物镜之间的空间内，也有的直接装置于物镜中靠近下极靴的位置。通过消像散器的调整，相互垂直面的运动电子束可聚焦在同一位置，从而在像平面处形成圆形束斑。

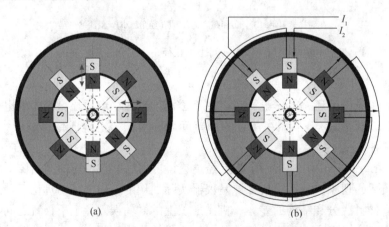

(a)　　　　　　　　　　　(b)

图 2-36　消像散器结构示意图
（a）永磁式八级消像散器；（b）电磁式八级消像散器

2.3.5　球差

球差是一种由透镜本身固有原因导致的一种像差：即近轴磁场对运动电子的折射能力要弱于远轴磁场。如图 2-37 所示，从一物点处发出的电子，有些距离轴较近（称之为近轴光路），有些距离轴较远（称之为远轴光路）。由于近轴磁场与远轴磁场的折射能力不同，近轴（孔径角较小）的电子受到的折射较弱，其焦距较长；远轴（孔径角较大）的电

子受到的折射较强，其焦距较短。也就是说，同一个物点发出的各路电子并没有汇聚在同一个点上，所以导致在设计焦点处的成像平面上所呈现的不是一个点，而是一个弥散圆，这便是球差现象。

球差可用"球差弥散圆直径"与"纵向球差"来度量。电子光学理论计算表明，球差的大小与孔径角的三次方成正比。在不考虑其他因素的前提下，原物点在成像平面上所成弥散圆斑直径可用下式来表示：

$$d = C_s \cdot \alpha^3 \tag{2-5}$$

其中，C_s 为透镜球差系数，α 为透镜的孔径角。

可以知道，弥散圆的直径越大（即球差越明显），扫描电镜的分辨率与图像质量均会受影响，欲提高其分辨率（前面介绍分辨率章节时有介绍影响最终成像分辨率的诸多因素，那是从理论角度；这里所说的提高分辨率则是从仪器制作角度），则必须降小孔径角，亦即使用小的光阑孔径。单纯要减小光阑孔径这并不难做到，但光阑孔径减小以后，电子波的衍射效应增强，这也使得弥散圆直径增大。可见，从仪器制造角度来说，受制于孔径角与衍射效应，为了尽可能提高分辨率，需要在衍射效应与光阑直径之间找到一个平衡，并尽可能减小透镜的球差系数。一台电镜制成以后，其球差系数便已经固定，对于仪器使用者而言，并无任何操作可以减小球差。

2.3.6 色差

由于加速电压的波动，从电子枪处发射的电子的能量、电子束波长并不同一，电磁透镜对不同能量的电子束折射能力也不同，从而导致沿着同一方向运动的电子束在经过电磁透镜后将沿着不同的轨迹运动，聚焦在不同的焦点而导致弥散像斑的形成（见图 2-38）。色差问题在我们的日常生活中也比较常见，比如白光经过棱镜的折射后便相互分离而成漂亮的七色光束，雨后阳光经过液滴折射后形成美丽的彩虹均是色差现象。

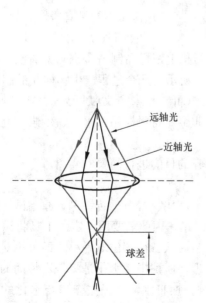

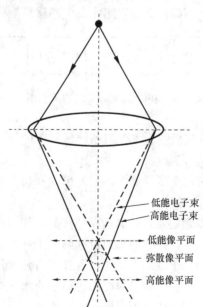

图 2-37　扫描电镜中球差示意图　　图 2-38　扫描电镜中色差光路示意图

第3章　扫描电镜的样品制备及试验方法

3.1　扫描电镜样品制备

样品制备技术对最终的结果影响非常大，可以说制备是否合格、良好的样品对图像质量起着决定性作用。且不同类型的样品，需要的制备技术、方法和参数是不一样的，多年来，大家对于如何制备样品才能得到较理想的结果这一课题进行了大量的研究，制样技术、制备材料与设备都持续发生着改进，从本章节后列举了大量关于样品制备的文章便可见一斑。总体而言，对一台普通的扫描电镜而言，从保证仪器良好性能和得到较好结果两方面来说，扫描电镜的样品以及样品制备应当满足以下几个要求：

1）样品要充分、绝对的干燥，不含自由水。

2）样品结构要稳定，能够承受一定的真空和高能电子束的轰击而不发生破坏或分解。

3）样品表面要比较平整。

4）样品要足够洁净，表面没有碎屑、灰尘和油污。

5）样品要具有良好的导电性，对于一些不导电的样品，要在表面进行导电层的喷镀，使其具有良好的导电性，越高的放大倍数和分辨率需要样品的导电性越好。

6）样品要固定好，不松动；否则在较高的倍数下，样品易发生漂移，成像不稳。另外，导电性不好也会导致图像发生漂移。

7）样品不能具有磁性。

从以上几个方面的要求可以知道，扫描电镜样品制备步骤可总体分为如图 3-1 所示的几个过程（生物样品的制备较繁琐（可参见参考文献所列文章[1-4]），这里样品仅针对本实验室、本学科所接触最多的无机非金属材料样品（水泥、砂浆、混凝土、黏土、岩石类）为例[5-9]：

图 3-1　扫描电镜样品制备流程示意图

下面对每个步骤需要注意的事项和每个步骤的目的进行简要的介绍。

3.1.1　样品破碎

这个步骤主要针对的是固体样品，如混凝土试块、岩石、砖块等，原始试块的尺寸都较大，扫描电镜样品的平面尺寸约为 $1mm^2 \sim 1cm^2$，因此需要用一定的工具将试块破碎至较小的块，对于混凝土试块，可在进行强度试验后从特征部位取一小块即可；对于进行水化分析的样品，还需要对样品进行中止水化处理，所谓中止水化是将一定龄期的水泥样品浸泡于无水乙醇中（不仅限于无水乙醇），通过置换将水泥样品中未参与水化的自由水置换出来，因其中没有了自由水，水化便会停止，如图 3-2 所示。

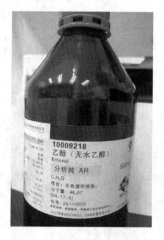

图 3-2　分析醇及中止水化

3.1.2　干燥

　　样品干燥的方式有许多种，烘箱干燥、真空干燥、冷冻干燥等，见图 3-3 所示，对于一些含水较少、体积不大的样品，也可用红外烘烤等进行干燥，以无自由水为准；越干燥、洁净的样品，越能在高真空模式下获得较清晰的照片。相关的电镜工作者发现，未完全干燥的样品，即便是通过在样品室中预抽较长时间真空后再进行试验，其效果仍然不佳[10]。

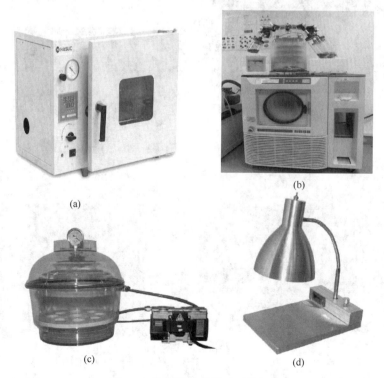

图 3-3　几种常见的样品干燥仪器
（a）实验室常用烘箱；（b）冷冻干燥仪；
（c）一种真空干燥器；（d）试验室用红外烘烤灯

3.1.3 砂纸打磨

针对一些表面不平整和高差较大的样品，直接用导电胶进行固定，固定效果不佳，因此用砂纸预先对其进行打磨，获得一个较平整的面，增加试块与导电胶的接触面积而显著增加样品的稳定。

3.1.4 固定

将样品固定在样品台上（图 3-4a 和 b），可简单分为固体导电胶、液体导电胶与机械固定三种方法。

固体导电胶是最常见和常用也是最方便快捷的一种方法，适用于大部分的固体、粉末样品制备。固体导电胶是一种双面胶（图 3-4d），有碳导电胶、铜导电胶等，将导电胶粘

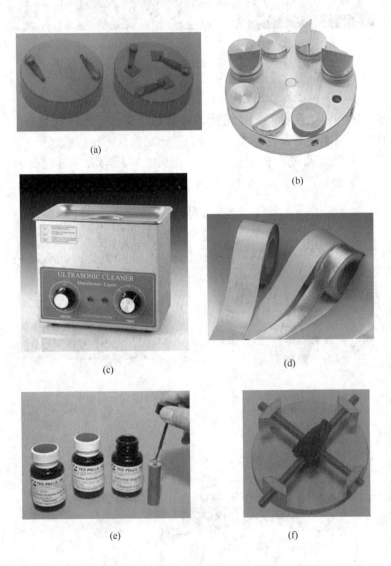

(a)

(b)

(c)

(d)

(e)

(f)

图 3-4　扫描电镜样品制备工具示例（图像来自网络）

（a）机械固定台；（b）各种斜率样品台；（c）超声清洗机；

（d）固体导电胶；（e）液体导电胶；（f）异形样品架（机械固定）

在样品台子上，然后将试样粘在导电胶上进行固定即可，十分简便易行，如今大部电镜实验室采用此方法，可满足80％以上的制样需求；但对于一些非导电样品，用固体导电胶的效果有限，对于一些高倍（大于100000倍）电镜照片，需要用液体导电胶（图3-4e）进行固定，方能得到较清晰的照片[11-12]。

液体导电胶是用某些溶剂将一些导电粉末（如碳粉、银粉等）分散制成一定的导电液，其可在室温下凝固，使用时将一定的导电液滴在样品台上，在其凝固之前将样品轻轻压入其中，待其凝固后便可把样品固定，其导电效果要优于固体导电胶，若导电液变黏稠，可用一定的稀释剂进行稀释。实践表明，10万倍以上的电镜照片，用液体导电胶进行固定，可获得较清晰的照片。

机械固定是指台子上有自带一些夹子和螺钉，用于固定异型试块，表面起伏较大的样品，用导电胶不能很好地保证固定，则用各种机械固定样品台进行固定，局部用固体导电胶或液体导电胶进行连接，如图3-4f)所示的是一个异型样品台举例，此外还有许多种。

3.1.5 除尘去屑

对于一些表面较脏、有粉末粉尘或化学试剂的样品，可在砂纸打磨之后、固定之前用超声清洗器（图3-4c）进行超声清洗，清洗完毕后须进行一定的干燥，为保证干燥迅速，可用无水乙醇等挥发性较快的溶剂做分散剂。待样品固定以后，表面残留的一些碎屑需用高压气枪或洗耳球（图3-5）吹去。须保证样品表面无任何碎屑残留，以免在试验过程中处于真空中的碎屑从样品上掉落，进入样品室中，粘附于内壁或进入磁透镜内，对电镜造成不可逆的损伤。

图3-5　洗耳球与高压气泵

3.1.6 喷镀

对于不导电样品，要进行导电处理，即在样品表面喷镀一层数个纳米厚的导电粉末，可为黄金、铂金或碳，喷镀仪器如图3-6所示。对于不同的样品，所需镀层的厚度也不尽相同，张素新等人对一些地质样品进行试验发现，得出如表3-1所示的一个规律，然这只是具有一定的指导作用，不同的样品和不同的需求所需要喷镀的厚度也不一，如需要较高的倍数，需要导电性较好，则需要较厚的镀层，但是若镀层太厚，会对微观结构产生一定的影响，因此需要综合考虑各种因素选择合适的镀层厚度[13-14]。

图 3-6　镀膜仪

各类非导电样品表面导电镀层的推荐厚度[14]　　　　　表 3-1

样品名称及类型		最佳镀膜方法	最佳镀膜厚度（nm）
矿物	粒状矿物（如石英、锆石）	单层	10～20
	黏土矿物（如伊利石）	双层	30～40
岩石类	致密坚硬的砂岩	双层	40～60
	疏松的砂岩	双层	80～100
	致密坚硬的粉砂岩及泥质岩	双层	30～40
	疏松的粉砂岩和泥质岩	双层	60～80
	碳酸盐岩	单层	40～60
	硅质岩	单层	20～30
古生物类	非球形放射虫	双层	60～80
	带刺的球形放射虫	双层	80～140
	球形放射虫	双层	140～200
	牙形石	单层	10～20
	有孔虫等	单层	20～30
	硅藻	双层	60～80
其他	平行层理面的煤样	单层	20～30
	垂直层理面的煤样	单层	40～60
	干酪根	双层	30～40

3.1.7　不同的形态样品的制备方法

从样品不同的形态对样品制备进行稍详尽的介绍：

（1）固体样品：

扫描电镜非常适合观察和分析固体试样，如果固体样品本身具有导电性，如钢筋断口、钢纤维等，只要其尺寸与质量没有超过样品舱与样品台极限，便可直接将其固定于样品台上进行观察[15]。固体样品的制备比较简便，基本是按照以上给出的步骤进行，对于水泥混凝土和砂浆样品，需要进行水化程度等研究时，样品还须进行终止水化处理。扫描电镜的固体样品制备要比透射电镜便利许多，但制样过程中也有几点需要注意：

1）某些固体样品表面通常会有油污、粉尘等外来污染物或者制样过程中引入的碎屑等污染物。油污在样品舱中的真空环境里容易挥发，粉尘和碎屑也有可能落入样品舱内，对电镜造成污染。因此这类样品进行分析之前，需要用物理的（高压气枪或洗耳球吹去）、化学的（家用洗涤剂或者有机溶剂洗涤）方法洗涤，有条件的可在超声环境下进行清洗；

2）有些需要精确测量壁厚或定量分析的样品，需要进行能谱元素分析的样品，往往需要经过研磨、抛光等处理。

3）对于一些多孔或疏松样品，在研磨之前还需用环氧树脂进行真空镶嵌，待环氧树脂固化后，进入孔隙内部的环氧树脂对结构起一个支撑作用，避免在制样过程中造成的样品破坏。固化后，再按照一定的程序进行研磨、抛光、清洗与镀膜后再进行观察。

4）对于某些断口样品，如水泥、混凝土、高分子、陶瓷与生物等不导电的非金属固体样品，由于其表面的凹凸起伏比较严重，进行镀膜时，需将样品往不同的方位倾斜摆放，且适当减小每次喷镀时间而增加喷镀次数，来增加试样表面的导电性，也要避免喷镀过度。

（2）粉末样品：

干燥良好的粉末样品进行样品制备一般有以下三个方式[16-17]：

1）导电胶直接涂布试样：先在样品台上粘上一小条导电胶带，然后在粘好的胶带上用牙签、棉签或小样品勺挑取少许粉末置于胶带上并把粉末涂布均匀，再把样品台朝下使未与胶带接触的粉末脱落，最后用洗耳球轻吹样品台表面，吹掉粘结不牢固的粉末，这样胶带表面就留下均匀的一层粉末；

2）酒精分散粘附试样：先在样品托上滴一小滴无水乙醇，用牙签挑上少许钨粉置于乙醇中同时把粉末涂布均匀，待乙醇完全挥发后即可用来观察。

3）超声波分散试样：对于一些容易团聚的粉末，可将少量粉末置于塑料杯中，加入适量的无水乙醇，用超声清洗器进行超声处理几分钟，而后用滴管取少量悬浮的粉末乙醇溶液滴到样品台上，待乙醇挥发后便可进行喷镀处理。参见图 3-7。

3.1.8 背散射电子图像分析法样品制备方法

当用背散射电子图像分析法进行精确定量分析时，需要样品的表面具有较高的平整度，因此需要用特殊的制备手段将样品粗糙不平的表面打造平整、光滑。可以说样品的制备的好坏也直接制约着背散射定量分析数据的准确性，下面对制备方法进行简要的介绍。

背散射电子图像分析技术包括样品的镶嵌、磨抛、图像拍摄、图像处理。其中，镶嵌和磨抛为样品制备程序，是获得良好质量背散射电子图像的基础和关键，而背散射电子图像质量的好坏则决定着图像的处理难易度及误差大小。关于背散射电子图像分析法的制样，K O Jellsen 和 P E Stutzman 及其合作者[18]在他们的文章里给出了一些较详细的介绍，现在基本上所有的背散射样品制样都遵循这样一个方法。基本的顺序为：终止水化、树脂镶嵌、切割、磨样、抛光等。背散射电子图像分析法的样品的制备流程如图 3-8 所示，将上述烘干的样品经过镶嵌、磨抛、镀碳等工序处理之后，才能进行拍摄。其中，镶嵌和磨抛的好坏直接影响到图像的质量，因此这两道程序在整个实验中显得尤为重要，接下来将对这些过程分别予以讨论。

镶嵌，是指在一定的条件下，将一种低稠度的环氧树脂嵌入到样品的孔隙之中，在环氧树脂硬化以后，起到支撑样品结构的作用，以防止在磨抛的过程中对样品造成破坏。镶嵌的方法有传统的真空镶嵌法、高压镶嵌法和水－乙醇－环氧置换法等，其中，传统的真空镶嵌法运用最为广泛。本实验室的真空镶嵌仪器为美国标乐公司的冷镶嵌设备

②分散法

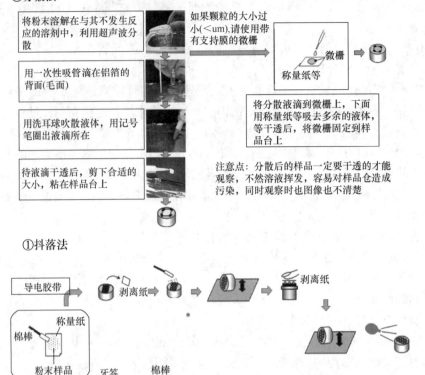

将粉末溶解在与其不发生反应的溶剂中，利用超声波分散

用一次性吸管滴在铝箔的背面(毛面)

用洗耳球吹散液体，用记号笔圈出液滴所在

待液滴干透后，剪下合适的大小，粘在样品台上

如果颗粒的大小过小(<um),请使用带有支持膜的微栅

微栅

称量纸等

将分散液滴到微栅上，下面用称量纸等吸去多余的液体，等干透后，将微栅固定到样品台上

注意点：分散后的样品一定要干透的才能观察，不然溶液挥发，容易对样品仓造成污染，同时观察时也图像也不清楚

①抖落法

导电胶带

剥离纸

剥离纸

棉棒   称量纸

粉末样品

液体导电胶   牙签   棉棒

过早   OK   过晚

图 3-7   粉末样品制备图解（日立工程师罗琴样品制备培训截图）

取样 ＞ 镶嵌 ＞ 磨样 ＞ 抛光 ＞ 洗涤 ＞ 镀碳

图 3-8   背散射电子图像分析法样品制备流程

"CastN' Vac1000"，如图 3-9（a）所示。镶嵌具体的操作流程如下：

(a)   (b)

图 3-9   冷镶嵌设备 CastN' Vac 1000 和镶嵌之后的样品

（a）冷镶嵌设备 CastN'Vac1000；（b）镶嵌之后的样品

（1）首先取出预先终止水化好的块状样品，用砂纸预打磨，露出一个较为平整的面，然后用洗耳球吹去样品表面及孔隙中残留的细渣；

（2）将样品放在模具里，新露出的面朝下；将模具和搅拌好的环氧树脂（加了固化剂）置入真空器中，盖上盖子，插上仪表，开始抽真空；

（3）当真空度达到一定的值之后（本实验中为 0.1bar），停止抽真空。等待 2min 之后，调节转动条将环氧树脂倒入模具中，以环氧树脂刚好淹没样品为准；

（4）环氧树脂倒入之后，马上关闭真空泵，打开气阀，利用内外气压差将环氧树脂尽可能多、尽可能深地压入到样品的孔隙中去；

（5）最后，将模具置于一个平整的桌面上，24h 之后环氧树脂固化后拆模。将镶嵌好的样品（如图 3-9（b）所示）放在干燥箱内，等待磨抛。

影响最终镶嵌深度的因素可分为内在和外在两类，内在因素为样品自身的性质如孔隙率、孔的连通性、龄期等；外在因素是指镶嵌过程中各个参数的选择，如预打磨时砂纸的标号、真空度的选择、达到真空度之后的等待时间、浇筑结束后的等待时间、放气速率等等。

王培铭等人[19]在其文章中对样品的镶嵌进行了详尽的描述，并给出了极具建设性的意见，如在其他参数相同的条件下，预打磨所用砂纸的标号越小，环氧树脂镶嵌深度越深；浇筑结束后应立即放气得到的镶嵌深度越深等。为了达到一个较好的镶嵌效果，本试验中的镶嵌均采用他们建议的参数如：预打磨的砂纸标号为 240，抽真空结束后等待时间为 2min，浇筑结束后立即放气等。同时对他们在试验中未涉及到的因素如龄期、聚合物含量等对镶嵌深度的影响等进行了一些探索。

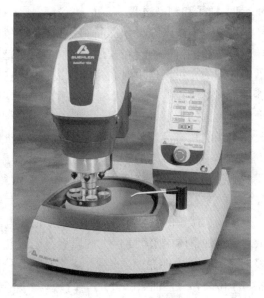

图 3-10　全自动磨抛机

磨样、抛光是整个制样过程中最重要的两个环节，镶嵌好的样品在磨抛机上按照砂纸标号从 240、800、1000、1200、1500 到 2000 号依次研磨，然后用抛光布对样品进行抛光，抛光布的细度从 9μm 到 0.05μm，磨抛过程中用机油和抛光膏做润滑剂，在转盘转动时，机油能带着磨抛过程中掉下来的碎屑在离心力作用下离开磨盘，以防止对样品造成更多的破坏和产生划痕；抛光过程中同时使用相应细度的抛光液。磨抛过程中，需要注意的是磨抛压力和磨盘转速的选择[20]。图 3-10 是一种典型的全自动磨抛机。

样品平光面不够平整、光滑，或产生裂缝或破碎等缺陷的样品直接影响照片的质量并对结果造成显著影响。图所示的是一张从制备欠佳的样品上拍摄的背散射照片，图 3-11（a）中应是一颗未水化颗粒，可以明显看到不良的磨抛工艺使其产生了破坏，颗粒的左半部分已经成了碎片，且加上表面凹凸不平，在用灰度阈值法统计其含量的时候，会带来显著误差（如图 3-11（b））。

导致样品出现图中的裂缝的因素可能有：磨抛力度过大，磨抛时间过长，镶嵌深度过浅，砂纸有缺陷等等。总之，样品制备的五个过程中都存在使样品出现裂缝或其他缺陷的不确定因素，需要制样人员对制样流程十分熟悉、对样品十分了解且在制样过程中足够的细心才能保证最终高质量的图像。

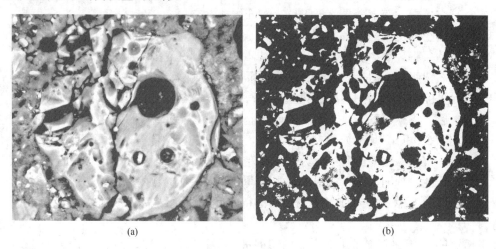

(a)　　　　　　　　　　　　　　　　(b)

图 3-11　样品表面破裂产生裂痕后的图像及其二值图像

（a）样品表面破裂产生裂痕后的图像；（b）二值图像

3.2　扫描电镜成像影响因素

3.2.1　样品和制备过程

可以毫不夸张地说，样品制备的好坏对电镜实验的结果具有决定性的影响，故应根据样品形态和性质的不同而采用相应的制备工艺，以此提高成像质量，前面对样品制备进行了较详细的介绍，这里对制备要求进行一些补充：首先来说，样品制备就是尽可能让样品满足前一条所说的 7 个要求，这几个方面越规范的样品，越能得到较好的结果，而离这 7 个要求越远的样品，越难得到清晰的照片。比如若是样品带有一定的磁性，那么磁性不仅改变电子的轨迹而影响二次电子的收集，同时也有可能对物镜造成一些磁化，那么就会对电镜造成一些不可逆的影响，因此，需要样品是无磁性或者须进行消磁处理，或者规避不了时则须在满足分辨率要求前提下尽可能拉大工作距离。

3.2.2　电镜的因素

电子显微镜的各个部件，包括电子枪，电磁透镜，消像散器，物镜以及真空系统等，都会对电镜的整体成像产生巨大的影响，比如电子枪中，场发射枪产生的亮度要比钨灯丝强很多，因此场发射扫描电镜的照片清晰度要远好于钨灯丝电镜；如果电子枪灯丝不对称或灯丝质量下降时，灯丝加热以后会产生严重偏离，这样电子枪灯丝发射的一次电子几乎全部形成栅流，自给偏压很高，无一次束流打在样品表面，所以也无二次电子激发，讯号接收器就接收不到信号等[21-22]。但这些均是仪器的固定属性，一般而言，普通的用户并不能对此进行一些改变，下面从操作方面讲一讲一个普通的用户可以通过哪些手段改善照片质量。

3.2.3　操作的因素

（1）加速电压

一般扫描电镜的加速电压的范围在 0~30kV，其值越大电子束能量越大，反之越小。加速电压的选用视样品的性质（含导电性）和所需的放大倍率等来选定。一般来说，当样品导电性好且不易受电子束损伤时可选用高加速电压，这时电子束能量高信号强，同时能够在样品中穿透较深（尤其是低原子序数的材料）使材料衬度减小图像分辨率高。但加速电压过高会产生不利因素，电子束对样品的穿透能力增大，在样品中的扩散区也加大，会发射二次电子和背散射电子甚至二次电子也被散射，过多的散射电子存在信号里会出现叠加的虚影从而降低分辨率。

若加速电压过低，则信号强度较低，不能真实地反应样品表面的形貌，如图 2-31 所示，而当加速电压较高时，电子束在样品内部扩散较大（也会在一定程度上对样品表面微形貌造成一定的损伤），会使样品表面的细节丢失，整个画面会显得比较光滑。而只有在选择一个合适的加速电压时，才能既满足分辨率的要求，又在一定程度上真实低反应样品表面微区的形貌特征，如图 3-12 所示，左边是加速电压为 3kV 的照片，右边是加速电压为 30kV 的照片，可以看到，加速电压较低时，样品表面的细节更为丰富，但立体感欠缺，随着加速电压的升高，高压电子的作用会使样品形貌更加清晰，但会掩盖一些细节信息[23]。而对于某些高分子材料、聚合物材料，加速电压过高会对样品造成不可逆的损伤[24]。

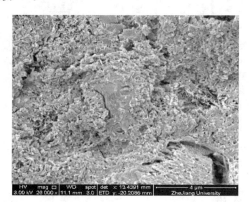

图 3-12　分别加速电压为 3kV，30kV 的 SEM 像

当样品导电性差时，又不便喷碳喷金，还需保存样品原貌的这类样品容易产生充放电效应，样品充电区的微小电位差会造成电子束散开使束斑扩大从而损害分辨率。同时表面负电场对入射电子产生排斥作用，改变电子的入射角，从而使图像不稳定产生移动错位，甚至使表面细节根本无法呈现，加速电压越高这种现象越严重，此时选用低加速电压以减少充、放电现象，提高图像的分辨率。

（2）扫描速度和信噪比

扫描速度的选择会影响所拍摄图像的质量，扫描速度是指在每个像素点停留的时间长短，如果拍图的速度太快则信号强度较弱，因此得到的照片分辨率较低，也就是比较"模糊"。另外由于无规则信号的噪音干扰使分辨率下降，如果延长扫描时间会使噪音相互平均而抵消，因此提高信噪比增加画面的清晰程度。但对于某些样品，扫描时间过长，电子束滞留在样品上一点的时间就会延长，若样品的稳定性较差，则电子束的作用会使材料变形，也会在一定程度上降低分辨率甚至出现假象，特别对生物和高分子样品，观察时扫描速度不能太慢。因此，也要根据样品选择合适的扫描速度，而不是一味低追求高分辨率。如图 3-13 所示，左边是较快速度扫描获得的一张图片，右边是较慢速度，可以看到扫描速度较慢的图像要更加清晰。

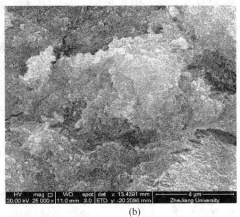

图 3-13　不同扫描速度下获得的同一区域电镜图

(a) 较慢扫描；(b) 较快扫描

（3）束斑直径和工作距离

在 SEM 中束斑直径决定图像的分辨率。束斑的直径越小图像的分辨率越高。一般来讲束斑直径的大小是由电子光学系统来控制，并同末级透镜的质量有关。如果考虑末级透镜所产生的各种相差，则实际照射到试样上的束斑直径 d 为

$$d^2 = d_0{}^2 + d_s^2 + d_c^2 + d_f^2 \qquad (3\text{-}1)$$

式中，d_0—高斯斑直径；d_s—由于透镜球象差引起的电子探针的散漫圆直径；d_c—由于透镜色差所引起电子探针的散漫圆直径；d_f—由于衍射效应所造成电子探针的散漫圆直径。

在扫描电子显微镜的工作条件下：$d_s \gg d_c$，d_f。因此公式（3-1）可以近似为：

$$d^2 = d_0^2 + d_s^2 \qquad (3\text{-}2)$$

因为 d_0 与同末级透镜的励磁电流有关，而后者又与工作距离 WD 有关。WD 越小，要求末级透镜的励磁电流越大，相应的 d_0 越小。此外对于一定质量的透镜来讲，球象差系数也是同工作距离 WD 有关，WD 越小相应的也愈小。因此为获得高的图像分辨率则束斑直径要小，同时需要采用小的工作距离，图 3-14 所示，其他拍摄条件均相同而过大地增大工作距离会使得图像分辨率降低。如果探针电流过高，电子束斑缩小过度，图像中就容易出现噪声。如果要观察高低不平的样品表面，要求很高的焦深，则需要采用大的工作距离，同时需要注意，图像的分辨率会明显降低。对于表面高差较大或凹凸不平的样品，进行高分辨率图片拍摄时，当工作距离足够小时，要注意不用样品与物镜相撞，特别是对一些厂家和型号的电镜，当采用背散射探头成像时，要格外注意。

3.2.4　其他影响

1）反差对比度：图像大的反差会使图像富有立体感，但是过大的反差会损失一些细微结构；图像小的反差会使图像层次丰富和柔和，但是过小的反差也会丧失细节；对于导电的样品在遇到电子后会产生放电现象，使反差降低，因此要根据不同的样品进行自动和

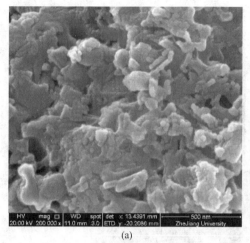 

(a)　　　　　　　　　　　　　　　　(b)

图 3-14　工作距离 11.0mm
(a) 与 33.8mm；(b) 图像对比（放大倍数 200000）

手动调节反差对比度。

2）真空和清洁：真空度不够时会使样品被盖上一层污染物，不能得到高分辨图像，镜筒和物镜光阑被污染，需及时进行清洁处理，否则在图像中会观察到象散，关掉电子束的前后瞬间图像发生位移，严重影响图像质量也会有损仪器的使用。

3）镀金条件的选择：根据不同的样品采取不同的喷镀条件，如喷镀时间、喷镀电流以及喷镀高度来选取合适的镀层厚度。一般对于样品的形貌变化不大的可以采用的镀层，形貌变化大的可以采用厚的镀层。

4）机械振动：电源稳定度和外界杂散磁场会使图像出现锯齿形畸变边缘，特别是在高倍率时更容易观察到。震动造成在不同时记录的象元排列位置随着震动频率发生挪动，从而使图像变得模糊或变形，观察高倍率图像时，相应的震动效应对图像质量的影响更为严重。

5）嘈杂噪声：如机械泵工作声音，除湿机工作声音、拍摄高倍率图像时说话的声音以及手机打电话信号干扰等对图像产生一定的影响，致使图像的分辨率降低或产生一些畸变。

图 3-15 列举了几种拍摄条件不佳时导致的图像不清晰或产生畸变图像的实例。

总之，从制样到电镜拍摄全过程中许多的因素都会对结果产生一定的影响，需要拍摄者对样品有足够的了解，对过程有足够的熟悉，选择合适的参数，才能得到一张质量上佳的好照片。

3.2.5　荷电现象

"荷电现象"是扫描电镜中最常出现的影响图像质量的一种现象，主要是由于样品表面导电性较差导致。电子束与导电性不良的样品相互作用后，会在样品表面形成堆积大量电子的区域或者缺少电子的空穴，造成样品表面形成局部不稳定的电场，进而导致图像中出现白色或黑色区域、条纹。图 3-15b 所示的便是荷电现象导致的图像表面亮度不均问题。由于无机材料样品、混凝土样品、黏土样品等均不导电，且表面起伏较大，很难均匀

图 3-15　几种不理想的扫描电子显微镜图像示例

（a）对比度过大的照片；（b）导电性不均匀时的照片；

（c）对比度较小的照片；（d）图像产生扭曲、畸变

地在其表面喷镀导电层，导致该类样品在试验过程中极易出现荷电问题，因此这里特别将荷电现象独立出来进行介绍。

荷电现象或者又被叫做"放电现象"，可以用基尔霍夫电流定律来进行解释：

$$I_b = (\eta + \delta) I_b + I_{sc} + \frac{dQ}{dt} \tag{3-3}$$

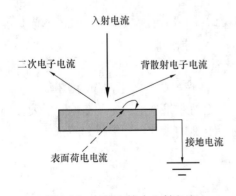

图 3-16　扫描电镜中入射电流、出射电流示意图

即：在某一时刻，流向某一点的电流之和等于流出该点的电流之和。式中：η 为背散射电子产额，δ 为二次电子产额，I_{sc} 为接地电流，Q 为时间 t 内的放电电荷。该公式表面，扫描电镜中入射电子的电流应该等于背散射电子电流、二次电子电流、样品接地电流与荷电电流四者之和（如图 3-16 所示）。

对于表面导电性较差的样品，样品表面堆积的电子不能通过接地线及时地导走，亦即接地电流较小或者为零，此时基尔霍夫电流定律可写为：

$$I_b = (\eta + \delta) I_b + \frac{dQ}{dt} \tag{3-4}$$

亦即，当样品表面导电性较差时，不能形成接地电流，便不可避免存在表面荷电现

象。要消除表面荷电现象（即使$\frac{\mathrm{d}Q}{\mathrm{d}t}=0$），只有满足条件 $\eta+\delta=1$ 时才能够实现完全消除荷电。$\eta+\delta=1$ 即入射电子数量等于为二次电子与背散射电子数量之和。相关研究表明，二次电子与背散射电子产额之和与加速电压之间的关系如图 3-17 所示，$(\eta+\delta)$ 在一定范围内随着加速电压的增大而增大，当增大到一定值（V_1）时，$\eta+\delta=1$。随后随着加速电压升高，$(\eta+\delta)$ 值继续升高，到极限值后又持续下降。

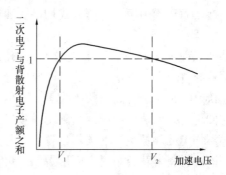

图 3-17　样品中二次电子与背散射电子产额之和与加速电压（电子束能量）关系示意图

由曲线可知，当加速电压为 V_1 与 V_2 时，$\eta+\delta=1$，样品表面电荷平衡，不存在荷电问题；当加速电压小于 V_1 或者大于时，二次电子与背散射电子总数小于入射电子数，表面呈负电位，在负电场作用下二次电子获得加速，使得更多的二次电子被探测器检测到，即在这种情况下，二次电子的图像会显得很亮；当加速电压介于 V_1 与 V_2 之间时，二次电子与背散射电子总数多于入射电子数，样品表面存在过多的空穴，在表面形成一个正点场，这个电场使二次电子减速或被吸收回样品表面，使得被探测器检测到的二次电子减少，从而使电镜图像上的局部较暗或发黑。

而表面导电性良好的样品，样品本身是导体或者表面镀了一层连续导电膜，在其表面产生的荷电电荷可通过接地线及时导走，不存在荷电问题，即 $\frac{\mathrm{d}Q}{\mathrm{d}t}=0$。上平衡式可写为：

$$I_b=(\eta+\delta)I_b+I_{SC} \qquad (3-5)$$

即使 $(\eta+\delta)$ 不等于1，也可通过接地电流的自动平衡来保证公式的成立而不存在荷电问题。而如果样品表面导电性较差，或者导电性不均匀，有些地方导电性好有些地方差，就会导致不同区域存在不同强度正负电场，而使得图像表面明暗分布极度不均匀，不能清晰地进行辨析。如图 3-18 所示。

图 3-18　典型的具有荷电问题的二次电子图像[25]

3.2.6　荷电现象的防治

一般来讲，通过表面镀膜、调整加速电压、使用低电压扫描电镜、改变扫描速度或者采用背散射电子成像模式来改善荷电问题。

（1）镀导电膜

荷电现象的存在，本质是由于样品的导电性能差或者导电性不均匀所致，因此提高样品的导电性能是减小荷电现象的最佳途径。镀膜方式主要有真空镀膜仪与离子溅射仪两种，溅射靶材主要有：碳、黄金与铂金三种。黄金与铂金靶材一般用高真空离子溅射仪来蒸镀，而碳膜用两种蒸镀方式均可。镀膜仪的真空度越高，形成的导电膜颗粒越细、连续性也越好[26]。

　　三种靶材中，铂金可产生效果最佳的导电膜，即颗粒较细且均匀，其次为黄金、碳。单从导电效果来看，越厚的导电膜的导电性越好，可导电膜过厚会覆盖掉样品表面细小的起伏，特别是进行高倍数（大于十万倍）观察时。当用碳导电膜时，放大倍数在50000倍时便可看到明显的颗粒。当碳靶质量较差、镀膜工艺选择不当时，可在样品表面观察到大小不均匀的颗粒组成的碳膜，颗粒尺寸从10nm至200nm不等，如图3-19所示。图3-20是同种材料镀黄金膜时表面形貌图，可以看到，黄金颗粒较碳粒细、分布也较均匀。从图3-19下半部分可以看到，该种材料的表面原始形貌是较光滑的，可较粗的碳颗粒与黄金颗粒完全将原本光滑的表面形貌给覆盖掉，造成涂层表面是纳米涂层的假象[25]。

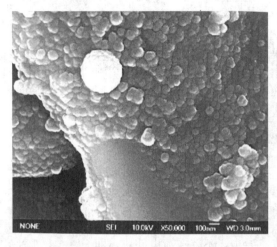

图3-19　镀碳膜氧化钛涂层表面形貌[25]

图3-20　镀黄金膜氧化钛涂层表面形貌[25]

　　曾毅[25]等人在改良了喷镀工艺后对比了黄金与铂金的喷镀效果，结果参见图3-21与3-22。所用材料为代号为SBA-15的一种层状介孔材料，放大倍数均为300000倍，图3-21为未喷镀导电膜图像，可以看到该种介孔材料为层状结构；图3-22a为喷镀铂金导电膜

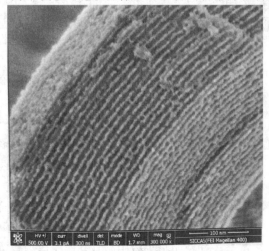

图3-21　未镀膜的介孔材料SBA-15表面形貌

图像，同样的放大倍数下可以看到介孔材料的层状结构层间距由于被铂金颗粒的覆盖而变小、片状结构的厚度变厚，但仍可清晰地辨析并测量该层状结构的尺寸；同样的放大倍数下，镀黄金膜的图像（图3-22b）中，由于黄金膜颗粒较粗，该种层状结构已经几乎完全被覆盖。

　　由以上内容可知，对于不导电材料，为了提高分辨率、减小荷电现象而喷镀导电膜可显著减小荷电现象并提高图像质量。但由于喷镀的材料由纳米颗粒构成，若喷镀参数选择不当或喷镀过度，在较高倍速下进行观察时，纳米颗粒构成的膜结

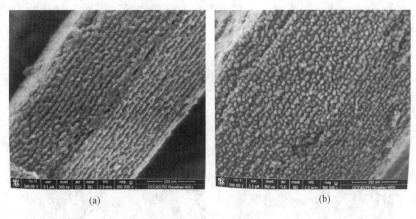

(a)　　　　　　　　　　　(b)

图 3-22　镀铂金膜
（a）与黄金膜；（b）的介孔材料 SBA-15 表面形貌

构会掩盖掉样品表面的真实形态。因此，要根据拍摄需求选择合适的喷镀材料、喷镀方式和喷镀参数。

　　另外，同样的喷镀条件下，不同形态、尺寸的颗粒的效果也是不同的。图 3-23 给出了三种情形，球形颗粒与异性颗粒，直径较大的球形颗粒与直径较小的球形颗粒。真空喷镀或离子溅射仪的靶材一般放置在仪器的顶端，材料位于其正下方，工作时导电颗粒从上往下运动掉落至材料表面。因此对于异形颗粒，只有朝上的面上被导电颗粒涂覆；对于球形颗粒，只有上半球面被涂覆。如图 3-23 所示。制样时，颗粒材料常直接粘于固体导电胶之上，固体导电胶粘于样品台上。为了使颗粒较牢固地粘在导电胶上，用一定的外力将其压入固体导电胶内，压入的深度不大于固体导电胶厚度。在这样前提下，粒径较大（大于或远大于颗粒压入固体导电胶深度）的颗粒表面所镀的导电膜不能与固体导电胶形成有效连接，由于颗粒本身并不导电，因此聚集于颗粒表面的电子并不能及时地通过"导电膜－导电胶－样品台－接地线"这样一个通道给导掉（见图 3-23 中左侧球形颗粒与异性颗粒），对于这些颗粒，荷电现象仍然会十分严重。而粒径较小（小于或远小于颗粒压入固体导电胶深度）的颗粒表面所镀的导电膜能与固体导电胶形成直接的、有效的连接（见图 3-23 右侧所示粒径较小的球形颗粒），对于这些颗粒，则几乎不存在荷电现象。在进行水

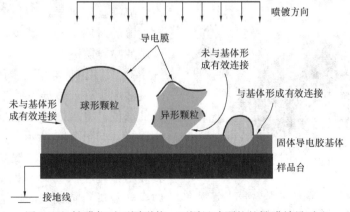

图 3-23　镀膜仪对不同形状、不同尺寸颗粒的镀膜效果对比

泥原材料、粉煤灰原材料、粉末样品、黏土颗粒、细骨料等"颗粒"样品的拍摄时，时常出现如图 3-18 所示的荷电问题。如图 3-24 所示是粉煤灰原材料拍摄过程中常出现的荷电现象导致的图像局部区域过暗或者发亮问题。

图 3-24　粉煤灰原材料拍摄中常出现的荷电现象

为了解决以上问题，可从以下几个方面对喷镀参数进行改良。

1) 倾斜、旋转样品台：对于图 3-23 中所示的较大粒径的球形与异性颗粒，可通过旋转、倾斜样品台从各角度多次进行喷镀，使其产生与固体导电胶基体相接触的有效连接。如图 3-25 所示。现在某些较高级的镀膜仪可在喷镀过程中旋转和倾斜样品台，不能倾斜和旋转台子的，可通过多次喷镀，每次喷镀结束后手动调节样品台倾斜度与角度后再次喷镀，直到异性颗粒各面均被镀。每次喷镀的时间可相对减少，以免造成某些区域的喷镀层过厚。

2) 使用液体导电胶：用牙签、棉棒等工具沾取少许液体导电胶涂抹于未被喷镀到的部位，将表面的导电膜与基体导电胶相连接。如图 3-26 所示。使用液体导电胶可显著减小荷电现象并提高图像质量，实践表明，大于 100000 倍以上的图片采用液体导电胶进行辅助，图像清晰度更高。液体导电胶也能在一定程度上增加小样品的

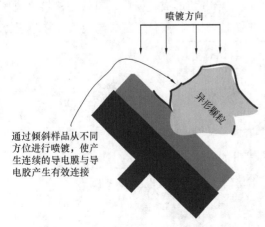

图 3-25　通过倾斜样品使样品表面产生连续导电膜并于导电胶产生有效连接

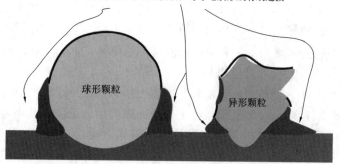

图 3-26　涂抹液体导电胶使颗粒与导电胶基体形成有效连接

稳定性，但液体导电胶的配置需要一定经验，也很容易造成浪费。

3）增加导电胶基体的厚度：对于某些异形颗粒，旋转和倾斜均不能使其被均匀地喷镀，也可采用增加固体导电胶厚度，将颗粒用外力尽可能深地压入导电胶基体内，当压入深度等于或大于球形颗粒半径时，再进行喷镀，便可较容易使导电膜与基体之间有效连接，如图 3-27 所示。有时候也用液体导电胶替代固体导电胶，将液体导电胶涂抹在样品台上，而后将细颗粒洒在液体导电胶上。但过深的压入也会掩盖掉颗粒的部分真实结构信息。

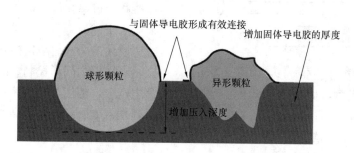

图 3-27　通过增加固体导电胶厚度、增加颗粒压入深度使
导电膜与导电胶形成有效连接

（2）采用低加速电压

荷电现象的本质是样品导电性较差，短时间内在样品表面积聚过多电子无法导掉，一方面需要尽可能地增加样品的导电性，另一方面也可通过减少积聚电子数量，即减小加速电压，来减小荷电现象发生的概率和降低荷电现象的程度。通过图 3-27 可以知道，要避免荷电现象尽可能使加速电压靠近 V_1 或者 V_2，一般来说，观察常见无机材料形貌时，采用 $10\sim20$kV 的加速电压，这个电压远大于 V_2。几种材料的 V_2 值可参考表 3-2 所示。

几种常见材料的 V_2 值

表 3-2

材料	树脂	非经碳	尼龙	聚四氯乙烯	砷化镓	石英	氧化铝
V_2（kV）	0.6	0.8	1.2	1.9	2.6	3.0	3.0

由表 3-2 中数据可知，普通材料的 V_2 值常远低于我们一般用来观察的加速电压，因

此当样品导电性能较差时，便会产生严重的荷电现象甚至样品漂移。试验中，也常采用减小加速电压的方式来减小荷电，但对于一台普通的扫描电镜来说，加速电压的减小必然导致信号数量的减小，信号数量下降必然导致信号质量下降、信噪比降低，这会大大降低图像质量。因此也不能一味地为了控制荷电而降低加速电压，而需要在二者之间寻找一个平衡。通常，一台普通的电镜，需要得到较好的图像信噪比时的加速电压均大于其 V_2 值，因此改善样品的导电性变得尤为重要，调节加速电压只能在一定程度上改善荷电现象。

前面章节有介绍，减小加速电压，电子在样品内的扩散范围将减小；电子束进入样品内的深度越浅、向周围扩散越小，则图像越能反应其表面形态特征；反之，加速电压越高，其反映的更多是样品距离表层越深区域的信息而掩盖掉样品某些表面结构信息。可参见图 3-10。而为了提高分辨率，必须提高加速电压以缩小束斑直径，而过高的加速电压会造成使某些样品的表面微观结构缺失、对某些不稳定的样品造成损害、不导电样品的荷电现象严重等问题。现在一些高性能电镜配有"减速模式"，可以说是完美解决了高分辨率与低电压的问题。所谓减速模式，是指由电子枪处产生的电子束的能量较高（加速电压为 V_0），但该高能电子束通过物镜极靴进入样品舱后被一减速电场减速至较低能量（V_1），使实际到达样品表面的能量较低。如图 3-28 所示，减速模式既能保持高分辨率又保持低电压的优势，近年来运用也越来越广泛。图 3-29 为开启了减速模式与未开启减速模式时图像效果对比，可以看到同样控制着陆电压为 500V，

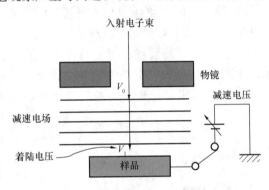

图 3-28　减速模式示意图

用普通模式拍摄时，虽然用低电压完全排除掉了荷电现象，但图像分辨率低，颗粒表面的结构不可清晰地识别；而开启减速模式时，可以清晰地看到颗粒表面的微观结构。本章节图 3-21 与图 3-22 也均采用减速模式拍摄。

图 3-29　低电压下开启减速模式与未开启减速模式图像效果对比[27]

因此，可以知道，在一定程度上降低加速电压可减小荷电现象，但需要一些措施来保证图像的分辨率与清晰度。减速模式是比较理想的方法，但并不是所有电镜都能配备减速模式。

（3）其他

1）采用背散射电子图像模式：由于背散射电子的能量大于二次电子能量，当荷电现

象存在时，能量高的背散射电子的运动受到荷电电场的影响小于二次电子，因此背散射电子的收集并没有受到很大干扰，固可用背散射电子图像来避免荷电现象。

2）采用快速扫描方法：某些时候，为了提高图像信噪比，需要采用较慢的扫描速度进行成像。若样品导电性较差，存在一定的荷电现象，则随着扫描速度的延长，表面电位的稳定性也越差，相应的荷电现象也越明显。此时，在不改变其他参数条件下，可加速扫描，使电子束在每个点的停留时间变短，小于荷电点场的稳定时间，也可有效地避免由于荷电电位的不稳定导致的图像变形、图像漂移、发白等荷电问题。

3）采用高加速电压击穿材料：当对某些微米颗粒进行观察时，在 $10\sim15kV$ 条件下观察有明显的荷电现象存在，此时若降低加速电压，信号强度、信噪比将急剧下降导致图像质量下降，且机器并不配备减速模式。若对颗粒表面微观形貌特征并无要求，则也可通过加大加速电压至 $30kV$，可发现在这个加速电压下荷电现象完全消失了。原因在于在这个加速电压下，微米颗粒被击穿，电子束击穿样品后与导电胶（或样品台）直接连接，所有电子可以通过这个"通道"与样品台形成接地电流，而避免荷电问题的发生。但需要注意的是，这种排除荷电现象的方法有两个前提，第一样品颗粒粒径要足够小（数个微米），否则电子将不能击穿；第二对颗粒的表面微观起伏状况并无要求，因为击穿后的图像颗粒表面的细节尽失，只能得到颗粒轮廓信息。

第4章 建材微观结构创新试验选题及指南

4.1 创新试验选题指南

《建筑材料试验》课程是土木类专业学生的一门专业必修课，传统的建筑材料试验课程重在试验操作与基本技能的掌握，通过对常用建筑材料，如水泥、混凝土、建筑用砂、石、钢筋等的基本性能和测试方法进行熟悉和操作。浙江大学建工学院《建筑材料试验》课程从2009年以来，为使课程更具吸引力、更好地促进试验教学、更好地培养学生动手和思考的能力，从教学模式、教学内容等方面进行了多年的实践和探索，确立了以混凝土为核心的课程体系、完善并实践了"双核心"教学模式，以探究性试验为契机，从宏观力学角度对建筑材料的各项性能进行了探索。随着科学技术的发展，建筑材料的内容在日新月异的同时，建筑材料的研究方法、研究手段、测试仪器也发生了很大的变化。扫描电子显微镜，作为一个强有力的微观结构与成分研究手段，在材料、生物等学科领域运用十分广泛，近年来，在建材、结构、土木、岩土等学科里，用扫描电镜对微观结构进行研究也日渐广泛。通过对建筑材料的微观结构与微观行为进行研究，可从根本上理解材料、构件的宏微观行为并建立起二者的联系。因此，笔者从2013年开始在本科生建筑材料试验中进行微观结构试验的探索实践。通过微观试验，可从以下几方面对建筑材料试验课程的有效性和内涵进行加强：

（1）完善建筑材料试验体系：传统的建筑材料试验，重在对试验操作和技能的掌握；前些年的探究性试验，对建筑材料的宏观力学性能进行了一些探索，形成了一套可持续进行的授课模式。通过本课题的研究，将宏观性能与微观结构相结合，对建筑材料试验原课程体系进行补充和完善，使建筑材料试验课程的内涵更丰富和全面。

（2）增强本科生参与科研兴趣与能力：扫描电镜作为一种先进的微观结构与成分研究手段，在科研工作中发挥着十分重要的作用，但因其特色，其在教学（特别是本科生教学）中发挥的作用十分有限，通过在本科生教学中引入微观结构试验，让学生对材料的认识更加全面、深刻和深入，增强本科生的科研能力与兴趣，为其以后的学习和科研做好一定程度的准备工作。

根据以往的经验，下面给出一些选题的方向供学生参考。

4.1.1 常用建筑材料微观结构试验

这里指对常用建筑材料原材料的微观结构进行观察。在前面"材料四要素"的章节里有介绍材料的"性质"作为三大基础要素之一对最终"使用效能"影响巨大，因此在生产之前真实地了解材料的各项性能就变得尤为重要。扫描电镜可在这个环节中发挥重要的作用，借助于背散射电子图像与能谱分析，我们可以得到原材料微观形貌像、成分像和元素组成等信息。通过观察微观形貌，可以了解原材料的晶体形态、大小及其结合方式，可以直接地观察原材料中是否含有较多的杂质，以及杂质的含量、种类等。

因此通过原材料微观形貌的观察，我们可以对原材料品质进行判断，可在数种原材料之间进行分选。建筑材料的种类繁多，学生可任选数种进行横向对比研究。

4.1.2 水泥水化特征

硅酸盐水泥主要由四大矿物组成，分别是硅酸三钙、硅酸二钙、铝酸三钙与铁铝酸四钙，四种矿物含量的不同会导致水泥的水化特征不同，同一种水泥在不同龄期、不同养护环境下其水化产物特征也不一样。硅酸盐水泥有七大系列，所谓普通硅酸水泥、粉煤灰水泥、矿渣水泥、火山灰水泥等，不同种类的水泥水化特征、水化产物不尽相同。除硅酸盐水泥外，还有很多种特种水泥，铝酸盐水泥、硫铝酸盐水泥、白水泥、油井水泥等，特种水泥中的矿物很多时候与硅酸盐水泥完全不一样，其水化过程、水化产物也与硅酸盐水泥体系完全不同。因此学生可选择一种或数种水泥，选择一种或数种养护方式，在不同龄期时进行试验，通过试验，可对水泥的水化特征、水化产物如何分布、水泥如何获得强度等过程有一个十分清晰的认识。

4.1.3 掺合料与外加剂对水泥的改性

现在的工程实际中，为了使混凝土获得各式各样性能、使混凝土耐久性更佳，我们往往向混凝土内添加各种掺合料、外加剂。常用的掺合料有粉煤灰、矿渣粉、硅灰、纳米颗粒等，外加剂的种类更是繁多，常用的有减水剂、引气剂、保水剂、增稠剂、缓凝剂、速凝剂等。这些掺合料与外加剂，或使水泥水化速度加快或减缓，或者与水泥发生直接的化学反应导致新的水化产物生成，或者改变水泥水化产物形态特征与微观结构。总之，这些被我们称之为"第五组分"与"第六组分"的"材料"如今已经成为混凝土组成材料中不可或缺的一部分。对于它们的研究，仍有漫长的路要走。学生也可选定一种水泥，选择一种或多种掺合料，选择一种或若干种外加剂进行研究。

4.1.4 宏观性能与微观结构相结合

本书第一章里开宗明义，微观结构特征与宏观性能之间相互联系、相互影响，一种材料它最终的目的应是为工程实际服务，也就是需要满足一定的宏观性能。而微观结构研究，也应秉持这样一个理念，即所有微观试验，要么为解释某一宏观性能、要么为定向设计某一宏观性能，微观结构试验万不能脱离宏观试验而存在。因此，学生在进行微观试验之时，也可考虑将二者结合起来研究，在观察微观结构的同时，也进行宏观的力学性能、渗透性能、耐久性能等的测试，将这二者结合起来分析，即可建立起宏观性能与微观结构的联系。

4.2 创新试验案例及论文选登

本节选登两篇往届学生完成的具有一定代表性的优秀论文，供参考。

废砖粉对水泥胶砂力学性能、水化特性与微观结构的影响

张　霄，张尚琳，朱梦佳，谢尚锦，张鑫海

摘　要：研究了废弃红砖粉对硅酸盐水泥胶砂的力学性能与微观结构的影响。研究发现：随着废砖粉掺量的提高，砂浆的强度下降，当掺量大于 20％时，试件的早期强度下降明显；掺量小于 20％时，胶砂的柔韧性提高明显。掺加砖粉后，将导致更多的高硫型水化硫铝酸钙转化为单硫型水化硫铝酸钙。微观图像表明：随着砖粉的加入，针棒状钙矾石晶体尺寸变小、数量减少，而片状 AFm 晶体增多；同时砖粉的掺入减少了水泥用量，可以降低净浆中的水化热，从而起到减少微裂缝的作用。

关键字：废砖粉，水泥砂浆，力学性能，微观结构

Effects of waste brick powders on mechanical properties, hydration characteristics and microstructure of cement mortar

Zhang Xiao，Zhang Shanglin，Zhu Mengjia，Xie Shangjin，Zhang Xinhai

Abstract：Effects of waste brick powders on mechanical properties and microstructures of Portland cement mortar were researched. Results show that the strength of cement mortar is decreased with the addition of waste brick powders increased. Early strength of cement mortar is sharply reduced when the amounts of waste brick powders are over 20％ by weight. The flexibility of cement mortar is enhanced obviously when the mass amounts of waste brick powders are lower than 20％. In the aspect of microstructure，the addition of waste brick powders makes it more likely that the highe-sulfur calcium sulphoaluminate hydrate（Ettringite，AFt）will transfer into single-sulfur calcium sulphoaluminate hydrate（AFm）. The SEM images show that，with the addition of waste brick powders into the mortar，the sizes of AFt are becoming smaller and the amounts of AFt are less，while the amounts of flaky AFm increased. Meanwhile，the decreasing of total amouts of cement leads to the reduction of hydration heat.

Key words：waste brick powder，cement mortar，mechanical properties，microstructure

1　引言

堆积如山的建筑垃圾不仅占用大量土地、污染环境，同时也是对资源的一种极大浪费[1]。如何科学、合理、高效地对建筑垃圾进行再生利用，已成为国内外政府及相关科研

工作者重点关注的研究课题之一。我国建筑垃圾废砖约占建筑垃圾总量的 40%，建筑垃圾废砖可用作再生砂、再生骨料、生产再生水泥和再生砖等[2-6]。然而，由于种种原因其再生利用率极低。

研究表明，磨细砖粉具有一定的火山灰活性[7]。朱锡华[8]曾将掺废弃黏土砖 60% ~ 80% 制造多排孔轻质砌块，成品符合应用于建筑墙体砌块的要求。刘昆[9]等人对建筑垃圾中的废弃砖磨细粉作为复合矿物掺合料的可行性进行研究和分析，试验证明砖粉可以替代二级粉煤灰作为混凝土的矿物掺合料。王原原[10]等人分析了废黏土砖粉取代率和粒径对水泥砂浆工作性和力学性能的影响。王功勋[11]等人测试了陶瓷抛光砖粉对碱集料反应的影响。周传友[12]等人研究了陶瓷抛光砖粉作水泥混合材对水泥相关性能的影响。李炜[13]研究了废砖渣粉磨性能以及废砖粉代替部分水泥对水泥胶砂性能的影响。葛智[14]研究了废黏土砖粉部分取代水泥对混凝土性能的影响，包括抗压强度、抗折强度和收缩等性能。王功勋[15]通过化学结合水量和水化热的测定，研究陶瓷抛光砖粉与水泥熟料的相互作用。冯杰[16]研究了废弃砖制备的砖粉掺合料与矿渣粉、石灰石粉、粉煤灰复合掺入对混凝土耐久性的影响。明阳[17]试验研究了不同砖渣掺量对 C40 混凝土性能的影响，对不同龄期微观结构进行了简要分析。燕芳[18]进行了废弃黏土砖作为硅质原料对熟料烧成及性能的影响研究以及对水泥熟料烧成动力学的影响研究。

本试验研究了废砖粉部分取代水泥时水泥砂浆力学性能的变化，并利用环境电子扫描显微镜（ESEM）对不同砖粉掺量的水泥净浆和砂浆的微观结构进行观察。分析废弃黏土砖粉部分取代水泥制备水泥砂浆的可行性，为建筑垃圾再生利用的进一步研究和工程应用提供参考。

2 试验

2.1 原材料及配合比

废砖粉用球磨机研磨，并用 80 微米孔筛进行筛选，试验所用水泥为普通硅酸盐水泥 P.O 42.5，砂为标准砂，拌合水为试验室用自来水。各试验组材料配比见表 1 所示。

各试验组材料配比 表 1

编号	水胶比	胶砂比	养护时间 (d)	材料用量			
				水泥 (g)	砖粉 (g)	水 (g)	标准砂 (g)
S0	0.5	1/3	3	450	0	225	1350
S1	0.5	1/3	3	405	45	225	1350
S2	0.5	1/3	3	360	90	225	1350
S3	0.5	1/3	3	315	135	225	1350
S4	0.5	1/3	3	270	180	225	1350
M0	0.5	1/3	7	450	0	225	1350
M1	0.5	1/3	7	405	45	225	1350
M2	0.5	1/3	7	360	90	225	1350
M3	0.5	1/3	7	315	135	225	1350

编号	水胶比	胶砂比	养护时间 (d)	材料用量			
				水泥 (g)	砖粉 (g)	水 (g)	标准砂 (g)
M4	0.5	1/3	7	270	180	225	1350
L0	0.5	1/3	28	450	0	225	1350
L1	0.5	1/3	28	405	45	225	1350
L2	0.5	1/3	28	360	90	225	1350
L3	0.5	1/3	28	315	135	225	1350
L4	0.5	1/3	28	270	180	225	1350

2.2 试验

　　根据《水泥胶砂强度检验方法（ISO法）》GB/T 17671—1999[19]测试了水泥的标准稠度用水量和胶砂强度。按照相关标准制作二次电子和背散射微观样品，利用 FEI QUANTA FEG 650 环境电子扫描显微镜（ESEM）对水泥净浆和砂浆微观样品进行观察分析。

　　扫描电镜二次电子图像样品制备过程如下：（1）将已完成的抗压试验的水泥胶砂试块破开，取内部块状体用无水乙醇浸泡 10d（其间换 3 次无水乙醇），试验前一天接着置于恒温 40℃干燥箱中烘干。（2）取出样品，打磨出一个平面：将试块在砂纸上进行平磨，磨平后吹去表面浮灰。（3）将样品粘在样品座上，用导电胶连接样品座与样品，并在表面镀铂金。（4）将样品座放置于扫描电镜内部，进行观察。

　　背散射电子图像分析法样品制备过程较为繁琐，制备过程如下：（1）将已完成的抗压试验的水泥胶砂试块破开，取内部块状体用无水乙醇浸泡 10d（其间换 3 次无水乙醇），试验前一天接着置于恒温 40℃干燥箱中烘干。（2）取出样品，打磨出一个平面：将试块在砂纸上进行平磨，磨平后吹去表面浮灰。（3）用真空法对样品进行树脂镶嵌。（4）24h 后采用自动磨抛机对镶嵌样品进行磨平抛光。设定适当的转速及压力，用金刚石砂纸从低标号到高标号依次对样品进行打磨。之后，用抛光布及配套抛光液对样品进行抛光。（5）样品抛光后经超声波清洗表面、干燥、镀碳，用场发射环境扫描电子显微镜获背散射电子像。

3　试验结果分析

　　用干燥废砖粉等质量代替部分水泥，通过水泥胶砂试验，研究不同砖粉掺量对水泥胶砂强度的影响，其试验结果如表 2 和表 3 所示。

不同龄期各组胶砂试件抗折强度　　　　　　　　　　　　表 2

砖粉掺量（%）	0%	10%	20%	30%	40%
3d 抗折强度（MPa）	5.00	5.09	4.35	3.75	3.16
7d 抗折强度（MPa）	6.93	6.82	6.27	5.00	4.74
28d 抗折强度（MPa）	8.98	9.44	8.96	8.77	7.65

不同龄期各组胶砂试件抗压强度

表 3

砖粉掺量（%）	0%	10%	20%	30%	40%
3d 抗压强度（MPa）	23.15	22.28	18.65	15.40	12.07
7d 抗压强度（MPa）	34.27	34.19	30.73	24.86	22.08
28d 抗压强度（MPa）	52.66	52.89	47.11	45.73	39.53

如图 1 和图 2 所示，水泥胶砂的抗折和抗压强度随着砖粉的掺量增加整体呈下降趋势，尤其是早期强度随着砖粉掺量的增加下降趋势明显。通过对比 3d 抗压强度与 28d 抗压强度的比值随砖粉参量的变化，如图 3 所示，可以发现砖粉的掺入会减缓早期抗压强度的发展，当砖粉掺量超过 20% 时，砖粉对早期强度发展的影响明显增加。

随着试件龄期的增加，不同水泥掺量间的强度差距逐渐减小，7d 龄期时，没有掺入砖粉的试件和砖粉掺入量达 10%、20% 的试件抗压强度都能达到 28d 强度的 65% 左右，砖粉掺入量为 30%、40% 的试件抗压强度大约为 28d 强度的 55%。通过图 4 不难发现，掺入砖粉的水泥胶砂折压比增大，相同强度要求下，掺入砖粉对材料的延性有所提升，其中掺入量在 20% 以内时对材料延性提升效果明显。

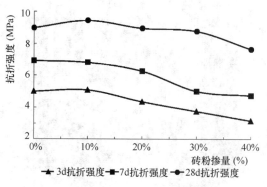

图 1　砖粉掺量与抗折强度的关系曲线

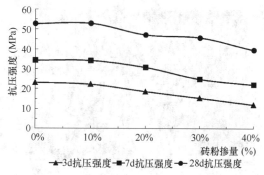

图 2　砖粉掺量与抗压强度的关系曲线

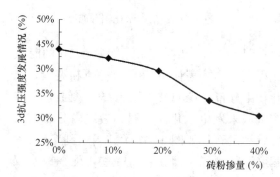

图 3　砖粉掺量与早期抗压强度发展情况的关系图

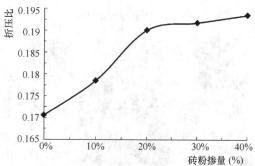

图 4　砖粉掺量与折压比的关系曲线

水泥胶砂试件的强度以及强度的发展变化反映了水泥的水化过程，水泥中水化产物的类型及其变化可以通过 SEM 电子扫描显微镜来观察。

水泥中的水化产物主要有：絮凝状晶体 C-S-H 凝胶、立方晶体或六角形的水化铝酸钙、针棒状钙矾石晶体（AFt）和六方板或层状的 $Ca(OH)_2$，如图 5～图 8 所示。水泥中的石膏完全消耗后，一部分钙矾石将转变为单硫型水化硫铝酸钙（简称 AFm）晶体[20]，如图 9 所示。

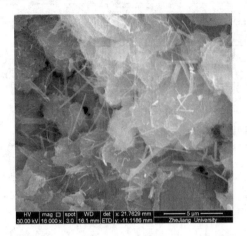

图 5　絮状 C-S-H 凝胶

图 6　针棒状晶体钙矾石（AFt）

图 7　层状的 $Ca(OH)_2$

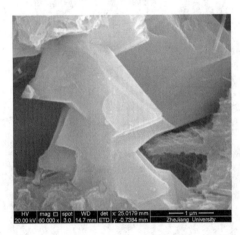

图 8　六边形的水化铝酸四钙

图 9　花瓣状单硫型水化硫铝酸钙（AFm）

从图 10 中可以看出水泥净浆在 3d 的时候水化程度不高，表面有较多的孔隙和裂缝，在水化物中分布有 $Ca(OH)_2$ 和 C-S-H 凝胶，还有很多区域未发生水化。孔洞和裂缝内分布有大量针状钙矾石，如图 11 所示。当达到 7d 时水化程度明显提高，但在仍有一些水泥颗粒水仅周围发生少量水化而中间未水化，如图 12 所示。在水化的交界区域可以看到少量的钙矾石和 $Ca(OH)_2$ 和一些絮状 C-S-H 凝胶，如图 13 所示。当龄期达到 28d 的净浆的水化程度已经较高，水泥颗粒周围可看到大量的均质凝胶，

图 10　3d 净浆电镜照片

图 11　3d 净浆孔洞中针状钙矾石晶体

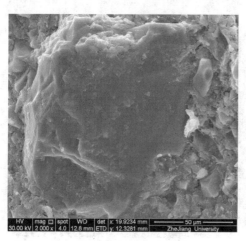

图 12　7d 净浆样本中的水泥颗粒

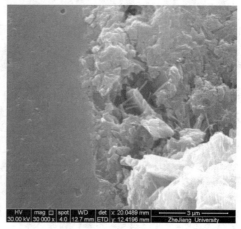

图 13　水泥颗粒水化与未水化的交接处

中间颜色较深的区域是水化程度较低部位，如图 14 所示。

　　3d 龄期的砂浆电镜照片可以看出，水泥浆体与砂粒交界处连接并不紧密，有明显的空隙，空隙周围主要是絮状 C-S-H 凝胶和针棒状钙矾石晶体，如图 15 所示。

　　随着龄期的增长交界处的缝隙变小，7d 时缝隙明显由凝胶填充，其中还掺杂着针状钙矾石晶体，如图 16（a）所示。当掺有一定量砖粉时，缝隙中的钙矾石变成了六角方片状的 AFm 晶体，如图 16（b）所示。28d 时大部分浆体与砂粒交界缝隙被水化产物所填充，如图 17 所示。

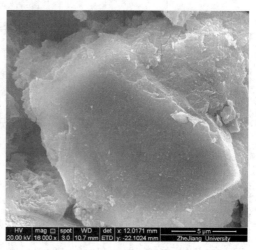

图 14　28d 净浆中的水泥颗粒

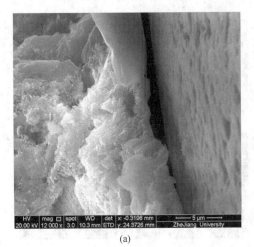 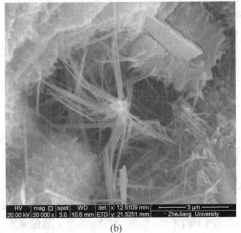

(a)   (b)

图 15   3d 砂浆中浆体与砂粒之间的缝隙及其填充物

(a) 浆体与砂粒之间的缝隙；（b）填充物

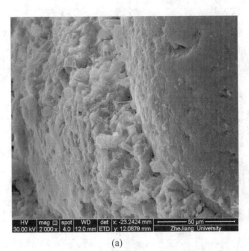 

(a)   (b)

图 16   7d 未掺砖粉的砂浆交界处和砖粉掺量 10％的砂浆交界处

（a）未掺砖粉；（b）砖粉掺量 10％

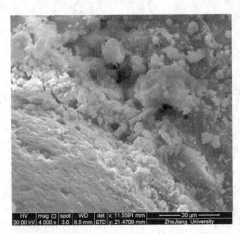

图 17   28d 砂浆交接处

        3d 不同砖粉掺量水泥净浆电镜图相似，在 7d 时可以发现，无砖粉掺入的水泥净浆孔洞中生长有比较粗长的钙矾石针棒状晶体。当砖粉掺入量增加时，孔洞中的钙矾石晶体变细变短，如图 18 所示，当掺入量达到 30％时孔洞中的针状钙矾石明显减少，当掺入量达到 40％时，孔洞中不再有大量钙矾石，而是更多的片状单硫型水化硫铝酸钙（AFm）。据分析砖粉中的铝元素参与了水泥的水化反应，水泥中石膏提供的硫酸根离子有限的情况下，更多的高硫型水化硫铝酸钙转化为单硫型水化硫铝酸钙。

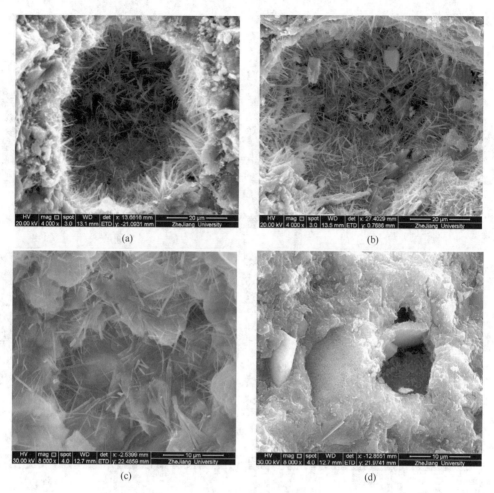

图 18　未掺砖粉及不同砖粉掺量的水泥净浆孔洞中情况

（a）未掺砖粉；（b）砖粉掺量 10％；（c）砖粉掺量 20％；（d）砖粉掺量 40％

　　将放大 500 倍的 28d 水泥净浆电镜图进行比较可以看出，未掺有砖粉的水泥净浆表面分布有较多几微米宽的微裂缝。砖粉掺入量达 10％时微裂缝数量减少，宽度减小。当砖粉掺入量达 30％至 40％时，净浆表面就不再有明显的微裂缝，见图 19 所示。本文分析：微裂缝主要是由水泥水化热导致温度不均引起的，而砖粉的掺入减少了水泥用量，可以降低净浆中的水化热，从而起到减少微裂缝的作用。

4　结论

　　（1）水泥胶砂的抗折和抗压强度随着砖粉的掺量增加整体呈下降趋势，尤其当砖粉掺量大于 20％时，试件的早期强度会收到明显影响；同时掺入砖粉对材料的延性有所提升，其中掺入量在 20％以内时对材料延性提升效果明显。通过试验可以证明，砖粉掺量在 20％以内，可以在对水泥砂浆强度影响不大的同时改善砂浆的力学性能。

　　（2）砖粉中的氯元素会参与水泥的水化反应，导致更多的高硫型水化硫铝酸钙转化为单硫型水化硫铝酸钙，电镜照片中反映出的是针棒状钙矾石晶体形状减小，数量减少，而

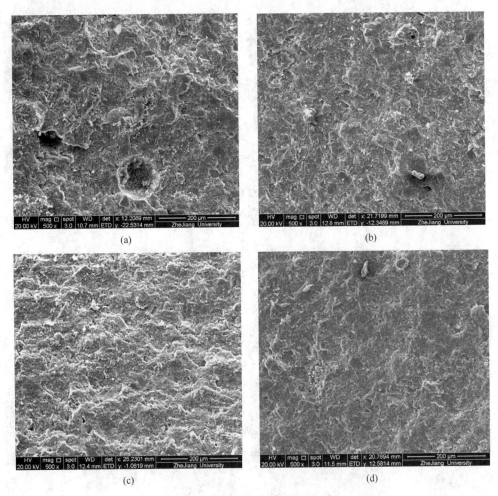

图 19　未掺砖粉及不同砖粉掺量

（a）未掺砖粉；（b）砖粉掺量 10%；（c）砖粉掺量 30%；（d）砖粉掺量 40%

片状 AFm 晶体增多；同时砖粉的掺入减少了水泥用量，可以降低净浆中的水化热，从而起到减少微裂缝的作用。

（3）其中砖粉参与水泥水化具体的化学反应机理还不明确，砖粉对水泥试件强度的影响与微观结构的变化之间的关系还未得到完整的解释。所以在砖粉在水泥水化中起到的化学作用和砖粉对水泥微观结构的影响等方面都还需进一步研究。

参考文献：

[1] 张小娟. 国内城市建筑垃圾资源化研究分析[D]. 西安：西安建筑科技大学. 2013.

[2] Bektas F，Wang K，Ceylan H. Effects of crushed clay brick aggregate on mortar durability[J]. Construction and Building Materials，2009，23：1909-1914.

[3] Paulo B. Cachim. Mechanical properties of brick aggregate concrete[J]. Construction and Building Materials，2009，23：1292-1297.

[4] 芦静，路备战，曹素改等. 建筑垃圾砖粉制备水泥混合材的应用研究[J]. 粉煤灰综合利用，2012，（2）：37-40.

［5］ 郑丽. 废黏土砖粉混凝土的性能研究［D］. 济南：山东大学，2012.

［6］ 王雪，孙可伟. 废砖资源化综合利用研究［J］. 中国资源综合利用，2008，（10）：34-35.

［7］ 燕芳. 废弃黏土砖对再生水泥熟料烧成及性能的影响［D］. 大连：大连理工大学，2013.

［8］ 朱锡华. 利用建筑垃圾生产轻质砌块［J］. 砖瓦，2001，04：41-42.

［9］ 刘昆，刘娟红，冯杰. 废弃砖粉对水泥基材料性能影响研究［J］. 江西建材，2015，（12）：46-50.

［10］ 王原原，郝巍，武新胜，孙仁娟. 废黏土砖粉水泥砂浆力学性能实验研究［J］. 低温建筑技术，2015，（09）：17-20.

［11］ 王功勋，谭琳，聂忆华，田苁. 陶瓷抛光砖粉对混凝土抗氯离子渗透性能的影响［J］. 硅酸盐通报，2012，（06）：1564-1570，1575.

［12］ 周传友，苏达根，王功勋，陈映云，魏丽颖. 陶瓷抛光砖粉作混合材对水泥性能的影响［J］. 水泥，2007，（01）：11-13.

［13］ 李炜，孙南屏，何健恒. 废砖粉水泥胶砂基本性能试验研究［J］. 砖瓦，2014，（02）：3-6.

［14］ 葛智，王昊，郑丽，毛洪录. 废黏土砖粉混凝土的性能研究［J］. 山东大学学报（工学版），2012，（01）：104-105，108.

［15］ 王功勋，谭琳，田苁，聂忆华. 陶瓷抛光砖粉与水泥熟料的相互作用［J］. 硅酸盐通报，2012，（06）：1586-1592.

［16］ 冯杰，刘娟红，刘昆. 废弃砖粉复合掺合料对混凝土强度及耐久性的影响［J］. 江西建材，2015，（12）：83-88.

［17］ 明阳，陈平，刘荣进，李玲. 不同砖渣掺量混凝土试验研究［J］. 混凝土，2012，（01）：123-125.

［18］ 燕芳. 废弃黏土砖对再生水泥熟料烧成及性能的影响［D］. 大连：大连理工大学，2013.

［19］ 国家质量监督技术局. GB/T 17671—1999《水泥胶砂强度检验方法》（ISO 法）［S］. 北京：中国标准出版社，1999.

［20］ 钱晓倩，詹树林，金南国等. 建筑材料［M］. 杭州：浙江大学出版社，2013.

硫酸盐侵蚀对普通硅酸盐水泥净浆微观形貌影响及其机理探究

晏合利，刘雨佳，林学智，赵李阳，张搏锐

摘　要：利用扫描电镜研究了几种常见的硫酸盐侵蚀介质对普通水泥微观结构与水化产物微观形貌的影响。研究发现：各种侵蚀介质均使水泥石微观结构发生了明显的变化。硫酸根离子对水泥石的结构破坏主要是通过使片状水化铝酸钙变成体积膨胀的针棒状三硫型水化硫铝酸钙（即钙矾石），然不同硫酸盐对水泥石的影响机理和程度有所不同。硫酸钙主要通过生成体积膨胀的钙矾石与石膏结晶导致水泥石结构产生微裂纹，而导致破坏；硫酸镁溶液对水泥石的侵蚀是镁盐与硫酸盐的复合作用，除生成钙矾石、石膏外，还有大量氢氧化镁晶体产生，其对水泥石破坏要强于硫酸钙；稀硫酸具有极强的酸性与腐蚀性，对水泥石的腐蚀极为严重，致使水泥石完全失去了结构而呈粉末状。

关键词：水泥微观结构，硫酸镁，硫酸钙，硫酸，侵蚀

Research on the erosion of sulfate on ordinary Portland cement paste: mechanisms and microcosmic morphology

Yan Heli，Liu Yujia，Lin Xuezhi，Zhao Liyang，Zhang Borui

Abstract：Influences of sulfate on microstructures of ordinary Portland cement pastes and hydration products are researched by Scanning Electron Microscopy（SEM）. It is found that the morphology of cement pastes is obviously changed by various erosion medium. The destruction of sulfate on the structure of Portland cement paste is mainly due to the transformation of flaky calcium aluminate hydrate to expansional needle-like calcium sulphoaluminate hydrate（Ettringite）with the concentration of sulfate ions in the solution. The erosion mechanisms of different sulfates on cement pastes are different. Calcium sulfate can destroy the morphology of cement paste by the formation of expansional Ettringite and gypsum，which results in micro-crack and crack propagation. Compared to calcium sulfate，magnesium sulfate can damage the morphology of cement paste even stronger. The erosion of magnesium sulfate on cement paste is a combination of magnesium and sulfate ions. Besides ettringite and gypsum，there are abundant magnesium hydroxide formed，which consumed more calcium sulfate. Dilute sulfuric acid can seriously erode the cement paste due to its strong acidic and corrosive，resulting in completely strengthless of cement paste.

Key words：microcosmic morphology of cement；magnesium sulfate；calcium sulfate；sulfuric acid；erosion.

1 引言

混凝土是当今世界上用量最大的建筑材料，在其组成材料当中，水泥对混凝土性能的影响最大。作为用量最大的水泥品种，硅酸盐水泥硬化后在普通使用环境中具有优良的耐久性能，但在某些侵蚀介质的作用下，水泥水化产物会发生改变，特别是会生成体积微膨胀的水化产物，导致水泥石内部出现微裂缝，当裂缝扩展到一定程度便会致使混凝土结构破坏而失去强度，这种现象称为水泥石的侵蚀。侵蚀介质可能是酸、碱或盐类，常见的侵蚀有氯离子侵蚀（如海水中的氯盐）与硫酸盐侵蚀两大类[1-3]。相较而言，硫酸盐腐蚀更为常见，因为土壤中 SO_4^{2-} 大量存在[4]。硫酸盐对混凝土的腐蚀因其中阳离子的不同而有所不同[5-6]，因此本试验旨在从微观结构的角度探究水泥石在几种常见的硫酸盐侵蚀作用下微观结构的变化规律及其机理。

2 试样制备与试验方法

所用水泥为安徽海螺水泥有限公司生产的海螺牌普通硅酸盐水泥，其化学组成如表 1 所示，水灰比（水与水泥质量比）为 0.4。水泥浆体试样的制备根据《水泥标准稠度用水量、凝结时间、安定性检测方法》GB/T 1346—2011 进行，试样成型后先在室温环境中养护 1d，拆模后放入混凝土标准养护室（温度为 20±2℃，相对湿度大于 95%）中养护 6d。将养护好的水泥试样敲碎，取其中间未接触空气部位分别浸入纯净水、稀硫酸、硫酸钙溶液和硫酸镁溶液中进行侵蚀试验，所有侵蚀性液体的浓度均为 5mol/L，浸泡时间为 7d，侵蚀过程在室温中进行。

普通硅酸盐水泥的化学组成（%）   表 1

Na₂O	MgO	Al₂O₃	SiO₂	SO₃	K₂O	CaO	TiO₂	MnO	Fe₂O₃	ZnO	SrO	烧失量
0.21	1.14	4.99	20.8	2.22	0.66	65.2	0.22	0.05	3.22	0.10	0.13	1.06

浸泡一周后将试块取出，用 40℃ 温度烘干，将表面处理洁净后用导电胶固定至样品台上，喷镀铂金，用 FEI QUANTA FEG 650 场发射环境扫描电镜观察微观形貌。观察参数：高真空模式，加速电压 20kV，束斑直径 3.0mm，工作距离 10.0mm 左右。

3 结果与分析

3.1 纯净水浸泡

作为对照组，一组净浆用纯水浸泡。因纯水浸泡的过程相当于用水养护试件，且水泥水化是一个持续消耗水的过程，因此泡于水中的水泥净浆在供水足够的情况下，水化程度较高。微观结构上可以看到，该组试件水化程度较高，水化产物形态特征比较明显，0.4 的水灰比保证了各水化产物都有足够的空间自由生长（图 1a）。水泥中的几大主要水化产物如六方板或层状的 $Ca(OH)_2$（图 1b）、针棒状钙矾石晶体（图 1c）、立方晶体或六角形的片状水化铝酸钙（图 1d）以及絮凝状的水化硅酸钙凝胶（CSH gel）都清晰可辨。

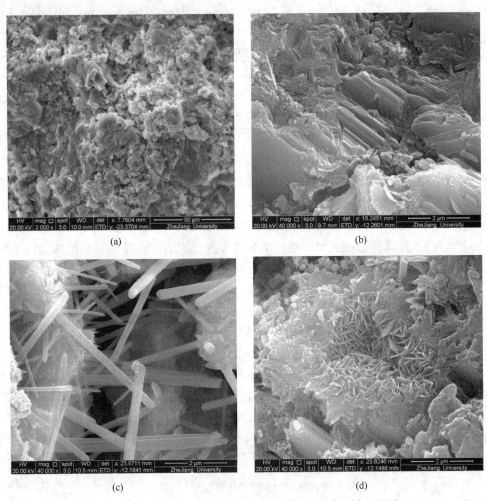

图 1　纯水浸泡水泥净浆的微观结构

(a)浆体形貌；(b)片层状的 $Ca(OH)_2$；(c)针棒状钙矾石晶体(AFt)；(d)片状水化铝酸钙

3.2　硫酸钙溶液浸泡

　　硫酸钙侵蚀对水泥石的侵蚀是由溶于水中硫酸根离子与水泥石中的氢氧化钙反应生成硫酸钙（石膏），硫酸钙再与水泥石中的固态水化铝酸钙反应生成钙矾石，体积急剧膨胀，使水泥石结构破坏。

　　图 2 为硫酸盐侵蚀后的水泥浆体的微观结构，从图 2a 中可以看到，浆体中有大量的钙矾石晶体产生，水化硅酸钙凝胶的结构也有一定程度的破坏，因为钙矾石的大量增生，导致浆体中出现了明显的贯穿裂缝，浆体本身呈现疏松、多孔结构，另浆体中的氢氧化钙已经被完全消耗。图 2b 中看到有大量未转化为钙矾石的硫酸钙晶体，这应是硫酸钙浓度到了一定程度后，直接在浆体表面结晶而成，图 2b 中也能看到明显的裂缝。图 2c 是钙矾石晶体的特写图，图 2d 为钙矾石与硫酸钙晶体特写图。

3.3　硫酸镁溶液

　　机理上来解释，硫酸镁对水泥的腐蚀是镁盐与硫酸盐复合作用，首先镁离子与氢氧化钙反应生成难溶的氢氧化镁（公式1），从而降低液相的氢氧化钙浓度，促使胶凝物质解

图 2　硫酸钙侵蚀后的水泥净浆微观结构

(a)大量的针棒状钙矾石；(b)硫酸钙；(c)钙矾石特写图；(d)钙矾石与石膏晶体

体。除氢氧化镁外，硫酸镁与氢氧化钙或溶液中存在的钙离子与水相互反应生成二水硫酸钙（或二水石膏，见公式2），首先生成的二水硫酸钙体积微膨胀，能对水泥微观结构造成不利的影响，再者二水石膏又与水泥中水化铝酸钙（参见图1d）相互反应生成体积更大的三硫型水化硫铝酸钙（又名高硫型水化硫铝酸钙，俗称钙矾石 AFt，参见公式3），因生成的钙矾石的体积远大于原水化产物，若钙矾石大量生成，则极易造成浆体内部产生微裂纹，导致开裂，直至结构破坏。

$$Mg^{2+}+Ca(OH)_2\longrightarrow Mg(OH)_2+Ca^{2+} \tag{1}$$
$$MgSO_4+Ca(OH)_2+2H_2O\longrightarrow CaSO_4\cdot 2H_2O+Mg(OH)_2 \tag{2}$$
$$3CaO\cdot Al_2O_3\cdot 6H_2O+3CaSO_4\cdot 2H_2O+20H_2O\longrightarrow 3CaO\cdot Al_2O_3\cdot 3CaSO_4\cdot 32H_2O$$
$$\tag{3}$$

因此硫酸镁对水泥浆体的影响是以上二者的复合作用。微观结构上，当放大倍数较小时，硫酸镁溶液侵蚀后的试件与清水浸泡样品没有多大不同，因0.4的水灰比足够大，所以浆体中的孔隙率较大，而生成的体积微膨胀的钙矾石与石膏晶体能够在一定程度上填充这些孔隙，而使得浆体更加密实。但由于某些局部生成的石膏或钙矾石量过大，导致浆体中局部由于应力集中而生成微裂纹，如图 3a 所示。另硫酸镁对于氢氧化钙的侵蚀现象清晰可见，图 3b 中层状氢氧化钙的末端已经开始被腐蚀。另硫酸镁侵蚀后的钙矾石晶体形貌发生了较大的改变，如图 3c 所示，与图 1c 中的针棒状钙矾石相比较，这里的钙矾石呈现出一种柔性特征，相互搭接在一起。同时可见大量的氢氧化镁生成（图 3d）。

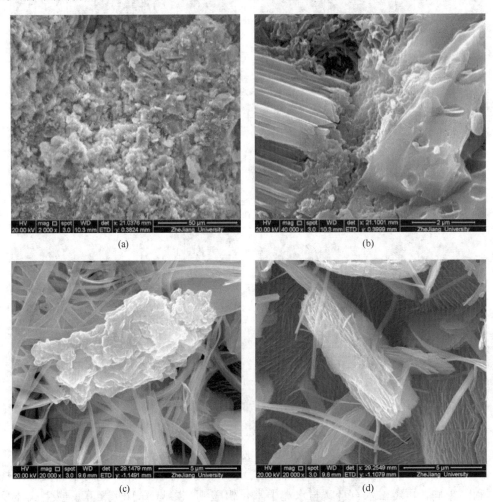

图 3　硫酸镁侵蚀后的水泥微观结构
(a)浆体形貌；(b)被局部腐蚀的氢氧化钙晶体；(c)钙矾石；(d)氢氧化镁

3.4　稀硫酸溶液

与前两种侵蚀介质相比，硫酸的腐蚀最为严重。浸泡至第五天时，两个试件已经全部都变成粉末，沉积在溶液瓶的底部。另外两块没有变为粉末的试件整体十分疏松体积有所变小，且已经完全失去强度。因此在试验时，只能取少量干燥的粉末直接粘贴在导电胶上进行观察。

从机理上分析，水泥浆体中由于存在大量氢氧化钙，使得浆体呈弱碱性，因此任何酸性物质均会对水泥浆体造成一定损害。酸对水泥浆体的腐蚀作用主要在于对水化产物的腐蚀，生成溶于水的物质而使得浆体失去强度。硫酸作为腐蚀性极强的一种侵蚀液，对水泥的腐蚀作用极强，首先硫酸与氢氧化钙反应，生成体积膨胀的硫酸钙，硫酸钙可继续与水化铝酸钙反应，生成钙矾石等体积膨胀产物。

$$H_2SO_4 + Ca(OH)_2 \longrightarrow CaSO_4 \cdot 2H_2O \qquad (4)$$

图4a与4b为2000倍放大情况下的受硫酸腐蚀的水泥石的微观形貌，与图1a中未受腐蚀的混凝土微观形貌相比（均为2000倍）可见，水泥石已经失去整体结构，而呈细粉状。图4c为在酸性腐蚀环境下生成的钙矾石晶体，图4d为石膏结晶。

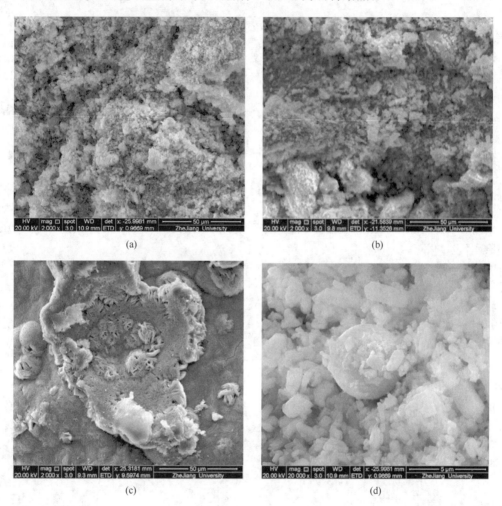

(a)

(b)

(c)

(d)

图4 稀硫酸侵蚀后的水泥净浆微观结构

(a)硫酸侵蚀后的水泥微观形貌；(b)硫酸侵蚀后的水泥微观形貌；(c)钙矾石；(d)石膏

4 结论

（1）纯净水能够在一定程度上促进水泥石的水化，并未带来新的水化产物和内部结构的显著变化，相当于浸水养护，且由于水分充足，水化程度较高，水化产物形态特征明显。

（2）硫酸钙浸泡的水泥石微观形貌中，可见大量的针棒状的钙矾石，同时可见溶液中有大量二水石膏结晶。钙矾石与石膏因其体积较常规水化产物要大，因此导致了水泥石内产生微裂缝。

（3）硫酸镁对水泥石的侵蚀是镁盐与硫酸盐的复合作用，除了生成体积膨胀的钙矾石与石膏而外，还有大量氢氧化镁生成，进一步消耗了浆体中的氢氧化钙，致使水泥石被进一步严重侵蚀。

（4）稀硫酸作为一种强酸对水泥石结构的影响是致命性的，几天的时间便使水泥石变成粉末状，不再具有任何强度。

参考文献：

［1］ 李芳. 混凝土损伤对氯离子渗透性影响研究综述［J］. 低温建筑技术，2017，（05）：7-10.

［2］ 方永浩，余韬，吕正龙. 荷载作用下混凝土氯离子渗透性研究进展［J］. 硅酸盐学报，2012，（11）：1537-1543.

［3］ 袁晓露，周明凯，李北星. 混凝土抗硫酸盐侵蚀性能的测试与评价方法综述［J］. 混凝土，2008，（02）：39-40.

［4］ 严福章，于明国，胡瑾. 盐渍土中硫酸盐对混凝土造成侵蚀的机理综述［J］. 商品混凝土，2014，（08）：31-34.

［5］ 刘赞群，邓德华，Geert DE SCHUTTER，刘运华. "混凝土硫酸盐结晶破坏"微观分析—水泥净浆［J］. 硅酸盐学报，2012，（02）：186-193.

［6］ 梁咏宁，袁迎曙. 硫酸钠和硫酸镁溶液中混凝土腐蚀破坏的机理［J］. 硅酸盐学报，2007，（04）：504-508.

第一篇参考文献

[1] 张钧林，严彪，王德平等. 高等学校教材，材料科学基础 [M]. 北京：化学工业出版社，2006.

[2] 王培铭，许乾慰. 材料研究方法 [M]. 北京：科学出版社，2005.

[3] 贺蕴秋. 无机材料物理化学 [M]. 北京：化学工业出版社，2005.

[4] 赵品，谢辅洲，孙振国. 材料科学基础教程 [M]. 哈尔滨：哈尔滨工业大学出版社，2016.

[5] 谈育煦，胡志忠. 材料研究方法 [M]. 北京：机械工业出版社，2004.

[6] 杨南如，岳文海. 无机非金属材料图谱手册 [M]. 武汉：武汉工业大学出版社，2000.

[7] 黎学润，李晓冬，沈晓冬等. 水泥熟料中硫铝酸钙的定量分析 [J]. 南京工业大学学报（自然科学版），2014，36（06）：42-48.

[8] 李华，孙伟，刘加平. XRD-Rietveld 法用于水泥基材料物相的定量分析 [J]. 混凝土，2013，（01）：1-5.

[9] 赵不琪. 基于 Rietveld/XRD 方法粉煤灰中晶相与非晶相的定量稳定性分析 [A]. 中国硅酸盐学会水泥分会. 中国硅酸盐学会水泥分会第六届学术年会论文摘要集 [C]. 中国硅酸盐学会水泥分会：2016.1.

[10] 冯春花，王希建，李东旭. 29Si、27Al 固体核磁共振在水泥基材料中的应用进展 [J]. 核技术，2014，37（01）：48-53.

[11] 何永佳，胡曙光. 29Si 固体核磁共振技术在水泥化学研究中的应用 [J]. 材料科学与工程学报，2007，（01）：147-153.

[12] 肖建敏，朱绘美，吴锋. 29Si 固体核磁共振技术在 C-S-H 凝胶中的应用进展 [J]. 硅酸盐通报，2016，35（11）：3594-3599.

[13] 章效锋. 显微传：清晰的纳米世界 [M]. 北京：清华大学出版社，2015.10.

[14] 施明哲编著；工业和信息化部电子第五研究所组编. 扫描电镜和能谱仪的原理与实用分析技术 [M]. 北京：电子工业出版社，2015.11.

[15] 章效锋. 显微传：清晰的纳米世界 [M]. 北京：清华大学出版社，2015.10.

[16] 王培铭，许乾慰. 材料研究方法 [M]. 北京：科学出版社，2005.

[17] 曾毅. 低电压扫描电镜应用技术研究 [M]. 上海：上海科学技术出版社，2015.

[18] 曾毅. 扫描电镜和电子探针的基础及应用 [M]. 上海：上海科学技术出版社，2009.

[19] 张大同. 扫描电镜与能谱仪分析技术 [M]. 广州：华南理工大学出版社，2009.

[20] 郭素枝. 扫描电镜技术及其应用 [M]. 厦门：厦门大学出版社，2006.

[21] 杨序纲. 聚合物电子显微术 [M]. 北京：化学工业出版社，2015.

[22] 祁康成. 六硼化镧场发射特性研究 [D]. 成都：电子科技大学，2008.

[23] 高晶，周围，乔良等. 一种用于观察纤毛虫表膜下结构的扫描电镜样品制备新方法 [J]. 中国细胞生物学学报，2011，33（09）：1004-1007.

[24] 杨瑞，张玲娜，范敬伟等. 昆虫材料扫描电镜样品制备技术 [J]. 北京农学院学报，2014，29（04）：33-35.

[25] 洪健. 寄生蜂触角的扫描电镜样品制备技术 [A]. 中国电子显微镜学会. 第三届全国扫描电子显微学会议论文集 [C]. 中国电子显微镜学会，2003.2.

[26] 谢风莲，汤建安，胡汉华. 单用叔丁醇和戊二醛的扫描电镜样品制备技术探讨 [J]. 新疆医科大学学报，2009，32（12）：1735.

[27] 徐伟，陈寿衍，田言等. SEM 在矿物学领域中的应用进展 [J]. 广州化工，2014，42（23）：30-32.

[28] 张梅英. 利用扫描电镜研究土的微结构有关问题 [A]. 中国电子显微镜学会. 第三次中国电子显微学会议论文摘要集（二）[C]. 中国电子显微镜学会，1983：1.

[29] 周福征. SEM 在建筑材料方面的应用技术 [A]. 中国电子显微镜学会. 第四次全国电子显微学会议论文摘要集 [C]. 中国电子显微镜学会，1986：1.

[30] 吴宗道，周福征，蔡可玉. 建筑材料研究中扫描电镜样品的制备 [J]. 电子显微学报，1988，（04）：42-46.

[31] 路菊，王莉，黄文琪等. 建筑材料的扫描电镜样品制备技术与观察 [J]. 电子显微学报，2005，（04）：388.

[32] 曹惠. 导电性较差样品扫描电镜优化观测条件 [J]. 中国测试，2014，40（03）：19-22.

[33] 毛丽莉. 扫描电镜测试中纳米样品制备的研究 [J]. 实验科学与技术，2017，15（02）：17-19.

[34] 屈平. 超微粉末的扫描电镜观察法 [A]. 中国电子显微镜学会. 2006 年全国电子显微学会议论文集 [C]. 中国电子显微镜学会，2006：2.

[35] 郑东. 扫描电镜非导电样品的等离子溅射镀膜方法 [A]. 北京市高等教育学会实验室工作研究会. 北京高教学会实验室工作研究会 2007 年学术研讨会论文集 [C]. 北京市高等教育学会实验室工作研究会，2007：3.

[36] 张素新，严春杰，路湘豫，肖少泉. 各类非导电地质样品最佳镀膜方法和最佳镀膜厚度的研究 [J]. 电子显微学报，1999，（04）：456-461.

[37] 贾朋涛，张红强，程玉群. 扫描电镜样品制备及地质应用 [J]. 中国石油石化，2016，（21）：13-14.

[38] 路菊，陶忠芬，可金星. 悬浮状物质的样品制备及扫描电镜观察 [J]. 第三军医大学学报，2007，（04）：368-369.

[39] 刘徽平. 三种钨粉样品制备方法对扫描电镜成像的影响 [J]. 现代测量与实验室管理，2010，18（01）：21-22

[40] Kjellsen K O，Monsøy A，Isachsen K. Preparation of flat-polished specimens for SEM-backscattered electron Imaging and X-ray microanalysis--importance of epoxy impregnation. Cement and Concrete Research，2003，33（4）：611-616.

[41] 王培铭，丰曙霞，刘贤萍. 用于背散射电子图像分析的水泥浆体抛光样品制备 [J]. 硅酸盐学报，2013，41（02）：211-217

[42] 王培铭，彭宇，刘贤萍. 聚合物改性水泥水化程度测定方法比较 [J]. 硅酸盐学报，2013，41（8）：1116-1123.

[43] 王培铭，许乾慰. 材料研究方法 [M]. 北京：科学出版社，2005.

[44] 郭素枝. 扫描电镜技术及其应用 [M]. 厦门：厦门大学出版社，2006.

[45] 刘天福. 电镜扫描附件土壤样品制备方法试验 [J]. 陕西农业科学，1987，（04）：38

[46] 杨序纲. 聚合物电子显微术 [M]. 北京：化学工业出版社，2015.

[47] 曾毅. 低电压扫描电镜应用技术研究 [M]. 上海：上海科学技术出版社，2015.

[48] 余卫华，陈士华，李江文等. 辉光放电离子溅射在扫描电镜样品制备中的应用 [J]. 冶金分析，2011，31（03）：6-10.

[49] 曹惠，林美玉. 制样条件对介孔硅扫描电镜图片的影响 [J]. 中国测试，2014，40（06）：38-41.

第二篇　建筑材料宏观特性

第5章 概　述

建筑材料在建设工程中有着举足轻重的地位。水泥、混凝土是建筑材料中最重要的无机材料，大量的其他无机、有机材料也常以其为载体实现应用的同时也有效改善了其性能。

砂、石约占混凝土体积的 2/3～3/4，在混凝土中起骨架作用，分别称为细骨料（细集料）和粗骨料（粗集料），颗粒粒径小于 5mm 的骨料称为细骨料，颗粒粒径大于 5mm 的骨料称为粗骨料。水和胶凝材料在混凝土硬化前，包裹骨料表面并填充骨料之间的空隙，具有润滑作用，赋予混凝土拌合物和易性，便于搅拌、运输和施工；硬化后，胶凝材料将骨料胶结成一个坚实的整体，使混凝土具备强度。

混凝土组成材料的特性及相互间的物理和化学作用，在环境、龄期等因素的影响下，使混凝土拌合物特性、力学性能、耐久性能产生变化。进行创新试验研究时，可从材料、工艺、环境等不同条件下研究混凝土拌合物以及硬化混凝土的性能，可着重于某一个方面，也可进行综合性的试验研究（如图 5-1 所示）。

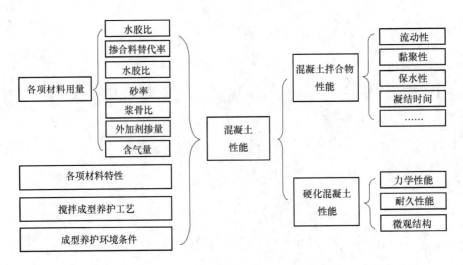

图 5-1　混凝土的性能及影响因素

近些年来，通过浙江省高等教育学会实验室工作研究项目、浙江大学省级示范中心探究性项目、浙江大学建筑工程学院探究性示范项目等的支持，建筑材料试验课程中设置了探究性试验，每年均有大量的学生通过不同程度的参与，强化了对建筑材料、试验研究方法、仪器设备的熟悉和掌握，并获得了较好的成效，为学生进一步开展创新性试验打下了较好的基础。

本篇给出了各种混凝土配合比的设计、拌合、各种试验方法，为创新试验提供了一些可靠工具，当然，也可自行设计试验方法，研究试验方法对结果的影响。最后以水泥基复合材料基本力学性能试验为例介绍了学生创新试验实践全过程，并撰写了一篇论文供学生参考。

第6章 混凝土配合比设计

配合比设计是混凝土试验的基础，设计的配合比必须通过试验验证予以确认才可应用。混凝土配合比设计时应充分考虑土拌合物性能、力学性能、长期性能和耐久性能的要求。混凝土类型众多，设计方法也有较大的差异，本章参照《普通混凝土配合比设计规程》JGJ 55、《粉煤灰混凝土应用技术规范》GB/T 50146、《自密实混凝土应用技术规范》JGJ/T 283、《轻骨料混凝土技术规范》JGJ 51 等现行国家、行业标准，介绍了普通混凝土、高强混凝土、自密实混凝土、粉煤灰混凝土和轻骨料混凝土的配合比设计方法，其他有特殊要求的混凝土宜根据相关规范和工程实际需求进行设计。

6.1 普通混凝土配合比设计

6.1.1 基本要求

1. 配合比设计通过控制水胶比（W/B）、单位用水量（W_0）和砂率（S_p）三个参数，确定 $1m^3$ 混凝土中各组成材料的用量，使配置的混凝土：满足施工要求的和易性；达到设计的强度等级，并具有 95% 的保证率；符合工程所处环境对混凝土的耐久性要求；经济合理，最大限度节约胶凝材料用量，降低混凝土成本。

2. 混凝土所用原材料的性能指标应满足相应的要求，具体可见相关标准。若不能满足，一般通过处理原材料、添加外加剂、调整配合比等方法以使混凝土的性能满足设计目标。

3. 混凝土配合比设计中砂、石料用量指的是其干燥状态下的重量。水工、港工、交通系统常采用其饱和面干状态下的重量。

6.1.2 混凝土配合比设计

1. 确定配置强度

（1）混凝土设计强度等级小于 C60 时，按下式确定配置强度（$f_{cu,0}$）：

$$f_{cu,0} \geqslant f_{cu,k} + 1.645\sigma \tag{6-1}$$

式中　$f_{cu,k}$——混凝土立方体抗压强度标准值，取设计强度等级值（MPa）；

　　　　σ——混凝土强度标准差（MPa）。

（2）强度标准差按下列规定确定：

1）当有近 1~3 个月的同一品种、同一强度等级混凝土的强度资料，且试件不少于 30 组时，强度标准差 σ 可按近期资料计算。同时，C30 及以下强度等级时取值不得小于 3.0MPa，C30~C60 时取值不得小于 4.0MPa。

2）当无近期统计资料时，可按表 6-1 取值。

混凝土强度标准值	≤C20	C25~C45	C50~C55
σ	4.0	5.0	6.0

2. 根据配制强度和耐久性要求确定水胶比

（1）按下式计算混凝土水胶比（W/B）：

$$W/B = \frac{\alpha_a f_b}{f_{cu,0} + \alpha_a \alpha_b f_b} \tag{6-2}$$

式中　α_a、α_b——回归系数，可按表 6-2 取值；

　　　f_b——胶凝材料 28d 胶砂抗压强度（MPa），可实测，也可按下文 2）方法确定。

1）回归系数

回归系数取值表　　　　　　　　　　　　　　　　　　表 6-2

系数 ＼ 粗骨料品种	碎石	卵石
α_a	0.53	0.49
α_b	0.20	0.13

2）当胶凝材料 28d 胶砂抗压强度值（f_b）无实测值时，可按下式计算：

$$f_b = \gamma_f \gamma_s f_{ce} \tag{6-3}$$

式中　γ_f、γ_s——粉煤灰影响系数和粒化高炉矿渣粉影响系数，可按表 6-3 选用；

　　　f_{ce}——水泥 28d 胶砂抗压强度（MPa），可实测，也可按下文 3）确定。

粉煤灰影响系数（γ_f）和粒化高炉矿渣粉影响系数（γ_s）　　　　表 6-3

掺量（%）	粉煤灰影响系数 γ_f	粒化高炉矿渣粉影响系数 γ_s
0	1.00	1.00
10	0.85~0.95	1.00
20	0.75~0.85	0.95~1.00
30	0.65~0.75	0.90~1.00
40	0.55~0.65	0.80~0.90
50	—	0.70~0.85

注：1. 采用Ⅰ级、Ⅱ级粉煤灰宜取上限值；

　　2. 采用 S75 级粒化高炉矿渣粉宜取下限值，采用 S95 级宜取上限值，采用 S105 级可取上限值加 0.05；

　　3. 当超出表中的掺量时，经试验确定影响系数。

3）当水泥 28d 胶砂抗压强度（f_{ce}）无实测值时，可按下式计算：

$$f_{ce} = \gamma_c \cdot f_{ce,g} \tag{6-4}$$

式中　γ_c——水泥强度等级富余系数，可按表 6-4 选用。

　　　$f_{ce,g}$——水泥强度等级值。如 42.5 级，$f_{ce,g}$ 取 42.5MPa。

水泥强度等级值的富余系数　　　　　　　　　表 6-4

水泥强度等级值	32.5	42.5	52.5
富余系数	1.12	1.16	1.10

（2）根据耐久性要求查表，得最大水胶比限值。

（3）比较强度要求水胶比和《混凝土结构设计规程》GB 50010 中耐久性要求水胶比（表 6-5、表 6-6），取两者中的最小值。

混凝土结构的环境类别　　　　　　　　　　表 6-5

环境类别		条　件
一		室内干燥环境；无侵蚀性静水浸没环境
二	a	室内潮湿环境；非严寒和非寒冷地区的露天环境、与无侵蚀性的水或土壤直接接触的环境；严寒和寒冷地区的冰冻线以下与无侵蚀性的水或土壤直接接触的环境
	b	干湿交替环境；水位频繁变动环境；严寒和寒冷地区的露天环境；严寒和寒冷地区的冰冻线以上与无侵蚀性的水或土壤直接接触的环境
三	a	严寒和寒冷地区冬季水位变动区环境；受除冰盐影响环境；海风环境
	b	盐渍土环境；受除冰盐作用环境；海岸环境
四		海水环境
五		受人为或自然的侵蚀性物质影响的环境

结构混凝土耐久性的基本要求　　　　　　　表 6-6

环境类别		最大水胶比	最低强度等级	最大氯离子含量（%）	最大碱含量（kg/m³）
一		0.60	C20	0.30	不限制
二	a	0.55	C25	0.20	
	b	0.50(0.55)	C30(C25)	0.15	3.0
三	a	0.45(0.50)	C35(C30)	0.15	
	b	0.40	C40	0.10	

注：处于严寒和寒冷的二 b、三 a 类环境中的混凝土应使用引气剂，并可采用括弧中的参数。

3. 确定用水量

（1）混凝土水胶比在 0.40～0.80 范围时，每立方米干硬性或塑性混凝土的用水量（m_{w0}）可按表 6-7、表 6-8 选取。

干硬性混凝土的用水量（kg/m³）　　　　　表 6-7

拌合物稠度		卵石最大公称粒径（mm）			碎石最大公称粒径（mm）		
项目	指标	10.0	20.0	40.0	16.0	20.0	40.0
维勃稠度（s）	16～20	175	160	145	180	170	155
	11～15	180	165	150	185	175	160
	5～10	185	170	155	190	180	165

塑性混凝土的用水量（kg/m³）　　　　　　　　表 6-8

拌合物稠度		卵石最大公称粒径（mm）				碎石最大公称粒径（mm）			
项目	指标	10.0	20.0	31.5	40.0	16.0	20.0	31.5	40.0
坍落度（mm）	10～30	190	170	160	150	200	185	175	165
	35～50	200	180	170	160	210	195	185	175
	55～70	210	190	180	170	220	205	195	185
	75～90	215	195	185	175	230	215	205	195

注：1. 本表用水量为用中砂时的取值，采用细砂时，每立方米混凝土用水量可增加 5～10kg；

2. 采用粗砂时，可减少 5～10kg；

3. 采用矿物掺合料和外加剂时，用水量应相应调整。

（2）混凝土水胶比小于 0.40 时，可通过试验确定。

（3）掺外加剂时，对流动性或大流动性混凝土的用水量（m_{w0}）可按下式计算：

$$m_{w0} = m'_{w0}(1 - \beta) \tag{6-5}$$

式中　　m'_{w0}——未掺外加剂时推定的满足实际坍落度要求的每立方米混凝土用水量（kg/m³），以表 6-8 中 90mm 坍落度的用水量为基础，按每增大 20mm 坍落度相应增加 5kg/m³ 用水量计算，当坍落度增大到 180mm 以上时，随坍落度相应增加的用水量可减少。

　　　　β——外加剂的减水率（%），可参考产品说明并经试验确定。

4. 计算每立方米混凝土的胶凝材料用量（m_{b0}）

（1）计算胶凝材料用量：

$$m_{b0} = \frac{m_{w0}}{W/B} \tag{6-6}$$

式中　　m_{b0}——计算配合比每立方米混凝土胶凝材料用量（kg/m³）；

　　　　m_{w0}——计算配合比每立方米混凝土的用水量（kg/m³）；

　　　　W/B——混凝土水胶比。

（2）配制 C15 以上混凝土强度等级时还需查表 6-9，复核是否满足耐久性要求的最小胶凝材料用量，取两者中的较大值。

混凝土的最小胶凝材料用量（kg/m³）　　　　　　　　表 6-9

最大水胶比	素混凝土	钢筋混凝土	预应力混凝土
0.6	250	280	300
0.55	280	300	300
0.50		320	
≤0.45		330	

（3）每立方米混凝土的矿物掺合料用量（m_{f0}）应按下式计算：

$$m_{f0} = m_{b0}\beta_f \tag{6-7}$$

式中　　β_f——矿物掺合料掺量（%），可参照表 6-10 和强度试验确定。

（4）水泥用量（m_{c0}）即为胶凝材料用量减去矿物掺合料用量，$m_{c0} = m_{b0} - m_{f0}$。

矿物掺合料种类	水胶比	钢筋混凝土中		预应力混凝土中	
		硅酸盐水泥	普通硅酸盐水泥	硅酸盐水泥	普通硅酸盐水泥
粉煤灰	≤0.4	45	35	35	30
	>0.4	40	30	25	20
矿粉	≤0.4	65	55	55	45
	>0.4	55	45	45	35
钢渣粉	—	30	20	20	10
磷渣粉	—	30	20	20	10
硅灰	—	10	10	10	10
复合掺合料	≤0.4	65	55	55	45
	>0.4	55	45	45	35

注：1. 采用其他通用硅酸盐水泥时，宜将水泥混合材掺量20％以上的部分混合材量计入矿物掺合料；

2. 复合矿物掺合料各组分的掺量不宜超过单掺时的最大掺量；

3. 采用多种矿物掺合料时，总掺量不超过复合掺合料的最大掺量。

5. 每立方米混凝土中外加剂用量（m_{a0}）按下式计算：

$$m_{a0} = m_{b0}\beta_a \qquad (6-8)$$

式中　m_{b0}——计算配合比每立方米混凝土中胶凝材料用量（kg/m³）；

　　　β_a——外加剂掺量（％），可参考产品说明并经试验确定。

6. 确定合理砂率（β_s）

混凝土砂率的确定应符合下列规定：

（1）坍落度小于10mm的混凝土，其砂率应经试验确定；

（2）坍落度为10～60mm的混凝土，其砂率可根据粗骨料品种、最大公称粒径及水胶比按表6-11选取；

混凝土砂率　　　　　表6-11

水胶比（W/B）	卵石最大粒径（mm）			碎石最大粒径（mm）		
	10.0	20.0	40.0	16.0	20.0	40.0
0.40	26～32	25～31	24～30	30～35	29～34	27～32
0.50	30～35	29～34	28～33	33～38	32～37	30～35
0.60	33～38	32～37	31～36	36～41	35～40	33～38
0.70	36～41	35～40	34～39	39～44	38～43	36～41

注：1. 表中数值为中砂的选用砂率。对细砂或粗砂，可相应地减少或增大砂率；

2. 采用人工砂配置混凝土时，砂率可适当增大；

3. 只有一个单粒级粗骨料配置混凝土时，砂率应适当增大。

（3）坍落度为大于60mm的混凝土，其砂率可经试验确定，也可在表6-11的基础上，按坍落度每增大20mm，砂率增大1％的幅度予以调整。

7. 计算粗、细骨料用量

（1）质量法

$$\begin{cases} m_{c0} + m_{f0} + m_{s0} + m_{g0} + m_{w0} = m_{cp} \\ \beta_s = \dfrac{m_{s0}}{m_{s0} + m_{g0}} \end{cases} \tag{6-9}$$

式中 m_{s0}——计算配合比每立方米混凝土的细骨料用量；

        m_{g0}——计算配合比每立方米混凝土的粗骨料用量；

        β_s——砂率（%）；

        m_{cp}——每立方米混凝土拌合物的假定质量，可取 2350～2450kg。

（2）体积法

$$\begin{cases} \dfrac{m_{c0}}{\rho_c} + \dfrac{m_{f0}}{\rho_f} + \dfrac{m_{s0}}{\rho_s} + \dfrac{m_{g0}}{\rho_g} + \dfrac{m_{w0}}{\rho_w} + 0.01\alpha = 1 \\ \beta_s = \dfrac{m_{s0}}{m_{s0} + m_{g0}} \end{cases} \tag{6-10}$$

式中 ρ_c——水泥密度，可测定，也可取 2900～3100kg/m³；

        ρ_f——矿物掺合料密度，可测定；

        ρ_s——细骨料的表观密度，应测定；

        ρ_g——粗骨料的表观密度，应测定；

        ρ_w——水的密度，可取 1000kg/m³；

        α——混凝土的含气量百分数，在不使用引气类外加剂时，可取 1。

8. 确定初步配合比

配合比的表达方法有以下两种：

（1）根据上述方法求得的 m_{c0}、m_{f0}、m_{s0}、m_{g0}、m_{w0}，直接以每立方米混凝土材料的用量（kg）表示。

（2）根据各材料用量间的比例关系表示：

$$m_{c0} : m_{f0} : m_{s0} : m_{g0} = \frac{m_{c0}}{m_{b0}} : \frac{m_{f0}}{m_{b0}} : \frac{m_{s0}}{m_{b0}} : \frac{m_{g0}}{m_{b0}}，再加上 W/B 值、\beta_s \tag{6-11}$$

9. 配合比的试配

初步配合比必需通过试拌验证。当不符合设计要求时，需通过调整使和易性满足施工要求，W/B 满足强度和耐久性要求。

（1）混凝土的试配应采用强制式搅拌机搅拌，宜与施工采用的方法相同。

（2）试验室成型条件应符合规定要求。

（3）混凝土试配的最小搅拌量应符合表 6-12 规定，并不应小于搅拌机公称容量的 1/4 且不应大于搅拌机公称容量。

混凝土试配的最小搅拌量 表 6-12

粗骨料最大公称粒径（mm）	拌合物数量（L）
≤31.5	20
40.0	25

（4）试拌，检查拌合物的和易性。水胶比宜保持不变，并通过调整配合比等其他参数使混凝土拌合物性能符合设计和施工要求，然后修正计算配合比，提出试拌配合比。

（5）至少采用三个不同的配合比，其中一个应为试拌配合比，另外两个配合比的水胶比宜较试拌配合比分别增加和减少 0.05，用水量与试拌配合比相同，砂率可分别增加和减少 1%。

（6）拌合物的性能应符合设计和施工要求。

（7）进行强度试验时，每个配合比应至少制作一组试件，并应标准养护到 28d 或设计规定龄期时试压。

10. 配合比的调整

（1）绘制强度和胶水比的线性关系或插值法确定略大于配置强度对应的胶水比。

（2）确定每立方米材料用量：

1）用水量和外加剂用量——取试拌配合比中的用水量值，并根据制作强度试件时测得的坍落度值或维勃稠度加以适当调整。

2）胶凝材料用量——以用水量乘以确定的胶水比计算得出。

3）粗骨料和细骨料——取试拌配合比中的细骨料和粗骨料值，根据用水量和胶凝材料用量进行调整。

（3）配合比调整后，应按《水运工程混凝土试验规程》JTJ 270 中快速测定方法测定混凝土拌合物水溶性氯离子含量，并应符合表 6-13 要求。

混凝土拌合物中水溶性氯离子最大含量 表 6-13

环境条件	水溶性氯离子最大含量（水泥用量的质量百分比，%）		
	钢筋混凝土	预应力混凝土	素混凝土
干燥环境	0.30		
潮湿但不含氯离子的环境	0.20	0.06	1.00
潮湿且含有氯离子的环境、盐渍土环境	0.10		
除冰盐等侵蚀物质的腐蚀环境	0.06		

（4）有抗冻要求的混凝土应掺引气剂，含气量符合表 6-14 要求。

混凝土含气量要求 表 6-14

骨料最大公称粒径	混凝土拌合物中含气量（%）	
	潮湿或水位变动的寒冷和严寒环境	盐冻环境
40.0	4.5～7.0	5.0～7.0
25.0	5.0～7.0	5.5～7.0
20.0	5.5～7.0	6.0～7.0

注：含气量指气体占混凝土体积的百分比，采用含气量测定仪对混凝土拌合物进行测试。

11. 确定基准配合比

（1）按下式计算配合比调整后的混凝土拌合物的表观密度（$\rho_{c,c}$）：

$$\rho_{c,c} = m_c + m_f + m_s + m_g + m_w \qquad (6-12)$$

式中　m_c——每立方米混凝土的水泥用量（kg/m³）；

　　　m_f——每立方米混凝土的矿物掺合料用量（kg/m³）；

　　　m_s——每立方米混凝土的细骨料用量（kg/m³）；

m_g —— 每立方米混凝土的粗骨料用量（kg/m³）；

m_w —— 每立方米混凝土的用水量（kg/m³）。

（2）按下式计算混凝土配合比校正系数：

$$\delta = \frac{\rho_{c,t}}{\rho_{c,c}} \tag{6-13}$$

式中　δ —— 混凝土配合比校正系数；

$\rho_{c,t}$ —— 混凝土拌合物的表观密度实测值（kg/m³）。

（3）当混凝土表观密度实测值与计算值之差的绝对值不超过计算值的 2% 时，配合比可维持不变，否则应将配合比中每项材料用量均乘以校正系数。

12. 施工配合比

试验室基准配合比是以干燥（或饱和面干）材料为基准计算而得，但现场施工所用的砂、石料常含有一定水分。因此，在现场配料前，必须先测定砂石料的实际含水率，在用水量中将砂石带入的水扣除，并相应增加砂石料的称量值。设砂的含水率为 $a\%$；石子的含水率为 $b\%$，则施工配合比按下列各式计算：

胶凝材料：
$$m'_b = m_b \tag{6-14}$$

细骨料：
$$m'_s = m_s(1+a\%) \tag{6-15}$$

粗骨料：
$$m'_g = m_g(1+b\%) \tag{6-16}$$

水：
$$m'_w = m_w - m_s \cdot a\% - m_g \cdot b\% \tag{6-17}$$

6.2　高强混凝土配合比设计

6.2.1　基本要求

高强混凝土配合比设计基本要求与普通混凝土基本一致，但对原材料提出了更高的要求。

水泥：应选用硅酸盐水泥或普通硅酸盐水泥。

粗骨料：宜选用最大公称粒径不大于 25mm，连续级配，针片状颗粒含量不大于 5%，含泥量不大于 0.5%，泥块含量不大于 0.2%。

细骨料：宜选用细度模数 2.6~3.0，含泥量不大于 2.0%，泥块含量不大于 0.5%。

减水剂：宜选用减水率不小于 25% 的高性能减水剂。

矿物掺合料：宜采用复掺矿粉、粉煤灰和硅灰等；粉煤灰不应低于 Ⅱ 级；C80 及以上混凝土宜掺硅灰。

6.2.2　高强混凝土配合比设计

1. 高强混凝土配置强度

按下式确定高强混凝土配置强度（$f_{cu,0}$）：

$$f_{cu,0} \geqslant 1.15 f_{cu,k} \tag{6-18}$$

式中　$f_{cu,k}$ —— 混凝土立方体抗压强度标准值，取设计强度等级值（MPa）。

2. 高强混凝土配合比应经试验确定，在缺乏试验依据的情况下可参照以下要求进行设计。

（1）水胶比、胶凝材料用量和砂率选择可按表 6-15 选取，并应经试验确定。此外，

水泥用量不宜大于 $500kg/m^3$；外加剂和矿物掺合料的品种、掺量，应通过试验确定；矿物掺合料掺量宜为 25％～40％；硅灰掺量不宜大于 10％。

水胶比、胶凝材料用量和砂率 表 6-15

强度等级	水胶比	胶凝材料用量（kg/m³）	砂率（％）
≥C60，＜C80	0.28～0.34	480～560	
≥C80，＜C100	0.26～0.28	520～580	35～42
C100	0.24～0.26	550～600	

（2）试配过程中，应采用三个不同的配合比，其中一个依据上表计算调整拌合物的试拌配合比，另外两个配合比的水胶比宜较试拌配合比分别增加和减少 0.02。

（3）确定配合比后，还应采用该配合进行不少于三盘混凝土的重复试验，每盘混凝土至少成型一组试件，每组混凝土强度不应低于配置强度。

（4）高强混凝土抗压强度测定宜采用标准尺寸试件，使用非标准尺寸试件时，尺寸折算系数应经试验确定。

6.3 粉煤灰混凝土配合比设计

6.3.1 基本要求

1. 粉煤灰混凝土的配合比应根据混凝土的强度等级、强度保证率、耐久性、拌和物的工作性等要求，采用工程实际使用的原材料进行设计。

2. 粉煤灰混凝土的设计龄期应根据建筑物类型和实际承载时间确定，并宜采用较长的设计龄期。地上、地面工程宜为 28d 或 60d，地下工程宜为 60d 或 90d，大坝混凝土宜为 90d 或 180d。

3. 试验室进行粉煤灰混凝土配合比设计时，应采用搅拌机拌合。试验室确定的配合比设计可按普通混凝土配合比设计方法中的体积法或重量法计算。

6.3.2 粉煤灰的掺量

1. 粉煤灰在混凝土中的掺量应通过试验确定，最大掺量宜符合表 6-16 的规定。

粉煤灰的最大掺量（％） 表 6-16

混凝土的种类	硅酸盐水泥		普通硅酸盐水泥	
	水胶比≤0.4	水胶比＞0.4	水胶比≤0.4	水胶比＞0.4
预应力混凝土	30	25	25	15
钢筋混凝土	40	35	35	30
素混凝土	55		45	
碾压混凝土	70		65	

注：1. 对浇筑量比较大的基础钢筋混凝土，粉煤灰最大掺量可增加 5％～10％；

　　2. 当粉煤灰掺量超过本表规定时，应进行试验论证。

2. 对早期强度要求较高或在环境温度、湿度较低条件下施工的粉煤灰混凝土宜适当降低粉煤灰掺量。

3. 特殊情况下，工程混凝土不得不采用具有碱硅酸反应活性骨料时，粉煤灰的掺量应通过碱活性抑制试验确定。

6.4 自密实混凝土配合比设计

6.4.1 基本要求

1. 自密实混凝土应根据工程结构形式、施工工艺以及环境因素进行配合比设计，并应在综合考虑混凝土自密实性能、强度、耐久性以及其他性能要求的基础上，计算初始配合比，经试验室试配、调整得出满足自密实性能要求的基准配合比，经强度、耐久性复核得到设计配合比。

2. 宜采用绝对体积法设计自密实混凝土配合比。自密实混凝土水胶比小于 0.45，胶凝材料用量控制在 400～550kg/m³。

3. 宜采用通过增加粉体材料的方法适当增加自密实混凝土浆体的体积，也可通过添加外加剂的方法来改善浆体的黏聚性和流动性。

4. 钢管自密实混凝土配合比设计时，应采取减少收缩的措施。

6.4.2 自密实混凝土配合比设计

1. 确定拌合物参数

（1）粗骨料的体积和质量

1）每立方米混凝土中粗骨料的体积（V_g）可按表 6-17 选用。

每立方米混凝土中粗骨料的体积（m³）　表 6-17

填充性指标	SF1（坍落扩展度 550～655mm）	SF2（坍落扩展度 660～755mm）	SF3（坍落扩展度 760～850mm）
每立方米混凝土中粗骨料的体积	0.32～0.35	0.30～0.33	0.28～0.30

2）每立方米混凝土中粗骨料的质量（m_g）可按下式计算：

$$m_g = V_g \cdot \rho_g \tag{6-19}$$

式中　ρ_g——粗骨料的表观密度（kg/m³）。

（2）砂浆体积（V_m）按下式计算：

$$V_m = 1 - V_g \tag{6-20}$$

（3）砂浆中砂的体积分数（ϕ_s）可取 0.42～0.45。

（4）每立方米混凝土中砂的体积（V_s）和质量（m_s）可按下列公式计算：

$$V_s = V_m \cdot \phi_s \tag{6-21}$$

$$m_s = V_s \cdot \rho_s \tag{6-22}$$

式中　ρ_s——砂的表观密度（kg/m³）。

（5）浆体体积（V_p）可按下式计算：

$$V_p = V_m - V_s \tag{6-23}$$

（6）胶凝材料表观密度：

$$\rho_b = \cfrac{1}{\cfrac{\beta}{\rho_m} + \cfrac{(1-\beta)}{\rho_c}} \tag{6-24}$$

式中　　ρ_m——矿物掺合料的表观密度（kg/m³）；

　　　　ρ_c——水泥的表观密度（kg/m³）；

　　　　β——每立方米混凝土中矿物掺合料占胶凝材料的质量分数（%）；当采用两种或两种以上矿物掺合料时，可以用 β_1、β_2、β_3 表示，并进行相应计算；根据自密实混凝土工作性、耐久性、温升控制等要求，合理选择胶凝材料中水泥、矿物掺合料类型，矿物掺合料占胶凝材料用量的质量分数 β 不宜小于 0.2。

2. 自密实混凝土配置强度按照普通混凝土配置强度公式进行计算。

（1）计算水胶比

可按下式计算水胶比：

$$m_w/m_b = \frac{0.42 f_{ce}(1-\beta+\beta \cdot \gamma)}{f_{cu,0}+1.2} \tag{6-25}$$

式中　　m_b——每立方米混凝土中胶凝材料的质量（kg）；

　　　　m_w——每立方米混凝土中用水的质量（kg）；

　　　　f_{ce}——水泥的 28d 实测抗压强度（MPa）；当水泥 28d 胶砂抗压强度无实测值时，可采用水泥强度等级值乘以 1.1 的数值作为水泥抗压强度值；

　　　　γ——矿物掺合料的胶凝系数；粉煤灰（$\beta \leqslant 0.3$）可取 0.4、矿渣粉（$\beta \leqslant 0.4$）可取 0.9。

（2）胶凝材料用量

按下式计算每立方米自密实混凝土中胶凝材料的质量（m_b）：

$$m_b = \frac{(V_p - V_a)}{\left(\dfrac{1}{\rho_b} + \dfrac{m_w/m_b}{\rho_w}\right)} \tag{6-26}$$

式中　　V_a——每立方米混凝土中引入空气的体积，对于非引气型的自密实混凝土，可取 10~20L；

　　　　ρ_w——拌合水的表观密度，取 1000kg/m³。

（3）用水量

按下式计算每立方米混凝土中的水的质量（m_w）：

$$m_w = m_b \cdot (m_w/m_b) \tag{6-27}$$

（4）水泥用量和矿物掺合料的质量

按下列公式计算水泥的质量（m_c）和矿物掺合料的质量（m_m）：

$$m_m = m_b \cdot \beta \tag{6-28}$$

$$m_c = m_b - m_m \tag{6-29}$$

（5）外加剂的品种和用量

根据试验确定外加剂的品种和用量，按下式计算外加剂用量（m_{ca}）：

$$m_{ca} = m_b \cdot \alpha \tag{6-30}$$

式中　　α——每立方米混凝土中外加剂占胶凝材料总量的质量百分数（%），应由试验确定。

3. 试配、调整与确定

（1）采用工程实际使用的原材料试配混凝土，每盘混凝土的最小搅拌量不宜小于 25L。

（2）试配时，首先进行试拌，先检查拌合物自密实性能必控指标，再检查拌合物自密实性能可选指标。当试拌得出的拌合物自密实性能不能满足要求时，在水胶比不变、胶凝材料用量和外加剂用量合理的原则下调整胶凝材料用量、外加剂用量或砂的体积分数等，直到符合要求为止。并根据试拌结果提出混凝土强度试验用的基准配合比。

（3）混凝土强度试验时至少采用三个不同的配合比。当采用不同的配合比时，其中一个为基准配合比，另外两个配合比的水胶比宜较基准配合比分别增加和减少 0.02；用水量与基准配合比相同，砂的体积分数可分别增加或减少 1％。

（4）制作混凝土强度试验试件时，应验证拌合物自密实性能是否达到设计要求，并以该结果代表相应配合比的混凝土拌合物性能指标。

（5）制作混凝土强度试件应在拌制后 15min 内完成，拌合物用铁锹来回拌不少于三次，再装入盛料器，分两次均匀将拌合物装入试模，中间间隔 10s，拌合物应高出试模口，不应使用振动台或插捣方法成型。

（6）混凝土强度试验时每种配合比至少制作一组（三块）试件，标准养护到 28d 或设计要求的龄期时试压，也可同时制作几组试件，按《早期推定混凝土试验方法标准》JGJ/T 15 早期推定混凝土强度，用于配合比调整，但最终满足标准养护 28d 或设计规定的强度要求。如有耐久性要求时，还应检测相应的耐久性指标。

（7）根据试配结果对基准配合比进行调整，调整与确定按普通混凝土配合比设计方法进行，确定的配合比即为设计配合比。

（8）对于应用条件特殊的工程，宜采用确定的配合比进行模拟试验，以检验所设计的配合比是否满足工程应用条件。

6.5 轻骨料混凝土配合比设计

6.5.1 基本要求

1. 轻骨料混凝土的配合比设计主要应满足抗压强度、密度和稠度的要求，并以合理使用材料和节约水泥为原则。必要时尚应符合对混凝土性能（弹性模量、碳化和抗冻性等）的特殊要求。

2. 轻骨料混凝土配合比中的轻骨料宜采用同一品种的轻骨料。结构保温轻骨料混凝土及其制品掺入煤（炉）渣轻粗骨料时，其掺量不应大于轻粗骨料总量的 30％，煤（炉）渣含碳量不应大于 10％。为改善某些性能而掺入另一品种粗骨料时，其合理掺量应通过试验确定。

3. 当采用化学外加剂或矿物掺合料时，必须通过试验确定其品种、掺量和对水泥的适应性。

4. 大孔轻骨料混凝土和泵送轻骨料混凝土的配合比设计应符合《轻骨料混凝土技术规范》JGJ 51 附录中的相关规定。

5. 配合比计算中粗细骨料用量均应以干燥状态为基准。

6. 轻骨料混凝土的强度等级按立方体抗压强度标准值确定，划分为 LC5.0、LC7.5、LC10、LC15、LC20、LC25、LC30、LC35、LC40、LC45、LC50、LC55、LC60。

7. 轻骨料混凝土按干表观密度可分为十四个等级（表 6-18）。

轻骨料混凝土的密度等级 表 6-18

密度等级	干表观密度的变化范围（kg/m³）	密度等级	干表观密度的变化范围（kg/m³）
600	560~650	1300	1260~1350
700	660~750	1400	1360~1450
800	760~850	1500	1460~1550
900	860~950	1600	1560~1650
1000	960~1050	1700	1660~1750
1100	1060~1150	1800	1760~1850
1200	1160~1250	1900	1860~1950

8. 轻骨料混凝土根据其用途可按表 6-19 分为三大类。

轻骨料混凝土按用途分类 表 6-19

类别名称	混凝土强度等级的合理范围	混凝土密度等级的合理范围	用　途
保温轻骨料混凝土	LC5.0	≤800	主要用于保温的围护结构或热工构筑物
结构保温轻骨料混凝土	LC5.0　LC7.5 LC10　LC15	800~1400	主要用于既承重又保温的围护结构
结构轻骨料混凝土	LC15　LC20 LC25　LC30 LC35　LC40 LC45　LC50 LC55　LC60	1400~1900	主要用于承重构件或构筑物

6.5.2　普通轻骨料混凝土配合比设计

1. 按下式确定配置强度（$f_{cu,0}$）：

$$f_{cu,0} \geqslant f_{cu,k} + 1.645\sigma \tag{6-31}$$

式中　$f_{cu,k}$——轻骨料混凝土立方体抗压强度标准值，取设计强度等级值（MPa）；

　　　　σ——轻骨料混凝土强度标准差（MPa）。

（1）轻骨料混凝土强度标准差可根据同品种、同强度、等级轻骨料混凝土不少于 25 组的统计资料计算确定。

（2）当无统计资料时，强度标准差可按表 6-20 取值。

强度标准差（MPa） 表 6-20

混凝土强度等级	低于 LC20	LC20~LC35	高于 LC35
σ	4.0	5.0	6.0

2. 水泥用量

水泥用量可按表 6-21 选用。

轻骨料混凝土的水泥用量（kg/ m³）　　表 6-21

混凝土试配强度（MPa）	轻骨料密度等级						
	400	500	600	700	800	900	1000
<5.0	260~320	250~300	230~280	—	—	—	—
5.0~7.5	280~360	260~340	240~320	220~300	—	—	—
7.5~10	—	280~370	260~350	240~320	—	—	—
10~15	—	—	280~350	260~340	240~330	—	—
15~20	—	—	300~400	280~380	270~370	260~360	250~350
20~25	—	—	—	330~400	320~390	310~380	300~370
25~30	—	—	—	380~450	370~440	360~430	350~420
30~40	—	—	—	420~500	390~490	380~480	370~470
40~50	—	—	—	—	430~530	420~520	410~510
50~60	—	—	—	—	450~550	440~540	430~530

注：1. 表中粗线以上为采用 32.5 级水泥时水泥用量值；粗线以下为采用 42.5 级水泥时的水泥用量值；

2. 表中下限值适用于圆球形和普通型轻粗骨料，上限值适用于碎石型轻粗骨料和全轻混凝土；

3. 最高水泥用量不宜超过 550kg/m³。

3. 水灰比

轻骨料混凝土配合比中的水灰比应以净水灰比（净用水量与水泥用量之比，净用水量：不包括轻骨料 1h 吸水量的混凝土拌合用水量）表示。配制全轻混凝土时，可采用总水灰比（总用水量与水泥用量之比，总用水量：包括轻骨料 1h 吸水量的混凝土拌合用水量）表示，但应加以说明。轻骨料混凝土最大水灰比和最小水泥用量应符合表 6-22 的规定。

轻骨料混凝土的最大水灰比和最小水泥用量　　表 6-22

混凝土所处的环境条件	最大水灰比	最小水泥用量（kg/m³）	
		配筋混凝土	素混凝土
不受风雪影响混凝土	不作规定	270	250
受风雪影响的露天混凝土；位于水中及水位升降范围内的混凝土和潮湿环境中的混凝土	0.50	325	300
寒冷地区位于水位升降范围内的混凝土和受水压或除冰盐作用的混凝土	0.45	375	350
严寒和寒冷地区位于水位升降范围内和受硫酸盐、除冰盐等腐蚀的混凝土	0.40	400	375

注：1. 严寒地区指最寒冷月份的月平均温度低于 -15℃ 者，寒冷地区指最寒冷月份的月平均温度处于 -5~ -15℃ 者；

2. 水泥用量不包括掺和料；

3. 寒冷和严寒地区用的轻骨料混凝土应掺入引气剂，其含气量宜为 5%~8%。

4. 净用水量

轻骨料混凝土的净用水量根据稠度（坍落度或维勃稠度）和施工要求，可按表 6-23

选用。

轻骨料混凝土的净用水量 表 6-23

轻骨料混凝土用途	稠度		净用水量（kg/m³）
	维勃稠度（s）	坍落度（mm）	
预制构件及制品			
振动加压成型	10～20	—	45～140
振动台成型	5～10	0～10	140～180
振捣棒或平板振动	—	30～80	165～215
现浇混凝土			
机械振捣	—	50～100	180～225
人工振捣或钢筋密集	—	≥80	200～230

注：1. 表中值适用于圆球形和普通型轻粗骨料，对碎石型轻粗骨料，宜增加 10kg 左右的用水量；

2. 掺加外加剂时，宜按其减水率适当减少用水量，并按施工稠度要求进行调整；

3. 表中值适用于砂轻混凝土；若采用轻砂时，宜取轻砂 1h 吸水率为附加水量；若无轻砂吸水率数据时，可适当增加用水量，并按施工稠度要求进行调整。

5. 砂率

轻骨料混凝土的砂率可按表 6-24 选用。以松散体积法设计配合比时，表中数值为松散体积砂率，以绝对体积法设计配合比时则表中数值为绝对体积砂率。

轻骨料混凝土的砂率 表 6-24

轻骨料混凝土用途	细骨料品种	砂率（%）
预制构件	轻砂	35～50
	普通砂	30～40
现浇混凝土	轻砂	—
	普通砂	35～45

注：1. 当混合使用普通砂和轻砂作细骨料时，砂率宜取中间值，宜按普通砂和轻砂的混合比例进行插入计算；

2. 当采用圆球形轻粗骨料时，砂率宜取表中值下限；采用碎石型时，则宜取上限。

6. 粗细骨料用量

砂轻混凝土和全轻混凝土宜采用松散体积法进行配合比计算，砂轻混凝土也可采用绝对体积法。

（1）松散体积法

1）粗细骨料松散状态的总体积可按表 6-25 选用。

粗细骨料松散总体积 表 6-25

轻粗骨料粒型	细骨料品种	粗细骨料松散总体积（m³）
圆球形	轻砂	1.25～1.50
	普通砂	1.10～1.40
普通型	轻砂	1.30～1.60
	普通砂	1.10～1.50

轻粗骨料粒型	细骨料品种	粗细骨料松散总体积（m³）
碎石型	轻砂	1.35～1.65
	普通砂	1.10～1.60

注：混凝土强度等级较高时，宜取表中下限范围；当采用膨胀珍珠岩砂时，宜取表中上限值。

2）粗细骨料用量

按下列公式计算每立方米混凝土的粗细骨料用量：

$$V_s = V_t \times S_p \tag{6-32}$$

$$m_s = V_s \times \rho_{1s} \tag{6-33}$$

$$V_a = V_t - V_s \tag{6-34}$$

$$m_a = V_a \times \rho_{1a} \tag{6-35}$$

式中　V_s、V_a、V_t——分别为每立方米混凝土细骨料、粗骨料、粗细骨料的松散体积（m³）；

m_s、m_a——分别为每立方米细骨料和粗骨料的用量（kg）；

S_p——砂率（%）；

ρ_{1s}、ρ_{1a}——分别为细骨料和粗骨料的堆积密度（kg/m³）。

（2）绝对体积法

按下列公式计算粗细骨料的用量：

$$V_s = \left[1 - \left(\frac{m_c}{\rho_c} + \frac{m_{wn}}{\rho_w} \right) \div 1000 \right] \times S_p \tag{6-36}$$

$$m_s = V_s \times \rho_s \tag{6-37}$$

$$V_a = \left[1 - \left(\frac{m_c}{\rho_c} + \frac{m_{wn}}{\rho_w} + \frac{m_s}{\rho_s} \right) \div 1000 \right] \tag{6-38}$$

$$m_a = V_a \times \rho_{ap} \tag{6-39}$$

式中　V_s——每立方米混凝土的细骨料绝对体积（m³）；

m_c——每立方米混凝土的水泥用量（kg）；

ρ_c——水泥的相对密度，可取 2.9～3.1（g/cm³）；

ρ_w——水的表观密度，可取 1.0（g/cm³）；

V_a——每立方米混凝土的粗骨料绝对体积（m³）；

ρ_s——细骨料密度，采用普通砂时，为砂的相对密度，可取 2.6（g/cm³）；采用轻砂时，为轻砂的颗粒表观密度（g/cm³）；

ρ_{ap}——粗骨料颗粒的表观密度（kg/m³）。

7. 总用水量

（1）附加用水量

根据粗骨料的预湿处理方法和细骨料的品种，附加水量宜按表 6-26 所列公式计算。

项目	附加水量（m_{wa}）	项目	附加水量（m_{wa}）
粗骨料预湿，细骨料为普砂	$m_{wa} = 0$	粗骨料预湿，细骨料为轻砂	$m_{wa} = m_s \cdot \omega_s$
粗骨料不预湿，细骨料为普砂	$m_{wa} = m_a \cdot \omega_a$	细粗骨料不预湿，细骨为轻砂	$m_{wa} = m_a \cdot \omega_a + m_s \cdot \omega_s$

附加水量的计算　　　　　　　　　表 6-26

注：1. ω_a、ω_s 分别为粗、细骨料的 1h 吸水率；

2. 当轻骨料含水时，必须在附加水量中扣除自然含水量。

（2）总用水量

根据净用水量和附加水量的关系按下式计算总用水量（m_{wt}）：

$$m_{wt} = m_{wn} + m_{wa} \tag{6-40}$$

式中　m_{wn}——每立方米混凝土的净用水量（kg）；

m_{wa}——每立方米混凝土的附加用水量（kg）。

8. 确认计算配合比

按下式计算混凝土干表观密度，并与设计要求的干表观密度（ρ_{cd}）进行对比，如其误差大于 2%，则应按下式重新调整和计算配合比。

$$\rho_{cd} = 1.15 m_c + m_a + m_s \tag{6-41}$$

9. 试配、调整与确定

（1）以计算的混凝土配合比为基础，再选取与之相差 ±10% 的相邻两个水泥用量，用水量不变，砂率相应适当增减，分别按三个配合比拌制混凝土拌合物。测定拌合物的稠度，调整用水量，以达到要求的稠度为止。

（2）按校正后的三个混凝土配合比进行试配，检验混凝土拌合物的稠度和振实湿表观密度，制作确定混凝土抗压强度标准值的试块，每种配合比至少制作一组。

（3）标准养护 28d 后，测定混凝土抗压强度和干表观密度。

（4）以既能达到设计要求的混凝土配制强度和干表观密度又具有最小水泥用量的配合比作为选定的配合比。

（5）对选定配合比进行质量校正。其方法是先按公式计算出轻骨料混凝土的计算湿表观密度，然后再与拌合物的实测振实湿表观密度相比，按公式计算校正系数（η）：

$$\rho_{cc} = m_a + m_s + m_c + m_f + m_{wt} \tag{6-42}$$

$$\eta = \frac{\rho_{c0}}{\rho_{cc}} \tag{6-43}$$

式中　　ρ_{c0}——按配比各组成材料计算的湿表观密度（kg/m³）；

ρ_{cc}——混凝土拌合物的实测振实湿表观密度（kg/m³）；

m_a、m_s、m_f、m_{wt}——分别为配合比计算所得的粗骨料、细骨料、水泥、粉煤灰用量和总用水量（kg/m³）。

（6）选定配合比中的各项材料用量均乘以校正系数为最终的配合比设计值。

第7章 混凝土拌合物试验方法

混凝土拌合物性能直接影响混凝土工程施工质量。在应用外加剂的条件下，拌和方法对拌合物性能有较大的影响，拌合物试验方法围绕评价拌合物工作性进行。本章参照《普通混凝土拌合物性能试验方法标准》GB/T 50080、《粉煤灰混凝土应用技术规范》GB/T 50146、《公路工程水泥及水泥混凝土试验规程》JTG E30、《水工混凝土试验规程》SL 352、《混凝土外加剂》GB 8076、《轻骨料混凝土技术规范》JGJ 51 等国家、行业标准以及相关文献资料，介绍了混凝土拌合方法和拌合物试验方法。

7.1 混凝土拌合物拌和方法

7.1.1 一般规定

1. 拌制混凝土的环境条件：室内的相对湿度不宜小于 50%，温度应保持在 20℃±5℃，所用材料、器具应与试验室温度保持一致。当需要模拟施工条件下所用的混凝土时，所用原材料和试验室的温度应与施工现场保持一致，且搅拌方法宜与施工采用的方法相同。

2. 砂石材料：若采用干燥状态的砂石，则砂的含水率应小于 0.5%，石的含水率应小于 0.2%。若采用饱和面干状态的砂石，用水量则应进行相应修正。

3. 搅拌机最小搅拌量：采用机械搅拌时，搅拌量不应小于搅拌机额定搅拌容量的 1/4，且不少于 20L。

4. 原材料的称量精度：骨料为±0.5%，水、水泥、掺合料和外加剂为±0.2%。

7.1.2 主要仪器设备

磅秤——精度为骨料质量的±0.5%；

台称、天平——精度为水、水泥、掺合料、外加剂质量的±0.2%；

搅拌机、拌和钢板、钢抹子、拌铲等。

7.1.3 拌和方法

1. 人工拌和法（水工标准）

（1）按试验室配合比备料，称取各材料用量。

（2）将拌板和拌铲用湿布润湿后，将砂倒在拌板上，加入胶凝材料（水泥和掺合料预先拌合均匀），用拌铲翻拌，反复翻拌混合至颜色均匀，再放入称好的粗骨料与之拌合，继续翻拌，至少翻拌三次，直至混合均匀。

（3）将干混合物堆成锥形，在中间做一凹坑，倒入称量好的水（外加剂一般先溶于水），小心拌合，至少翻拌六次，每翻拌一次后，用铲在混合料上铲切一次，直至混合物均匀，没有色差。加水完毕至拌合完成应在 10min 内。

2. 机械搅拌法

在试验室制备混凝土拌合物，宜采用机械搅拌方法。

（1）按试验室配合比备料，称取各材料用量。

（2）搅拌机拌前应预拌同配合比混凝土或同水胶比砂浆，搅拌机内壁和搅拌叶挂浆后，卸除余料。

（3）将称好的粗骨料、胶凝材料、细骨料和水按顺序倒入搅拌机内。液体和可溶外加剂与拌合水同时加入；粉状材料与胶凝材料同时加入搅拌机。

（4）启动搅拌机至搅拌均匀，搅拌时间不少于2min。

（5）将拌合物从搅拌机中卸出，倾倒在拌板上，再人工拌合2～3次，使之均匀。

3. 其他搅拌方法

（1）混凝土外加剂试验搅拌方法

混凝土外加剂试验时规定采用强制式单卧轴搅拌机，先将骨料和粉料进行干拌，再加水或溶有液体外加剂的水进行湿拌；搅拌时间为2min。环境、材料和设备的温度为20℃±3℃。

（2）轻骨料混凝土搅拌方法

1）预湿处理轻粗骨料搅拌方法

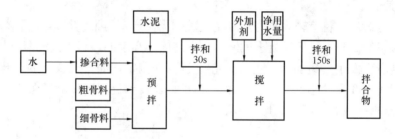

2）未预湿处理轻粗骨料搅拌方法

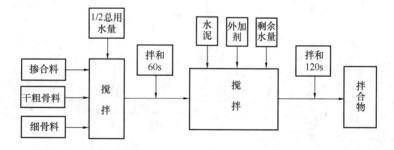

3）粉状外加剂可与水泥同时加入，液体外加剂按图程序加入。轻砂混凝土搅拌时间不宜少于3min，全轻或干硬性轻砂混凝土搅拌时间为3～4min，强度低且易碎的轻骨料应严格控制搅拌时间。

7.2 混凝土拌合物工作性试验方法

7.2.1 坍落度、扩展度、经时损失试验

坍落度及坍落度经时损失试验适用于骨料最大公称粒径不大于40mm、坍落度不小于

10mm 的混凝土拌合物坍落度测定。扩展度及扩展度经时损失试验适用于骨料最大公称粒径不大于 40mm、坍落度不小于 160mm 的混凝土拌合物坍落度测定。

（一）主要试验仪器设备

混凝土坍落度仪、钢尺（坍落度 2 把 30cm，扩展度 1 把 1m）、捣棒、钢底板等，如图 7-1（a）所示。

（二）试验方法

1. 湿润坍落度筒及底板且无明水。底板应放置在坚实水平面上，筒放在底板中心，用脚踩住二边的脚踏板，装料时保持固定的位置。

2. 将混凝土拌合物分三层（捣实后每层高度约为筒高 1/3）装入筒内。每层沿螺旋方向由边缘向中心均匀插捣 25 次，插捣底层时，捣棒应贯穿整个深度，插捣筒边时捣棒可稍倾斜。插捣第二层和顶层时，捣棒插透本层至下一层的表面。顶层混凝土应装料到高出筒口，插捣过程中，如混凝土低于筒口，则随时添加。顶层插捣完后刮去多余的混凝土，并沿筒口抹平。

3. 清除筒边底板混凝土，用双手压住坍落度筒上部把手，移开双脚，3～7s 内垂直平稳地提起坍落度筒。

4. 坍落度测量

提起坍落度筒后，将筒轻放于坍落混凝土边，当试样不再继续坍落或坍落时间达 30s 时，用钢尺测量筒高与坍落后混凝土试体最高点之间的高度差，即为该混凝土拌合物的坍落度值。如混凝土发生一边崩坍或剪坏，应重新取样测定；如第二次试验仍出现上述现象，则表示混凝土和易性不好，予以记录。从开始装料到提坍落度筒的整个过程连续进行，并在 150s 内完成，如图 7-1（b）所示。

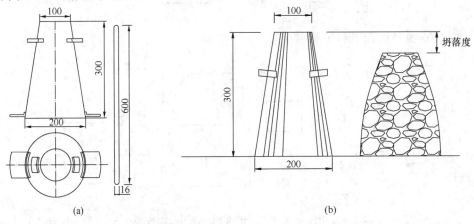

图 7-1 坍落度筒、捣棒及坍落度测量（单位：mm）

（a）坍落度筒、捣棒；（b）坍落度

5. 扩展度测量

提起坍落度筒后，当拌合物不再扩散或扩散时间达 50s 时，用钢尺测量混凝土扩展后的最大直径及与其垂直的直径，在这两个直径之差小于 50mm 时，扩展度值取两者算术平均值，否则应重新取样测试。同时观察是否有粗骨料在中央集堆、边缘有水泥浆析出情况，来判断混凝土拌合物黏聚性或抗离析性的好坏，予以记录。从开始装料到测得扩展度值的整个过程连续进行，并在 240s 内完成。

6. 黏聚性、保水性的经验性判断方法

黏聚性：对于坍落度较小的混凝土，可用捣棒在已坍落的混凝土锥体侧面轻轻敲打，如锥体逐渐下沉，则表示黏聚性良好，坍落后未成锥体情况下，可用抹刀翻拌混凝土或将混凝土上提并让其向下自然流淌，观察流动情况，或用抹刀压抹混凝土，观察压抹混凝土的容易程度及流动情况，判断黏聚性好坏。

保水性：观察混凝土周边稀浆或水分析出情况判断。

7. 经时损失试验

（1）测试混凝土拌合物初始坍落度值 H_0 或初始扩展度值 L_0。

（2）将测完后的全部混凝土拌合物装入塑料或金属桶，加盖或塑料薄膜密封。

（3）自混凝土搅拌加水开始计时，静置 60min 后将桶内混凝土全部倒入搅拌机搅拌 20s，进行坍落度或扩展度试验，测得 60min 后的坍落度值 H_{60} 或扩展度值 L_{60}，与初始值之差，即为经时损失试验结果。可根据需要选定静置时间测试不同时间的经时损失。

8. 混凝土拌合物坍落度和坍落扩展度值测量精确至 1mm，结果表达修约至 5mm。

（三）其他标准相关内容

1.《混凝土外加剂》GB 8076—2008 方法

掺高性能减水剂或泵送剂的基准混凝土和受检混凝土坍落度为 210 ± 10mm，测试坍落度时，分两层装料，每层装入高度约为筒高的二分之一，每层插捣 15 次，其他操作与《普通混凝土拌合物性能试验方法标准》GB/T 50080 方法一致。

2.《水工混凝土试验规程》SL 352—2006 方法

操作方法与《普通混凝土拌合物性能试验方法标准》GB/T 50080 基本一致。

在试验时，可以根据试验和目测评定混凝土拌合物：

（1）根据做坍落度时插捣混凝土的难易程度分为上、中、下三级。上，表示容易插捣；中，表示插捣时有阻滞感觉；下，表示很难插捣。

（2）用捣棒在坍落试样的一侧轻打，如试样基本保持原状而逐渐下沉，表示黏聚性较好。若试样突然坍倒、部分崩裂或发生石子离析现象，表示黏聚性不好。

（3）含砂情况根据镘刀抹平程度分多、中、少三级。多，用镘刀抹混凝土拌合物表面时，抹 1～2 次就可使混凝土表面平整无蜂窝；中，用镘刀抹混凝土拌合物表面时，抹 4～5 次就可使混凝土表面平整无蜂窝；少，用镘刀抹混凝土拌合物表面时，抹 8～9 次后混凝土表面仍不能消除蜂窝。

（4）析水情况根据水分从混凝土拌合物中析出的情况分多量、少量、无三级。多量，表示在插捣时及提起坍落度筒后就有很多水分从底部析出；少量，表示有少量水分从底部析出；无，表示没有明显的析水现象。

7.2.2 倒置坍落度筒排空试验

（一）主要试验仪器设备

倒置坍落度筒——小口端设置快速开启的密封盖，其他同坍落度仪。

支撑台架——可承受装填混凝土和插倒，筒放支架上时小口距底板不小于 500mm。

秒表——精度不应低于 0.01s。

（二）试验步骤

1. 将倒置坍落度筒支撑在台架上，中轴线垂直于底板，筒内湿润且无明水，关闭密封盖。

2. 将混凝土分两层（捣实后每层高度约为筒高 1/2）装筒内。每层沿螺旋方向由边缘向中心均匀插捣 15 次，插捣底层时，捣棒应贯穿整个深度，插捣筒边时捣棒可稍倾斜。插捣第二层时，捣棒插透本层至下一层的表面下 50mm。插捣完后刮去多余的混凝土，并沿筒口抹平。

3. 打开密封盖，用秒表记录开盖至筒内混凝土拌合物排空时间 t_{sf}，精确至 0.01s。从上至下观察到混凝土拌合物开始透光即视作排空。

4. 5min 内完成两次试验。

（三）试验结果

排空时间取两次试验的算术平均值，精确至 0.1s。两次试验结果差值应小于等于 0.05 倍的两次平均排空时间。

7.2.3 漏斗试验

漏斗试验适用于骨料最大粒径不大于 20mm 的混凝土拌合物稠度和填充性的测定。

（一）主要试验仪器设备

漏斗——见图 7-2。

漏斗台架——可承受装填混凝土，确保漏斗中轴线垂直于底板。

盛料容器——不小于 12L。

秒表——精度不应低于 0.1s。

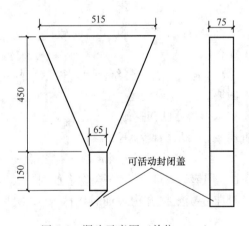

图 7-2　漏斗示意图（单位：mm）

（二）试验步骤

1. 将倒置漏斗支撑在台架上，上口水平，中轴线垂直于底板，筒内湿润且无明水，关闭密封盖。

2. 将混凝土拌合物用盛料容器一次性平稳地加入漏斗至满，装料过程不应搅拌和振捣，用刮刀沿漏斗上口刮平，静置 10±2s。

3. 出料口下方放置盛料容器，打开密封盖，用秒表记录开盖至筒内混凝土拌合物流出时间 t，精确至 0.1s。如出现堵塞应重新试验，再次堵塞则记录情况。

4. 5min 内完成两次试验。

（三）试验结果

流出时间取两次试验的算术平均值，精确至 0.1s。

7.2.4 间隙通过性试验

（一）主要试验仪器设备

J 环——钢或不锈钢制，具体见图 7-3。

无踏脚坍落度筒——不带脚踏板，其他同坍落度筒。

刚直尺——分度值不大于 1mm。

（二）试验步骤

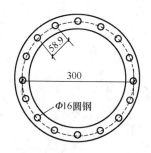
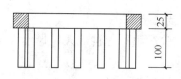

图 7-3　J 环示意图

1. 湿润 J 环、无踏脚坍落度筒和底板且无明水。底板应放置在坚实水平面上，J 环放在底板中心，无踏脚坍落度筒正向并与 J 环同心。

2. 用手按住无踏脚坍落度筒，将混凝土拌合物一次性填满筒。

3. 沿筒口抹平混凝土，清除周边混凝土。

4. 3～7s 内垂直平稳地提起坍落度筒至 250±50mm。从开始装料到提起坍落度筒在 150s 内完成。

5. 当拌合物不再扩散或扩散时间达 50s 时，用钢尺测量混凝土扩展后的最大直径和与其垂直的直径，在这两个直径之差小于 50mm 时，扩展度值取两者算术平均值，否则应重新取样测试。

（三）试验结果

混凝土间隙通过性能指标取混凝土扩展度与 J 环扩展度之差。骨料在 J 环圆钢处出现堵塞时应记录。

7.2.5　抗离析性能试验

（一）主要试验仪器设备

电子秤——最大量程 20kg，感量不大于 1g。

试验筛——直径为 300mm，孔径为 5.00mm 方孔筛。

盛料器——上下两节组成，见图 7-4。

（二）试验步骤

1. 取 10±0.5L 混凝土拌合物，装满盛料器，加盖并放置在水平位置。

2. 静置 15±0.5min 后将上节拌合物完全取出，倒到方孔筛上，筛固定在托盘上。

3. 称量倒入方孔筛混凝土质量 m_c，精确至 1g。

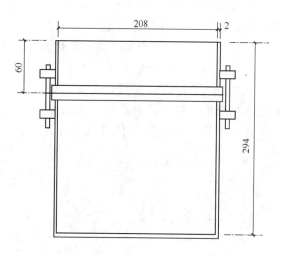

图 7-4　盛料器示意图（单位：mm）

4. 静置 120±5s 后，移除筛及筛上混凝土，称量托盘上浆体质量 m_m，精确至 1g。

（三）试验结果

混凝土拌合物离析率（SR），精确至 0.1%：

$$SR = \frac{m_m}{m_c} \times 100 \qquad (7\text{-}1)$$

7.2.6 维勃稠度试验

维勃稠度试验适用于骨料最大粒径不大于 40mm，维勃稠度在 5～30s 之间的混凝土拌合物稠度测定。

（一）主要试验仪器设备

维勃稠度仪、捣棒、小铲、秒表等。

（二）试验方法

1. 维勃稠度仪应放置在坚实水平面上，

用湿布把容器、坍落度筒、喂料斗内壁及其他用具润湿且无明水。

2. 将容器固定于振动台台面上。把坍落度筒放入容量筒并对中，将喂料斗提到坍落度筒上方扣紧，校正容器位置，使其中心与容器中心重合，拧紧固定螺丝。

3. 混凝土拌合物分三层经喂料斗均匀地装入筒内，装料及插捣方式同坍落度试验。

4. 将圆盘、喂料斗转离，垂直地提起坍落筒，注意不使混凝土试体产生横向扭动。

5. 把透明圆盘转到试体顶面，旋松测杆螺丝，降下圆盘，轻轻地接触到试体顶面。

6. 开启振动台同时用秒表计时，当振动到透明圆盘的底面被水泥浆布满的瞬间，停止计时，关闭振动台。

7. 记录秒表的时间，精确至 1s，即为混凝土拌合物的维勃稠度值。

7.2.7 其他试验研究方法

（一）吴中伟院士坍落度结合扩展值评价方法

在进行坍落度试验时，同时测定坍落度、拌和物扩展到直径 50cm 所需的时间 T50 和流动终止时的扩展直径，依据这三个参数可综合判断新拌混凝土的施工性能。吴中伟院士的《高性能混凝土》介绍了一种与之相关的工作性简易评价方法，即用坍落度结合扩展值来评价高性能混凝土的

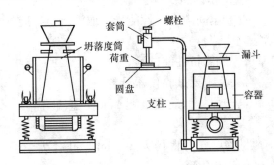

图 7-5 维勃稠度仪

工作性，坍落度和扩展度比值在 0.4 左右时，高性能混凝土的工作性良好，如图 7-6 所示。

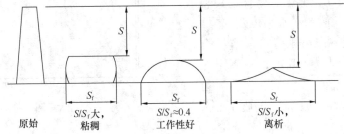

图 7-6 高性能混凝土拌和物工作性的简易评价

S—坍落度；S_f—扩展值

（二）Orimet 法

英国学者 Bartons 提出用 Orimet 法测定混凝土拌和物的流速，实验装置见图 7-7。该方法用竖管中拌合物的流出速度来反映黏性系数的大小，流出速度小，则黏性系数大，反之则小。拌合物的黏性系数主要影响施工过程中拌合物在自重或外力的作用下填充密实的程度与可泵性。Orimet 仪能较好地模拟拌合物在泵管中的运动情形，操作简单，测定快速，而且重复性良好，便于施工现场工作性的检测与控制。Orimet 法的局限：竖管直径取决于拌合物中集料的最大粒径，而且竖管下端连接的插口为缩径，因此该装置对集料的超径现象比较敏感，超径集料容易堵管并造成较大测试误差。

（三）L 型流动性测试装置

Mitsui 较早开展了 L 型流动性测试的研究工作，其试验所用装置如图 7-8 所示。在距横管入口 5cm 和 10cm 处安装了两个传感器，目的是检测拌合物流经这两个位置所需的时间，以衡量流动速度。起始流动速度较快容易产生较大的检测误差，安装传感器是为了减小这种误差。此后，杨静、谢友均、赵卓和北京市建工集团二建公司等国内众多研究者或单位都将自行改进的 L 型流动性装置用于新拌混凝土流动性的测试，仪器的改进主要有三个方面：改变装置尺寸以测试不同类型的混凝土；进行配筋实验以评价抗离析和可密实性；改变监测点位置以测试具有更宽流动性范围的混凝土。

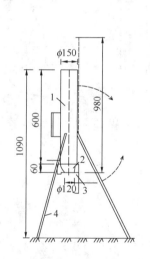

1—竖管；2—插口；3—活动门；4—三脚架
图 7-7　Orimet 仪示意图

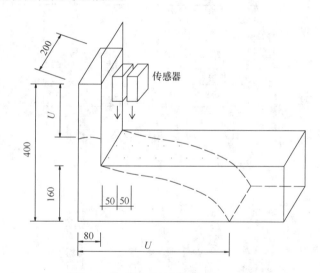

图 7-8　L 型流动性测试装置（Mitsui）

清华大学杨静等人在分析 Mitsui 所用装置时认为：该装置所检测评价的高强与高流动性混凝土拌合物，其屈服值大大低于普通混凝土，因此塑性黏度就成为这类拌合物工作度的控制因素。但是拌合物在装置中的起始流动速度受屈服值影响较大，故在其随后的工作中，把检测点向后推，以减小屈服值对流动速度的影响。该装置还加大检测点间距，把检测点扩大为 3 个，分别对应不同工作度的混凝土：可泵送但必须振捣的高强混凝土、流动性混凝土和自密实混凝土（见图 7-9）。实验测试扩展长度、塌落高度、流动速度和成分均匀性四个参数，能够用变形程度（扩展长度、塌落高度）和变形速度（流动速度）这两类指标来全面评价拌合物的工作性。杨静等变化水胶比、粉煤灰品种和掺量、外加剂掺量配置了不同配比的混凝土，用自制的 L 型流动性测试装置测定其各项流动性指标，实验结果表明该装置能灵敏地反映拌合物流动性的变化，且具有较好的再现性。

（四）J 型流动性测试装置

杨静等继改进 L 型流动性测试装置之后又设计出 J 型流动性测试装置（图 7-10）。试验时先将右侧出口处盖板封闭，将拌合物从左侧顶部装入至装满整个装置。打开右侧盖板，同时开始计时，混凝土开始流动，并从右边出口溢出。测定左侧容器内混凝土上表面下降到 100mm 和 200mm 两个高度的时间 t_1、t_2，并记录混凝土停止流动后的下沉量 S。实验结果表明，J 型流动性测试装置可以同时反映变形速度和变形量两个指标的变化，能够较全面地测定大流动性混凝土的流动性。

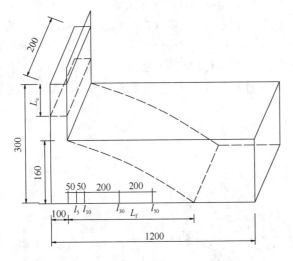

图 7-9　L 型流动性测试装置（杨静）

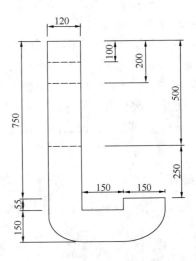

图 7-10　J 型流动性测试装置

第8章 混凝土力学性能试验方法

混凝土的力学性能是指混凝土在不同环境下，承受各种外加荷载时所表现出的力学特征。力学性能指标主要有抗压强度、抗折强度、抗拉强度、弹性模量等，均需用一定尺寸的试样在相应条件下进行测试获取。本章参照《普通混凝土力学性能试验方法标准》GB/T50081、《公路工程水泥及水泥混凝土试验规程》JTG E30、《水工混凝土试验规程》SL352 等国家、行业相关标准，介绍了混凝土试件尺寸形状、试件制作养护、抗压强度、劈裂抗拉强度、抗折强度、抗拉强度、静力受压弹性模量、抗剪强度和粘结强度的要求和试验方法，其中水工混凝土中的全级配混凝土和碾压混凝土试验方法另有规定，需单独参考相关标准。

8.1 基本要求

8.1.1 试件尺形和形状

1. 试件尺寸和形状

根据力学性能指标、粗骨料的最大粒径选用试件的尺寸和形状。尺寸的一般要求为立方体试件边长大于骨料最大粒径的三倍，圆柱体试件直径大于骨料最大粒径的四倍。可按照表 8-1 选用。

试件的尺寸和形状要求   表 8-1

试件横截面尺寸（mm）	骨料最大粒径			试件的形状和尺寸（mm）
	100	150	200	
抗压强度	31.5	40	63	立方体：边长为 100 或 150* 或 200
劈裂抗拉强度	20	40	—	立方体：边长为 100 或 150* 或 200
抗折/抗弯拉/弯曲强度	31.5	40	—	棱柱体：150×150×600* 或 150×150×550*
轴心抗压强度	31.5	40	63	棱柱体：100×100×300 或 150×150×300* 或 200×200×400
静力受压/抗压/静力抗压弹性模量	31.5	40	63	圆柱体：Φ100×200、Φ150×300* 或 Φ200×400
轴向抗拉强度	31.5	40		见图 8-1

注：1. * 为标准试件尺寸，立方体和圆柱体应分别标明；根据相关资料，同条件下标准尺寸的立方体试件抗压强度为标准尺寸的圆柱体试件强度值的 1.1~1.5 倍，强度越高两者比值越接近 1.0，ISO 4012—1978 标准则取 1.25 倍；

2. 劈裂抗拉强度：水工混凝土试验标准规定应采用边长为 150mm 立方体试件，且骨料最大粒径小于 40mm；

3. 抗折/抗弯拉/弯曲强度，分别为国标、交通和水工混凝土试验标准中的名称，实质一致；

4. 静力受压/抗压/静力抗压弹性模量，分别为国标、交通和水工混凝土试验标准中的名称，实质一致；水工混凝土试验标准的普通混凝土静力抗压弹性模量试验仅采用 Φ150×300 圆柱体试件；

5. 轴向抗拉强度仅在水工混凝土试验标准中给出方法。

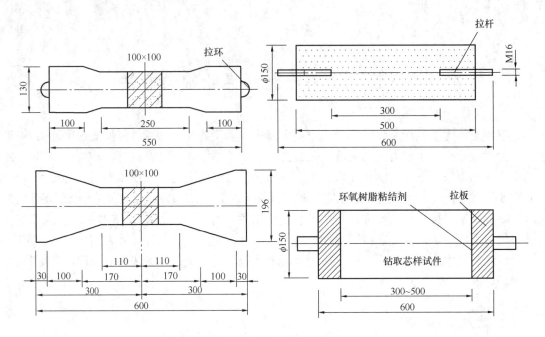

图 8-1　混凝土轴向拉伸试件及埋件

2. 试件尺寸公差

（1）试件的承压面的平整度公差不得超过 $0.0005d$，d 为边长。

（2）试件的相邻面夹角应为 $90°$，公差不得超过 $0.5°$。

（3）试件各边长、直径和高度的尺寸的公差不得超过 1mm。

8.1.2　试件制作

1. 准备工作

（1）选用合适尺寸试模，制作试件前，检查试模，拧紧螺栓，同时在其内壁涂上一薄层矿物油或其他脱模剂。

（2）按规定方法拌制混凝土拌合物。取样或拌制好的混凝土拌合物应至少用铁锹再来回拌合三次。成型应在拌制后尽快完成，不宜超过 15min。

（3）成型方法宜根据混凝土拌合物坍落度以及与工程实际的一致性来确定，且应保证成型的混凝土均匀密实。

1）坍落度较小时宜采用机械振动振实，坍落度较大时则人工捣实。国标、交通行业标准中规定以 70mm 坍落度为界限，而水工混凝土试验标准则以 90mm 为界限；

2）试验室成型采用方法宜与工程实际采用的振捣方法相同。

2. 立方体试件成型方法

（1）振动台成型

1）将拌好的混凝土拌合物一次装入试模，用抹刀沿试模内壁插捣，并使拌合物略高出试模口。

2）把试模放到振动台上固定，开启振动台，振动时试模不得跳动，振动到表面出浆时为止，不得过振，时间约为 15～30s，振动过程中随时添加混凝土使试模常满。

3）取下试模，刮去多余拌合物，临近初凝时仔细抹平。

（2）插入式振捣棒成型

1）将拌好的混凝土拌合物一次装入试模，用抹刀沿试模内壁插捣，并使拌合物略高出模口。

2）宜用直径为 25mm 的捣棒，捣棒距试模底板 10～20mm，振动到表面出浆时为止，不得过振。振捣时间约为 20s，捣棒拔出要缓慢，拔出后不得留有孔洞。

3）刮去多余拌合物，临近初凝时抹平。

注：1. 交通试验方法标准建议坍落度小于 25mm，有较多水泥用量，试件尺寸大于 100mm 时采用；2. 水工混凝土试验标准未采用此方法。

（3）人工捣实成型

1）将混凝土拌合物分两层装入试模，每层装料厚度大致相同。

2）用捣棒按垂直螺旋方向由边缘向中心进行，插捣底层时捣棒应达到试模底面，插捣上层时，捣棒应贯穿到下层深度 20～30mm，并用抹刀沿试模内侧插入数次。插捣次数不少于 12 次/10000mm²。

3）插捣后用橡皮锤轻轻敲击试模四周 10～15 下，直至捣棒留下的孔洞消失。

4）刮去多余拌合物，临近初凝时抹平。

3. 圆柱体试件成型方法

（1）振动台成型

1）应将试模牢固地安装在振动台上，以试模的纵轴为对称轴，呈对称方式一次装入混凝土，然后进行振动密实。

2）装料量以振动时砂浆不外溢为宜，振动过程中随时添加混凝土使试模常满；振动时间以使混凝土充分密实为原则。

3）振实后，混凝土的上表面稍低于试模顶面 1～2mm。

4）临近初凝时抹平。

（2）插入式振捣棒成型

1）分 2 层浇注，每层厚度大致相等，以试模的纵轴为对称轴，呈对称方式装入混凝土拌合物。

2）振捣棒的插入密度按浇注层上表面每 6000mm² 插入一次（试模直径 100mm 每层 2 次，直径 150mm 每层 3 次，直径 200mm 每层 5 次）确定，振捣下层时振捣棒不得触及试模的底板，振捣上层时，振捣棒插入下层大约 15mm 深，不得超过 20mm；振捣时间根据混凝土的质量及振捣棒的性能确定，以使混凝土充分密实为原则。

3）振捣棒要缓慢拔出，每层插捣后如留有棒孔，则用橡皮锤轻轻敲打试模侧面 10～15 下，直到插捣后留下的孔消失为止。

4）振实后，混凝土的上表面稍低于试模顶面 1～2mm。

5）临近初凝时抹平。

注：1. 交通试验方法标准建议坍落度小于 25mm，有较多水泥用量，试件尺寸大于 100mm 时采用，每层插入 3 次；2. 水工混凝土试验标准未采用此方法。

（3）人工捣实成型

1）分层浇注，当试件的直径为 200mm 时，分 3 层装料；当试件为直径 150mm 或

100mm 时，分 2 层装料，各层厚度大致相等；以试模的纵轴为对称轴，呈对称方式装入混凝土。

2）试件的直径为 200mm 时，每层用捣棒插捣 25 次；试件的直径为 150mm 时，每层插捣 15 次；试件的直径为 100mm 时，每层插捣 8 次。当所确定的插捣次数有可能使混凝土拌合物产生离析现象时，可酌情减少插捣次数至拌合物不产生离析的程度；插捣应按螺旋方向从边缘向中心均匀进行，并应保持捣棒垂直；在插捣底层混凝土时，捣棒应达到试模底部；插捣上层时，捣棒应贯穿该层后插入下一层 20～30mm。

3）每层插捣后如留有棒孔，则用橡皮锤轻轻敲打试模侧面 10～15 下，直到插捣后留下的孔消失为止。

4）完成成型后，混凝土的上表面稍低于试模顶面 1～2mm。

5）临近初凝时抹平。

（4）试件端面找平处理

1）拆模前当混凝土具有一定强度后，清除上表面的浮浆，并用干布吸去表面水，抹上同配比的水泥净浆，用平整的压板均匀地盖在试模顶部。找平层水泥净浆的厚度要尽量薄并与试件的纵轴相垂直；为了防止压板与水泥浆之间粘固，在压板的下面垫上结实的薄纸。

2）找平处理后的端面应与试件的纵轴相垂直；端面的平面度公差应不大于 0.1mm。

3）不进行试件端部找平层处理时，应将试件上端面研磨整平。

8.1.3　试件养护

1. 标准养护

（1）试件成型后，宜用湿布用塑料薄膜覆盖表面防止水分大量蒸发，在 20±5℃ 的环境中静置 24～48h。

（2）编号并拆模，将试件放入温度为 20±2℃、相对湿度 95% 以上标准养护室养护，试件应放置于支架上，间隔为 10～20mm，试件表面应保持潮湿，并不得被水直接冲淋。无标准养护室时可放在 20±2℃ 的不流动的 $Ca(OH)_2$ 饱和溶液中养护。

注：水工混凝土试验标准养护室的温度要求为 20±5℃，$Ca(OH)_2$ 饱和溶液的温度控制要求为 20±3℃，考虑到养护温度对试验结果的影响，宜从严控制。

（3）标准养护龄期为 28d，从搅拌加水开始计时。

2. 同条件养护

（1）同条件养护试件拆模时间与构件拆模时间相同。

（2）拆模后放置在靠近相应结构构件或结构部位的适当位置，并采取相同的养护方法。

8.2　抗压强度

8.2.1　试验步骤

1. 试件从养护地点取出，将试件表面与上下承压板面擦干净。立方体试件测量受压面的棱边长度 a 与 b，精确至 1mm；圆柱体试件需要测量两个相互垂直的直径 d_1 与 d_2，精确至 0.02mm，再分别测量相互垂直的两个直径端部的四个高度；尺寸公差应符合要求。

2. 将试件居中放置在下压板上，立方体试件的承压面应与成型时的顶面垂直。开动试验机，当上压板与试件或钢垫板接近时，调整球座，使接触均衡。

3. 在试验过程中应连续均匀地加荷，混凝土强度等级＜C30 时，加荷速度取 0.3～0.5MPa/s；混凝土强度等级≥C30 且＜C60 时，取 0.5～0.8MPa/s；混凝土强度等级≥C60 时，取 0.8～1.0MPa/s，见表 8-2。

注：水工混凝土试验标准的加载速度不分强度等级，均为 0.3～0.5MPa/s；加荷的速度在常用的测试范围内会影响测试结果，影响幅度不大，但冲击荷载会显著影响测试结果。

4. 试件接近破坏开始急剧变形时，应停止调整试验机油门，直至破坏。然后记录破坏荷载 F(N)。

抗压强度加载速度对照表　　　　　　　　　　　　　表 8-2

试件 立方体边长 （mm）	强度级别					
	＜C30		≥C30 且＜C60		≥C60	
	MPa/s	kN/s	MPa/s	kN/s	MPa/s	kN/s
100	0.3～0.5	3.0～5.0	0.5～0.8	5.0～8.0	0.8～1.0	8.0～10.0
150		6.8～11.2		11.3～18.0		18.0～22.5
200		12.0～20.0		20.0～32.0		32.0～40.0
圆柱体直径 （mm）	＜C30		≥C30 且＜C60		≥C60	
	MPa/s	kN/s	MPa/s	kN/s	MPa/s	kN/s
100	0.3～0.5	2.4～3.9	0.5～0.8	4.0～6.2	0.8～1.0	6.3～7.8
150		5.4～8.8		8.9～14.1		14.2～17.6
200		9.5～15.7		15.8～25.1		25.2～31.4

8.2.2　试验结果

1. 抗压强度（f_{cc}），精确至 0.1MPa

$$f_{cc} = \frac{F}{A} \tag{8-1}$$

式中　F——混凝土试件的破坏荷载（N）；

　　　A——受压面积（mm²）；

　　　　立方体试件：$A = \bar{a} \times \bar{b}$，$a, \bar{b}$——受压面边长平均值（mm）；

圆柱体试件：　　　　　$A = \frac{1}{4}\pi \times d^2$；　　　　　　　　　　（8-2）

$d = \frac{d_1 + d_2}{2}$，d_1, d_2——试件两个垂直方向的直径（mm）。　　　（8-3）

2. 结果确定

(1) 抗压强度取三个试件的算数平均值，精确至 0.1MPa。

(2) 三个试件中如有一个与中间值的差值超过中间值的 15% 时，取中间值作为该组试件的抗压强度值。

(3) 三个试件中如有两个与中间值的差值超过中间值的 15% 时，则该组试件的试验结果无效。

3. 非标准尺寸试件强度换算

混凝土强度等级<C60 时，非标准尺寸试件强度值乘以尺寸换算系数，见表 8-3。当混凝土强度等级≥C60 时，宜采用标准试件，使用非标准试件时，尺寸换算系数应由试验确定。

尺寸换算系数　　　　　　　　　　　　　　　表 8-3

试件边长/直径（mm）	立方体		圆柱体	
	200	100	200	100
尺寸换算系数	1.05	0.95	1.05	0.95

8.3　劈裂抗拉强度

8.3.1　试验步骤

1. 试件从养护地点取出，将试件表面与上下承压板面擦干净。

2. 标出试件的劈裂面位置线。立方体试件劈裂面与成型时顶面垂直；圆柱体试件母线位于同一轴向平面并彼此相对，线端部相连应通过圆心。立方体试件测量劈裂面的边长 a，b；测量圆柱体试件的直径 d 和高度 l，精确到 0.02mm。尺寸公差应符合要求。如图 8-2 所示。

3. 将试件放在试验机下压板的中心位置，在劈裂面位置线上，上、下压板与试件之间垫以垫条及垫层各一条。试验时可采用专用辅助夹具装置。不同试验方法标准略有差异，具体见试验示意图。

4. 开动试验机，当上压板与垫块接近时，调整球座，使接触均衡。加荷应连续均匀，当混凝土强度等级<C30 时，加荷速度取 0.02～0.05 MPa/s；当混凝土强度等级≥C30 且<C60 时，取 0.05～0.08MPa/s；当混凝土强度等级≥C60 时，取 0.08～0.10MPa/s，见表8-4。至试件接近破坏时，应停止调整试验机油门，直至试件破坏，然后记录破坏荷载。

注：水工混凝土试验标准的加载速度不分强度等级，均为 0.04～0.06MPa/s，且不采用圆柱体试件进行劈裂抗拉试验。

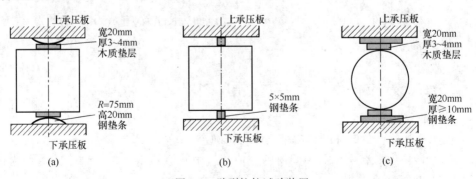

图 8-2　劈裂抗拉试验装置

（a）立方体（国家、交通标准）；（b）立方体（水工标准）；（c）圆柱体（国家、交通标准）

试件	强度级别					
立方体边长 (mm)	<C30		≥C30 且<C60		≥C60	
	MPa/s	kN/s	MPa/s	kN/s	MPa/s	kN/s
100	0.02～0.05	0.2～0.5	0.05～0.08	0.5～0.8	0.08～0.10	0.8～1.0
150		0.5～1.1		1.2～1.8		1.8～2.2
圆柱体直径 (mm)	<C30		≥C30 且<C60		≥C60	
	MPa/s	kN/s	MPa/s	kN/s	MPa/s	kN/s
100	0.02～0.05	0.4～1.0	0.05～0.08	1.0～1.6	0.08～0.10	1.6～2.0
150		0.9～2.2		2.3～3.6		3.6～4.5
200		1.6～4.0		4.0～6.4		6.4～8.0

8.3.2　试验结果

1. 劈裂抗拉强度（f_{ts}），精确至 0.01MPa

$$f_{ts} = \frac{2F}{\pi A} = 0.637\frac{F}{A} \tag{8-4}$$

式中　　F——混凝土试件的破坏荷载（N）；

　　　　A——混凝土试件的劈裂面积（mm²）；

立方体试件：$A = \bar{a} \times \bar{b}$，$\bar{a}, \bar{b}$——劈裂面边长平均值（mm）；

圆柱体试件：　　　$A = \bar{d}\bar{l}$，$\bar{d} = \dfrac{d_1 + d_2}{2}$ $\tag{8-5}$

式中　　d_1, d_2——试件两端劈裂面对应的直径（mm）；

$$\bar{l} = \frac{l_1 + l_2}{2} \tag{8-6}$$

式中　　l_1, l_2——试件劈裂面对应的高度（mm）。

2. 结果确定

（1）劈裂抗拉强度取三个试件的算术平均值，精确至 0.01MPa。

（2）三个试件中如有一个与中间值的差值超过中间值的 15％时，取中间值作为该组试件的抗压强度值。

（3）三个试件中如有两个与中间值的差值超过中间值的 15％时，则该组试件的试验结果无效。

3. 非标准尺寸试件强度换算

混凝土强度等级<C60 时，边长为 100mm 的立方体试件乘以 0.85。当混凝土强度等级≥C60 时，宜采用标准试件，使用非标准试件时，尺寸换算系数应由试验确定。

注：圆柱体试件非标准尺寸试件相关标准和资料均未提出换算系数，试验中直接给出结果。

8.4　抗折/抗弯拉/弯曲强度

8.4.1　试验步骤

1. 试件从养护地点取出，将试件擦干，检查试件长向中部不得有表面直径超过

5mm，深度超过 2mm 的孔洞；量测尺寸，尺寸公差应符合要求。

2. 标出试件的荷载作用线，试件的承压面为试件侧面。

3. 将试件居中放于试验装置上，安装尺寸偏差不得大于 1mm。支座及承压面与圆柱的接触面应平稳、均匀，否则应垫平。如图 8-3 所示。

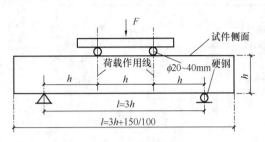

图 8-3　混凝土抗折/抗弯拉/弯曲强度试验装置

4. 开动试验机，施加荷载应保持均匀、连续。当混凝土强度等级＜C30 时，加荷速度取 0.02～0.05MPa/s；当混凝土强度等级≥C30 且＜60 时，取 0.05～0.08MPa/s；当混凝土强度等级≥C60 时，取 0.08～0.10MPa/s，至试件接近破坏时，应停止调整试验机油门，直至试件破坏，然后记录破坏荷载。见表 8-5。

注：水工试验方法标准中，考虑同步进行抗弯弹性模量的测试，试验前需用 15%～20% 的破坏荷载进行两次预压，标准试件的加载速度为 250N/s，100mm 尺寸试件加载速度为 110N/s；抗弯拉/抗弯弹性模量取 0～0.5F 的割线模量，试验时均需反复加荷，水工和交通混凝土试验方法标准中另有规定。

抗折/抗弯拉/弯曲强度加载速度对照表　　　　　　　　　表 8-5

试件	强度级别					
立方体边长 （mm）	＜C30		≥C30 且＜C60		≥C60	
	MPa/s	N/s	MPa/s	N/s	MPa/s	N/s
100	0.02～0.05	67～166	0.05～0.08	167～266	0.08～0.10	267～333
150		150～375		375～600		600～750

8.4.2　试验结果

1. 抗折/抗弯拉/弯曲强度（f_f），精确至 0.1MPa

$$f_f = \frac{Fl}{bh^2} \tag{8-7}$$

式中　F——混凝土试件的破坏荷载（N）；

l——支座间跨度（mm）；

h——试件截面高度（mm）；

b——试件截面宽度（mm）。

2. 结果确定

（1）抗折/抗弯拉/弯曲强度取三个试件的算数平均值，精确至 0.01MPa。

（2）三个试件中如有一个与中间值的差值超过中间值的 15% 时，取中间值作为该组试件的抗压强度值。

（3）三个试件中如有两个与中间值的差值超过中间值的 15% 时，则该组试件的试验结果无效。

（4）三个试件中若有一个折断面位于两个集中荷载之外，若这两个测值的差值不大于这两个测值的较小值的 15% 时，则取这两个测值的平均值，否则该组试件的试验无效。

若有两个试件的下边缘断裂位置位于两个集中荷载作用线之外，则该组试件试验无效。

3. 非标准尺寸试件强度换算

当试件尺寸为 100mm×100mm×400mm 非标准试件时，应乘以尺寸换算系数 0.85；当混凝土强度等级≥C60 时，宜采用标准试件，使用非标准试件时，尺寸换算系数应由试验确定。

8.5 轴心抗压强度

轴心抗压强度试验方法以及数据处理同"8.2 抗压强度"。

8.6 静力受压弹性模量

8.6.1 试验步骤

1. 试件从养护地点取出，将试件表面与上下承压板面擦干净，测量尺寸，尺寸公差应符合要求。

2. 取三个试件测试并得到混凝土的轴心抗压强度 f_{cp}，另三个用于测试混凝土的弹性模量。

3. 标出试件的变形或应变测量位置，宜避开孔洞或其他明显有缺陷部位。

4. 在测定混凝土弹性模量时，变形测量仪应安装在试件两侧的中线上（圆柱体试件应安装在试件直径的延长线上）并对称于两端。

注：变形测量仪：采用千分表、位移传感器，水工标准规定也可采用电阻应变仪。

5. 仔细调整试件，居中放置在承压板上。启动压力试验机，当上压板与试件接近时调整球座，使其接触均衡；

6. 加荷至 0.5MPa 的初始荷载值 F_0，保持恒载 60s 并在以后的 30s 内记录每一测点的变形读数 ε_0。如图 8-4 所示。应立即连续均匀地加荷至应力荷载值 F_a，保持恒载 60s 并在以后的 30s 内记录每一测点的变形读数 ε_a。当以上这些变形值之差 Δ 超过规定值时，应调整试件位置后重新加载按此要求进行试验。如果无法使 Δ 减少到规定值以下时，则此次试验无效；

注：1. 国标、交通标准变形值之差 Δ 为两侧变形平均值的 20%，水工标准为 0.003mm。2. 国标、交通标准取 1/3 的轴心抗压强度时的荷载（f_{cp}），水工标准取 40%轴心抗压强度时的荷载（f_{cp}）。

7. 以与加荷速度相同的速度卸荷至基准应力 0.5MPa（F_0），恒载 60s；然后用同样的加荷和卸荷速度以及 60s 的保持恒载（F_0 至 F_a）至少进行两次反复预压。在最后一次预压完成后，在基准应力 0.5MPa（F_0）持荷 60s 并在后续的 30s 内记录每一测点的变形读数 ε_0；再用同样的加荷速度加荷至 F_a，持荷 60s 并在后续的 30s 内记录每一测点的变形读数 ε_a。如图 8-4 所示。

注：加荷和卸荷速度：国标同抗压强度试验，交通试验标准加荷和卸荷速度为 0.6 ± 0.4MPa/s，水工混凝土试验标准为 $0.2\sim0.3$MPa/s

8. 卸除变形测量仪，以同样的速度加荷至破坏，记录破坏荷载；如果试件的抗压强度与 f_{cp} 之差超过 f_{cp} 的 20%时，则应在报告中注明。

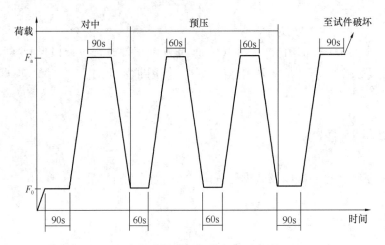

图 8-4　弹性模量加荷方法示意图

注：1. 加荷和卸荷速度：国标同抗压强度试验，交通试验标准加荷和卸荷速度为 $0.6\pm0.4\mathrm{MPa/s}$，水工混凝土试验标准为 $0.2\sim0.3\mathrm{MPa/s}$。2. 变形测量仪：采用千分表、位移传感器，水工标准规定也可采用电阻应变仪。

8.6.2　试验结果

1. 混凝土弹性模量值（E_c），精确至 100MPa

$$E_c = \frac{F_a - F_0}{A} \times \frac{L}{\Delta n} \tag{8-8}$$

式中　F_a——国标、交通标准取 1/3 的轴心抗压强度时的荷载（f_{cp}），水工标准取 40% 轴心抗压强度时的荷载（f_{cp}）。

　　　F_0——应力为 0.5MPa 时的初始荷载（N）。

　　　A——混凝土试件的承压面积（mm^2）。

　　　L——测量标距（mm）。

$$\Delta n = \varepsilon_a - \varepsilon_0 \tag{8-9}$$

　　Δn——最后一次从 F_0 加荷至 F_a 时试件两侧变形的平均值（mm）。

　　　ε_a——F_a 时试件两侧变形的平均值（mm）。

　　　ε_0——F_0 时试件两侧变形的平均值（mm）。

2. 结果确定

（1）弹性模量取三个试件的算数平均值，精确至 100MPa。

（2）三个试件中如有一个试件的轴心抗压强度值与用以确定检验控制荷载的轴心抗压强度值相差超过后者的 20% 时，则弹性模量值取另外两个试件测值的算术平均值；如有两个试件超过上述规定，则此次试验无效。

注：水工混凝土试验标准规定取值方法同抗压强度，以与平均值的 15% 作为允许偏差值进行取舍。

8.7　混凝土抗拉试验

8.7.1　试验步骤

1. 试件从养护地点取出四个试件，将试件表面擦干净，量测试件断面尺寸，尺寸公差应符合要求。

2. 标出试件的变形或应变测量位置，宜避开孔洞或其他明显有缺陷部位，测量标距为 $100\sim150mm$；用电阻应变仪测试时还需要将贴片部位吹干，电阻片长度应大于骨料最大粒径的 3 倍。

3. 将试件装到试验机上，试验机夹具应采用球面连接头，保证试件轴线和试验机施力轴线一致。

4. 安装测试变形装置。

5. 开动试验机预拉两次，预拉荷载约为破坏荷载的 $15\%\sim20\%$；预拉过程中调整荷载传递装置，使其两侧变形/应变偏心率（两侧之差除以两者之和的绝对值）不大于 15%。

6. 预拉完毕后进行测试，加载速度为 $0.4MPa/min$，每加 $500N$ 或 $1000N$ 测读变形值/应变值，直至试件破坏；采用变形测试的仪器应在接近破坏时卸下。

8.7.2 试验结果

1. 混凝土抗拉强度（f_t），精确至 $0.01MPa$

$$f_t = \frac{F}{A} \tag{8-10}$$

式中　F——混凝土试件的破坏荷载（N）；

　　　A——受拉断面面积（mm^2）；

$$A = \bar{a} \times \bar{b} \tag{8-11}$$

式中　$\bar{a}, \bar{b}$——受拉断面边长平均值（mm）。

2. 极限拉伸值，精确至 1×10^{-6}

以应力—应变曲线与横坐标（应变轴）交点为起点，以破坏荷载对应的应变为终点确定。

3. 抗拉弹性模量（E_t），精确至 $0.01MPa$

$$E_t = \frac{\sigma_{0.5}}{\varepsilon_{0.5}} = \frac{F_{0.5}L}{A\Delta n} \text{ 或 } \frac{F_{0.5}}{A\varepsilon_{0.5}} \tag{8-12}$$

式中　$\sigma_{0.5}$——50%破坏荷载时的应力；

　　　$\varepsilon_{0.5}$——50%破坏荷载时两侧的平均应变；

　　　$F_{0.5}$——50%破坏荷载；

　　　L——测量标距（mm）；

　　　A——受拉断面面积（mm^2）；

　　　Δn——最后一次荷载从 0 加荷至 $F_{0.5}$ 时试件两侧变形的平均值（mm）。

4. 结果确定

（1）混凝土抗拉强度、极限拉伸值和抗拉弹性模量取四个试件的算数平均值。

（2）当试件断口位于变截面转折点或距预埋件端点 20mm 以内，则取其他试件结果的算术平均值；如三个试件出现上述情况，则该组试件的试验无效。

8.8 混凝土粘结强度试验

8.8.1 试验步骤

1. 成型边长为150mm的立方体试件一组三块,标养14d后,按照劈裂抗拉强度试验方法将试件劈成6块待用。

2. 清理并湿润劈裂面,分别放入立方体试模一侧。

3. 拌制需要的新混凝土,浇入试模的另一侧,采用振动台振实或人工成型,人工成型分两层,每层插捣13次。

4. 同普通混凝土拆模,养护28d后按照劈裂抗拉强度试验方法,以粘结面为劈裂面进行新老混凝土粘结强度试验(沿新老混凝土交接面进行劈裂抗拉)。

8.8.2 试验结果

1. 混凝土粘结强度(f_b),精确至0.01MPa:

$$f_b = \frac{2F}{\pi A} = 0.637 \frac{F}{A} \qquad (8-13)$$

式中 F——混凝土试件的破坏荷载(N);

          A——混凝土试件的劈裂面积(mm^2);

$A = \bar{a} \times \bar{b}$ $\bar{a}, \bar{b}$——劈裂面边长平均值(mm)。

2. 结果确定

粘结强度剔除六个试件中的最大值和最小值,取其余四个试件的算术平均值,精确至0.01MPa。

8.9 混凝土抗剪强度试验

8.9.1 试验步骤

1. 按要求成型边长为150mm的立方体试件一组15块,每级荷载3块,养护至要求龄期后,进行试验。

2. 成型方式

(1)混凝土层间剪切强度

1)首先按照配合比拌制基层混凝土,浇注振实成二分之一试模深度的试件;

2)养护至一定龄期后,对浇注面按照要求进行处理,继续浇注上半部;

3)拆模养护至要求龄期进行试验。

(2)岩石与混凝土层间剪切强度

1)切割岩石至能装入试模,其中高度约为75mm,与混凝土粘结的岩石表面一般采用原面或按照要求进行处理;

2)测定岩石面的起伏差,绘制剪切方向的高度变化曲线;

3)将岩石放入试模,按照配合比拌制混凝土并浇注上半部,养护至要求龄期进行试验。

3. 将试件放入剪力盒,安装试验加载装置,见图8-5。

4. 安装位移测试装置。

5. 分五级施加法向荷载（F_i），最大荷载根据设计要求确定。

6. 在试验过程中应使法向荷载保持恒定，剪切荷载的加载速率为 0.4MPa/min（0.15kN/s），直至试件剪断。

7. 试件剪断后，将试件复位并在同法向荷载作用下按上述方法进行摩擦试验。

8. 描述剪切面情况，测定剪切面起伏差、骨料及截面破坏情况，绘制剪切方向的断面高度变化曲线，量测剪断面积。

8.9.2 试验结果

1. 各级法向荷载下的法向应力（σ_i）和剪切强度（τ_i）

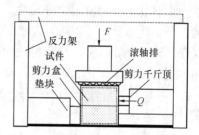

$$\sigma_i = \frac{F_i}{A}, \ \tau_i = \frac{Q_i}{A} \qquad (8\text{-}14)$$

式中　F_i——各级法向荷载（N）；

　　　Q_i——各级法向荷载下的剪切破坏荷载，应扣除滚轴排摩擦阻力（N）；

　　　A——剪切面面积（mm²）。

图 8-5　混凝土剪切试验加载装置示意图

2. 结果确定

根据各级法向应力和剪应力，作 $\sigma\text{-}\tau$ 直线，并用最小二乘法或作图法求得摩擦系数（f'）和黏聚力（c'）。得到极限剪切强度（τ）与法向应力（σ）的关系公式。

$$\tau = \sigma f' + c' \qquad (8\text{-}15)$$

第9章 混凝土长期耐久性和耐久性试验方法

在实际使用条件下，混凝土会受到各种破坏因素的作用，因此需要通过一些性能指标来表征混凝土长期使用的可靠性。本章参照《普通混凝土长期性能和耐久性能试验方法标准》GB/T 50082、《公路工程水泥及水泥混凝土试验规程》JTG E30、《水工混凝土试验规程》SL352 等国家、行业相关标准，介绍了混凝土抗水渗透、抗氯离子渗透、收缩、早期抗裂、抗冻、碳化和碱骨料反应试验方法。

9.1 抗水渗透试验

抗水渗透试验有渗水高度法和逐级加压法。渗水高度法适用于以测定硬化混凝土在恒定水压力下的平均渗水高度（水工试验方法标准用相对渗透性系数）来表示的混凝土抗水渗透性能，逐级加压法适用于通过逐级施加水压力来测定以抗渗等级来表示的混凝土的抗水渗透性能。

9.1.1 主要仪器设备

1. 混凝土抗渗仪——施加水压力范围为 0.1～2.0MPa；

2. 试模——圆台体，上口内部直径为 175mm，下口内部直径为 185mm，高度为 150mm；

3. 梯形板——尺寸为 200mm×200mm，并画有十条等间距、垂直于梯形地板的直线；

4. 钢尺——分度值为 1mm；

5. 辅助设备——螺旋加压器、烘箱、电炉、浅盘、铁锅和钢丝刷等。

9.1.2 试验步骤

1. 根据配合比，成型标准试件一组 6 个。

2. 拆模后，用钢丝刷刷去两端面的水泥浆膜，并立即将试件送入标准养护室进行养护。

3. 抗水渗透试验的龄期宜为 28d，在到达试验龄期前一天从养护室取出并擦拭干净。待试件表面晾干后，密封试件。

（1）石蜡密封，在试件侧面裹涂一层熔化的内加少量松香的石蜡。然后将试件压入经预热的试模中，使试件与试模底平齐，并在试模变冷后解除压力。试模的预热温度，以石蜡接触试模缓慢熔化但不流淌为准。

（2）水泥加黄油密封，其质量比为（2.5～3.0）。用三角刀将密封材料均匀地刮涂在试件侧面上，厚度为 1～2mm。套上试模并将试件压入，使试件与试模底平齐。

（3）也可以采用其他更可靠的密封方式。

4. 启动抗渗仪，开通阀门，使水充满试位坑，关闭阀门后将密封好的试件安装在抗渗仪上。

5. 渗水高度法

（1）试件安装好后，开通阀门，在 5min 内使水压达到 1.2±0.05MPa（水工相对渗透性系数采用 0.8、1.0 或 1.2 MPa），记录达到稳定压力的时间为起始时间，精确至 1min。在稳压过程中随时观察试件端面的渗水情况，当有试件端面出现渗水时，停止该试件的试验并记录时间，并以试件的高度作为该试件的渗水高度。对于试件端面未出现渗水的情况，在 24h 后停止试验。在试验过程中，当发现水从试件周边渗出时，重新按要求进行密封。

（2）将试件从抗渗仪中取出，放在压力机上，试件上下两端面中心处沿直径方向各放一根直径为 6mm 的钢垫条，并保持在同一竖直平面内。开动压力机，将试件沿纵断面劈裂为两半。试件劈开后，用防水笔描出水痕。

（3）将梯形板放在试件劈裂面上，并用钢尺沿水痕等间距量测 10 个测点的渗水高度值，精确至 1mm。读数时若遇到某测点被骨料阻挡，以靠近骨料两端的渗水高度算术平均值为该测点的渗水高度。

6. 逐级加压法

水压从 0.1MPa 开始，之后每隔 8h 增加 0.1MPa 水压，并随时观察试件端面渗水情况。当 6 个试件中有 3 个试件表面出现渗水时，或加至规定压力（设计抗渗等级）在 8h 内 6 个试件中表面渗水试件少于 3 个时，可停止试验，并记下此时的水压力。在试验过程中，当发现水从试件周边渗出时，重新进行密封。

9.1.3 试验结果

1. 渗水高度法

（1）单个试件平均渗水高度（$\overline{h_i}$），精确至 1mm：

$$\overline{h_i} = \frac{1}{10} \sum_{j=1}^{10} h_j \tag{9-1}$$

式中：h_j——第 i 个试件第 j 个测点处的渗水高度（mm）。

（2）一组试件的平均渗水高度（$\overline{h}$），精确至 1mm：

$$\overline{h} = \frac{1}{6} \sum_{i=1}^{6} \overline{h_i} \tag{9-2}$$

（3）单个试件相对渗透性系数（K_r），cm/h：

$$K_r = \frac{a\overline{h_i}^2}{2TH} \tag{9-3}$$

式中：a——混凝土的吸水率，一般取 0.03；

$\quad H$——水压力，以水柱高度表示，0.8、1.0 或 1.2 MPa 对应的水柱高度分别取 8160cm、10200cm 和 12240cm；

$\quad T$——恒压时间，h。

相对渗透性系数取 6 个试件的算数平均值。

2. 逐级加压法

以每组 6 个试件中有 4 个试件未出现渗水时的最大水压力乘以 10 来确定混凝土的抗渗等级。

抗渗等级（P）：

$$P = 10H - 1 \qquad (9-4)$$

式中：H——6 个试件中有 3 个试件渗水时的水压力（MPa）。

9.2 抗氯离子渗透试验

抗氯离子渗透试验有快速氯离子迁移系数法（或称 RCM 法）和电通量法。快速氯离子迁移系数法（或称 RCM 法）适用于以测定氯离子在混凝土中非稳态迁移的迁移系数来确定混凝土抗氯离子渗透性能。电通量法适用于测定以通过混凝土试件的电通量为指标来确定混凝土抗氯离子渗透性能。

9.2.1 快速氯离子迁移系数法（或称 RCM 法）

1. 主要仪器设备

（1）真空容器及真空泵——容器至少能容纳 3 个试件，真空泵使容器内气压处于 1～5kPa；

（2）RCM 试验装置（见图 9-1）——有机硅橡胶套内径 100mm，外径 115mm，长度为 150mm；

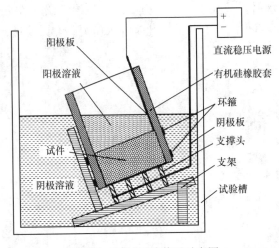

图 9-1 RCM 试验装置示意图

（3）0～60V 可调直流电、切割设备、游标卡尺等。

2. 准备工作

（1）试剂准备

1）阴极溶液为 10% 质量浓度的 NaCl 溶液，阳极溶液为 0.3mol/L 的 NaOH 溶液。溶液至少提前 24h 配制，并密封保存在温度为 20～25℃的环境中。

2）显色指示剂为 0.1mol/L 浓度的 $AgNO_3$ 溶液。

（2）试件准备

1）根据配合比，采用尺寸为 $\phi100 \times 100$mm 或 $\phi100 \times 200$mm 的试模成型试件，骨料最大公称粒径不宜大于 25mm。

2）成型后立即用塑料薄膜覆盖并移至标准养护室，养护 24 ± 2h 拆模，试件应浸没于标准养护室的水池中。养护龄期为 28d 或根据设计要求选用 56d 或者 84d。

3）在试验前 7d 加工成直径为 100 ± 1mm，高度为 50 ± 2mm 的标准试件，用水砂纸和细锉刀打磨光滑，后继续浸没于水中养护至试验龄期。

① $\phi100 \times 100$mm 的试件从中部切取圆柱体制成标准试件，并将靠近浇筑端面为暴露于氯离子溶液中的测试面。

② $\phi100 \times 200$mm 的试件，首先从正中间切成两部分，然后从两部分中各切取一个标准试件，并将第一次的切口面为暴露于氯离子溶液中的测试面。

3. 试验步骤

128

（1）将试件从养护池中取出后刷洗干净试件表面，擦干表面多余的水分。然后用游标卡尺测量试件的直径和高度，精确至 0.1mm。

（2）将试件在饱和面干状态下置于真空容器中进行真空处理。在 5min 内将真空容器中的气压减少至 1～5kPa，保持真空度 3h，在真空泵运转情况下，用蒸馏水配制的饱和氢氧化钙溶液注入容器，使试件浸没，1h 后恢复常压，并继续浸泡 18±2h。

（3）试件安装前采用电吹风冷风档吹干，表面应干净，无油污、灰砂和水珠。

（4）RCM 试验装置应用室温凉开水冲洗干净。

（5）将试件装入橡胶套内底部，在与试件齐高的橡胶套外侧安装两个高度为 20mm 的不锈钢环箍，并拧紧的螺栓至扭矩 30±2N·m，保证试件侧面密封。

（6）将试件安装到试验槽中，安装好阳极板。在橡胶套中注入约 300mL 浓度为 0.3mol/L 的 NaOH 溶液，使阳极板和试件表面均浸没于溶液中。在阴极试验槽中注入 12L 质量浓度为 10% 的 NaCl 溶液，使其液面与橡胶套中的 NaOH 溶液的液面齐平。

（7）电源的阳极和阴极分别连接橡胶筒中阳极板和试验槽中的阴极板。

（8）电迁移试验过程

1）打开电源，将电压调整到 30±0.2V，并记录通过每个试件的初始电流 I_{30V}。

2）根据 I_{30V} 按表 9-1 确定新的施加的电压 U，并记录新的初始电流 I_0，并按照 I_0 按表 9-1 确定试验持续的时间。

初始电流、电压与试验时间的关系   表 9-1

初始电流 I_{30V}（用 30V 电压）（mA）	施加的电压 U（调整后）（V）	可能的新初始电流 I_0（mA）	试验持续时间 t（h）
$I_0<5$	60	$I_0<10$	96
$5 \leqslant I_0 <10$	60	$10 \leqslant I_0 <20$	48
$10 \leqslant I_0 <15$	60	$20 \leqslant I_0 <30$	24
$15 \leqslant I_0 <20$	50	$25 \leqslant I_0 <35$	24
$20 \leqslant I_0 <30$	10	$25 \leqslant I_0 <40$	24
$30 \leqslant I_0 <40$	35	$35 \leqslant I_0 <50$	24
$40 \leqslant I_0 <60$	30	$40 \leqslant I_0 <60$	24
$60 \leqslant I_0 <90$	25	$50 \leqslant I_0 <75$	24
$90 \leqslant I_0 <120$	20	$60 \leqslant I_0 <80$	24
$120 \leqslant I_0 <180$	15	$60 \leqslant I_0 <90$	24
$180 \leqslant I_0 <360$	10	$60 \leqslant I_0 <120$	24
$I_0 \geqslant 360$	10	$I_0 \geqslant 120$	6

3）试验开始时记录每一个试件的阳极溶液的初始温度，试验结束时记录阳极溶液的最终温度和最终电流。

4）试验结束后及时排除试验溶液。用黄铜刷清除试验槽的结垢或沉淀物，并用饮用水和洗涤剂将试验槽和橡胶套冲洗干净，再用电吹风的冷风档吹干。

（9）测定氯离子渗透深度

1）试验结束后，断开电源，将试件从橡胶套中取出，并立即用自来水将试件表面冲洗干净，再擦去试件表面多余水分。

2）将试件用压力试验机上沿轴向劈成两个半圆柱体，并在劈开的试件断面上立即喷涂浓度为 0.1mol/L 的 $AgNO_3$ 溶液显色指示剂。

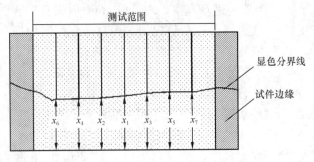

图 9-2 显色分界线测量距离的位置及编号

3）指示剂喷洒约 15min 后，沿试件直径断面将其分成 10 等份，并用防水笔描出渗透轮廓线，测量显色分界线（见图 9-2）离试件底面的距离，精确至 0.1mm。

① 当某一测点被骨料阻挡，可将此测点位置移动到最近未被骨料阻挡的位置进行测量，当某测点数据不能得到，只要总测点数多于 5 个，可忽略此测点。

② 当某个测点位置有一个明显的缺陷，使该点测量值远大于各测点的平均值，忽略此测点数据，但在试验记录和报告中注明。

4. 试验结果

（1）混凝土的非稳态离子迁移系数（D_{RCM}），精确至 $0.1 \times 10^{-12} m^2/s$

$$D_{RCM} = \frac{0.0239 \times (273 + T)L}{(U-2)t}\left(X_d - 0.0238\sqrt{\frac{(273+T)LX_d}{U-2}}\right) \tag{9-5}$$

式中：U——所用电压的绝对值（V）；

T——阳极溶液的初始温度和结束温度的平均值（℃）；

L——试件厚度，精确至 0.1mm；

X_d——氯离子渗透深度的平均值，精确到 0.1mm；

t——试验持续时间（h）。

（2）结果确定

1）氯离子迁移系数取 3 个试样的氯离子迁移系数的算术平均值；

2）当最大值或最小值与中间值之差超过中间值的 15％，剔除此值，再取其余两值的算术平均值为测定值；

3）当最大值和最小值均超过中间值的 15％时，取中间值为测定值。

9.2.2 电通量法

1. 主要仪器设备

（1）电通量试验装置——见图 9-3；

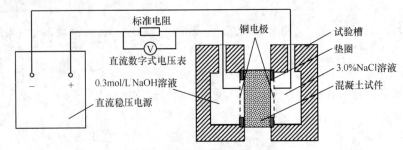

图 9-3 电通量试验装置示意图

（2）直流稳压电源——电压范围 $0\sim80V$，电流范围 $0\sim10A$，能稳定输出 60V 直流电压，精度为 $\pm0.1V$；

（3）耐热塑料或耐热有机玻璃试验槽、真空泵、电流表等。

2. 准备工作

（1）试剂准备

阴极溶液用化学纯试剂配制的质量浓度为 3.0% 的 NaCl 溶液，阳极溶液用化学纯试剂配制的摩尔浓度为 0.3mol/L 的 NaOH 溶液。

（2）试件准备

试件准备同 RCM 法。

3. 试验步骤

（1）养护到规定龄期（一般为 28d）后，先将试件置于空气中至表面干燥，并以硅胶或树脂密封材料涂刷试件圆柱侧面，填补涂层中的孔洞。

（2）将试件进行真空饱水，方法同 RCM 法。

（3）在真空饱水结束后，取出试件并擦干水分，将试件保持相对湿度为 95% 以上的环境中，然后用螺杆将两试验槽和端面装有硫化橡胶垫的试件夹紧，并采用蒸馏水或者其他有效方式检查试件和试验槽之间的密封性能。

（4）一个试验槽中注入配置好的 NaCl 溶液，并将槽中铜网连接电源负极，在另一个试验槽中注入配置好的 NaOH 溶液，并将槽中铜网连接电源正极。

（5）施加 $60\pm0.1V$ 直流恒电压，记录电流初始读数 I_0。开始时每隔 5min 记录一次电流值，当电流值变化不大时，可每隔 10min 记录一次电流值；当电流变化很小时，每隔 30min 记录一次电流值，直至通电 6h。

（6）试验结束后，及时排出试验溶液，用凉开水和洗涤剂冲洗试验槽 60s 以上，然后用蒸馏水洗净并用电吹风冷风档吹干。

注：实验室环境温度控制在 $20\sim25℃$；采用自动采集数据的测试装置时，记录电流的时间间隔可设定为 $5\sim10min$。电流测量值精确至 $\pm0.5mA$。同时监测试验槽中溶液的温度。

4. 试验结果

（1）试验过程中或试验结束后，绘制电流与时间的关系图。通过将各点数据以光滑曲线连接起来，对曲线作面积积分，或按梯形法进行面积积分，得到试验 6h 通过的电通量（C）。

（2）每个试件的总电通量（C）（简化公式计算）：

$$Q = 900(I_0 + 2I_{30} + 2I_{60} + \cdots 2I_t + \cdots 2I_{300} + 2I_{330} + I_{330}) \tag{9-6}$$

式中：I_0——初始电流，精确到 0.001A；

I_t——在时间 t（min）的电流，精确至 0.001A。

（3）换算成直径为 95mm 试件的电通量值：

$$Q_s = Q_x \times (95/x)^2 \tag{9-7}$$

式中：Q_s——通过直径为 95mm 的试件的电通量（C）；

Q_x——通过直径为 x（mm）的试件的电通量（C）；

x——试件的实际直径（mm）。

（4）结果确定

同 RCM 法。

9.3 收缩试验

收缩试验可采用非接触法和接触法。非接触法适用于测定早龄期混凝土的自由收缩变形，也可用于无约束状态下混凝土自收缩变形的测定。接触法适用于测定在无约束和规定的温湿度条件下硬化混凝土试件的收缩变形性能。

9.3.1 非接触法

1. 主要仪器设备

（1）非接触法混凝土收缩变形测定仪（见图 9-4）——整机一体化装置，具备自动采集和处理数据、能设定采样时间间隔等功能。

（2）反射靶和试模——用可靠方式将反射靶固定于试模上，使反射靶在试件成型浇筑振动过程中不会移位偏斜，且在成型完成后能保证反射靶与试模之间的摩擦力尽可能小，试验过程中能保证反射靶能够随着混凝土收缩而同步移动。混凝土试件的测量标距不小于 400mm。

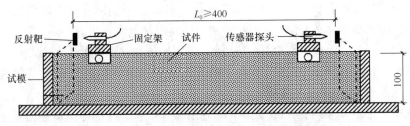

图 9-4　非接触法混凝土收缩变形测定仪原理示意图（单位 mm）

（3）传感器——量程不小于试件测量标距长度的 0.5% 或不小于 1mm，测试精度不低于 0.002mm。测头在测量整个过程中与试模相对位置保持固定不变。

2. 试验步骤

（1）在试模内涂刷润滑油，然后在试模内表铺设两层塑料薄膜，或放置聚四氟乙烯（PTFE）片，且在薄膜或聚四氟乙烯片与试模接触的面上均匀涂抹一层润滑油。再将反射靶固定在试模两端。

（2）根据配合比拌制混凝土，按照要求浇筑成型，完毕立即带模移入温度为（20±2)℃、相对湿度为（60±5)％的恒温恒湿室。同时，测定混凝土的初凝时间。

注：也可自行设定在不同的环境温湿度、表面覆盖状况和风速的边界条件。

（3）混凝土初凝时开始测试，以后至少每隔 1h 或按设定的时间间隔记录两端变形读数。

（4）在整个测试过程中，测试仪器不得移动或受到振动。

3. 试验结果

混凝土收缩率（$\varepsilon_{\mathrm{st}}$），精确到 1.0×10^{-6}：

$$\varepsilon_{\mathrm{st}} = \frac{(L_{10} - L_{1t}) + (L_{20} - L_{2t})}{L_0} \tag{9-8}$$

式中：L_{10}——左侧非接触法位移传感器初始读数（mm）；

L_{1t}——左侧非接触法位移传感器测试时间为 t 的读数（mm）；

L_{20}——右侧非接触法位移传感器初始读数（mm）；

L_{2t}——右侧非接触法位移传感器测试时间为 t 的读数（mm）；

L_0——试件测量标距（mm），试件长度减去试件中两个反射靶沿试件长度方向埋入试件中的长度之和。

4. 结果确定

混凝土收缩率取三个试件的算数平均值，精确到 1.0×10^{-6}。作为相对比较的混凝土早龄期收缩值以 3d 龄期测试得到的混凝土收缩值为准。

9.3.2 接触法

1. 基本要求

（1）采用卧式混凝土收缩仪（见图 9-5a）时，试件两端预埋测头（见图 9-5b）或留有埋设测头（见图 9-5c）的凹槽。采用不锈钢或其他不锈材料制成的测头。

（2）采用立式混凝土收缩仪（见图 9-5d）时，试件的一端中心预埋测头。一端同立式收缩测头，另一端采用 M20×35mm 螺栓预埋（螺纹通长），并与立式混凝土收缩仪底座固定。

（3）收缩试件成型时不得使用机油等憎水性脱模剂。

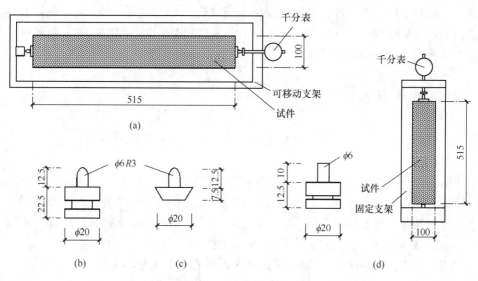

图 9-5　接触法混凝土收缩变形测定装置示意图（单位：mm）

（a）卧式收缩试验仪示意图；（b）预埋测头；（c）后埋测头；

（d）立式收缩试验仪示意图

2. 试验步骤

（1）根据配合比拌制混凝土，按照要求浇筑成型一组 3 个试件，尺寸为 100mm×100mm×515mm 的棱柱体试件，成型后带模养护 1~2d，保证拆模时不损伤试件。后埋测头的试件，拆模后立即粘贴或埋设测头。

（2）养护至 3d 龄期（加水时算起），从标准养护室取出试件，并立即移入温度为 20

±2℃、相对湿度为 60±5% 的恒温恒湿室测定其初始长度，此后至少按 1d、3d、7d、14d、28d、45d、60d、90d、120d、150d、180d、360d 的时间间隔测量其变形读数（从移入恒温恒湿室内算起）。

1）恒温恒湿室中试件放置在不吸水的搁架上，底面架空，每个试件之间的间隙大于 30mm。

2）收缩测试前应用标准杆校正仪表的零点，并在测试过程中复核 1～2 次，其中一次应在全部试件测试完后进行。零点与原值偏差超过 ±0.001mm 时，应调零后重新测试。

3）每次测试的试件放置位置，方向均应保持一致。

3. 试验结果

（1）混凝土收缩率（ε_{st}），计算精确至 1.0×10^{-6}

$$\varepsilon_{st} = \frac{L_0 - L_t}{L_b} \tag{9-9}$$

式中：L_b——试件的测量标距，两测头内侧的距离，即等于试件混凝土长度减去两个测头埋入深度。采用接触法引伸仪时，即为仪器的测量标距；

L_0——试件长度的初始读数，精确至 0.01mm；

L_t——试件在试验期为 t（d）时测得的长度读数，精确至 0.01mm。

（2）结果确定

混凝土收缩率取三个试件的算数平均值，精确到 1.0×10^{-6}。作为相互比较的混凝土收缩率值为不密封试件于 180d 所测得的收缩率值。可将不密封试件于 360d 所测得的收缩率值作为该混凝土的终极收缩率值。

9.4 早期抗裂试验

早期抗裂试验适用于测试混凝土试件在约束条件下的早期抗裂性能。

9.4.1 试验装置

1. 钢制模具——内部尺寸为 800mm×600mm×100mm，模具的四边采用槽钢或者角钢焊接而成，侧板厚度不小于 5mm，模具四边与底板通过螺栓固定。模具内设平行于短边的 7 根裂缝诱导器。如图 9-6 所示，底板采用不小于 5mm 厚的钢板，并在底板表面铺设聚乙烯薄膜或者聚四氟乙烯做隔离层。测试时模具与试件不分离；

2. 风扇——风速为可调，能够保证试件表面中心处的风速不小于 5m/s；

3. 温湿度计——温度精度不低于 ±0.5℃，相对湿度计精度不低于 ±1%；

4. 风速计——精度不低于 ±0.5m/s；

5. 刻度放大镜——放大倍数不小于 40 倍，分度值不大于 0.01mm；

6. 钢直尺的最小刻度为 1mm。

9.4.2 试验步骤

1. 根据配合比拌制混凝土，浇筑至模具内后摊平，且表面比模具边框略高。可使用平板表面振捣器或者采用振捣棒插捣，控制振捣时间，防止过振和欠振。

2. 振捣后，用抹子整平表面，骨料不外露。

3. 成型完成后移入温度为（20±2）℃，相对湿度为（60±5）% 的恒温湿室中进行

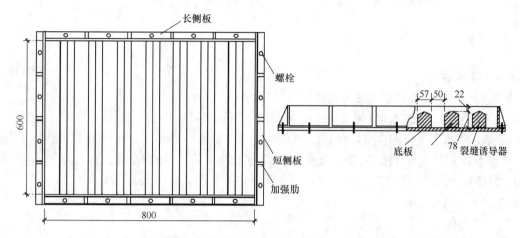

图 9-6　混凝土早期抗裂试验装置示意图（单位：mm）

试验。

4. 试件成型 30min 后，立即调节风扇位置和风速，使试件表面中心正上方 100mm 处风速为 5±0.5m/s，并使风向平行于试件表面和裂缝诱导器。

5. 试验时间从混凝土搅拌加水开始计算，在（24±0.5）h 测读裂缝。用钢直尺测量裂缝长度，并取裂缝两端直线距离为裂缝长度。当一个刀口上有两条裂缝时，可将两条裂缝的长度相加，折算成一条裂缝。

6. 裂缝宽度采用放大倍数至少 40 倍的读数显微镜进行测量，并测量每条裂缝的最大宽度。

7. 平均裂缝面积、单位面积的裂缝数目和单位面积上的总开裂面积根据混凝土浇筑 24h 测量得到裂缝数据来计算。

9.4.3　试验结果

1. 每条裂缝的平均开裂面积（a），精确到 $1\text{mm}^2/$条

$$a = \frac{1}{2N} \sum_{i=1}^{N} (W_i \times L_i) \tag{9-10}$$

式中：W_i ——第 i 条裂缝的最大宽度，精确到 0.01mm。

　　　L_i ——第 i 条裂缝的长度（mm），精确到 1mm。

2. 单位面积的裂缝数目（b），精确到 0.1 条$/\text{m}^2$

$$b = \frac{N}{A} \tag{9-11}$$

式中：N ——总裂缝数目（条）；

　　　A ——平板的面积（m^2），精确到 0.01m^2。

3. 单位面积上的总开裂面积（c），精确到 $1\text{mm}^2/\text{m}^2$

$$c = a \cdot b \tag{9-12}$$

4. 结果确定

试件平均开裂面积（单位面积上的开裂数目或单位面积上的总开裂面积）取 2 个或多个试件的平均开裂面积的算术平均值。

9.5 抗冻性能

9.5.1 基本要求

混凝土抗冻性能试验方法有慢冻法和快冻法。

1. 慢冻法适用于测定混凝土试件在气冻水融条件下,以经受的冻融循环次数(n)以符号 D_n 表示的混凝土抗冻性能,有 D25、D50、D100、D150、D200、D250 和 D300 以上标号。

2. 快冻法适用于测定混凝土试件在水冻水融条件下,以经受的快速冻融循环次数(n)以符号 F_n 表示混凝土抗冻性能,有 F50、F100、F150、F200、F250、F300、F350、F400 和 F400 以上标号。

3. 主要仪器设备

(1) 慢速冻融试验箱——试件静止的情况下可通过气冻水融进行冻融循环;满载时,冷冻温度能保持在 $-20 \sim -18℃$,融化温度能保持在 $18 \sim 20℃$,极差不超过 2℃。也可采用自动冻融试验设备。

(2) 快速冻融试验箱——试件静止在水中的情况下,通过热交换液体(防冻液)实现连续自动满足冻融循环过程;应在测温试件、冻融箱中心和边角设置温度传感器,运转时冻融箱内防冻液各点温度极差不超过 2℃;温度传感器测量精度为 $±0.5℃$。

(3) 压力试验机——同混凝土力学性能试验方法要求。

(4) 混凝土动弹性模量测定仪——输出频率可调范围为 $100 \sim 20000Hz$,输出功率应能使试件产生受迫振动。

(5) 台秤——称重最大量程为 20kg,感量不应超过 5g。

(6) 快冻法试件盒——宜采用具有弹性的橡胶材料制作,其内表面底部有半径为 3mm 橡胶突起部分。盒横截面尺寸宜为 115mm × 115mm,盒长宜为 500mm 如图 9-7 所示。

(7) 动弹性模量测试试件支承体——泡沫塑料垫,表观密度 $16 \sim 18kg/m^3$,厚度约 20mm;或为厚度 20mm 以上的海绵垫。

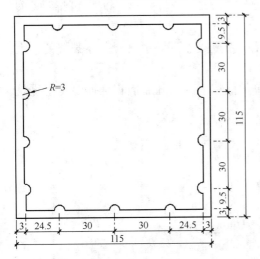

图 9-7 试件盒横截面示意图(单位:mm)

9.5.2 慢冻法

1. 试验步骤

(1) 按照力学性能试件要求制作试件,采用边长为 100mm 的立方体试件,按表 9-2 确定所需组数,一组为 3 块。

表 9-2

慢冻法试验所需要的试件组数

设计抗冻标号	D25	D50	D100	D150	D200	D250	D300	D300 以上
检查强度所需冻融次数	25	50	50 及 100	100 及 150	150 及 200	200 及 250	250 及 300	300 及设计次数

设计抗冻标号	D25	D50	D100	D150	D200	D250	D300	D300 以上
鉴定 28d 强度所需试件组数	1	1	1	1	1	1	1	1
冻融试件组数	1	1	2	2	2	2	2	2
对比试件组数	1	1	2	2	2	2	2	2
总计试件组数	3	3	5	5	5	5	5	5

注：试件组数可更具需要适当增加。

（2）龄期为 24d 时，从养护地点取出试件，泡入 20±2℃水中 4d，浸泡时水面应高出试件顶面 20～30mm。

注：始终在水中养护的试件，当试件养护龄期达到 28d 时，可直接进行后续试验，并在试验报告中予以说明。

（3）龄期达到 28d 时，用湿布擦干试件表面水分，测量外观尺寸，编号，称重后置入试件架内。试件的尺寸公差应符合要求。试件架与试件的接触面积不超过试件底面的 1/5；试件与箱体内壁的空隙至少留有 20mm；试件架中各试件之间的空隙至少保持 30mm。

（4）冻融过程

1）冷冻时间从冻融箱内降至－18℃开始计算，冻融箱内温度在冷冻时应保持在－20～－18℃，每次冷冻时间不应少于 4h。

2）冻完后取出放入 18～20℃水中，在 30min 内水温不应低于 10℃，并在 30min 后水温应保持在 18～20℃，而水面应高于试件顶面 20mm，融化时间不应少于 4h，完成后为一次冻融循环。

3）每 25 次循环检查试件外观，出现严重破坏时应称重，若质量损失超过 5％，可停止试验。

（5）若试验中达到规定的冻融循环次数，或抗压强度损失率达到 25％，或试件的质量损失率达到 5％，可停止试验。

（6）停止试验后，应称重并检查试件外观，记录表面破损、裂缝和缺棱掉角情况。表面破损严重的试件应用高强石膏找平后，按照力学性能试验方法进行抗压强度试验。

（7）部分破损或失效试件取出后，应用空白试件补充空位。

（8）对比试件应保持标准养护，与冻融后试件同时进行抗压强度。

2. 试验结果

（1）强度损失率

1）强度损失率（Δf_c），精确至 0.1％：

$$\Delta f_c = \frac{f_{c0} - f_{cn}}{f_{c0}} \times 100 \tag{9-13}$$

式中：f_{c0}——对比用的一组混凝土试件的抗压强度测定值（MPa），精确至 0.1MPa。

f_{cn}——经 N 次冻融循环后的一组混凝土试件抗压强度测定值（MPa），精确至 0.1MPa。

2）结果确定

同力学性能试验方法中进行抗压强度试验。

（2）质量损失率

1) 单个试件的质量损失率（ΔW_{ni}），精确至 0.01%

$$\Delta W_{ni} = \frac{W_{0i} - W_{ni}}{W_{0i}} \times 100 \tag{9-14}$$

式中：W_{0i}——冻融循环试验前第 i 个混凝土试件的质量（g）；

W_{ni}——N 次冻融循环后第 i 个混凝土试件的质量（g）。

2) 结果确定

① 质量损失率测定值取三个试件的算数平均值，某个试件结果出现负值，则取 0 后再取三个试件的算术平均值，精确至 0.1%。

② 三个值中的最大值或最小值与中间值之差超过 1% 时，取其余两值的算术平均值作为测定值。

③ 最大值和最小值与中间值之差均超过 1% 时，取中间值作为测定值。

（3）混凝土抗冻标号

以 D_n（n 为冻融循环次数）表示，即满足强度损失率不超过 25%，或质量损失率不超过 5% 的最大冻融循环次数。

9.5.3 快冻法

1. 试验步骤

（1）根据配合比，按照混凝土力学性能试验方法试件成型（不得采用憎水性脱模剂），尺寸为 $100\text{mm} \times 100\text{mm} \times 400\text{mm}$ 的棱柱体试件，每组 3 块。

（2）制作同样形状、尺寸，且中心埋有温度传感器的测温试件。测温试件采用防冻液作为冻融介质，所用混凝土的抗冻性能高于冻融试件，温度传感器在浇注混凝土时埋设在试件中心。

（3）龄期为 24d 时将试件从养护地点取出，泡 $20 \pm 2\text{℃}$ 水中 4d，浸泡试验水面应高出试件顶面 $20 \sim 30\text{mm}$。

注：始终在水中养护的试件，当试件养护龄期达到 28d 时，可直接进行后续试验，并在试验报告中予以说明。

（4）龄期达到 28d 时，用湿布擦干试件表面水分，量测外观尺寸，编号，称量试件初始质量 W_{0i}，并测量横向基频的初始值 f_{0i}。试件的尺寸公差应符合要求。

（5）将试件居中放入试件盒内，再将试件盒放入冻融箱内的试件架中，并向试件盒中注入清水。盒内水位高度应始终保持至少高出试件顶面 5mm。

（6）冻融过程

1) 测温试件盒应放在冻融箱中心位置。

2) 每次冻融循环时间应在 $2 \sim 4\text{h}$ 内完成，融化时间不少于冻融循环时间的 $1/4$。

3) 试件中心最低和最高温度应分别控制在 $-18 \pm 2\text{℃}$ 和 $5 \pm 2\text{℃}$ 内；试验过程中试件中心温度不得高于 7℃，不得低于 -20℃。

4) 每个试件从 3℃ 降至 -16℃ 的时间不得少于冷冻时间的 $1/2$，从 -16℃ 升至 3℃ 时间不得少于融化时间的 $1/2$，试件内外温差不宜超过 28℃。冷冻和融化之间的转换时间不宜超过 10min。

5) 每 25 次冻融循环检查试件外观，清理表面并擦干水分，称取质量，测试试件横向基频 f_{ni}，完成后将试件调头装入试件盒。

（7）若试验中达到规定的冻融循环次数，或试件的相对动弹性模量下降到60%，或试件的质量损失率达到5%，可停止试验。

（8）有试件停止试验取出后，用其他试件填充空位。

（9）动弹模量测试方法

1）清理试件，擦干并称量、量取试件尺寸；试件质量精确至5g，尺寸精确至1mm。

2）将试件成型面向上置于支承体上，换能器测杆与试件触面涂黄油或凡士林为耦合剂，将激振换能器和接收换能器测杆轻压在试件表面，见图9-8，压力以不出现噪声为准。

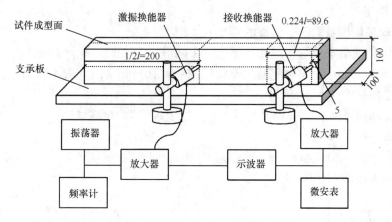

图9-8　动弹性模量测定原理及示意图（单位：mm）

3）测试共振频率

① 指示电表方式。调整激振和接收增益至适当位置，改变激振频率，电表指针偏转最大时即为试件达到共振状态，此时为频率试件横向基频。

② 示波器显示方式。改变激振频率，示波器图形调成正圆时即为试件达到共振状态，此时为频率试件横向基频。

③ 发现两个以上峰值时，将接收换能器移至距试件端部0.224倍试件长处，电表示值为零时作为真实试件横向基频。

④ 重复测试并记录两次测值，两次差值应小于平均值的0.5%，取两个测值的算术平均值为此试件的测试结果。

2. 试验结果

（1）动弹性模量

1）动弹性模量（E_d），精确至1MPa：

$$E_d = 13.244 \times 10^{-4} \times WL^3 f^2 / a^4 \qquad (9-15)$$

式中：a ——试件截面的边长（mm）；

　　L ——试件的长度（mm）；

　　W ——试件的质量（kg），精确至0.01kg；

　　f ——试件横向振动时的基频振动频率（Hz）。

注：交通试验标准给出了其他尺寸试件的修正系数K，需将计算结果乘以修正系数，$L/a=3$时，K取1.2；$L/a=4$时，K取1.0，$L/a=5$时，K取0.9。

2）结果确定

动弹性模量取三个试件试验结果的算数平均值，计算精确至100MPa。

（2）相对动弹性模量

1）单个试件的相对动弹性模量（P_i），精确至0.1%：

$$P_i = \frac{f_{ni}^2}{f_{0i}^2} \times 100 \qquad (9\text{-}16)$$

式中：f_{ni}——经 N 次冻融循环后第 i 个混凝土试件的横向基频（Hz）；

$\quad\;\; f_{0i}$——冻融循环试验前第 i 个混凝土试件横向基频初始值（Hz）。

2）结果确定

① 相对动弹性模量取三个试件的算数平均值。

② 当最大值或最小值与中间值之差超过中间值的15%时，剔除此值。

③ 当最大值和最小值与中间值之差均超过中间值的15%时，取中间值作为测定值。

（3）质量损失率

质量损失率同慢冻法。

（4）混凝土抗冻等级

以 F_n（n 为冻融循环次数）表示，需满足相对动弹性模量不低于60%，或质量损失率不超过5%的最大冻融循环次数。

9.6　碳化试验

碳化试验适用于测定混凝土在一定浓度的二氧化碳气体介质中混凝土试件的碳化程度。

9.6.1　主要仪器设备

混凝土碳化箱——二氧化碳浓度能控制在20±3%，温度能够控制在20±2℃，相对湿度能控制在70±5%。

9.6.2　试验步骤

1. 根据配合比拌制混凝土，成型1组3块、长宽比不小于3的棱柱体混凝土试件，也可采用立方体试件，其数量相应增加。

2. 可采用标准养护，在试验前2d从标准养护室取出试件，然后在60℃下烘48h。也可根据需要调整养护龄期。

3. 初步处理后的试件，除留下一个或相对的两个侧面外，其余表面用加热的石蜡密封。然后在暴露侧面上沿长度方向用铅笔以10mm间距画出平行线，作为预定碳化深度的测量点。

4. 将试件放入碳化箱并密封，启动试验装置，使二氧化碳浓度控制在20±3%，温度控制在20±2℃，相对湿度控制在70±5%。

5. 经过碳化3d、7d、14d和28d时，分别取出试件，破型测定碳化深度。棱柱体试件采用压力试验机劈裂法或干锯法从一端开始破型，破型厚度为试件宽度的一半，破型后将需要继续试验的试件用石蜡封好断面，再放入箱内继续碳化。采用立方体试件时，在试件中部破型，每个立方体试件只作一次试验，不得重复使用。

6. 刷去切除所得的试件部分断面上的粉末，喷或滴上浓度为1‰的酚酞酒精溶液（含20％的蒸馏水）。经约30s后，按原先标划的每10mm一个测量点用钢板尺测出各点碳化深度。当测点处的碳化分界线上刚好嵌有粗骨料颗粒，可取该颗粒两侧处碳化深度的算术平均值作为该点的深度值。

9.6.3 试验结果

1. 混凝土在各试验龄期时的平均碳化深度（$\overline{d_t}$），精确值0.1mm：

$$\overline{d_t} = \frac{1}{n} \sum_{i=1}^{n} d_i \tag{9-17}$$

式中：d_i——各测点的碳化深度，精确至0.5mm；

$\quad\quad n$——测点总数。

2. 结果确定

混凝土试件碳化测定值取3个试件碳化28d的碳化深度算术平均值。碳化结果处理时绘制碳化时间与碳化深度的关系曲线。

9.7 混凝土棱柱体法碱骨料反应试验

混凝土棱柱体法碱骨料反应试验可用于检验混凝土试件在温度38℃及潮湿条件养护下，混凝土中的碱与骨料反应所引起的膨胀是否具有潜在危害。适用于碱—硅酸反应和碱—碳酸盐反应。

9.7.1 主要试验设备

测长仪——测量范围为275～300mm，精度为±0.001mm。

试模——内尺寸为75mm×75mm×275mm，可预留安装测头的圆孔。

养护盒——耐腐蚀材料制成，可密封不漏水，有试件架可使试件直立且不接触底部，底部装20±5mm深的水。

方孔筛——公称直径分别为20mm、16mm、10mm、5mm。

称量设备——最大量程分别为50kg和10kg，感量分别不超过50g和5g。

9.7.2 准备工作

1. 材料及配合比

（1）硅酸盐水泥，含碱量宜为0.9±0.1％（以Na_2O当量计，即$Na_2O+0.658K_2O$）。可通过外加浓度为10％的NaOH溶液，使试验用水泥含碱量达到1.25％。

（2）评价细骨料的活性时，采用非活性（试验确定）的粗骨料，细骨料细度模数宜为2.7±0.2；评价粗骨料的活性时，采用非活性（试验确定）的粗骨料。当骨料为同一品种的材料，用粗、细骨料来评价活性。试验用粗骨料由三种级配：20～15mm、15～10mm和10～5mm，各取1/3等量混合。

（3）每立方米混凝土水泥用量为420±10kg；水灰比为0.42～0.45；粗骨料与细骨料的质量比为6：4；试验中除可外加NaOH使水泥含碱量达到1.25％外，不得再使用其他的外加剂。

2. 试件准备

（1）试验前所用所有材料放入20±5℃的成型室，时间不少于24h。

（2）根据配合比拌制混凝土。

（3）将混凝土一次装入试模，用捣棒和抹刀捣实，在振动台振动 30s 至表面泛浆为止。

（4）试件成型后带模一起送入温度为 20±2℃、相对湿度为 95％以上的标准养护室中，在混凝土初凝前 1～2h，对试件沿模口抹平并编号。

9.7.3 试验步骤

1. 试件在标准养护室中养护 24±4h 脱模，脱模时不得损伤测头，并尽快测量试件的基准长度。待测试件应用湿布盖好。

2. 试件的基准长度测量在 20±2℃ 的恒温室中进行。每个试件至少重复测试两次，取两次测值的算术平均值作为该试件的基准长度值。

3. 测量基准长度后将试件放入养护盒中，并盖严盒盖。然后将养护盒放入 38±2℃ 的养护室或养护箱里养护。

4. 试件的测量龄期从测定基准长度后算起，测量龄期为 1、2、4、8、13、18、26、39 和 52 周，以后可每半年测一次。每次测量的前一天，将养护盒从 38±2℃ 的养护室中取出，并放入 20±2℃ 的恒温室中，恒温时间为 24±4h。试件各龄期的测量与测量基准长度的方法相同，测量完毕后，将试件调头放入养护盒中，并盖严盒盖。然后将养护盒重新放回 38±2℃ 的养护室或者养护箱中继续养护至下一测试龄期。

5. 每次测量时，观察试件有无裂缝、变形、渗出物及反应产物等，并作详细记录。

9.7.4 试验结果

1. 试件的膨胀率（ε_t），精确至 0.001％：

$$\varepsilon_t = \frac{L_t - L_0}{L_0 - 2\Delta} \times 100 \tag{9-18}$$

式中：L_t——试件在 t（d）龄期的长度（mm）；

　　　L_0——试件的基准长度（mm）；

　　　Δ——测头埋入试件的长度（mm）。

2. 结果确定

（1）某一龄期膨胀率取 3 个试件的算术平均值。

（2）每组平均膨胀率小于 0.020％时，同一组试件中单个试件之间的膨胀率的差值（最高值与最低值之差）不超过 0.008％；每组平均膨胀率大于 0.020％时，同一组试件中单个试件的膨胀率的差值（最高值与最低值之差）不应超过平均值的 40％。

第10章　水泥基复合材料力学特性试验案例

10.1　背景

10.1.1　混凝土材料发展

混凝土材料是土木工程领域中最为重要的建筑材料之一，自其诞生以来便推动着人类社会的不断进步。原始混凝土的使用最早可以追溯到9000年前，当时人类通过石灰进行粘结以建造房屋，直至公元前300年古罗马人发现了火山灰并将其应用到混凝土中进而得到具有防水、防火功能的混凝土，1824年约瑟夫阿斯普丁发明了波特兰水泥，从此火山灰和石灰逐渐被水泥替代成为制造混凝土的主要原材料。众所周知，混凝土材料具有良好的可塑性、经济性及安全性，其取材方便、价格低廉、力学强度高，通过模板可制作成形态各异的结构构件，因而成为建筑工程领域的主要结构形式。

改革开放以来，我国基础设施建设蓬勃发展，混凝土材料在三峡大坝、杭州湾跨海大桥、南水北调等重大工程中得到广泛应用，也促进了商品混凝土行业的快速发展。尽管钢结构等新型结构不断涌现，混凝土材料在建筑行业的统治地位仍然不可撼动。经统计2015年我国商品混凝土产量达到约41亿吨，约为2004年商品混凝土产量的10倍。虽然混凝土材料具有诸多优点，但由于水泥基材料的准脆性特征，导致其变形能力差、抗拉强度低，严重影响混凝土结构的耐久性和适用性，特别在复杂环境下混凝土材料开裂老化问题进一步加剧，致使结构使用寿命大幅降低。美国材料咨询委（NMAB）在1987年的报告中指出，美国有253000座混凝土桥遭受不同程度的破坏，且以每年35000座的速度急剧增加，而位于英国英格兰岛中部环形线快车道上的11座混凝土高架桥，建成两年钢筋便出现锈蚀膨胀，导致混凝土出现顺筋裂缝。对于我国桥梁工程据不完全统计，截至1994年共有6137座铁路桥因混凝土开裂导致不同程度的损伤，占铁路桥总数的18.8%，其中钢筋混凝土桥梁为2675座。此外，由于我国地处地震多发区，建筑结构的抗震性能直接关系着人民生命财产安全，然而混凝土材料的脆性特征极易导致耗能能力较低，从而影响结构整体抗震性能。因此，为确保建筑物具有足够的安全性和可靠性，对结构进行设计优化的同时，还需对建筑材料的变形、控裂及耗能等性能提出更高要求，因而高性能水泥基材料逐渐成为现今研究的热点。

10.1.2　纤维混凝土

为克服水泥基材料（混凝土、砂浆等）变形差、易开裂的缺点，纤维增强水泥基复合材料逐渐进入大家视野。该种材料是以水泥净浆、砂浆或者混凝土作为基体，以非连续的短纤维或连续长纤维作为增强材料组合而成的复合材料。

纤维混凝土的优点主要有以下几个方面：

（1）提高基体抗拉强度

纤维增强水泥基复合材料中的乱向随机分布短纤维可以增加水泥基材料的整体性和连续性，减少基体内部的微观缺陷，改善材料内部结构。在水泥基材料受力过程中纤维与基体可以实现共同受力变形，因此纤维桥连作用可保证基体裂而不断进而可以继续承受荷载，导致纤维增强水泥基材料抗拉强度显著提高。

（2）阻止延缓裂缝开展

纤维对于水泥基材料的作用相当于掺入大量微细钢筋，不仅可以连接和支撑基体，也一定程度上阻止了骨料因沉降产生的离析。微裂缝在发展过程中会遇到纤维的抑制，纤维的桥连作用可以消耗基体开裂产生的能量，从而延缓了裂缝扩展并发挥良好的抗裂效果，水泥基材料裂缝宽度随之减小，材料耐久性能得到显著增强。

（3）改善韧性及抗冲击性能

纤维增强水泥基材料形成的乱向分布网状系统可以发挥良好的裂缝控制能为，进而提升了水泥基材料的变形性能和整体强度。当材料受冲击荷载时，水泥基体在剥落过程中由于纤维的桥连作用会吸收大量能量，因而有效降低了集中应力对基体的破坏作用，提高了水泥基材料的抗冲击性能。

10.1.3 超高韧性水泥基复合材料

高韧性性水泥基复合材料是借助微观力学性能驱动分析方法，通过合理地调整基体与纤维间的界面特性得到的一种乱向短纤维增韧水泥基复合材料。该材料最早由美国密歇根大学 Li 教授团队研制成功，在材料设计时为得到具有应变硬化特征的高韧性水泥基材料，Li 教授提出了起裂应力准则和裂缝稳态扩展准则，实现了纤维增强水泥基复合材料的稳态多缝开裂，有效改善了水泥基材料脆性开裂特征，因而 Li 教授将此种材料命名为）Engineering Cementitious Composites（简称 ECC）。随后此类高韧性纤维增强水泥基复合材料在世界各国得到了更为广泛的研究和推广，其中欧洲、南非、澳大利亚等学者将其称为应变硬化水泥基复合材料（Strain Hardening Cementitious Composites，简称 SHCC），日本等研究学者将其称为超高性能纤维增强水泥基复合材料（Ultra High Performance Fiber Reinforced Cementitious Composites，简称 UHPFRCC）。而在国内，徐世烺教授研究团队在国家自然科学基金重点项目的支持下也开展了相关材料设计及性能研究工作，成功研制了具有应变硬化特征和稳态多缝开裂性能的高性能纤维增强水泥基复合林料，并将其命名为超高韧性水泥基复合材料（简称 UHTCC）。徐世烺教授团队在材料研发时，通过采用高掺量粉煤灰取代部分水泥，实现了纤维与基体间粘结性能的显著改善，在提高UHTCC 材料流动性能的同时得到了优异的变形控裂能力。试验发现其薄板轴心拉伸极限应变可达到 3‰以上，并且最大裂缝宽度不超过 $100\mu m$，可有效防止外界有害物质的侵入，提高结构带裂缝工作时的耐久性。

关于对于超高韧性水泥基复合材料的基本力学性能的研究已经开展了很长时间。Fischer 研究了 PVA-UHTCC、PE-UHTCC 与混凝土的压缩性能进行了对比研究，发现不含粗骨料的 UHTCC 材料弹性模量明显低于混凝主，但极限压应变可达到 0.5％，约为混凝主的 2.5 倍，其中 PVA-UHTCC 材料在达到极限抗压强度后压缩应力下降最为缓慢，韧性破坏特征最为显著，下降段耗能能力最为优异。Li 研究了 PVA-UHTCC 材料在轴心拉伸荷载作用下应变硬化特征。试验结果显示 UHTCC 在峰值荷载时的拉伸应变高达 5％，具有非常显著的应变硬化特征和多缝开裂能力，试件受拉区的细密裂缝在峰值荷载时对应的最大裂缝宽度仅为 $6\mu m$ 左右，并且当拉伸应变小于 1‰时裂缝宽度更小。而徐世娘教授团队采用国产水泥基材料成功制备了 UHTCC 材料，试验测得 PVA-UHTCC 的起裂拉伸应力为 $3.5\sim4.0$MPa，起裂应变在 $0.02\%\sim0.025\%$ 之间，极限抗拉强度约为 4.5MPa～5.9MPa，极限拉伸应变可稳定达到 $3.6\%\sim4.5\%$，变形能力约为混凝主的 $230\sim450$ 倍，钢筋屈服应变的 $17\sim22$ 倍，且最大裂缝宽度可控制在 $100\mu m$ 以下。但由于原材料中没有粗骨料且掺有大量纤维，导致 UHTCC 弹性模量（$17\sim19$GPs）远低于普通混凝土（30GPa）。李贺东等研究了 PVA-UHTCC 材料的四点弯曲性能，由薄扳及梁四点弯曲试验可知，UHTCC 材料 28d 对应极限弯曲强度和起裂弯曲强度分别为 16.03MPa 和 3.1MPa，其中薄扳弯曲试件的跨中挠度可达到薄扳跨度的 1/10，呈现出与金属类似的变形能为，并且板底出现大量细密排布的平行裂缝，表现出极为优异的弯曲变形性能和裂缝无害化分散恃性。

对于混凝土及水泥基材料的基本力学性能试验研究是土木工程学科的基础，对于超高韧性水泥基复合材料的基本力学研究也取得了显著的成果，从根本上解决了混凝土材料抗拉强度低，易开裂且开裂后裂缝扩展难以控制的缺点，极强地增强了材料的韧性特征和变形能力。本书作为本科生的创新试验指导书，将重点介绍了超高韧性水泥基复合材料基本力学性能试验的试验方法，创新试验的选题和指南，并给出目前研究的一些试验案例。

10.2　水泥基复合材料试验设备及方法汇总

10.2.1　流动性能

流动性是指新鲜拌合物在本身自重或者施工机械振捣条件下，克服材料内部及外部钢筋、模板等阻力，自由流动并密实填满模板的能力。水泥基材料流动性能与施工质量好坏直接相关，材料的运输与浇筑都需要其具有良好的工作性能，工作性能差会导致运送过程堵塞导管、振捣困难、难以成型，并且容易造成材料内部及表面孔洞，严重影响施工效率和结构安全。因此，我国现有规范对混凝主、砂浆等水泥基材料的流动性能都有严格的要求。

水泥砂浆及自密实混凝主流动性测试方法主要有：流动度筒、巧落度筒、跳桌试验、漏斗试验、U 型箱试验、L 型箱试验、J 型环试验等等。每种试验方法侧重点各不相同，其中流动度筒和坍落度筒为传统流动性检测方法，通过测量拌合物因自重向四周扩展的直径评价其工作性能；跳桌试验是我国及许多其他国家用以评价砂浆流动性能的标准试验方法，它主要测试材料的水平填充能力，已在水泥砂浆及混凝主材料领域得到广泛应用；漏斗试验是由日本学者 Kazumasa OZAWA 等根据混凝土材料流出漏斗装置的速率提出了一种评价自密实新拌混凝主工作性能的测试方法，目前常用漏斗形状为 V 型漏斗，而漏斗装置的尺寸与最大骨料粒径直接相关，其主要测量材料竖向填充能力；U 型箱试验、L 型箱试验及 J 型环试验则主要是测量材料通过钢筋的能力，实验装置为不同形状的箱体，中间绑扎钢筋，通过测量材料通过钢筋后的相对高度或者位移，评价其工作性能。

在此之前，Li V C、Kong H J 及田艳华等学者对自密实 UHTCC 材料流动性能进行了相关巧究，其主要采用了跳桌试验、V 型漏斗、J 型环等试验方法，测定新鲜拌合物的流动速率、变形能力和填充能力。

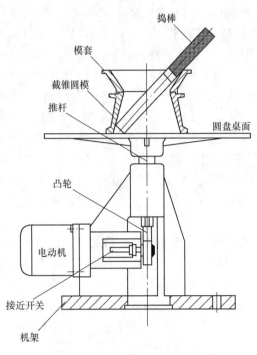

图 10-1 水泥胶砂流动度测定仪装置图

根据 GBT 2419—2005《水泥胶砂流动度测定方法》，新鲜拌合物流动性能由水泥胶砂流动度测定仪进行测量，该测量仪器主要由截锥圆模、圆桌平台、电动机等构件组成，如图 10-1 所示。其中截锥圆模上口内径 70mm，下口内径 100mm，高度 60mm。测量时先用润湿棉布擦拭跳桌台面、试模内壁、捣棒以及与胶砂接触的用具，将试模放在跳桌台面中央并用潮湿棉布覆盖。然后把待测拌合物分两次灌入截锥圆模中，并用捣棒振捣密实。紧接着将截锥圆模垂直向上轻轻提起并启动电动机开关，以每秒一次的频率，在 25s±1s 内完成 25 次跳动，待圆桌平台震动结束后，用直尺测量两个垂直方向的浆体直径并取平均值，既得到材料最终的扩展直径，扩展直径越大，说明材料水平流动度越好。

10.2.2 抗压试验

（1）试验仪器。1000KN INSTRON 万能试验机，如图 10-2 所示。

（2）试验标准。抗压强度的试验标准按 DL/T 5150—2002《水工混凝主试验规程》。试件尺寸为 70.7mm×70.7mm×70.7mm。

（3）试验步骤：调整试件与压头的相对位置，试件中心与压板受压中心应重合，误差应在 ±0.5mm 内；启动试验仪器，以 2.4kN/s±0.2kN/s 的速率加荷，试件破坏后读取破坏荷载。

（4）结果处理。抗压强度 f_c 按式 10-1 计算：

$$f_c = \frac{P}{S} \qquad (10\text{-}1)$$

式中：P——破坏荷载，N；

f_c——抗压强度，MPa；

S——受压面积，mm^2。

图 10-2 抗压试验装置图

每组采用 3 个试件，取 3 个试件抗压强度的平均值为试验最终结果。当其中 1 个的抗压强度数值大于平均值的 ±10% 时，则剔除该值，取剩余 2 个值的平均值为最终结果，但若两个数值都大于平均值的 ±10% 时，该组试验无效，重做本组试验。

10.2.3 抗折强度测试方法

（1）试验仪器。250kN INSTRON 万能试验机，如图 10-3 所示。

（2）试验标准：根据《水工混凝主试验规程》DL/T 5150—2002，棱柱体抗折试件尺寸为 40mm×40mm×160mm，试验跨度 120mm。

（3）试验过程：将 40mm×40mm×160mm 试件的一个侧面（非浇注面和地面）放置在试验机支座上，调整底座与试块的相对位置，采用 25 吨 INSTRON 力学试验机测量材料跨中荷载和弯曲位移，加载速度为 0.5mm/min。

（4）数据处理：抗折强度 R_f 按式（10-2）计算，计算结果精确至 0.1MPa

$$R_f = \frac{3PL}{2bh^2} \quad (10\text{-}2)$$

图 10-3 抗折试验装置图

式中：R_f——抗折强度，MPa；

P——破坏荷载，N；

h——混凝土试件截面高度，mm；

b——混凝土试件截面宽度，mm；

L——支座间距即跨距，mm。

10.2.4 四点弯曲薄板试验

四点弯曲薄板试件尺寸为 400mm×100mm×15mm，试验在 100kNMTS 试验机上进行，测试跨度为 300mm，加载点为跨度三分点位置，按位移控制加载，试验全过程保持加载速率恒定为 0.5mm/min。试验使用两个布置在板跨中对称位置的 LVDT 测量板跨中挠度，使用试验机自带的荷载传感器测量荷载变化，加载示意图如图 10-4 所示，数据采集使用 IMC 动态采集系统。

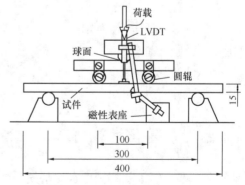

图 10-4 四点弯曲试验装置图

四点弯曲薄板跨中纯弯段弯曲应力按照式 10-3 计算

$$\sigma = \frac{M}{W} = \frac{PL}{(bh^2)} \quad (10\text{-}3)$$

式中：σ——薄板跨中纯弯段弯曲应力；

P——试验机荷载；

L——跨度，300mm；

b——试件宽度，100mm；

h——试件厚度，15mm。

10.2.5　直接拉伸薄板试验

薄板拉伸试验试件尺寸为 350mm×50mm×15mm，试验在 100kNMTS 试验机上进行，在试验前 24h 用碳纤维布和铝片对薄板试件两端 100mm 范围进行包裹加固，防止试件端部在拉伸过程中受到局部挤压破坏，加载速率为 0.1mm/min，试验过程中使用两个位移传感器（LVDT）测量 150mm 范围内的拉伸变形，加载如图 10-5 所示。

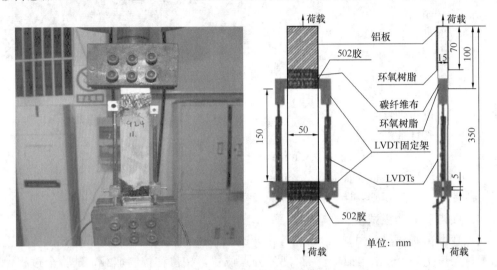

图 10-5　直接拉伸试验装置图

直接拉伸应力按照式 10-4 计算：

$$\sigma = \frac{P}{bh}$$

(10-4)

式中：σ——直接拉伸应力，MPa；

P——试验机荷载，N；

b——试件宽度，mm；

h——试件厚度，mm。

10.3　水泥基复合材料创新试验指南

前一节主要介绍了超高韧性水泥基复合材料各项基本力学性能试验的研究方法，本节开始着手于本科生实践。一直以来本科生实践环节多以传统混凝土材料为实践内容，其试验操作简单，结果分析也并不能很好的锻炼本科生的分析能力，且无法让本科生直接接触较为前沿的建筑材料研究。目前超高韧性水泥基复合材料的研究开展的比较多，其一是前沿性，这些实验项目是当前混凝土材料性能学术界和工程界都关心的热门课题，是学科发展的前沿，这样的课题对学生的吸引力无疑是强烈的；其二是自主性，需要学生自主学生相关知识，自主查阅文献，自主设计创新试验方案；其三是浇筑成本不高，模型制作成本是风洞试验最重要的成本之一，创新试验采用的材料成本低，加工方便；其四是可探索性，即试验结果是完全不确定性的，在试验过程中可能会发现新的试验现象，这也是试验吸引学生的关键。下面给出一项创新试验选题方案供学生参考，并给出该项方案的研究成果。

10.3.1 PE 纤维水泥基复合材料基本力学性能试验

（1）试验背景：目前对于超高韧性水泥基复合材料的研究多以 PVA 纤维为纤维增韧材料，也取得了很大的成果，但其研究多集中于 C50 强度以下的混凝土强度范畴，对于抗压强度超过 50MPa 的强度范畴，其基本力学性能很少有研究。此外由于 PVA 纤维价格昂贵，导致 UHTCC 材料的价格远高于普通混凝土。因此，本次试验利用国产 PE 纤维，其抗拉强度和弹性模量远高于 PVA 纤维，更有利于配置高强度的 UHTCC 材料，此外，由于此类 PE 纤维价格仅为目前常用的 PVA 纤维的价格的一半，也有利于此类材料的推广应用。或者由学生自行选择纤维种类进行配置。

（2）任务书：查阅相关文献，撰写文献综述，自行设计一套配比方案，并完成浇筑工作，根据设计的抗压强度试验、抗折试验、四点弯曲薄板试验、直接拉伸薄板试验的尺寸及方案浇筑相应的试件，按照标准完成养护，并在试验老师的指导下完成基本力学性能的强度测试，对试验结果进行统计分析，与已有的研究对比，撰写研究论文。

10.3.2 创新试验论文选登

PE 纤维掺量对水泥基复合材料力学性能影响的试验研究

覃云春　黎海林　李浩然

摘　要：在水泥砂浆基体中掺入适量聚乙烯（PE）纤维得到 PE 纤维水泥基复合材料，这种材料具有优异的直接拉伸性能和弯曲韧性。为了研究 PE 纤维掺量对 PE 纤维水泥基复合材料力学性能的影响，本文研究了不同 PE 纤维掺量下 PE 纤维水泥基复合材料的抗压强度、抗折强度，弯曲韧性，直接拉伸性能，分析了 PE 纤维水泥基复合材料的开裂模式，并通过环境扫描电镜观察和分析了弯曲薄板试验中 PE 纤维的破坏模式。试验表明，掺加 PE 纤维对水泥基材料的抗压强度没有明显的改变；当 PE 纤维掺量超过 1% 后，PE 纤维水泥基复合材料薄板在弯曲荷载作用下表现出极强的韧性特征和变形能力；纤维掺量超过 1.5% 时，在直接拉伸荷载作用下 PE 纤维水泥基复合材料表现出明显的应变硬化特征。PE 纤维水泥基复合材料的破坏模式为多缝开裂的稳态破坏。

关键字：PE 纤维水泥基复合材料；纤维体积掺量；弯曲韧性；直接拉伸；多缝开裂

中图分类号：TU528.58　文献标志码：A　文献编号：

Experimental study on the effect of PE fiber content on mechanical behavior of cementitious composite

Tan Yunchun　Li hailin　Li haoran

Abstract：PE fiber cementitious composite which has excellent uniaxial tension properties and flexural properties can be made by adding polyethylene (PE) fibers to cement mortar matrix. In order to study the effect of the content of PE fiber on the mechanical properties of PE fiber cementitious composite，in this paper the compressive strength，flexural strength，flexural properties，uniaxial tension properties of PE fiber cementitious composite with different content of PE fiber was analyzed，this paper also analyzed the crack developing mode of PE fiber cementitious composite，watched and analyzed the failure model of PE fiber in four-point bending test under environmental scanning electron microscope (ESEM). The results show adding PE fiber cannot change the compressive strength of cementitious composite；when PE fiber volume content is beyond 1%，PE fiber cementitious composite shows extreme toughness characteristics and deformation capacity under flexural load；when PE fiber volume content is beyond 1.5%，PE fiber cementitious composite shows obvious strain hardening property under uniaxial tensile loading. The failure modes of PE fiber cementitious composite is multiple cracking failure modes.

Key words：PE fiber cementitious composite；PE fiber volume content；flexural properties；uniaxial tension properties；multiple cracking

0 引言

近年来，我国的大型基础工程建设不断增多，建筑结构体系也向高层、大跨度和巨型结构转变，另一方面 20 世纪许多基础设施开始进入老化阶段，修复十分困难，这些现状都对建筑材料的性能提出很高的要求。水泥混凝土等建筑材料，其抗拉强度低、延性韧性差、裂缝控制能力差等缺点在历次地震灾难中造成巨大的人员财产损失。

在混凝土中添加适量纤维配置纤维混凝土是目前提高混凝土材料韧性以及耐久性的最有效的方法，钢纤维、聚丙烯纤维（PP）和聚乙烯醇（PVA）纤维作为增韧纤维材料已经获得大量的研究，并取得了很好的成果[1-6]。聚乙烯（PE）纤维是一种高强高弹模的纤维，国内外对其作为纤维增韧材料的研究较少，Fischer G. 等学者将 PE 纤维加入水泥基体配制成 PE-ECC（polyethylene—engineered cementitious composite）材料，直接拉伸极限应变可达到 3%[7]，但其成本过高[8]，不利于推广应用。国内，李操旺等利用 PE 纤维配制成超高性能混凝土[9]，其抗压强度可以达到 150MPa，但并没有展现出应变硬化的韧性效果。

为了配制出高强等级且具有优异直接拉伸及弯曲韧性指标的 PE 纤维水泥基复合材料，本文选取一种特力夫 PE 纤维，以水泥砂浆为基体，以纤维掺量为参数，通过直接压缩试验、抗折试验、四点弯曲试验、直接拉伸试验来评估这种新型 PE 纤维水泥基复合材料的抗压、弯曲性能、直接拉伸特性等基本力学性能以及裂缝控制能力。

1 试验概况

1.1 试验原材料及配合比设计

试验原材料主要有 52.5 普通硅酸盐水泥、精细砂、二级粉煤灰、硅灰、PE 纤维（如表 1 所示）、聚羧酸盐类高效减水剂、拌和水为自来水。

PE 纤维性能参数 表 1

长度/mm	直径/μm	拉伸强度/MPa	伸长率/%	弹性模量/GPa	密度/g/cm³
12	51	2900	4	116	0.97

1.2 配合比设计及制备

本文为了研究 PE 纤维掺量对水泥基复合材料基本力学性能的影响，经过前期对于基体的调配，确定适合 PE 纤维的水泥基体各种成分比例，本文设计的配合比见表 2。

PE 纤维水泥基复合材料在 Hobart 搅拌机中完成搅拌，首先将胶凝材料和精细砂放入搅拌机中，慢档搅拌 1～2min，再将拌和水和减水剂分 2 次加入搅拌机，搅拌 3～5min，待砂浆具有良好的流动性和黏聚力时，将纤维人工分次加入搅拌机中，全部加入后搅拌 5～8min，搅拌完成，搅拌好的试件具有良好的流动性，用手触摸未发现明显的结团现象。将搅拌好的拌和体放入相应的铁模具中，振捣磨平好，盖上保鲜膜，待 24h 后拆模移至标准养护室中养护，到相应龄期进行力学性能试验。

PE 纤维水泥基材料配比方案/m³   表 2

编号	水泥/kg	水/kg	砂/kg	粉煤灰/kg	硅灰/kg	减水剂/kg	PE 纤维/kg
PE-0	450	433	450	1120	32	3.2	0
PE-1	450	433	450	1120	32	3.8	9.7
PE-1.5	450	433	450	1120	32	4.0	14.55
PE-1.8	450	433	450	1120	32	4.3	17.46
PE-2	450	433	450	1120	32	4.5	19.4

1.3 试验方案

根据《建筑砂浆基本性能试验方法标准》，PE 纤维水泥基复合材料立方体抗压试验均采用 70.7mm×70.7mm×70.7mm 尺寸试块，加载速率为 0.4MPa／s，如图 1 所示；抗折试验采用 40mm×40mm×160mm 试件尺寸，试验跨距为 120mm，跨中点按位移加载，加载速率为 0.5mm／min，如图 2 所示；四点弯曲薄板试验试件尺寸为 400mm×100mm×15mm，跨度为 300mm，加载点为跨度三等分点位置，按位移控制加载，试验全过程保持加载速率恒定为 0.5mm／min，试验使用两个位移传感器（LVDT）测量板跨中挠度，加载如图 3 所示；薄板直接拉伸试验采用文献［4］中的方法，试件尺寸为 350mm×50mm×15mm，在试验前 24h 用碳纤维布和铝片包裹试件两端 100mm 范围，加固防止端部被挤坏，加载速率为 0.1mm/min，实验过程中使用两个位移传感器（LVDT）测量150mm 范围内的变形，加载如图 4 所示。上述实验每组 3 个试块，立方体抗压试验在 100 T 的 Instron 万能试验机上进行，其他试验均在 25 T 的 Instron 万能试验机上进行，数据的采集均使用 IMC 动态采集系统。

图 1　抗压实验装置图

图 2　抗折试验装置图

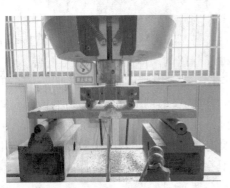

图 3　四点弯曲试验装置图

图 4　直接拉伸试验装置图

2 试验结果及分析

2.1 抗压、抗折强度试验结果及分析

PE 纤维水泥基复合材料的立方体抗压强度、棱柱体抗折强度结果见图 5，由图可知，在水泥砂浆基体中添加 PE 纤维使得得到的 PE 纤维水泥基复合材料的抗压强度略低于纯砂浆基体的强度，但其基本上保持在相同或者相近的抗压强度等级，其原因是在砂浆基体中加入大量纤维，使得基体的孔隙率增大，从而使得试件的整体性降低，所以抗压强度有所降低。而在水泥基材料中添加 PE 纤维对于材料的抗折强度有着巨幅提升，当纤维掺量在 1%～2%之间是，其抗折强度提升超过 215%，当纤维掺量在 2%时，抗折强度提升达到 298%，极大地提升了水泥基材料的抗折性能。其原因是在砂浆机体中掺入 PE 纤维，当裂缝产生之后，由于 PE 纤维本身的高强高弹模特性以及纤维与基体之间较强的粘结力，使得试件的承载力会立即恢复到断裂前，并且上升到一个更高的水平，因而其抗折强度远高于砂浆的抗折强度。

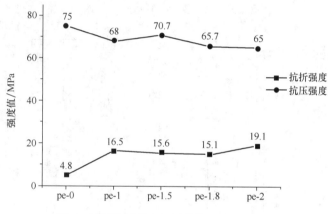

图 5 抗压抗折强度与纤维掺量之间的关系

2.2 四点弯曲薄板试验结果及分析

PE 纤维水泥基复合材料四点弯曲薄板试验的薄板纯弯段截面最大应力（式 1）-跨中位移曲线如图 6 所示，试验结果见表 3。在水泥砂浆基体中添加 PE 纤维提升了材料的初裂应力，同时提升水泥基复合材料的弯曲应力，更加明显地改善了材料的变形能力，PE-0 的极限荷载对应的跨中挠度为 0.17mm，而 PE-1、PE-1.4、PE-1.8、PE-2 的极限荷载对应的挠度值分别达到 20.5mm、26mm、27.4mm、36.2mm，达到跨距的 6.8%～12%，这说明 PE 纤维水泥基复合材料具有类似于金属的弯曲变形能力。

$$\sigma = \frac{M}{W} = \frac{PL}{bh^2} \tag{1}$$

式（1）中：P 为 Instron 试验机采集的荷载数据，L 为四点弯曲试验加载跨距，本次试验为 300mm，b 为试件宽度 100mm；h 为试件高度 15mm。

PE 纤维水泥基复合材料具有如此强的变形能力的原因是 PE 纤维与基体之间有着很好的桥联作用，如图 7 所示，当基体开裂时，裂缝处的 PE 纤维很好的承担了基体开裂产生的应力，通过与基体之间的粘结作用传递到周围未开裂的基体，随着加载的进行纤维传

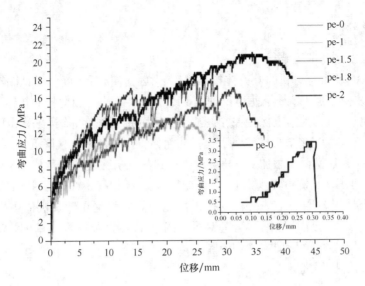

图 6　PE 纤维水泥基复合材料弯曲应力-跨中位移图

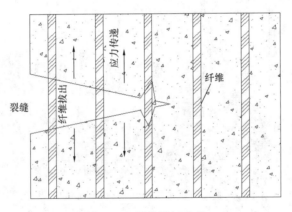

图 7　PE 纤维增韧机理

递的应力不断增大，直至周围基体达到开裂荷载，新裂缝出现，重复此过程试件呈现多缝开裂，当 PE 纤维与基体间的粘结力低于基体的开裂应力时，主裂缝开始扩张，承载能力逐渐下降，试件达到破坏状态。

　　弯曲韧性是衡量材料弯曲性能的重要参数，根据试验结果，参考 ASTM 标准[10]，以开裂挠度 δ_c 对应的弯曲应力-挠度曲线下面积 A_0 为基准，分别取 $5.5\delta_c$、$15.5\delta_c$、$25.5\delta_c$、$55.5\delta_c$、$75.5\delta_c$ 以及峰值弯曲应力时对应的挠度 δ_u 对应荷载-挠度曲线下的面积与 A_0 的比值为韧性指标，并依次记为 I_{10}、I_{30}、I_{50}、I_{100}、I_{150} 和 $I_{(2\delta_u/\delta_c-1)}$，结果见表 3 及图 8。

$$I_X > X \tag{2}$$

　　文献 [11] 根据公式 2 来判断材料是否是韧性材料，当公式 2 成立时，规范判定材料为韧性材料，由表 3 及图 8 可以直观看出，当 PE 纤维掺量在 1% 以上时，PE 纤维水泥基复合材料均为韧性材料，且随着 X 增加，I_x 与 X 的差值越来越大，说明当 PE 纤维掺量在 1%～2% 之间，PE 纤维水泥基复合材料均有很好的韧性，且随着变形的增加，材料的韧性能力越强。

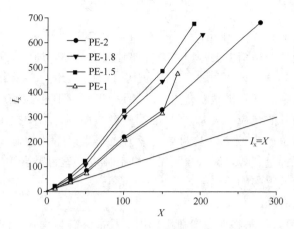

图 8　四点弯曲韧性指标图

PE 纤维水泥基复合材料四点弯曲试验结果及韧性指标　　　　表 3

组别	σ_c/MPa	δ_c/mm	σ_u/MPa	δ_u/mm	韧性指标					
					I_{10}	I_{30}	I_{50}	I_{100}	I_{150}	$I_{(2\delta_u/\delta_c-1)}$
PE-0	3.5	0.17	3.5	0.17	—	—	—	—	—	—
PE-1	4.32	0.24	13.59	20.5	10.4	38.7	73.1	209	314	475
PE-1.5	4.5	0.27	15.31	26	16.3	63.8	119.8	324	490	682
PE-1.8	5.35	0.27	17.70	27.4	14.6	54.8	106.4	305	444	636
PE-2	5.31	0.26	20.69	36.2	10.3	40.7	79.5	217	327	685

2.3　直接拉伸试验结果及分析

　　PE 纤维水泥基复合材料的直接拉伸试验结果见图 9，从图中可以看出，PE 纤维水泥基复合材料能够很好地改善水泥基体的直接拉伸性能，当纤维掺量在 1.5% 时，PE 纤维水泥基复合材料的直接拉伸有明显的应变硬化效果，直接拉伸应力比素水泥基复合材料也提高了 20%，当纤维掺量在 2% 时，直接拉伸极限应变达到 3%，直接拉伸强度比素混凝

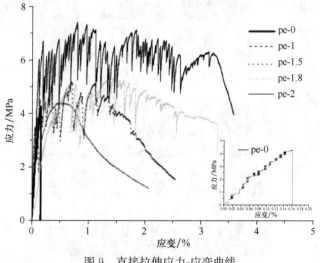

图 9　直接拉伸应力-应变曲线

155

土提高了 75％。

此机理大致和弯曲韧性机理相同，PE 纤维与基体之前的粘结力产生了很好的"桥联"作用当基体开裂时，粘结力很好地将力传递到周围基体，周而复始产生多缝开裂的效果。而直接拉伸应力应变"抖动"厉害是因为 PE 纤维属于憎水性纤维，其与基体之间的粘结力不存在化学粘结，只有机械咬合力，这导致 PE 纤维在被拉断或者拔出时所释放的能量相对更大，因而其曲线应力突降-恢复的幅度会很明显。需要指出的是，在直接拉伸实验过程中，由于荷载产生偏心以及两端夹紧力大小难以量化控制，LVDT 测量范围外靠近试件端部裂出现大量裂缝，无法再测量数据上体现，这也是直接拉伸的曲线应变硬化效果比四点弯曲试验差很多的原因。

2.4 多缝开裂的破坏模式

PE 纤维水泥基复合材料在四点弯荷载作用下的最终破坏模式如图 10 所示，在直接拉伸荷载作用下的最终破坏模式如图 11 所示。由图 10 可知，当纤维掺量达到 1％以上时，薄板试件在四点弯曲作用下均是多缝开裂的破坏模式，图中可以明显看出随着纤维体积掺量的增加，裂缝的宽度和裂缝间距均减少，在试验过程中利用裂缝观测仪观测，当纤维掺量在 2％时，在弯曲荷载达到最大时最大裂缝宽度在 0.15～0.2mm 之间，纯弯段裂缝开展区域平均间距在 1mm 左右。而由图 11 可以看出，拉伸过程中，试件出现大量近似平行的细微裂缝，且利用裂缝观测仪对纤维 2％体积掺量的试件进行观测，发现其最大裂缝在 0.15mm 左右，平均裂缝宽度在几十微米的数量级，达到很好的裂缝控制效果，且其多缝开裂的性质表明材料有很强的延性。

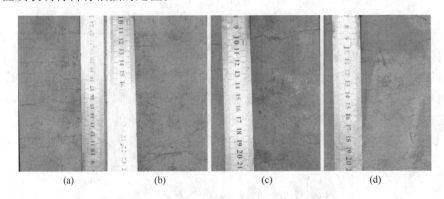

图 10　弯曲荷载下最终裂缝形式

(a) PE-1；(b) PE-1.5；(c) PE-1.8；(d) PE-2

图 11　直接拉伸荷载下最终裂缝形式

3 微观分析

为了直观的了解 PE 纤维的增韧机理，利用 FEI Quanta FEG650 场发射环境扫描电镜观测 PE 纤维在水泥基复合材料中的形貌。图 12（a）、（b）是 PE 纤维未受破坏的原始图，可以看到 PE 纤维的处理方式为纤维端部采用增大直径的处理方法，起到"锚固"作用，纤维体做多节处理，这样处理可以更好地增强纤维与基体之间的机械咬合粘结力。

PE 纤维是憎水材料，其在基体中的破坏形式主要是在受力过程中发生的，拉拔破坏，将四点弯曲薄板试件破坏后的试件切割取样，通过环境扫描电镜进行观测，发现以下几种典型的破坏类型：PE 纤维端部在拉拔过程中发生严重破坏，如图 12（c）所示，PE 纤维在拔出过程中受到严重破坏，破坏形貌呈"丝"状，如图 12（d）所示，PE 纤维在受力过程中大量被拔出，留下多道孔道，如图 12（d）、（e）、（f）所示，PE 纤维在受力过程中被拉断，其断面直接发生明显紧缩，断面较光滑，如图 12（f）所示。由此可以判断 PE 纤维水泥基复合材料获得高强度高弯曲韧性的主要原因是 PE 纤维在受力过程中发生的明显的拉拔破坏。

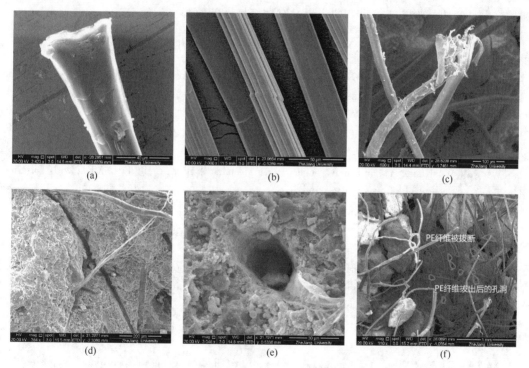

图 12　四点弯曲前后 PE 纤维微观图

（a）纤维端部处理；（b）PE 纤维处理；（c）PE 纤维端部破坏；（d）PE 纤维端部破坏；
（e）PE 纤维拔出后的孔槽；（f）被拉断的 PE 纤维

4 结论

本文通过抗压试验、抗折试验、直接拉伸试验、四点弯曲试验研究了 PE 纤维水泥基复合材料的基本力学性能，得到如下结论：

（1）添加 PE 纤维会降低水泥基复合材料的抗压强度，但均保持在相同或相邻抗压强度等级，却可以大幅提升该材料的抗折能力，当 PE 纤维体积掺量在 1%～2% 时，PE 纤维水泥基复合材料抗折强度可以提升至素水泥基复合材料的 3～4 倍。

（2）由四点弯曲薄板试验可知，当 PE 纤维掺量高于 1% 时，PE 纤维水泥基复合材料具有很好的抗裂能力，薄板试件纯弯段截面最大弯曲应力在 13MPa 以上，极限挠度可达到 36.2mm，表现出极好的变形能力和弯曲韧性特征。

（3）PE 纤维水泥基复合材料具有优越的直接拉伸能力，当纤维体积掺量超过 1.5% 时，不仅 PE 纤维水泥基复合材料的抗拉能力得到提升，而且变形表现出明显的应变硬化效果，其在直接拉伸荷载作用下也有很好的延性和韧性特征。

（4）PE 纤维水泥基复合材料在弯曲荷载和直接拉伸荷载作用下的破坏状态都呈现出多缝开裂的效果，纤维体积掺量在 1.8%～2% 之间时效果最为显著，且其在应力达到极限处最大裂缝宽度均不超过 0.2mm，满足了目前国内相关规范的控裂要求。

（5）通过环境扫描电镜观察发现，在四点弯试验过程中，PE 纤维的破坏属于拔出型破坏，进一步分析发现，拔出过程中断面处的 PE 纤维破坏既有形貌完好也有被严重拉断，这也是弯曲试验既有较高弯曲应力又有较好韧性的原因。

参考文献：

[1] Adel K，Djamel A，Francois D，et al. Effect of mineral admixtures and steel fiber volume contents on the behavior of high performance fiber reinforced concrete [J]. Materials and Design，2014，63：493-499.

[2] 王文炜，况宇亮，田俊，等. 不同纤维增强水泥基复合材料的基本力学性能研究 [J]. 应用基础与工程科学学报，2016，24(1)：148-156.
Wang W W，Kuang Y L，Tian J，et al. Basic Mechanical Behavior of ECC Made with Different Types of Fibers [J]. Journal of Basic Science and Engineering，2016，24(1)：148-156.（in Chinese）

[3] Li V C. From micromechanics to structural engineering - The design of cementitous composites for civil engineering applications [J]. Journal of Structural Mechanics and Earthquake Engineering，1993，10(2)：37- 48.

[4] Li V C，Wang S. On high performance fiber reinforced cementitious composites [C]. Proceedings of the JCI International Workshop on ductile Fiber Reinforced Cementitious Coposites (DFRCC). Tokyo：Japan Concrete Institute，2003：13- 23

[5] 徐世烺，蔡向荣. 超高韧性水泥基复合材料基本力学性能研究 [J]. 水利学报，2009，40(9)：1055-1063 .
Xu S L，Cai X R. Basic mechanical properties of ultra high toughness cementitious composite [J]. Journal of Hydraulic Engineering，2009，40(9)：1055-1063.（in Chinese）

[6] 潘钻峰，汪卫，孟少平，等. 混杂聚乙烯醇纤维增强水泥基复合材料力学性能 [J]. 同济大学学报（自然科学版），2015，43(1)：33-40.
Pan Z F，Wang W，Meng S P，et al. Study on Mechanical Properties of Hybrid PVA Fibers Reinforced Cementitious Composites [J]. Journal of Tongji University（ Natural Science），2015，43(1)：33-40.（in Chinese）

[7] Fischer G. Deformation behavior of reinforced ECC flexural members under reversed cyclic loading conditions [D]. Michigan：University of Michigan，2002

［8］ Li V C，Wang S，Wu H C． Tensile strain-hardening behavior of PVA-ECC ［J］． Materials Journal，ACI，2001，98(6)：483- 492．

［9］ 李操旺． 聚乙烯纤维对超高性能混凝土性能影响的研究［D］． 湖南：湖南大学，2014．

Li C W． Research on the effects of polyethylene fiber on the properties of ultra high performance concrete ［D］． Hunan：Hunan University，2014． （in Chinese）

［10］ ASTM C 1018-98，Standard test method for flexural toughness and first crack strength of fiber reinforced concrete ［S］，1991 Book of ASTM Standard，Part 04. 02，ASTM

［11］ Naaman A E，Reinhardt H W． Characterization of high performance fiber reinforced cement composites. In：Proceedings of the second international RILEM workshop． USA，1995，June：1-24．

第二篇参考文献

[1] 钱晓倩主编. 建筑材料. 杭州：浙江大学出版社，2013.

[2] 钱匡亮主编. 建筑材料实验. 杭州：浙江大学出版社，2013.

[3] P. Kumar Mehta. Concrete：Microstructure，Properties，and Materials：McGraw-Hill Education，2006. 欧阳东译. 北京：中国建筑工业出版社，2014.

[4] 吴中伟，廉慧珍. 高性能混凝土. 北京：中国铁道出版社，1999.

[5] 安明哲，覃维祖. 用 Orimet 法（漏斗法）评价高流动性混凝土工作度的研究，建筑材料学报：1998 第一卷第一期，57-62.

[6] 杨静，覃维祖，吕剑锋. 高性能混凝土的工作性评价方法的研究. 工业建筑，1998(4).

[7] 谭伟祖，安明哲. 高流动性混凝土工作度评价方法研究. 混凝土与水泥制品，1996，6(3).

[8] 杨静，王宏宇. J 型流动仪测定大流动性混凝土工作性的试验研究. 工业建筑，2003 年第 33 卷第 2 期，49-51.

[9] 赵卓，唐伟东，张鹏. 高流动性混凝土工作性能试验方法研究. 2006 年第 22 卷第 5 期，51-54.

第三篇 结 构 工 程

第11章 概　　述

11.1　引言

　　土木工程结构试验是研究和发展结构计算理论的重要手段。从确定工程材料的力学性能到验证由各种材料构成的不同类型的承重结构或构件的基本计算方法，以及近年来发展的大量大跨、超高、复杂结构体系的计算理论，都离不开试验研究。特别是混凝土结构、钢结构、砖石结构和公路桥涵等设计规范所采用的计算理论，几乎全部是以试验研究的直接结果作为基础的。新中国成立以后，国家对土木结构试验十分重视，1956年各有关高校开始设置结构试验课程，各建筑科学研究机构和高等学校也开始建立结构试验室，同时也开始生产一些测试仪器和设备。从那时起，我国便开始拥有一支既掌握一定试验技术又具有一定装备能力的结构试验专业队伍。虽然当时的试验条件和技术水平相对落后，但通过系统的试验研究，为制定我国自己的设计标准、施工验收标准、试验方法标准和结构可靠性鉴定标准，以及为我国一些重大工程结构的建设作出了贡献。改革开放以后，随着计算机技术的发展，许多研究者热衷于研究数值计算方法的开发，而试验研究却一度被许多研究人员轻视。随着基本建设规模的扩大以及土木建筑学科的发展，新材料、新结构、新工艺不断涌现，例如轻质、高强、高性能材料的应用；装配式钢筋混凝土和预应力混凝土结构的应用；薄壳、悬索、网架等大跨度结构和高层建筑的应用；特种结构如用于核电站的耐高温、高压的预应力混凝土压力容器，以及海洋石油开发工作平台等新型结构的出现；大板、升板、大模板、滑模、砌块等施工工艺的发展，都离不开科学试验。新材料的应用，新结构的设计，新工艺的施工，往往需要通过多次的科学试验和工程实践才能使理论不断完善。近些年来自然灾害频发，加上国家对防灾减灾的重视，使得结构抗震、抗风方面的试验研究显得非常重要，国家启动的211建设和985计划等都加大了对试验室建设的力度，这些都促成了我国许多高校和相关研究院所加大对结构试验研究的投入，加强对结构工程相关试验室的建设，加上试验检测技术的日新月异，使得我国结构试验研究的能力与水平得到了很大的提高。

11.2　结构试验的目的和任务

11.2.1　研究性试验

　　研究性试验是以研究新问题、探索新理论、揭示新规律为目的，其任务是通过试验验证结构设计的各种假定，提出新的结构理论，寻求新的更合理的计算方法，或为开发新结构、新材料和新工艺而进行的系统性试验研究、试验时采用专门或特殊设计的试验装置和先进的量测仪表，对试验对象在承受荷载后的性能进行详细观测，获得可靠数据，探寻规律，为设计和施工提供必要的参数。

研究性试验的对象称为试件，是专门根据研究任务而设计制作的，它并不一定是实际工程中的具体对象，往往是经过力学分析后抽象出来的模型，该模型在设计时要经过可行性分析，能反映研究任务中的主要因素，忽略次要影响的因素，尽可能简化试验设备和装置。研究性试验一般在试验室内进行，其试件尺寸不一定和实际结构一样大，但为避免尺寸效应的影响，试件尺寸应尽可能与实际结构接近。对于混凝土结构或砖石结构等材料特性差异比较大制作的结构，同样的试件一般在两个以上，以避免试验结构的偶然性。研究性试验一般都是破坏性试验，而且主要在试验室内进行。

11.2.2 生产鉴定性试验

生产鉴定性试验一般是在比较成熟的设计理论基础上进行，以直接服务于生产为目的，以实际工程为对象，通过试验检测来检验其是否符合规范或设计要求，并对检验结果作出技术结论。这类试验统筹用来解决以下几方面的问题：

（1）检验工程质量和竣工验收。对某些重要的工程，由于采用了新结构、新技术，在建成后需进行总体的性能检验，以评价工程设计及施工质量的可靠性。

（2）产品质量检验。对预制构件厂成批制作的预制构件，在出厂和吊装前应对其承载力、刚度和变形性能进行抽样检验，以检查其产品质量水平，判定是否满足规范指标。

（3）为处理工程事故提供依据。对一些建筑物在建造过程中发现有严重缺陷或因遭受地震、台风等自然灾害等原因而严重损坏的结构，往往需要通过对建筑物的现场检测，掌握实际受损程度和缺陷情况，为加固和修复工作提供依据。

（4）判断既有基础和结构的承载力，为改造、扩建提供数据。当建筑物使用功能发生变化，原有基础和结构需要加固或改造时，往往要通过现场检测和荷载试验，以确定其潜在承载能力。

（5）为历史保护建筑或其他公共建筑进行可靠性鉴定。该类建筑物年份久远，其结构逐渐出现了不同程度的老化现象。为保证其安全使用，应尽可能采取有效措施延长其使用寿命，防止倒塌破坏。大多数采用非破损检测方法。

11.3 结构试验的分类

11.3.1 原型试验和模型试验

根据试验对象的不同，工程结构试验分为原型试验和模型试验。原型试验的试验对象是实际结构或是按实物结构足尺复制的结构或构件，对于实际结构试验一般均用于生产鉴定性试验，如建筑刚度检测、楼盖承载能力试验、已建高层建筑风振测试等，而足尺试验可以在试验室内进行，也可以在现场进行，通过对足尺结构物进行试验，可以对结构构造、各构件之间的相互作用、结构的整体刚度以及结构破坏阶段的实际工作性能进行全面观测了解。模型试验是依照原型并按一定比例关系复制而成的试验代表物，它具有实际结构的全部或部分特征。模型的设计制作及试验是根据相似理论，用适当的比例和相似材料制成与原型几何相似的试验对象，在模型上施加相似力系，使模型受力后重演原型结构的实际工作，最后按相似理论由模型试验结果推算实际结构的工作，这类试验在震动台试验和风洞试验中最为常见，这类模型要求有比较严格的模拟条件，催生了专门的相似理论和模型设计技术研究领域。

11.3.2 静力试验和动力试验

根据荷载性质的不同，工程结构试验分为静力试验和动力试验。静力试验是工程结构试验中最大量最常见的基本试验，因为大部分建筑结构在工作时所承受的荷载以静力荷载为主，静力试验的最大优点是加载设备相对简单，荷载可以逐步施加，还可以停下来仔细观测结构变形的发展，静力试验的缺点是不能反映应变速率对结构的影响，近年来为探索结构抗震性能，区别于一般单调加载的一种控制荷载和控制变形作用于结构的周期性反复静力荷载试验应运而生，这种称为伪静力试验的工程结构形式本质还是静力试验，但通过这种试验可以在一定程度上了解结构的抗震性能。动力试验主要是针对那些在实际工作中主要承受动力作用的结构或构件，为了了解结构在动力荷载作用下的工作性能，一般要进行结构动力试验，通过动力加载设备对结构构件施加动力荷载，来测定结构的动力反应，由于荷载特性的不同，动力试验的加载设备和测试手段与静力有很大的差别，并且要比静力试验复杂得多。

11.3.3 短期荷载试验和长期荷载试验

根据试验时间的不同，工程结构试验可分为短期荷载试验和长期荷载试验。对于主要承受静力荷载的结构构件实际上荷载是长期作用的，但是在进行结构试验时限于条件、时间和基于解决问题的步骤，不得不采取短期荷载试验，严格来讲，短期荷载试验不能代替长年累月进行的长期荷载试验，这种由于具体客观因素或技术的限制所产生的影响必须加以考虑。对于研究结构在长期荷载作用下的性能，如混凝土徐变、预应力钢筋的松弛、裂缝的开展和刚度退化等就必须要进行长期试验，通过几个月甚至数年的试验获得结构的变形随时间变化的规律。

11.3.4 试验室试验和现场试验

根据试验场合的不同，工程结构试验主要分为试验室试验和现场试验。试验室试验由于可以获得良好的工作条件，可以应用精密和灵敏的仪器设备进行试验，具有较高的准确度，甚至可以人为创造一个适宜的工作环境，以减少或消除各种不利因素对试验的影响，适于进行研究性试验，这种试验可以在原型结构上进行，也可以模型试验，并可以将结构一直试验至破坏。现场试验与试验室试验相比由于环境条件的影响，使用高精度的仪器设备进行观测受到了一定限制，相对而言，试验方法简单，精度和准确度较差，现场试验多数用以解决生产鉴定性的问题，研究或检验的对象就是实际的结构物，它可以获得近乎完全实际工作状态下的数据资料。

11.4 结构试验的一般程序

不管进行什么性质的试验，其一般过程可分为四个阶段：制定试验规划；试验准备；试验加载；试验资料整理分析和提出试验结论。各阶段的难易程度视试验规模大小不同而异。其中制定试验规划阶段最关键，关系到整个试验的成败。日本东京大学梅村魁教授在其专著《结构试验与结构设计》中，将这一阶段定义为"结构试验设计"。

第 12 章　结构试验仪器与设备

本章主要介绍常用加载设备及相关辅助设备，同时也介绍相应的加载方法；而量测仪器主要按照量测内容来介绍，针对各项常见的量测内容，介绍几种常用的量测方法及相应的仪器，包括量测原理、技术性能指标、适用范围、适用条件等。

12.1　加载设备及相关辅助装置

12.1.1　重物加载

可用于静载试验加载的重物很多，常用的有：铁块（砝码）、混凝土块、砖、袋装水泥、砂石料、水等，甚至非构件也可以，前提必须满足前述的基本要求。

要引起关注的是，在实际试验采用重物加载时的很容易方法不当，可能产生试验荷载"失真"的问题，即不能完全反映试验要求的加载条件。对于如图 12-1（a）所示的情况，堆积在试验构件上的沙袋在加载后产生起拱现象，增加了试件的刚度，出现实测挠度比应该的试验挠度偏小的情况。在采用构件加载时，图 12-1（b）所示，同样会引起荷载"失真"，而且与模拟的局部均布荷载相差甚远。

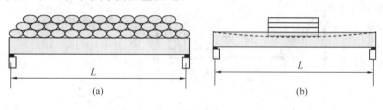

图 12-1

（a）沙袋堆载示意图；（b）构件堆载示意图

利用水作为重力加载，是一个简易方便而且甚为经济的方案。水可以盛在水桶内用吊杆作用于结构上，作为集中荷载。也可以采用特殊的盛水装置作为均布荷载直接加于结构表面，见图 12-2，并可以根据水的高度计算和控制荷载值，每施加 $1kN/m^2$ 的荷载只需要 10cm 高的水，对于大面积的平板试验，例如楼面、平屋面等钢筋混凝土结构是甚为合适的。在加载时可以利用进水管，卸载时则利用虹吸管原理，特别适用于网架结构和平板结构，这样就可以减少大量运输加载的劳动力。缺点是全部承载面被水掩盖，不利于布置仪表和观测，当结构变形大时，应注意水深不同引起荷载不均匀。

重力加载系统的优点是设备简单，取材方便，荷载恒定，加载形式灵活。采用杠杆间接重力加载，对持久荷载试验及进行刚度与裂缝的研究尤为合适。因为荷载是否恒定，对裂缝的开展与闭合有直接影响。重力加载的缺点是荷载量不能很大，操作笨重而费工。此外，当采用重力加载方式试验时，一旦结构达到极限承载能力，因荷重不会随结构变形而自动卸载，容易使结构产生过大变形而倒塌。因此，安全保护措施应当足够重视，为了确保试验的安全进行，可以在试件底部设置托架或垫块，并与试件地面保持一定的间隙，在试件破坏时起到承托的作用，防止倒塌造成事故。

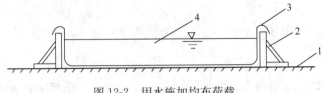

图 12-2　用水施加均布荷载
1—试件；2—侧向支撑；3—防水薄膜；4—水

12.1.2　液压加载

液压加载是目前最常用的试验加载方法。它的最大优点是利用油压使液压加载器（千斤顶）产生较大的荷载，试验操作安全方便，特别是对于大型结构构件试验要求荷载点数多，吨位大时更为合适。尤其是电液伺服系统在试验加载设备中得到广泛应用后，为结构动力试验模拟地震荷载、海浪波动等不同特性的动力荷载创造了有利条件，使动力加载技术发展到了一个新的高度。

1. 液压加载系统

液压加载系统通常由油泵、油管系统、千斤顶、加载控制台、加载架和试验台座组成，如图 12-3 所示。实际上这就是一部的液压材料试验机，只是为了适合结构加载试验的要求将试验机的加载油缸和活塞改成可移动的千斤顶，整个机架相应改为试验台座和可移动的加载架。

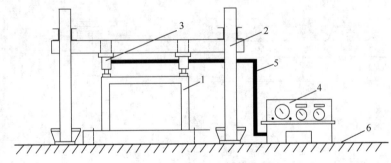

图 12-3　液压加载系统
1—试件；2—试验承力架；3—液压加载器；4—液压操纵台；
5—管路系统；6—试验台座

液压千斤顶通常为加载而专门设计制造，具有较高的精度，分为手动和电动油泵供油两种，工作压力一般在 40~100MPa 之间。加载时，为保持荷载稳定，最好配置油路稳压器，否则当结构产生较大变形时，难以保持所需要的荷载值。另外从操作控制台出来的高压油经分油器后，可同时供给几个千斤顶使用，对结构各个加载点施加同步荷载。

利用液压加载系统可以对各类建筑结构（屋架、梁、柱、板、墙板等）进行静载试验，尤其对大吨位、大挠度、大跨度的结构更为适用，它不受加载点数的多少、加载点距离和高度的限制，并能满足均布和非均布、对称和非对称加载的需要。

2. 大型结构试验机

大型结构试验机本身就是一种比较完善的液压加载系统。它是在结构试验室内进行大型结构试验的专门设备，比较典型的是结构长柱试验机如图 12-4 所示，可用以进行柱、墙板、砌体、节点与梁的受压与受弯试验。这种设备的构造和加载原理与一般的材料试验机相同。试验机由液压操纵台、大吨位的液压加载器和机架三部分组成。由于进行大型构件试验的需要，它的液压加载器的吨位要比一般材料试验机的容量大，至少在 2000kN 以上，机架高度在 10m 左右或更大，试验机的精度不低于 2 级。试验机可与计算机相连，实施程序控制操作和数据采集，试验机操作和数据处理能同时进行。

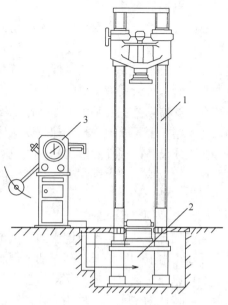

图 12-4　结构长柱试验机
1—试验机架；2—液压加载器；3—液压操纵台

3. 电液伺服液压系统

电液伺服加载系统是目前最先进的加载设备，由于其可较为准确模拟结构所受的实际外力，产生真实的试验状态，所以广泛地被应用在结构试验加载系统及地震模拟振动台上，用以模拟各种振动荷载，特别是地震、海浪等荷载对结构物的影响，对实际结构或模型进行加载试验，研究结构的承载力和变形特性。它是目前结构试验研究中一种比较理想的试验加载设备，特别适用于进行结构抗震研究的伪静力试验、拟动力试验和地震模拟振动台试验，所以越来越受到人们的重视并获得广泛应用。

典型的电液伺服加载系统一般由电液伺服液压源（提供加载动力）、电液伺服作动器和计算机控制器三部分组成。图 12-5 是一种单作动器电液伺服结构试验系统。

图 12-5　单作动器电液伺服结构试验系统

（1）电液伺服油源

液压源为整个实验系统提供液压动力。对于电液伺服作动器这种高精度加载设备，相应的液压源也有很高的技术要求，例如要保持液压油的压力和流量工作稳定，同时对供电也有一定的要求，还要有安全保护环节及其监测仪表以保证液压源的安全运行。另外，电液伺服实验系统所用液压油的洁净程度比一般液压设备的高许多，在供油管路和回油管路都装有过滤器，这主要是为了保证作动器上的电液伺服阀能够安全可靠地工作。液压源在运行过程中需要不断地进行冷却，以保持油温在额定温度范围之内，否则液压油的温升很高，会造成设备的损坏和液压油的失效。尤其是动态加载实验时液压油的温度上升情形更为严重。所以液压源上都配有冷却器，液压油的冷却是通过热交换器来完成的，因此液压源还要配有相应的冷却水供给系统。

（2）电液伺服作动器

电液伺服作动器是电液伺服加载系统中的执行部件，相当于手动控制液压加载系统中的千斤顶，电液伺服油源的高压油经伺服阀后进入作动器，产生施加在试样上的作用力。控制器可以通过伺服阀控制作动器活塞的位置、施加在试样上的负荷的大小、方向和作用速度。和普通的液压千斤顶相比，作动器经过特殊设计，采用了特殊的密封装置，作动器的内摩擦力极小，因此具有很小的滞缓和极高的响应速度，与伺服阀一起，可以完成拟静力、拟动力加载。经过特别设计的高频响作动器可以完成电液伺服振动台、疲劳试验系统等高频响试验装置的加载要求。

电液伺服作动器根据使用场合的不同一般可分为静载作动器和动载作动器两种，机械设计上也采用不同的结构，具有不同的频响和使用范围，常用的电液伺服作动器见图12-6。

图 12-6 电液伺服静载作动器外观照片

（3）计算机控制器

控制器是电液伺服加载系统的核心，控制加载系统按照试验人员设定的加载方式工作。可以根据结构试验的需要为不同的电液伺服加载系统配备不同的控制器，美国 MTS 公司结构试验系统专用控制器 Flex Test GT 控制器的典型组成见图12-7。

从工作原理来看，模拟控制器主要是对电液伺服作动器提供命令信号，指挥电液伺服作动器完成期望的实验加载过程，这个过程是采用闭环控制来完成的。模拟控制器主要包

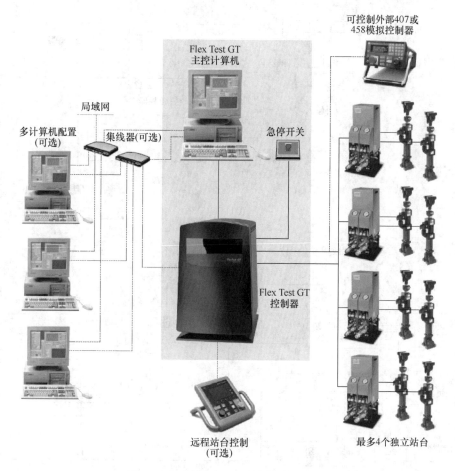

图 12-7　Flex Test GT 控制器典型组成

括信号发生器、信号调节器、PID 控制器、输出放大器、位移反馈放大器、力反馈放大器、应变反馈放大器、计数器和过载保护装置等，其原理和各个组成环节如图 12-8 所示。另外，模拟控制器的闭环控制反馈量可以取自试件而不是取自电液伺服作动器本身的反馈，例如可以直接采用试件的位移而不是采用电液伺服作动器的活塞位移作为反馈量。一般情况下模拟控制器中的信号发生器只能产生几种规则的信号，如正弦波、三角波和方波。如果实验需要比较复杂的命令信号，那么要用计算机来生成；目前采用微机作为一个信号发生器几乎可以生成任何复杂形式的信号，然后通过 D/A 转换器将生成的命令信号转化成电压信号输入模拟控制器中；当测量信号经 A/D 转换器变成数字量输入计算机时，计算机、D/A 转换器、A/D 转换器、模拟控制器、加载作动器等就组成了一个闭环的计算机控制系统，从而可以实现结构加载实验的自动化。

　　4. 地震模拟振动台

　　地震模拟振动台是再现各种地震波对结构进行动力试验的一种先进试验设备，其特点是具有自动控制和数据采集及处理系统，采用了电子计算机和闭环伺服液压控制技术，并配合先进的振动测量仪器，使结构动力试验水平提高到了一个新的高度。图 12-9 为地震模拟振动台系统的示意图。

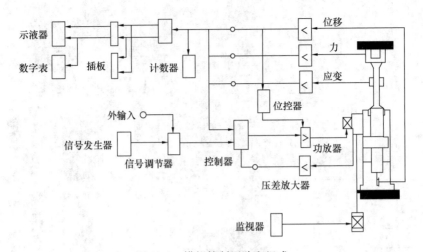

图 12-8 模拟控制回路和组成

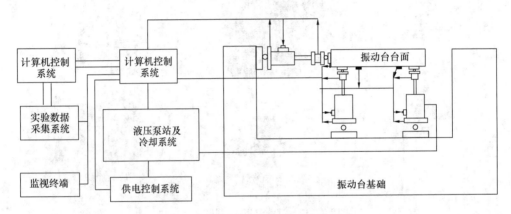

图 12-9 地震模拟振动台系统示意图

地震模拟振动台的组成和工作原理：

（1）振动台台体结构

振动台的台面需要有足够的刚度和承载力，以便台面的自振频率能够避开振动台的使用频率范围，不至于造成系统的共振。其尺寸的规模是由结构模型的最大尺寸来决定。一般振动台都采用钢结构，控制方便、经济而又能满足频率范围要求，模型重量和台身重量之比不大于 2 为宜。振动台必须安装在质量很大的基础上，基础的重量一般为可动部分重量或激振力的 10~20 倍以上，这样可以改善系统的高频特性，并可以减小对周围建筑物和其他设备的影响。

（2）液压源和管路

如果按照地震波的最大速度值来设计液压泵站的流量，那么需要采用较大流量的液压泵站。地震过程是一个短时间的脉冲过程，而较大流量的液压泵站将会造成很大的能源浪费，这样做既不经济也不合理。目前的做法是采用较小的液压泵站，利用大型蓄能器来提供给作动器瞬时所需的巨大能量。一般的地震波持时是在 1min 之内，这样就为采用大型蓄能器进行压力补偿提供了可能，在容许的压力下降范围内，蓄能器提供大的流量，而液压泵站可以是小流量的，这种供油方法是地震模拟振动台比较经济的供油方式。液压管路主要用于将油泵与作动器联系起来，为作动器提供高压油，一般是用钢管将高压油引到作动器附近，再用软管与作动器联接起来；需要注意的是软管不宜太长，否则在实验过程中软管可能产生振动，严重时将造成管路损坏。

（3）控制系统

在目前运行的地震模拟振动台中一般有两种控制方法：一种是纯属于模拟控制；另外一种用计算机控制。模拟控制方法有反馈控制和加速度信号输入控制两种。在单纯的位移反馈控制中，由于系统的阻力小，很容易产生不稳定现象，为此在系统中加入加速度反馈，增大系统阻尼从而保证系统稳定。与此同时，还可以加入速度反馈，以提高系统的反应性能，由此可以减少加速度波形的畸变。为了能使直接得到的强地震加速度记录推动振动台，在输入端可以通过二次积分，同时输入位移、速度和加速度三种信号进行控制。

12.1.3 冲击试验机

常规的拉伸试验机不能快速加载，所以不能进行中、高应变率的实验。为了达到中等应变率，最可行的方案是通过一定方式蓄能，然后再突然释放。所以，获得中等应变率的实验装置大都采用蓄能原理，如采用压缩气体，落锤以及飞轮等。我们以分离式 Hopkinson 压杆为例进行说明，见图 12-10，分离式 Hopkinson 压杆（split Hopinson pressure bar，SHPB），在中等应变率 $10^2 \sim 10^4 s^{-1}$ 范围内，是一种被普遍认可和广为应用的测试技术。

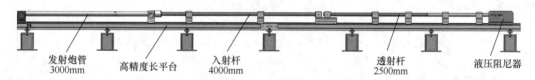

发射炮管　　　　高精度长平台　　　　入射杆　　　　　　　　　　透射杆　　　　液压阻尼器
3000mm　　　　　　　　　　　　　　4000mm　　　　　　　　　　2500mm

图 12-10　Hopkinson 压杆示意图

Hopkinson 压杆的原型是 B. Hopkinson 在 1914 年提出的，其由 Kolsky 和 Davis 等人在 20 世纪 40 年代末进行了改进，除了采用撞击杆作为压杆的动力源外，还将原来的 Hopkinson 压杆分离成两根长杆（分别称为入射杆和透射杆），将试件夹在两根长杆之间使之受到脉冲加载并发生动态变形。当长度为 1 的撞击杆以速度 v_0 对长度为 L_i 的入射杆施加撞击时，在两根杆中都产生弹性压缩波由撞击面向两边传播。当撞击杆自由端发射回来的拉伸波返回两杆的接触面时，两杆分开，此时一个长度为 $2l$ 的矩形压缩脉冲在压杆中由左向右传播，脉冲的幅值与撞击速度 v_0 成正比，但仍在弹性范围内。通过改变撞击杆的长度和初速度，就能够在入射杆中产生不同长度和幅值的矩形脉冲；它传到试件中时，就对试件实施了脉冲加载。这就是分离式 SHPB 的基本原理，对于中等速度的动态试验，它提供了一种非常成熟的试验技术。

为了使得各杆中传播的应力波尽量接近一维纵波，撞击杆、入射杆和透射杆都应该是细长的，并调整为同轴状态。各杆的弹性模量可知，且屈服应力应该足够高，使得撞击杆的撞击仅在各杆只不过产生弹性波，而非塑性波，这样可以保证应力波的幅值能用贴在杆上的应变片来测定，而且应变片可以反复使用。但当压缩弹性波穿过入射杆进入试件中时，该脉冲的应力幅值应足以使试件发生塑性变形。一部分脉冲穿过试件进入透射杆，一部分脉冲反射回入射杆。从入射杆和透射杆适当位置粘贴的应变片，可以测得入射应力和透射应力随试件的变化曲线。从而直接指定入射脉冲、透射脉冲和反射脉冲的应变幅值。

12.1.4　电磁激振器

电磁激振器的剖面示意图如图 12-11（a）所示，较大的电磁激振器常常安装在放置于地面的机架上，称为振动台，如图 12-11（b）所示。电磁激振器工作类似于扬声器，利用带电导线在磁场中受到电磁力作用的原理而工作的。在磁场（永久磁铁或激励线圈中）放入动圈，通以交流电产生简谐激振力，使得台面（振动台）或使固定于动圈上的顶杆作往复运动，对结构施加强迫振动力。

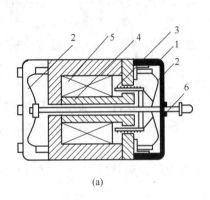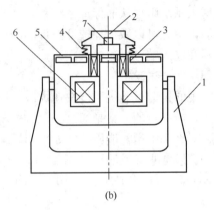

(a)　　　　　　　　　　　　　　　(b)

图 12-11　电磁激振设备

（a）激振器

1—外壳；2—支撑弹簧；3—动圈；4—铁芯；5—励磁线圈；6—顶杆

（b）振动台

1—机架；2—激振头；3—驱动线圈；4—支撑弹簧；5—磁屏蔽；6—励磁线圈；7—传感器

电磁激振器不能单独工作，常见的激振系统由信号发生器、功率放大器、电磁激振器组成，见图 12-12。信号发生器产生交变的电压信号，经过功率放大器产生波形相同的大电流信号去驱动电磁激振器工作。

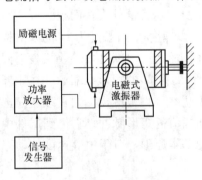

图 12-12　电磁激振系统

应用电磁式激振器对结构施加荷载时，应注意激振器可动部分的质量和刚度对被测结构的影响；用振动台测量试验结构的自振频率时，应使试件的质量远小于振动台可动部分的质量，测得的自振频率才接近于试验结构的实际自振频率，为此，常在振动台的台面上附加重质量块，以增加振动台可动部分的质量 m。

激振器与被测结构之间用柔性细长杆连接。柔性杆在激振方向上具有足够的刚度，在别的方向刚度很小，即柔性杆的轴向刚度较大，弯曲刚度很小，这样可以减少安装误差或其他原因引起的非激振方向上的振动力。柔性杆可以采用钢材或其他材料制作。

电磁激振器的安装方式分为固定式和悬挂式。采用固定式安装时，激振器安装在地面或支撑刚架上，通过柔性杆与试验结构相连。采用悬挂式安装时，激振器用弹性绳吊挂在支撑架上，再通过柔性杆与试验结构相连。

172

使用电磁式激振器时，还需注意所测加速度不得过大，因激振器顶杆和试件接触靠弹簧的压力，当所测加速度过大时，激振器运动部分的质量惯性力将大于弹簧静压力，顶杆就会与试件脱离，产生撞击，所测出振动波形失真，因此电磁式激振器高频工作范围受到一定限制，但其工作频带对于一般的建筑结构试验已足够宽。

电磁激振器的主要优点为频率范围较宽，推力可达几十 kN，重量轻，控制方便，按信号发生器发出信号可产生各种波形激振力。其缺点是激振力较小，一般仅适合小型结构和模型试验。

12.1.5 环境随机振动激振

在结构动力试验中，除了利用以上各种设备和方法进行激振加载以外，环境随机振动激振法近年来发展很快，被人们广泛应用。

环境随机振动激振法也称脉动法。人们在许多试验观测中，发现建筑物经常处于微小而不规则振动之中。这种微小而不规则的振动来源于频繁发生的微小地震活动、大风等自然现象以及机器运行、车辆行驶等人类活动的因素，使地面存在着连续不断的运动，其运动的幅值极为微小，但它所包含的频谱是相当丰富的，故称为地面脉动，用高灵敏度的测振传感器可以记录到这些信号。地面脉动使建筑物也常处于微小而不规则的脉动中，通常称为建筑物脉动。可以利用这种脉动现象来分析测定结构的动力特性，它不需要任何激振设备，也不受结构形式和大小的限制。

我国很早就应用这一方法测定结构的动态参数，但数据分析方法一直采取从结构脉动反应的时程曲线记录图上按照"拍"的特征直接读取频率数值的主谐量法，所以一般只能获得基本频率这个单一参数。70年代以来，随着结构模态分析技术和数字信号分析技术的进步，这一方法得到了迅速发展。目前已可以从记录到的结构脉动信号中识别出全部模态参数（各阶自振频率、振型、模态阻尼比），这使环境随机激振法的应用得到了扩展。

12.1.6 反力装置

加载框架又称为反力架，主要用于承受结构实验加载时加在试样上的试验力的反力。由于结构实验的试样是实际的工程结构部件或者是简化了的工程结构部件，受制作工艺的限制，一般不可能做成各向同性，变形后反力的方向与理论方向有较大的差异，有时要求承受反力的加载框架有较强的抗侧向力能力。另一方面，结构试样的形式千变万化，外形和尺寸不可能完全相同，加载框架一般设计成组合式加载框架，试验空间和最大承载力都可以根据实际试验的要求进行调整，通过在加载框架的不同部位布置施加试验载荷的电液伺服作动器或千斤顶，完成结构试验。

结构教学一般选用典型的结构试样完成试验，加载框架可以根据试验大纲的要求简化设计，既方便了操作，又可以节省成本。

1. 简易结构试验框架

最简单的结构试验系统的框架组成如图 12-13，该加载框架采用自反力结构，没有反力地基的试验室也可以采用，结构简单，购置成本低，操作方便。液压千斤顶可以配手动液压泵或电动液压泵作为动力源提供所需的液压油，再配上简单的数采系统和计算机就构成了最简易的结构教学试验系统，配以简单的附件，就可以完成梁、板、桁架等结构的弯曲、剪切等典型的结构教学试验。缺点是加载空间不能调节，功能单一。

2. 丝杠式结构试验加载框架

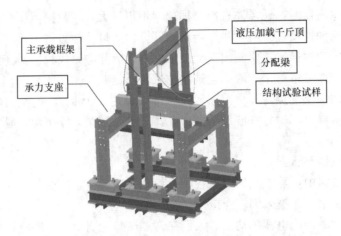

图 12-13　简易结构试验加载框架

为了精确地控制试验过程，特别是控制混凝土梁开裂时的加载速度，更仔细地观察裂纹扩展的情况，就需要采用电液伺服加载系统取代液压千斤顶对试样加载，加载框架的构成形式也发生了变化。

最常用的加载框架结构如图 12-14 所示，根据主要承力部件的构成形式称为丝杠式加载框架，丝杠式加载框架的优点是结构简单，可以根据需要任意调整工作空间，成本较低，与反力地基配合可以组合构成多点加载系统，用于复杂结构的试验。缺点是框架刚度较低，既不能承受侧向力，也不能承受大压缩负荷，使用范围受到限制。多套丝杠式加载框架可以组合使用，完成复杂的结构试验，图 12-15 是 3 套加载框架组合，完成节点的试验。

丝杠式加载框架，可以
自由调节试验空间

图 12-14　丝杠式结构试验加载框架

3. 框架式结构试验加载框架

为解决丝杠式加载框架抗侧向力能力差和不能承受压缩反力的问题，可以选用框架结构的加载框架作为反力架，如图 12-16。框架式反力架的优点是框架刚度大，可以承受侧向负载，缺点是成本高，空间只能有级调节。框架式反力架同样可以组合使用如图 12-17，

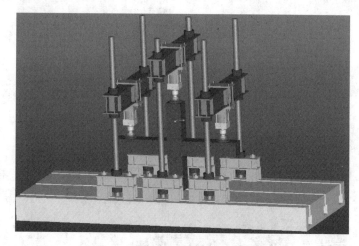

图 12-15　3 套丝杠式组合加载框架

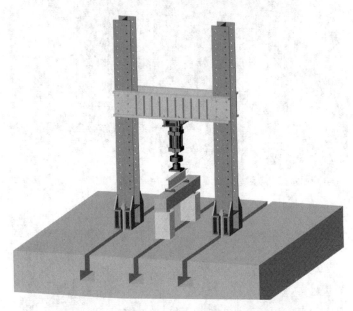

图 12-16　框架式结构试验加载框架

组合框架可以对实验梁进行两点加载，而不需分配梁。对于复杂的结构试验，可以利用更多的框架进行组合，如图 12-18 所示。

　　由于反力地基单点的承载力有限，一般反力槽道式的反力地基的单点抗拔力不会大于 20t，而孔洞式的反力地基的最大抗拔力不会大于 50t，在实际的结构试验中，需要多个框架组合起来变成组合式加载框架使用以增加最大承载力，如图 12-19。

　　4. 球形空间结构试验加载框架

　　上述实验加载框架有一个共同的缺点，那就是加载方向比较单一，不能适应任意方向的加载试验，而对于空间结构的许点节点而言，能提供任意方向的加载是非常有必要的。图 12-20 为浙江大学空间结构研究中心自主研发的球形加载装置，该装置的加载框架能满足径向 0～270°、纬向 −90～90° 范围内任意方向的加载要求，试验加载方向相当灵活。

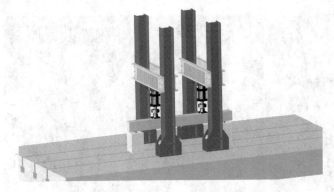

图 12-17　组合框架式结构试验加载框架

图 12-18　复杂节点结构试验组合式加载框架

图 12-19　最大承载力为 200 吨的组合式加载框架

图 12-20　空间结构球形加载框架

12.2　试验量测技术与量测仪表

土木工程试验中常见的量测内容一般包括外界作用（如荷载、温度变化）和在作用下的反应（如位移、应变、曲率变化、裂缝、速度、加速度等）两个方面。这些内容的数据只有通过选择合适的仪器仪表，采用正确的方法才能检测得到。

随着科学技术的不断发展，新的检测技术与仪器也不断涌现，同样一个量值往往可以采用多种仪器和方法来检测。试验人员除了对被测参数的性质和要求应有深刻的理解外，还必须对相关检测仪器、仪表的功能、原理及检测方法有足够的了解，然后才有可能正确地选择仪器、仪表，以及采用正确的检测方法。

检测仪器、仪表根据检测原理大致可以分为：机械式、电测式和光学式三大类。不管哪一类的仪器系统，其基本组成是相同的，即由：感受部分、放大部分和显示记录部分组成，感受部分把直接从测点感受到的被测信号传给放大部分，经放大后再传给显示记录部分，这样就完成一次检测过程。对于机械式的仪器、仪表，往往三个部分是组装在一起的，而电测式仪器系统则有三个部分分开独立的，即传感器、放大器、显示器，也有感受部分独立做成传感器、后两部分做成检测仪器的，还有前两部分做成前置放大的传感器、显示记录部分做成检测仪表的。

对一般土木工程试验用检测仪器、仪表的性能指标，常用的有：

1）量程（量测范围），所能量测的最小至最大的量值范围；

2）最小分度值（刻度值、分辨率），仪器、仪表所能指示或显示的被测量值最小的变化量；

3）精确度（精度），仪器、仪表量测指示值与被测值的符合程度，常用满程相对误差表示；

4）灵敏度，被测量发生单位变化引起仪器、仪表指示值的变化值。

可用于土木工程试验检测的仪器种类很多，型号、规格、性能就更加复杂，某些性能间往往存在矛盾，如精度高的仪器一般量程较小，而灵敏度高的往往对环境的适应性较差。所以，选用时应避繁就简，根据试验的目的和要求，综合加以考虑，防止盲目性和片面性。结构静载试验对仪器、仪表的基本要求是：

1）性能指标必须满足试验的具体要求，如：量程和精度要足够，灵敏度要合适，并不是越高越好。精度的最低要求是最大测试误差不超过 5%，具体仪器的精度要求可参照相关试验方法标准执行，而量程一般建议采用最大被测值的 1.25～2 倍；

2）重量轻、体积小，要求不影响试验对象的工作性能和受力情况；

3）读数快、自动化程度高、使用方便；

4）对环境的适应性要强，并且携带方便、可靠耐用；

5）定期检定，并有记录；对生产鉴定性试验，使用的仪器、仪表必须由法定授权单位进行检定，并出具检定或校准报告。

除了以上基本要求外，仪表的安装必须正确，相对固定点及其夹具应有足够的刚度，保证仪表的正常工作和准确读数。

12.2.1 应变量测

1. 手持式引伸仪

建筑结构在较长时间中的变形，由于周围环境、条件的变化，如振动、潮湿、高温等的影响，采用一般的应变仪进行测试几乎是不可能的。手持式引伸仪，其结构简单、轻便、量程大，不受环境变化的影响，携带方便，因此特别适用于现场作结构变形的测试。下面以 YB25 型手持式引伸仪为例进行介绍。

YB25 型手持式引伸仪是一种机械式应变测量仪器，其构造如图 2-31 所示。每台仪器附带有一个标准针距尺，系采用精密低膨胀合金制成，其线膨胀系数为 $1.5\times10^{-6}/℃$，所以当环境温度变化较大时，针距长度可以认为是不变化的，针距长度一般分为 100mm 和 250mm 两种。每次测量前都必须在标准针距尺上标读，然后再在试物上测读，比较两者之间的差数，即为所求变形量。应变值的计算如下：

$$\varepsilon = \frac{\Delta l}{l} \times 10^6 \qquad (12\text{-}1)$$

式中：Δl 为绝对变形量（mm），l 为粘贴在试验件上的固定小块在未受载时的实际基距（mm），通常情况下，l 是不与仪器的标准针距尺的基距完全相符的，但为了测试方便可在粘贴固定小块时采用标准针距尺定距，这样 即是标准针距尺的基距。

仪器由以下几个部分组成：金属支架、位移计（百分表或千分表）、伸缩调整部分等。手持式应变仪构造如图 12-21 所示，金属支架（1）和（4）借助于两个弹性薄钢片

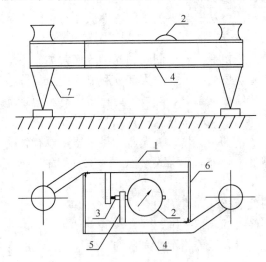

图 12-21　手持式应变仪构造图

1—金属支架；2—位移计（百分表或千分表）；3—位移计测杆；4—金属支架；5—伸缩调整部分；6—弹性钢片；7—尖头插足

（6）相连接而构成一弹性系统，两金属支架可作纵向的平行移动，从而使装固在两金属支架上的尖头插足（7）的距离可发生变化（增大或缩小）。位移计（2）安装在金属支架（1）上，本仪器上的位移计采用的是百分表，使用部门如换上千分表，那么测量精度可提高一个数量级，为了换表方便，支架上有一卡表架，只需松开卡表架上的螺钉，就可很方便地将位移计取下或安装上。

伸缩调整部分（5）装固在金属支架（4）上，位移计（2）的测杆末端始终保持同其中的偏心调整块相接触，当两尖头插足（7）之间的距离发生变化时（即两金属支架产生相互平行位移），其变化量即可从位移计（2）上反映出来。

2. 应变电测系统

应变测试是土木工程试验中非常重要的试验内容，通过测试结构有关部位的应变，可以了解其在荷载作用下的应力分布情况、内力情况，从而了解结构的性能和承载能力等，为建立结构理论提供重要依据。因此，一般情况下，结构试验都要进行应变测试。

根据定义，结构中某点的应变是该点处单位长度的位移变化，即 du/dx。实际上，某一点的准确应变是测不到的，只能通过测量一定长度范围其长度 l 的变化增量来计算平均应变，近似作为该处的应变，即：$\varepsilon \approx \Delta l/l$，这就是应变测量的基本原理，并称 l 为标距。因此，应变量测实际上就是检测标距两端的相对位移量 Δl。由于这样测到的是标距范围的平均应变，与测点的真实应变有差距，对应力梯度大的位置，这种差距更明显，若标距越小，这个差距自然也越小。

以上的分析是基于均质材料的假定，对于工程结构中的非均质材料，如混凝土、砌体等，显然不能成立。因为混凝土中的骨料与胶凝材料的弹性模量不同，在相同的应力下，其应变却不相同，因此太小的标距测到的可能只是骨料的应变，而非整体的平均应变。因此，对混凝土材料，应取最大骨料粒径的 3 倍；砌体结构则应取大于 4 皮砌块的标距，才能正确反映真实的平均应变。

应变量测方法很多，有电测式、机械式和光学式，其中电测式中最常用的是电阻应变量测方法。

（1）电阻应变仪及量测技术

电阻应变仪量测应变是通过粘贴在试件测点的感受原件电阻应变计与试件同步变形，输出电信号进行量测和处理的。其简单流程图如下：

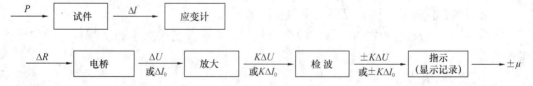

它具有感受元件重量轻、体积小，量测系统信号传递迅速、灵敏度高，可遥测、便于与计算机联用和实现自动化等优点，从而得到大量应用。

1）电阻应变计

电阻应变计，又称应变片，是电阻应变量测系统的感受元件。以纸基丝绕式为例，在拷贝纸或胶薄膜等基底与覆盖层之间粘贴合金敏感栅（电阻栅），端部加引出线组成。基于其敏感栅的应变—电阻效应，能将被测试件的应变转换成电阻变化量。

电阻应变片的工作原理是基于电阻丝具有应变效应，即金属电阻丝承受拉伸或压缩变形时，电阻也将发生变化，实验结果表明，在一定的应变范围内，电阻丝的电阻改变率 $\Delta R/R$ 与应变 $\varepsilon = \Delta l/l$ 成正比，即

$$\frac{\Delta R}{R} = K_0\varepsilon \tag{12-2}$$

式中，K_0 为单丝灵敏系数，一般可以认为 K_0 是常数。如将单根电阻丝贴在构件的表面上，使它随同构件有相同的变形，因此如能测出电阻丝的电阻改变率，便可求得电阻丝的应变，也就求得了构件在粘贴电阻丝处的应变。对于栅状应变片或箔式应变片，考虑到已不是单根丝，故改用片的灵敏系数 K 代替 K_0。电阻应变片的灵敏系数不但与电阻丝的材料有关，还与电阻丝的往复回绕形状、基底和粘结层等因素有关，一般由制造厂用实验方法测定，并在成品上标明。

应变计的种类很多，按栅极分有丝式、箔式、半导体等；按基底材料分有纸基、胶基等；按使用极限温度分有低温、常温、高温等。箔式应变计使在薄胶膜基底上镀合金薄膜，然后通过光刻技术制成，具有绝缘度高、耐疲劳性能好、横向效应小等特点，但价格高。丝绕式多为纸基，虽有防潮但耐疲劳性稍差，横向效应较大等缺点，但价格低，且容易粘贴，一般静载试验多采用。图 12-22 为几种应变计的形式。

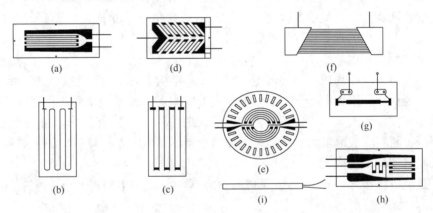

图 12-22　几种电阻应变计

(a)、(d)、(e)、(f)、(h)—箔式电阻应变计；(b)—丝绕式电阻应变计；(c)—短接式电阻
应变计；(g)—半导体应变计；(i)—焊接电阻应变计

应变计的选用通常应注意以下几项主要技术指标：

① 标距 l　指敏感栅在纵轴方向的有效长度，根据应变场大小和被测材料的匀质性考虑选择。

② 宽度 a　敏感栅的宽度。

③ 电阻值 R　一般应变仪均按 120Ω 设计，但 $60\sim600\Omega$ 应变计均可使用。当用非 120Ω 应变计时，测定值应按仪器的说明加以调整。

④ 灵敏系数 K　电阻应变片的灵敏系数，在产品出厂前经过抽样试验确定。使用时，必须把应变仪上的灵敏系数调节至应变片的灵敏系数值，否则应对结果作修正。

⑤ 温度使用范围　它主要取决于胶合剂的性质。可溶性胶合剂的工作温度约为 $-20\text{℃}\sim+60\text{℃}$；经化学作用而固化的胶合剂的工作温度约为 $-60\text{℃}\sim+200\text{℃}$。

由于应变片的应变代表的是标距范围内的平均应变，故当均质材料或应变场的应变变

化较大时，应采用小标距应变片。对于非均匀材料（如混凝土、铸铁等）应选用大标距应变片。在混凝土上使用应变片时，标距应大于混凝土粗骨料最大粒径的 3 倍。

2）电阻应变仪

电阻应变仪是把电阻应变量测系统中放大与指示（记录、显示）部分组合在一起的量测仪器，主要由振荡器、测量电路、放大器、相敏检波器和电源等部分组成，把应变计输出的信号进行转换、放大、检波以至指示或记录。

应变仪的测量电路，一般均采用惠斯登电桥，把电阻变化转换为电压或电流输出，并解决温度补偿等问题。电桥由四个电阻组成，如图 12-23a 所示，是一种比较式电路。

实际应用的桥路接法有两种：四个桥臂均外接应变计的，称为全桥接法；只 R_1 和 R_2 为外接，R_3 和 R_4 为应变仪内无感电阻的，称为半桥接法。

由电桥特性知道，其平衡（$\Delta U_{BD}=0$）条件为

$$R_1 \cdot R_3 = R_2 \cdot R_4 \tag{12-3}$$

若桥臂电阻发生变化，即失去平衡，产生信号输出 ΔU_{BD}。

当进行全桥测量时，假定四臂发生的电阻变化分别为 ΔR_1、ΔR_2、ΔR_3、ΔR_4，则桥路输出电压（或电流）增量为：

$$\Delta U_{BD} = \frac{R_1 R_2}{(R_1 + R_2)^2} \left(\frac{\Delta R_1}{R_1} - \frac{\Delta R_2}{R_2} + \frac{\Delta R_3}{R_3} - \frac{\Delta R_4}{R_4} \right) U \tag{12-4}$$

若四个应变计规格相同，即 $R_1=R_2=R_3=R_4=R$，$K_1=K_2=K_3=K_4$，则：

$$\Delta U_{BD} = \frac{U}{4} \left(\frac{\Delta R_1}{R_1} - \frac{\Delta R_2}{R_2} + \frac{\Delta R_3}{R_3} - \frac{\Delta R_4}{R_4} \right) = \frac{U}{4} K (\varepsilon_1 - \varepsilon_2 + \varepsilon_3 - \varepsilon_4) \tag{12-5}$$

当为半桥测量时，R_3、R_4 不产生应变，即 $\varepsilon_3=\varepsilon_4=0$，式（12-5）即变为：

$$\Delta U_{BD} = \frac{U}{4} K (\varepsilon_1 - \varepsilon_2) \tag{12-6}$$

从式（12-5）和（12-6）可见，电桥的邻臂电阻变化的符号相反，即相减输出，对臂符号相同，成相加输出。

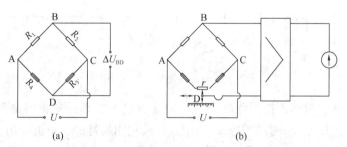

(a)   (b)

图 12-23　惠斯登电桥

（a）惠斯登电桥示意图；（b）零位法量测桥路原理图

如果在桥路中接上可变电阻 r 如图 12-23b，当桥臂电阻发生变化失去平衡时，调节可边电阻，使电桥重新平衡（指针指零），这时的调节度盘位移量，即电桥输出信号的模拟量。度盘若按 $\mu\varepsilon$ 为单位刻度，即可读得 $\mu\varepsilon$ 值。这种方法每次调节指针指零后在调节盘上读数方法，称为零位读数法，有许多静态应变仪应用此法。如果不用可变电阻，而将桥路失去平衡输出的模拟量直接放大后测读，即为直读法（或偏位法）应变仪的基本工作原

理。图 12-24 为一种直读法静态应变仪的原理框图。动态应变仪也用偏位法，并且每一槽路都有给定标定电路，见图 12-25，提供动态记录信号的给定标定信号，如图 12-26 所示。在静态试验中动态应变仪多作为数据采集系统的二次仪表。

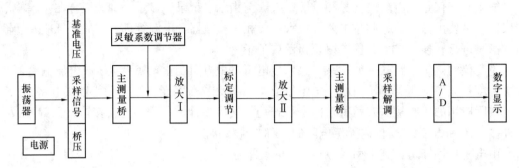

图 12-24 一种直读法静态应变仪的原理框图

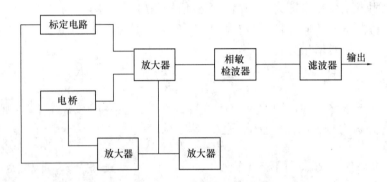

图 12-25 动态应变仪框图

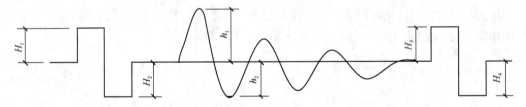

图 12-26 动态应变仪记录标定结果曲线

动态应变仪型式很多，按工作特性分有静态、动态、静动态；按测量线路分有单线型、多线型；按工作原理分有指零式、偏位式；按输出特性分有电流输出、电压输出、电流和电压输出、数码输出；按指示形式分有刻度指示、数字显示；按测读形式分有逐点测读手工记录，有与计算机联接组成快速数据采集系统等。现由于集成电路的发展，正向小型化、智能化、高分辨力、采样快、零漂小、稳定性好、容量大的方向发展。

静载试验用的电阻应变仪，不宜低于我国 ZBY103—82 标准的 B 级要求。静态应变仪最小分度值不大于 $1\mu\varepsilon$，误差不小于 1%，零漂不大于 $\pm3\mu\varepsilon/4h$。动态应变仪，其标准量程不宜小于 $200\mu\varepsilon$；灵敏度不宜低于 $10\mu\varepsilon/mA$ 或 $10\mu\varepsilon/mV$，灵敏度变化不大于 $\pm2\%$，零漂不大于 $\pm5\%$。

3）应变片粘贴技术

粘贴在结构表面的应变片通过与结构共同变形来传感结构应变，其粘贴的好坏直接关系到能否真实反映结构应变，因此对应变片的粘贴技术要求很高。为保证粘贴质量，要求测点基底平整、清洁、干燥；粘结剂的电绝缘性、化学稳定性及工艺性能良好，蠕变小、粘贴强度高（剪切强度不低于 3～4MPa）、温度影响小等。具体的粘贴工艺如下：

① 应变片检查分选，可采先用放大镜进行外观检查，要求应变片无气泡、霉斑、锈点、栅极平直、整齐、均匀；然后用万用表检查，应无短路或短路情况，阻值误差不应超过 0.5%。

② 测点处理，先检查测点表面状况，要求测点平整、无缺陷、无裂缝等；然后采用砂纸或磨光机进行打磨，要求表面平整、无锈、无浮浆等，光洁度达到▽5；再用棉花蘸丙酮或酒精清洗，要求棉花干擦时无痕迹；必要时（如混凝土结构）还打底，可采用环氧树脂，要求胶层厚度在 0.05～0.1mm，硬化后用 0 号砂纸磨平；最后用铅笔等给测点画十字定位，纵线与应变方向一致。

③ 粘贴应变片，先用镊子加住应变片引出线，在背面上一层薄胶，测点上也敷上薄胶，对准位置放上片子；然后在应变片上盖一小片玻璃纸，用手指沿一个方向滚压，挤出多余胶水；最后用手指轻压至胶具有一定强度，松手后应变片不会产生滑动。

④ 固化处理，不同的粘贴胶需要不同的固化时间，对有些胶，在气温较低、湿度较大时需要进行人工加温，可采用红外线灯或电热吹风，但加热温度不应超过 50℃，受热应均匀。

⑤ 粘贴质量检查，先用放大镜检查外观，应变片应无气泡、粘贴牢固、方位准确；在用万用表检查是否短路或断路以及电阻值有无变化等，并检查应变片与试件的绝缘度情况等，也可以接入应变仪检查零点漂移情况，要求不大于 $2\mu\varepsilon/15\mathrm{Min}$。

⑥ 导线连接，在应变片引出线底下贴胶布等绝缘材料，使引出线不与试件形成短路；再用胶固定端子或用胶布固定导线，以保证轻微拉动导线时引出线不被拉断；然后用电烙铁焊接导线与引出线，要求焊点饱满、无虚焊。

⑦ 最后进行防潮处理，要求应变片全部被防潮剂覆盖，余 5mm 左右，并采用适当措施进行必要的防护，防止机械损坏。

4）温度补偿技术

结构静载试验一般要求量测结构在试验荷载作用下的应变，然而，试验时的环境温度变化，也会引起结构的应变，因此，通过应变片测到的应变也包含了试验荷载和温度变化引起的应变，结构试验中常采用温度补偿的方法来消除温度应变。常用温度补偿方法有两种：

① 温度补偿应变片法

选用与试件材质相同的温度补偿块，用工作应变片相同的应变片，并采用相同的粘贴工艺粘贴，实验时使补偿块与试件处于相同的环境中，采用如图 12-27 所示的半桥电路，可以消除温度应变。若温度在测点与补偿点产生相同的应变，

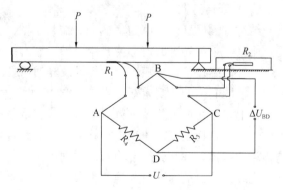

图 12-27 温度补偿应变片法桥路连接示意图

183

按半桥电路公式（12-6），温度应变被自动抵消，从而实现温度补偿。

② 工作应变片法温度补偿

某些试件在荷载作用下存在着应变数值相同或成比例关系、而符号相反的情况，此时可以采用半桥电路或全桥电路实现温度补偿，同样可以自动消除温度的影响。

在实际应用中发现，温度补偿片可以消除温度变化引起应变片阻值变化对应变测试的影响，往往无法消除结构本身温度应变的影响。

3. 振弦式应变计

应变片由于其方便性和测量精度高，在各类结构的局部变形量测中得到广泛的应用。但是，应变片也有局限性，主要表现为对外界恶劣环境的影响很敏感，在风、振动扰动下，应变片的读数变化非常大，也就是所谓的"漂"。

目前，许多测试人员采用一种叫作振弦式应变计，它的工作原理是：振弦式应变计是以被拉紧的钢弦作为转换元件，钢弦的长度确定以后其振动频率仅与拉力相关。振弦式应变计初始频率不能为零，振弦一定要有初始张力。振弦式应变计测量应变的精度为 $\pm 2\mu\varepsilon$。

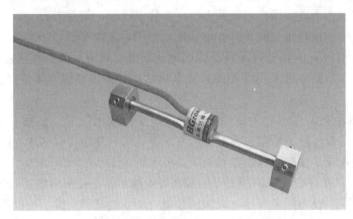

图 12-28　振弦式表面应变计

振弦式应变计的测量仪器是频率计，由于测量的信号是电流信号，所以频率的测量不受长距离导线的影响，而且抗干扰能力较强，对测试环境要求较低，因此特别适用于长期监测和现场测量。它的缺点是：这类应变计安装较复杂，温度变化对测量结果有一定的影响。图 12-28 是 BGK－4000 振弦式表面应变计的外观图。

4. 光纤传感器

结构特性信息包括应力、应变、温度、裂缝等的实时获取是结构健康检测的重要前提，所以，采用先进的信息传感器提供可靠的结构信息已逐渐成为必然。

光纤传感技术是伴随着光导纤维及光通讯技术的发展而逐步形成的。这是 20 世纪 70 年代末发展起来的一门崭新技术。1993 年加拿大多伦多大学的研究人员首先在卡尔加里的钢桥上布置光纤传感器进行应变监测，并取得成功。光纤传感器具有良好的耐久性、抗电磁干扰强、精度高、体积小、质量轻、多路传输、分布式测量、耐高温等优点，集传感与传输于一体，并与光纤传输系统联网可实现传感系统的实时遥控和遥测的独特优点。

光纤传感器的原理主要是基于白光多光束干涉，传感信号为波长式调制。图 12-29 是 FS2000 系列光纤光栅信号解调器，图 12-30 是光纤传感器的外观图。

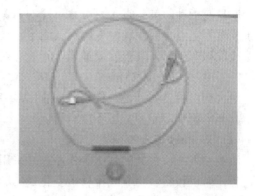

图 12-29　FS2000 系列光纤光栅信号解调器　　　　图 12-30　光纤光栅传感器

12.2.2 位移量测

1. 机械式百分表（千分表）

机械百分表（千分表）是测量位移的仪表，利用齿轮放大原理而制成，其构造如图 12-31 所示。其基本原理为测杆上、下移动，通过齿轮传动，带动指针转动，将测杆轴线方向的位移量转变为百分表（千分表）的读数。工作时将测杆的测头紧靠在被测量的物体上，物体的变形将引起测头的上下移动，测杆上的平齿便推动小齿轮以及和它同轴的大齿轮共同转动，大齿轮带动指针齿轮，于是大指针相随转动。把百分表的圆周边等分成 100 个小格（千分表分成 1000 个小格），百分表指针每转动一圈为 1mm，每格代表 1/100mm（在千分表上每格代表 1/1000mm）。大指针转动的圈数可由量程指针予以记忆，百分表的量程一般为 5～10mm，千分表则为 3mm 左右。

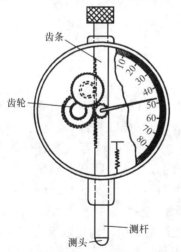
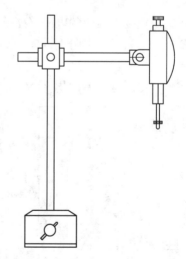

图 12-31　百分表（千分表）构造图　　　　图 12-32　万用表座

安装百分表（千分表）时应注意三点，一是百分表（千分表）测杆的方向（亦即测头的位移方向）应与被测点的位移方向一致，才能真实地测出被测物体的变形量，否则，测量的结果仅是该变形量在测量方向上的分量；二是安装百分表（千分表）时应选取适当的预压缩量，以确保测杆有上、下活动量，不能将测杆放到量程的极限值；三是测量前应转动刻度盘使指针对准零点。百分表（千分表）通常固定于万用表座上，如图 12-32 所示，置于相对固定点。或用其他专门夹具固定，夹具的刚度应足够，固定后不得有任何的弹性变形或位移产生。夹紧程度要适当，不能有妨碍仪表工作的情况发生。

2. 滑线变阻式位移计

滑线变阻式位移计是结构实验中应用最多、价格最便宜的是电测位移计。下面将具体介绍其基本原理、使用方法和注意事项。

（1）基本原理

滑线变阻式位移计的基本工作原理是采用一般静、动态电阻应变仪常用的应变电桥原理，当任何机械量转为直线位移的变化量 ΔL，推动机械传动机构，使双触头在可变电阻上产生一个相应的 ΔR 的变化，为了测试出 ΔR 的微小变化量，由位移传感器中特制的双线密绕的无感电阻组成了外桥电阻，组成为应变电桥，从而实现了机械量换成电量的目的，这种机械量（位移）转换成为电量的关系，可用通用的电阻应变仪关系式表达。

即为：

$$\varepsilon = \frac{\Delta R}{R} \Big/ K \tag{12-7}$$

式中：ε——应变值（$\times 10^{-6}$）；

　　R——电桥桥臂电阻（Ω）；

　　ΔR——因外位移引起的电阻变化量（Ω）；

　　K——使用仪器的灵敏系数。

根据导体电阻阻值（R'）的关系式

$$R' = P \frac{L}{F} \tag{12-8}$$

式中：R'——可变电阻丝的电阻（Ω）；

　　P——电阻丝的电阻率（$\Omega \cdot mm^2/m$）；

　　L——电阻丝的长度（m）；

　　F——电阻丝的截面积（mm^2）。

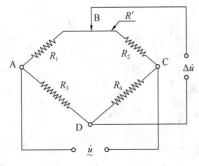

图 12-33　滑线变阻式位移传感器
工作原理图

从式（12-7）、（12-8）中，不难看出，被测位移量的大小和 ΔR 和 K 成正比，而与桥臂电阻阻值 $R_1 R_2$ 成反比，为此位移传感器只要进行适当的选择可变电阻丝 R' 的直径、长度和电阻率，以及桥路电阻 $R_1 R_2$ 就可确定输出灵敏度 S（$\mu\varepsilon/mm$），其工作原理见图 12-33 所示。

它的线路结构是采用差动变电阻式应变电桥，该传感器是采用半桥接线方法，例如当测杆受外位移，而带动活动触头向右移动时 R_1 增加 ΔR_{11}，而 R_2 亦即减少 $\Delta R_2 + \Delta R_{12}$ 不难可知将 $\Delta R_{11} = \Delta R_{12}$、$\Delta R_1 = \Delta R_2$ $= \Delta R$ 代入应变电桥有关公式可得：

$$\Delta \dot u \approx \frac{1}{4} \dot u_0 \frac{\Delta R_1 + \Delta R_{11} - (-\Delta R_2 + \Delta R_{12})}{R} \approx \frac{1}{4} \dot u_0 \frac{2\Delta R}{R} \approx \frac{1}{2} \dot u_0 \frac{\Delta R}{R} = \frac{1}{2} \dot u K \varepsilon$$

$$\tag{12-9}$$

从式（12-9）中可以看出，这样组桥方法，不仅可以达到温度自动补偿的目的，而且还可以提高应变电桥的输出灵敏度，比半桥单臂变化接法提高了一倍，并可以做到输出灵敏度规一化，利用这一接桥特点和组桥原理，可以用一般应变电测的组桥方法，可选用两只或两只以上的同型号传感器组成复合传感器，根据被测对象进行位移的自动组合，灵敏度相同的从而达到减少测点和计算分析工作量，为提高测试工作效率和精度提供了方便。

（2）使用方法

传感器只要用普通常用的磁性吸铁架或万能百分表安装架把下轴套固定牢固，并与被测结构物（试件）表面垂直，接触量的大小可由被测试件变位方向而定，初始值的大小可以通过传感器的面板刻花尺的示值决定，面板上的刻度尺仅作为粗较传感器输出灵敏度之用，但不可作为定量之用。传感器上有 3m 长的三芯屏蔽话筒线，作为接到放大器的输入线，传感器输出端焊片上分别用钢印打上 1（红线）、2（黑线）、3（蓝线）三点，若为单点半桥静态测量则把屏蔽线编号（2）接电阻应变仪的（B）点；（1）接（A）点；（3）接（C）点；若接动态应变仪，则相应接到电桥盒的（1）（2）（3）三点上，此时轴向里移动时，应变方向为正，反之为负。传感器可根据不同位移的测试要求，进行不同的组合，可接成全桥等。具体适用方式参考图 12-34。

（3）注意事项

滑线变阻器式传感器在一般正常使用情况下，不需要进行特殊的保养，按照说明书要求正常使用即可。为了更好地发挥传感器的作用，需要注意以下事项：

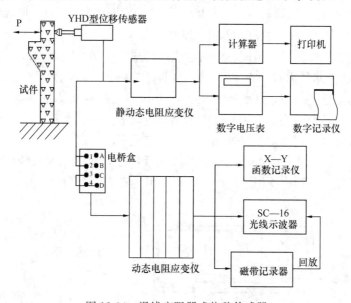

图 12-34　滑线变阻器式位移传感器

1）传感器要保持清洁，特别是测杆部分，不能沾上灰尘或油污，否则会影响传动机构的灵活性，在使用后应用白纱布擦去灰尘，并加上少量的钟表油（不宜加重油或厚油），加油量不宜过多，只要润滑即可。传感器不使用时宜放入表盒中，存放在室内干燥处。

2）由于本传感器选用电阻丝材比较细，为此不要随便抽拉或任意冲击，以免引起丝材的过早损伤及传动机构的灵活性，从而影响使用精度。

3）传感器在出厂标定时已包括导线电阻，当传感器与应变仪之间距离增加，因而连接长导线的电阻值将会带来误差。当引出线＞20m时，将要作一般常规的修正（请参考有关应变仪说明书）。

4）传感器在出厂标定时，是按量程的位移量作为零点；此时应变仪完全可以调平衡，由于此种传感器输出灵敏高，当使用全量程时，应变仪尚不能调平衡，这是正常的，如作为静态测试则可用读数桥的初读数来指零平衡；如为动态测试，一方面可扩大应变仪予调平衡范围，另一方面可在测量桥臂上并上适当的大电阻，使桥路达到原始平衡。

5）由于本传感器输出灵敏度高，当使用到大量程时，要注意不要使放大器输入信号的饱和，而影响输出位移的线性度，从而带来测量误差。

3. 差动变压器式位移计

差动变压器式位移计是一种新型的位移计，其外观如图 12-35 所示。差动变压器的工作原理类似变压器的作用原理，传感器由衔铁、一次绕组和二次绕组、外壳等部分组成。一、二次绕组间的耦合能随衔铁的移动而变化，即绕组间的互感随被测位移改变而变化。由于在使用时采用两个二次绕组反向串接，以差动方式输出，所以把这种传感器称为差动变压器式电感传感器，通常简称差动变压器。其结构示意与电路原理图如图 12-36。

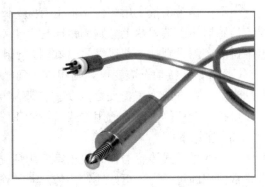

图 12-35　差动变压式位移计

差动变压器式位移传感器由同心分布在线圈骨架上一初级线圈 N1，二个级线圈 N2-1 和 N2-2 组成，线圈组件内有一个可自由移动的杆装磁芯（铁芯），当铁芯在线圈内移动时，改变了空间的磁场分布，从而改变了初次级线圈之间的互感量 M，当初级线圈供给一定频率的交变电压时，次级线圈就产生了感应电动势，随着铁芯的位置不同，次级产生的感应电动势也不同，这样，就将铁芯的位移量变成了电压信号输出。为了提高传感器灵敏度改善线性度，实际工作时是将两个次级线圈反串接，故两个次级线圈电压极性相反，于是，传感器的输出是两个次级线圈电压之差，其电压差值与位移量呈线性关系。

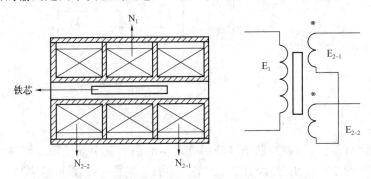

图 12-36　差动变压器的结构与电气原理示意图

差动变压器式位移传感器的优点是可以在水中、油中、辐射、高低温等较恶劣的环境下工作；因为铁芯与线圈之间非接触，理论上没有重复性误差和回零误差，无故障工作时

188

间比其他类型传感器平均高 1~2 个数量级，而且理论分辨率取决于数采系统的 AD 精度，因此，特别适用于动载作动器的内置式位移测量、结构疲劳试验等需要长时间保持零点稳定的应用场合。其缺点是结构复杂，价格较高。

4. 磁致伸缩式位移传感器

磁致伸缩式位移传感器由不锈钢管（测杆）、磁致伸缩线（敏感元件——波导丝）、可移动磁环（内有永久磁铁）和电子舱等部分组成，其外形如图 12-37，其结构如图 12-38。

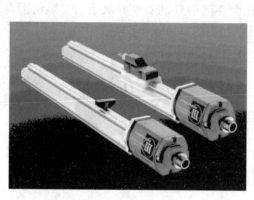

图 12-37　磁致伸缩式位移传感器外形

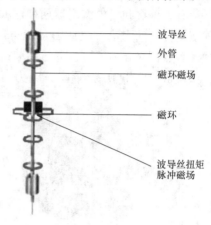

图 12-38　磁致伸缩传感器结构示意图

磁致伸缩式位移传感器的工作原理如下：测量时传感器电子舱的电子部件产生一电流脉冲，此电流同时产生一磁场沿波导丝向下运动；在传感器测杆外配有一个磁环，磁环和测杆分别固定在需要测量相对位移的两个部件上，由于磁环内有一组永久磁铁，因此产生一个磁场。当电流产生的磁场与磁环的磁场相加形成螺旋磁场时，产生瞬时扭力，使波导丝扭动并产生张力脉冲，这个脉冲以固定的速度沿波导丝传回，在线圈两端产生感应电流脉冲称为返回脉冲，通过测量起始脉冲与返回脉冲之间的时间差实现磁环位置的精确测量。参见图 12-39。

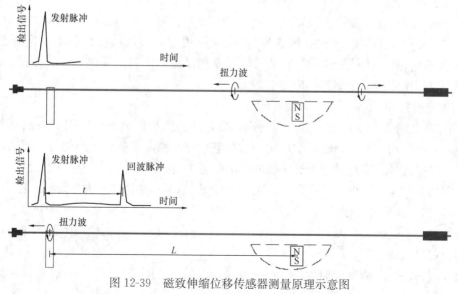

图 12-39　磁致伸缩位移传感器测量原理示意图

189

磁致伸缩位移传感器的优点是测量精度高，相对运动部件之间无摩擦，使用寿命长，缺点是零点位置会因为脉冲计数的原因产生微小的累积误差（相对于 LVDT 型高精度传感器而言，但比一般滑线变阻型位移传感器要高得多），因此，一般不适用于高性能作动器的使用场合，但在拟静力加载作动器等对绝对零位要求不是特别高的领域内得到了广泛的应用。缺点是价格较高。

5. 光电转换式位移计

一般有光栅尺和光电编码器两种形式，分辨率高，抗干扰能力强，价格低廉。通过计数方式测量位移的测量方式使得量程可以做到需要的任意长度。缺点是安装精度要求较高，缺乏零点记忆能力（可以通过加装电子线路的方式解决），抗震能力差，主要应用在机床、试验机等应用领域。图 12-40 为两种典型的光电编码器。

图 12-40　典型的光电编码器外观

6. 应变式位移计

应变式位移计的基本原理是建立在电阻应变电桥的原理基础上，传感器的设计是选用弹性十分好的弹性元件作为感受机构，把直接感受的被测位移（角位移）量，经过特殊的粘贴应变计工艺，接线组桥后接到数采系统进行放大显示和记录分析，作为传感器还需要保护外壳和特殊的安装支架供传感器和安装固定用，下面以国产 YHD 型位移计进行介绍。

该传感器由机械传动结构，表面指示装置，电气线路等部分组成，它的主要特点是输出灵敏度高、线性好、量程范围宽（1.0～2000mm）、温漂小、抗湿性能强、体积小、自重轻（如最新研发的拉线式位移传感器），安装使用方便，从而使位移测试实现自动化（有线或无线传输），为减轻位移测试的劳动强度和提高测试精度提供了极大方便。图 12-41 为 YHD 型位移传感器结构和应变电桥图。

7. 激光位移计

自 60 年代激光产生以后，其高方向性和高亮度的优越性就一直吸引着人们不断探索它在各方面的应用，其中，工业生产中的非接触、在线测量是非常重要的应用领域，它可以完成许多用接触式测量手段无法完成的检测任务。普通的光学测量在大地测绘、建筑工程方面有悠久的应用历史，其中距离测量的方法就是利用基本的三角几何学。在 80 年代末 90 年代初，人们开始激光与三角测量的原理相结合，形成了激光三角测距器。它的优点是精度高，不受被测物的材料、质地、形状、反射率限制。从白色到黑色，从金属到陶瓷、塑料都可以测量。

激光三角法位移测量的原理是，用一束激光以某一角度聚焦在被测物体表面，然后从

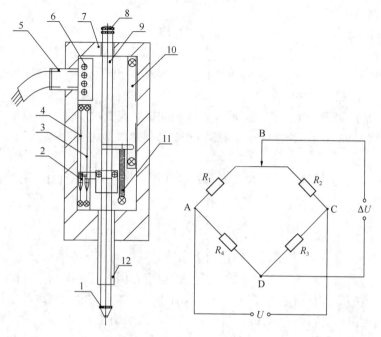

图 12-41　YHD 型位移传感器结构与应变电桥原理图

1—量头；2—双触头；3—敏感电阻丝（高阻）；4—公用导线；5—引出引线；

6—桥路电阻；7—外壳；8—量片；9—活动轴焊；10—导向槽；11—弹簧（恒力）；

12—安装轴颈

另一角度对物体表面上的激光光斑进行成像，物体表面激光照射点的位置高度不同，所接受散射或反射光线的角度也不同，用 CCD 光电探测器测出光斑像的位置，就可以计算出主光线的角度，从而计算出物体表面激光照射点的位置高度。当物体沿激光线方向发生移动时，测量结果就将发生改变，从而实现用激光测量物体的位移，激光位移计的原理如图 12-42 所示。过去，由于成本和体积等问题的限制，其应用未能普及。随着近年来电子技术的飞速发展，特别是半导体激光器和 CCD 等图像探测用电子芯片的发展，激光三角侧距器在性能改进的同时，体积不断缩小，成本不断降低，正逐步从研究走向实际应用。

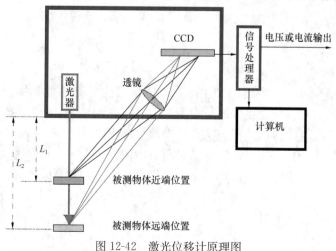

图 12-42　激光位移计原理图

12.2.3 荷载量测设备

结构静载试验需要测定的力，主要是荷载与支座反力，其次有预应力施力过程中钢丝或钢绳的张力，还有风压、油压和土压力等。根据荷载性质的不同，力传感器有三种型式，即拉伸型、压缩型和通用型。各种力传感器的外形相同，其构造如图所示。它是一个厚壁筒，壁筒的横截面取决于材料允许的最高应力。在壁筒上贴有电阻应变片以便将机械变形转换为电量。为避免在储存、运输和实验期间损坏应变片，设有外罩加以保护。为了便于设备或试件联接，使用时可在筒壁两端加工有螺纹。力传感器的负荷能力最高可达 1000kN。

若按图 12-43，在筒壁的轴向和横向布片，并按全桥接入应变仪电桥，根据桥路输出特性可求得：

$$\Delta U_{BD} = \frac{E}{4} K \varepsilon \cdot 2(1+\nu) \tag{12-10}$$

式中：$2(1+\nu) = A$，A 为电桥桥臂输出放大系数，以提高其量测灵敏度。

力传感器的灵敏度可表示为每单位荷重下的应变，因此灵敏度与设计的最大应力成正比，与力传感器的最大负荷能力成反比。因而对于一个给定的设计荷载和设计应力，传感器的最佳灵敏度由桥臂系数 A 的最大值和 E 的最小值来确定。

力传感器的构造极为简单，可根据实际需要自行设计和制作。但应注意，必须选用力学性能稳定的材料作筒壁、选择稳定性好的应变片及粘合剂。传感器投入使用后，应当定期标定以检查其荷载—应变的线性性能和标定常数。典型的力传感器外形如图 12-44。

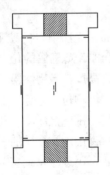

图 12-43　力传感器构造图　　　　图 12-44　力传感器外形图

12.2.4 裂缝测宽设备

1. 裂缝测宽的原理

钢筋混凝土结构试验中裂缝的产生和发展，是结构反应的重要特征，对确定开裂荷载，研究破坏过程和对预应力结构的抗裂及变形性能研究等都十分重要。

目前最常用于发现裂缝的简便方法是借助放大镜用肉眼观察，在试验前用纯石灰水溶液均匀地刷在结构表面并等待干燥，然后画出方格网，以构成基本参考坐标系，便于分析和描绘墙体在高应变场中的裂缝发展和走向，用白灰涂层，具有效果好，价格低廉和使用技术要求不高等优点。待试件受外载后，用印有不同裂缝宽度的裂缝宽度检验卡上的线条与裂缝对比来估计裂缝的宽度。

对于要求较高的抗裂试验，还可以采用如下新技术测试。

1) 脆漆涂层。脆漆涂层是一种喷漆，在一定拉应变下即开裂，涂层的开裂方向正交于主应变方向，从而可以确定试件的主应力方向。脆漆涂层有很多优点，可用于任何类型结构的表面，而不受结构的材料、形状及加荷方向的限制，但脆漆层的开裂强度与拉应变密切相关，只有当试件开裂应变低于涂层最小自然开裂应变时脆漆层才能用来检测混凝土的裂缝。

2) 声发射技术。这种方法是将声发射传感器埋入试件内部或放置于混凝土试件表面，利用试件材料开裂时发出的声音来检测裂缝的出现。这种方法在断裂力学试验和机械工程中得到广泛应用。

3) 光弹贴片。光弹贴片是在试件表面牢固地粘贴一层光弹薄片，当试件受力后，光弹片同试件共同变形，并在光弹片中产生相应的应力。若以偏振光照射，由于试件表面事先已经加工磨光，具有良好的反光性（加银粉增其反光能力），因而当光穿过透明的光弹薄片后，经过试件表面反射，又第二次通过薄片而射出，若将此射出的光经过分析镜，最后可在屏幕上得到应力条纹，根据应力条纹的变化可得到裂缝的相关参数。

4) 读数显微镜观测法。读数显微镜是由物镜、目镜、刻度分划板组成的光学系统和由读数鼓轮、微调螺丝组成的机械系统组成，如图 12-45 所示。试件表面的裂缝，经物镜在刻度分划板上成像，然后经过目镜进入肉眼。

2. 读数显微镜的使用方法

下面以 JC4-10 型读数显微镜为例介绍读数显微镜的使用方法。

1) 先把读数显微镜进行调零（注意要轻轻旋转旋钮，因为读数显微镜是高精度仪器且成本高，用力过大会导致精度降低）；

2) 然后将打上压痕的元件置于水平工作台面上；

3) 把读数显微镜置于元件上（当显微镜与工件置于一起时，手不要抖动，因为显微镜与工件的结合不是很紧固，稍不注意会造成读数误差），把透光孔对向光亮处；

图 12-45　读数显微镜外形

4) 通过旋转螺母，使标线沿 X 轴左右移动；

5) 标线与压痕的两侧分别相切，此时标线走过的距离即为压痕直径；

6) 把工件旋转 90°，再测量一次（但由于压痕通常为不规则形状，故要把工件旋转 90°，再测量一次取平均值），取两次结果的平均值，即得到孔的最终直径；

7) 记下读数后，把显微镜归零后收放到指定位置。

3. 裂缝观测仪的构造和使用方法

下面以 SW-LW-101 型表面裂缝宽度观测仪为例介绍裂缝观测仪的构造和使用方法。SW-LW-101 型表面裂缝观测仪由带刻度线的 LCD 显示屏、显微测量头、VPS 连接电缆和校验刻度板组成，如图 12-46 所示。显示屏与测量头之间通过连接电缆相连，构成 25 倍的放大显示系统。该仪器测量范围为 0.02～2.0mm，估算精度为 0.02mm，具体外形如图 12-47 所示。其使用方法和注意事项如下：

1) 使用前先用测量仪测量校验板上的刻度线，校验放大数是否正常，校验时将测量头的两尖脚对准校验刻度板上下边缘的两条基准线，在屏幕上即可看到标准刻度线，调整测量头的位置，使放大后标准刻度的图像与屏幕上刻度线重合，若误差不超过 0.02mm，则说明仪器放大倍数属正常范围，可以正常使用。

2）使用时将测量的两尖脚紧靠被测裂缝，即可在 LCD 显示屏上看到被放大的裂缝，微调测量头的位置使裂缝尽量与刻度基线垂直，根据裂缝所占刻度线的多少判读出裂缝的宽度，测量时观测方向尽可能与显示屏垂直。

3）连接显示屏与测量头时，应将电缆插头上的箭头标志朝上插入插头，若插入不畅，可左右旋转插头，切勿用力过猛，以免损坏插针。

4）仪器出厂前都经过严格校验，一般不需自行调节显微镜头。当放大后的 1mm 图像与屏幕 1mm 刻度的误差超过 0.02mm 时，应将仪器送厂家校验。

5）测量镜头部分只能用橡皮吹或软毛刷进行清洁，长期不用请务必取出电池。

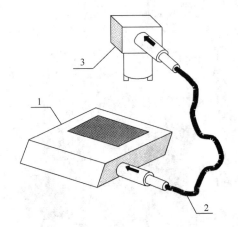

图 12-46　裂缝观测仪构造

1—LCD 显示屏；2—VPS 连接电缆；3—显微测量头

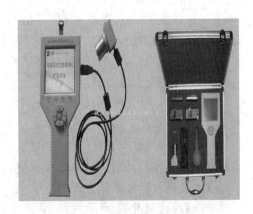

图 12-47　裂缝观测仪外形

12.2.5　测振传感器

测振传感器是将机械振动信号变换成电参量的一种敏感元件，其种类繁多，按测量参数可分为位移式、速度式和加速度式。在惯性式振动传感器中，质量弹簧系统（以下称振子）将振动体振动量（位移、速度或加速度）转换成了质量块相对于仪器外壳的位移，除此之外，还应不失真地将它们转换为电量，以便传输并用量电器进行量测。转换的方法有多种形式，如利用磁电感应原理、压电晶体材料的压电效应原理、机电耦合伺服原理以及电容、电阻应变、光电原理等。其中磁电式速度传感器能线性地感应振动速度，适用于实际结构的振动量测。压电晶体式加速度传感器，体积较小，重量轻，自振频率高，频率范围宽，在工程中得到了广泛的应用。

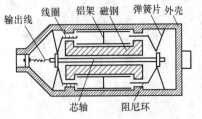

图 12-48　磁电式速度传感器

1. 磁电式速度传感器

磁电式速度传感器的振子部分是一个位移计，即被测振动体振动频率应远远高于振子的固有频率，此时振子与仪器壳体的相对动位移振幅和振动体的动位移振幅近似相等而相位相反。

图 12-48 为一种典型的磁电式速度传感器，磁钢

194

和壳体固定安装在所测振动体上，并与振动体一起振动，芯轴与线圈组成传感器的可动系统由簧片与壳体连接，可动系统就是传感器的惯性质量块，测振时惯性质量块和仪器壳体相对移动，因而线圈和磁钢也相对移动从而产生感应电动势，根据电磁感应定律，感应电动势 E 的大小为

$$E = BLnv \tag{12-11}$$

式中　B——线圈在磁钢间隙的磁感应强度；

　　　L——每匝线圈的平均长度；

　　　n——线圈匝数；

　　　v——线圈相对于磁钢的运动速度，即所测振动物体的振动速度。

从上式可以看出对于确定的仪器系统，B、L、n 均为常量，所以感应电动势 E 也就是测振传感器的输出电压是与所测振动的速度成正比的，因此，它的实际作用是一个测量速度的换能器。

如前所述，磁电式速度传感器的振子部分是一个位移计，则它的输出量是把位移经过一次微分后输出的。若需要记录位移时，须通过积分网路。若接上一个微分电路时，那么输出电压就变成与加速度成正比了。应该注意，由于磁电式换能器这个微分特性，所以其输出量与速度信号成正比，即与频率的一次方成正比，因此，它的速度可测量程是变化的，低频时可测量程小，高频时可测量程大。这类仪器对加速度的可测范围与频率的二次方成正比，使用时应重视这个特性。

建筑工程中经常需要测 10Hz 以下甚至 1Hz 以下的低频振动，必须进一步降低传感器振子的固有频率，这时常采用摆式速度传感器，这种类型的传感器将质量弹簧系统设计成转动的形式，因而可以获得更低的固有频率。图 12-49 是典型的摆式测振传感器。根据所测振动是垂直方向还是水平方向，摆式测振传感器有垂直摆、倒立摆和水平摆等几种形式，摆

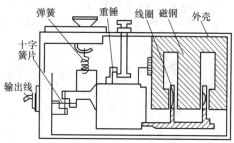

图 12-49　摆式传感器

式速度传感器也是磁电式传感器，输出电压也与振动速度成正比。

磁电式速度传感器的主要特点是，灵敏度高，有时不需放大器可以直接记录，但测量低频信号时，输出灵敏度不高；此外，性能稳定、输出阻抗低、频率响应线性范围有一定宽度也是其主要特点。通过对质量阻尼弹簧系统参数的设计，可以做出不同类型的传感器，能量测极微弱的振动，也能量测比较强的振动。磁电式速度传感器是多年来工程振动测量中最常用的测振传感器。

磁电式速度传感器的主要技术指标：

（1）传感器质量弹簧系统的固有频率 ω_n，是传感器的一个重要参数，它与传感器的频率响应有很大关系。固有频率决定于质量块 m 的质量大小和弹簧刚度 k。其计算公式为

$$\omega_n = \sqrt{\frac{k}{m}} \tag{12-12}$$

（2）灵敏度 K，即传感器感受振动的方向感受到一个单位振动速度时，传感器的输出电压。

$$K = E/v \qquad\qquad (12-13)$$

式中　K 的常用单位是 $mV/cm \cdot s^{-1}$。

（3）频率响应，在理想的情况下，当所测振动的频率变化时，传感器的灵敏度应该不改变，但无论是传感器的机械系统还是机电转换系统都有一个频率响应问题，所以灵敏度 K 随所测频率不同有所变化，这个变化的规律就是传感器的频率响应。对于阻尼值固定的传感器，频率响应曲线只有一条，有些传感器可以由试验者选择和调整阻尼，阻尼不同传感器的频率响应曲线也不同。

（4）阻尼系数指的是磁电式速度传感器质量弹簧系统的阻尼比，阻尼比的大小对频率响应有很大影响，通常磁电式速度传感器的阻尼比设计为 $0.5 \sim 0.7$，此时，振子的幅频特性曲线有较宽的平直段。

传感器输出的电压信号有时比较微弱，需要经过放大才能读数或记录，一般采用电压放大器。电压放大器的输入阻抗要远大于传感器的输出阻抗，这样就可以使信号尽可能多地输入到放大器输入端。放大器应有足够的电压放大倍数，同时信噪比要高。

为了同时能够适应于微弱的振动测量和较大的振动测量，放大器应设多级衰减器供不同的测试场合选择。放大器的频率响应能满足测试的要求，亦即有好的低频响应和高频响应。完全满足上述要求有时是困难的，因此在选择或设计放大器时要通盘考虑各项指标。一般将微积分网络和电压放大器设计在同一个仪器里。

2. 压电式加速度传感器

某些晶体，如石英、压电陶瓷、酒石酸钾钠、钛酸钡等材料，当沿着其电轴方向施加外力使其产生压缩或拉伸变形时，内部会产生极化现象，同时在其相应的两个表面上产生大小相等符号相反的电荷；当外力去掉后，又重新回到不带电状态；当作用力方向改变时，电荷的极性也随之改变；晶体受力变形所产生的电荷量与外力的大小成正比。这种现象叫压电效应。反之，如对晶体电轴方向施加交变电场，晶体将在相应方向上产生机械变形；当外加电场撤去后，机械变形也随之消失。这种现象称为逆压电效应，或电致伸缩效应。

利用压电晶体的压电效应，可以制成压电式加速度传感器和压电式力传感器。利用逆压电效应，可制造微小振动量的高频激振器，如发射超声波的换能器。

压电晶体受到外力产生的电荷 Q 由下式表示

$$Q = G\sigma A \qquad\qquad (12-14)$$

式中　G——晶体的压电常数；

　　　σ——晶体的压强；

　　　A——晶体的工作面积。

在压电材料中，石英晶体是较好的一种，它具有高稳定性、高机械强度和工作温度范围宽的特点，但灵敏度较低。在计量方面使用最多的是压电陶瓷材料，如钛酸钡、锆钛酸铅等。采用特殊的陶瓷配制工艺可以得到较高的压电灵敏度和很宽的工作温度，而且易于制成各种形状。

当外力施加在压电材料极化方向使其发生轴向变形时，与极化方向垂直的表面产生与外力成正比的电荷，产生输出端的电位差。这种方式称为正压电效应或压缩效应（图 12-50a）。当外力施加在压电材料的极化方向使其发生剪切变形时，与极化方向平行的表面产生与外力成正比的电荷，产生输出端的电位差。这种方式为剪切压电效应（图 12-50b）。

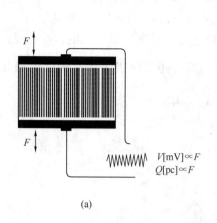

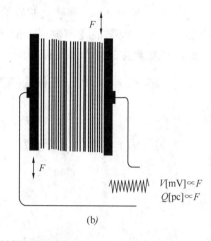

$V[\mathrm{mV}] \propto F$
$Q[\mathrm{pc}] \propto F$

(a)

$V[\mathrm{mV}] \propto F$
$Q[\mathrm{pc}] \propto F$

(b)

图 12-50　压电材料的压电效应

（a）正压电效应；（b）剪切压电效应

上述两种形式的压电效应均已经应用于传感器的设计中，对应的传感器称为压缩型传感器和剪切型传感器（图 12-51）。

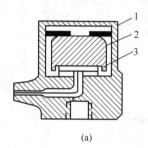

(a)

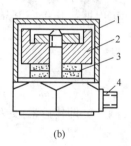

(b)

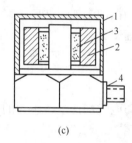

(c)

图 12-51　不同形式压电式加速度传感器

（a）基座压缩型；（b）单端中心压缩型；（c）环型剪切型

1—外壳；2—质量块；3—压电晶体；4—输出接头

压缩型传感器一般采用中心压缩型，此种传感器构造简单，性能稳定，有较高的灵敏度/质量比，但此种传感器将压电元件—弹簧—质量系统通过圆柱安装在传感器底座上，若因环境因素或安装表面不平整等因素引起底座的变形都将引起传感器的电荷输出。因此这种形式的传感器主要用于高冲击情况和特殊用途的加速度测量。

剪切型传感器的底座变形不会使压电元件产生剪切变形，因而在与极化方向平行的极板上不会产生电荷。它对温度突变、底座变形等环境因素均不敏感，性能稳定，灵敏度/质量比高，可用来设计非常小型的传感器，是目前压电加速度传感器的主流型式。

压电式加速度传感器的工作原理如图 12-52 所示，压电晶体片上是质量块 m，用硬弹簧将它们夹紧在基座上。质量弹簧系统的弹簧刚度由硬弹簧刚度 K_1 和晶

图 12-52　压电加速度传感器原理

1—外壳；2—弹簧；3—质量块；4—压电晶体；5—基座；6—绝缘垫；7—输出端

体刚度 K_2 组成，$K=K_1+K_2$。质量块的质量 m 较小，阻尼系数也较小，而刚度 K 很大，因而传感器振子的固有频率很高，根据需要可达若干 kHz，高的甚至可达 $100\sim200$kHz。

如前分析，当被测振动体频率 $\omega\ll\omega_n$ 时，质量块相对于仪器外壳的位移就反映所测振动体的加速度值，即 $x_m=-\dfrac{1}{\omega_n^2}\ddot{x}$。晶体的刚度为 K_2，因而作用在晶体上的动压力

$$\sigma A = K_2 x_m \approx -\frac{K_2}{\omega_n^2}\ddot{x} \tag{12-15}$$

由式（12-14）可得晶体上产生的电荷量为

$$Q = -\frac{GK_2}{\omega_n^2}\ddot{x} \tag{12-16}$$

相应的电压为

$$U = \frac{Q}{C} = -\frac{GK_2}{C\omega_n^2}\ddot{x} \tag{12-17}$$

式中：C 为测试系统电容，包括传感器本身的电容 C_a、电缆电容 C_c 和前置放大器输入电容 C_i，即

$$C = C_a + C_c + C_i \tag{12-18}$$

由式（12-16）和式（12-17）可以看到，压电晶体两表面所产生的电荷量（或电压）与所测振动之加速度成正比，因此可以通过测量压电晶体的电荷量（或电压）来测振动体的加速度。

式（12-16）中，定义

$$S_q = \frac{GK_2}{\omega_n^2} \tag{12-19}$$

称为压电式加速度传感器的电荷灵敏度，即传感器感受单位加速度时所产生的电荷量，单位常用 pC/g 或 $pC/m/s^2$。

式（12-17）中，定义

$$S_u = \frac{GK_2}{C\omega_n^2} \tag{12-20}$$

称为压电式加速度传感器的电压灵敏度，即传感器感受单位加速度时产生的电压量，单位常用 mV/g 或 $mV/m/s^2$。

压电式加速传感器具有动态范围大（最大可达 $10^5 g$）、频率范围宽、重量轻、体积小等优点，被广泛用于振动测量的各个领域，尤其在宽带随机振动和瞬态冲击等场合，几乎是唯一合适的测振传感器。其缺点输出阻抗太高，噪声较大，特别是用它两次积分后测位移时，噪声和干扰很大。

其主要技术指标如下：

（1）灵敏度

传感器灵敏度的大小主要取决于压电晶体材料特性和质量块质量大小。传感器几何尺寸愈大，即质量块愈大则灵敏度愈高，但 ω_n 较低而使用频率范围愈窄。反之，传感器体积减小则灵敏度也减小，而使用频率范围则加宽，选择压电式加速度传感器，要根据测试对象和振动信号特征综合考虑。

（2）安装谐振频率

传感器说明书标明的安装谐振频率 $f_{安}$ 是指将传感器用螺栓牢固安装在一个有限质量

m（目前国际公认的标准是体积为 $1m^3$，质量为 $180g$）的物体上的谐振频率。传感器的安装谐振频率对传感器的频率响应有很大影响。实际测量时安装谐振频率还要受具体安装方法的影响，例如螺栓种类、表面粗糙度等。实际工程结构测试时，传感器安装条件如果达不到标准安装条件，其安装谐振频率会降低。

（3）频率响应

压电式加速度传感器的幅频特性曲线，如图 12-53 所示。曲线横坐标为对数尺度的振动频率，纵坐标为 dB（分贝）表示的灵敏度衰减特性。可以看到在低频段是平坦直线，随着频率增高，灵敏度误差增大，当振动频率接近安装谐振频率时灵敏度会很大。压电式加速度传感器没有专门设置阻尼装置，阻尼比很小，一般在 0.01 以下，只有 $\omega < \omega_n/5$（或 $\omega_n/10$）时灵敏度误差才比较小，测量频率的上限 $f_上$ 取决于安装谐振频率 $f_安$，当 $f_上 = 1/5 f_安$ 时，其灵敏度误差为 4.2%，当 $f_上 = 1/3 f_安$ 时，其误差超过 12%。根据测试精度要求，一般取传感器工作频率的上限为其安装谐振频率的 1/5 至 1/10。由于压电式加速度传感器有很高的安装谐振频率，所以压电传感器的工作频率上限较之其他类型的测振传感器高，也就是工作频率范围宽。至于工作频率的下限，就传感器本身可以达到很低，但实际测量时决定于电缆和前置放大器的性能。

图 12-54 是压电式加速度传感器的相频特性曲线，由于压电式加速度传感器工作在 $\omega/\omega_n \ll 1$ 范围内，而且阻尼比 D 很小，一般在 0.01 以下，从图可以看出这一段相位滞后几乎等于常数 π，不随频率改变。这一性质在测量复合振动和随机振动时具有重要意义，被测振动信号不会产生相位畸变。

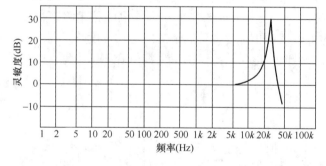

图 12-53　压电式加速度传感器
的幅频特性曲线

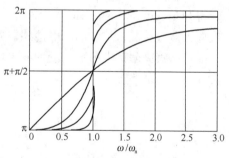

图 12-54　压电式加速度传感器
的相频特性曲线

（4）横向灵敏度比

传感器承受垂直于主轴方向振动时的灵敏度与沿主轴方向灵敏度之比称为横向灵敏度比，理想情况应该是当与主轴垂直方向振动时不应有信号输出，即横向灵敏度比为零。但由于压电材料的不均匀性，零信号指标难以实现。横向灵敏度比应尽可能小，质量好的传感器应小于 5%。

（5）幅值范围（动态范围）

传感器灵敏度保持在一定误差大小（5%～10%）时的输入加速度幅值量级范围称为幅值范围，也就是传感器保持线性的最大可测范围。

压电式加速度传感器的输出信号必须用放大器放大后才能进行测量，常用的放大器有电压放大器和电荷放大器两种。

电压放大器具有结构简单，价格低廉，可靠性好等优点。但输入阻抗比较低，在作为压电式加速度传感器的二次仪表时，导线电容变化将非常敏感地影响仪器系统的灵敏度。因此必须在压电式加速度传感器和电压放大器之间加一阻抗变换器，同时传感器和阻抗变换器之间的导线要有所限制，标定时和实际量测时要用同一根导线。当压电加速度传感器使用电压放大器时可测振动频率的下限较电荷放大器为高。

电荷放大器是压电式加速度传感器的专用前置放大器，由于压电加速度传感器的输出阻抗非常高，其输出电荷信号很小，因此必须采用输入阻抗极高的一种放大器与之相匹配，否则传感器产生的电荷就要经过放大器的输入电阻释放掉，采用电荷放大器能将高内阻的电荷源转换为低内阻的电压源，而且输出电压正比于输入电荷。因此，电荷放大器同样起着阻抗变换作用。电荷放大器的优点是对传输电缆电容不敏感，传输距离可达数百米，低频响应好。

此外，电荷放大器一般还具有低通、高通滤波和适调放大的功能。低通滤波可以抑制测量频率范围外的高频噪声，高通滤波可以消除测量线路中的低频漂移信号。适调放大的作用是实现测量电路灵敏度的归一化，以便对于不同灵敏度的传感器保证输入单位加速度时输出同样的电压值。

3. ICP 压电式加速度传感器

传统的压电式加速度传感器存在的主要问题是：加速度传感器本身的质量造成被测结构的附加质量，传感器灵敏度与其质量相关，不能直接由电压放大器放大其输入信号等。自 20 世纪 80 年代以来，振动测试中，广泛采用集成电路压电传感器，又称为 ICP（Integratel Circuit Piezoelectric）传感器（图 12-55），这种传感器采用集成电路技术将阻抗变换放大器直接装入封装的压电传感器内部，因此也称为内装放大式压电加速度传感器，使压电传感器高阻抗电荷输出变为放大后的低阻抗电压输出，内置引线电容几乎为零，解决

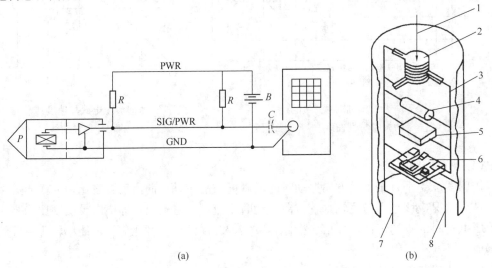

图 12-55　集成电路（ICP）压电传感器

(a) ICP 系统图；(b) ICP 内部结构图

R—电阻；PWR—供电电源线；B—电池；SLG/PWR—信号线/供电电源线；C—电容；GND—接地；P—锤头
1—作用力；2—晶体元件；3—正极；4—输入电阻；5—电容；6—集成电路放大器；7—接地；8—信号/电源线

了使用普通电压放大器时的引线电容问题，造价降低，使用简便，是结构振动模态试验的主流传感器。此类传感器在高应变试桩检测基桩承载力技术上也得到广泛应用。

4. 压阻式加速度传感器

半导体单晶硅材料在受到外力作用时，产生肉眼察觉不到的微小应变，其原子结构内部的电子能级状态发生变化，导致其电阻率发生剧烈变化，从而其电阻值也出现变化，这种现象称为压阻效应。20 世纪 50 年代发现并开始研究这一效应的应用价值。

半导体单晶硅材料具有电阻值在受到压力作用明显变化的特性，因而可以通过测量材料电阻的变化来确定材料所受到的力。利用压阻效应制作的加速度传感器称为压阻式加速度传感器。这种传感器具有灵敏度高、频响宽、体积小、重量轻等特点。压阻式加速度传感器与压电式加速度传感器相比，主要有两点不同，压阻式加速度传感器可以测量频率趋于零的准静态信号，它可采用专用放大器，也可采用动态电阻应变仪作为放大器。

利用压阻效应原理，采用三维集成电路工艺技术并对单晶硅片进行特殊加工，制成应变电阻构成惠斯登检测电桥，集应力敏感与机电转换检测于一体，传感器感受的加速度信号可直接传送至记录设备。结合计算机软件技术，构成复合多功能智能传感器。

12.3 数据采集系统

数据采集系统通常由传感器、数据采集仪和计算机（控制与分析器）三个部分组成。

传感器包括前几节所述的应变、位移、荷载传感器等，其作用是感受各种物理量，并把这些物理量转变为电信号。数据采集仪的作用是对所有的传感器通道进行扫描，把扫描得到的电信号进行数字转换，转换成数字量，再根据传感器特性对数据进行传感器系统换算（如把电压数换算成应变等），然后将这些数据传送给计算机，或者将这些数据打印输出、存入磁盘。计算机的作用是控制整个数据采集过程。试验结束后，对数据进行处理。

数据采集系统及流程如图 12-56 所示。

数据采集系统可以对大量数据进行快速采集、处理、分析、判断、报警、直读、绘图、储存、试验控制和人机对话等。采样速度可高达每秒几万个数据或更多。目前国内数据采集系统的种类很多，按其系统组成的基

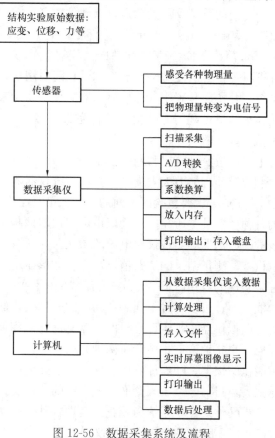

图 12-56 数据采集系统及流程

本结构模式大致可分为如下几种：

1）大型专用系统。能将采集、分析和处理功能融为一体，是一种专门化、多功能分析系统。

2）分散式系统。由智能化前端机、主控计算机或微机系统、数据通信及接口等组成。其特点是前端可靠近测点，消除了长导线引起的误差，并且稳定性好、传输距离长、通道多，实用性强。

3）小型专用系统。这种系统以单片机为核心，小型、便携、用途单一、操作方便、价格低，适用于现场试验时的测量。

4）组合式系统。是一种以数据采集仪和微型计算机为中心，按试验要求进行配置组合成的系统，它适用性广、价格便宜，是一种比较容易普及的形式。

数据采集系统进行数据采集的过程是由数据采集程序控制的。各种数据采集系统所用的数据采集程序有：

1）生产厂商为该采集系统编制的专用程序，常用于大型专用系统。

2）固化的采集程序，常用于小型专用系统。

3）利用生产厂商提供的软件工具，用户自行编制的采集程序。

12.4 虚拟仪器

目前的测试仪器大都是以软硬件独立存在，但虚拟仪器的出现打破了这一现象。虚拟仪器（Virtual Instruments，简称 VI），是美国国家仪器公司（National Instruments Corpration 简称 NI）基于"软件即是仪器"的核心思想于 1986 年提出的全新概念。即在以计算机为核心的硬件平台上，测试功能由用户自定义、由测试软件实现的一种计算机仪器系统。其实质是利用计算机显示器的显示功能来模拟传统仪器的控制面板，以多种形式表达输出结果；利用 I/O 接口设备完成信号的采集与控制；利用计算机强大的软件功能实现信号数据的运算、分析和处理，从而完成各种测试功能的一个计算机测试系统。它是融合电子测量、计算机和网络技术的新型测量技术，在降低仪器成本的同时，使仪器的灵活性和数据处理能力大大提高，是对传统仪器概念的重大突破。

"虚拟"主要包含两方面的含义：第一、虚拟仪器的面板是虚拟的：传统仪器面板上的各种"器件"所完成的功能由虚拟仪器面板上的各种"控件"来实现，如由各种开关、按键、显示器等实现仪器电源的"通"、"断"；被测信号"输入通道"、"放大倍数"等参数设置；测量结果的"数值显示"、"波形显示"等。第二、虚拟仪器测量功能是由软件编程来实现的：在以 PC 机为核心组成的硬件平台支持下，通过软件编程来实现仪器的测试功能，而且可以通过不同测试功能的软件模块的组合来实现多种测试功能。

虚拟仪器是基于计算机的仪器。计算机和仪器的密切结合是目前仪器发展的一个重要方向。粗略地说这种结合有两种方式，一种是将计算机装入仪器，其典型的例子就是所谓智能化的仪器。随着计算机功能的日益强大以及其体积的日趋缩小，这类仪器功能也越来越强大，目前已经出现含嵌入式系统的仪器。另一种方式是将仪器装入计算机。以通用的计算机硬件及操作系统为依托，实现各种仪器功能。虚拟仪器主要是指这种方式。下面的框图 12-57 反映了常见的虚拟仪器方案。

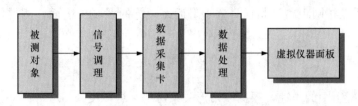

图 12-57　常用的虚拟仪器方案

虚拟仪器的主要特点有：尽可能采用了通用的硬件，各种仪器的差异主要是软件。可充分发挥计算机的能力，有强大的数据处理功能，可以创造出功能更强的仪器。用户可以根据自己的需要定义和制造各种仪器。

虚拟仪器实际上是一个按照仪器需求组织的数据采集系统。虚拟仪器的研究中涉及的基础理论主要有计算机数据采集和数字信号处理。目前在这一领域内，使用较为广泛的计算机语言是美国 NI 公司的 LabVIEW。

虚拟仪器的起源可以追溯到 20 世纪 70 年代，那时计算机测控系统在国防、航天等领域已经有了相当的发展。PC 机出现以后，仪器级的计算机化成为可能，甚至在 Microsoft 公司的 Windows 诞生之前，NI 公司已经在 Macintosh 计算机上推出了 LabVIEW2.0 以前的版本。对虚拟仪器和 LabVIEW 长期、系统、有效的研究开发使得该公司成为业界公认的权威。

普通的 PC 有一些不可避免的弱点。用它构建的虚拟仪器或计算机测试系统性能不可能太高。目前作为计算机化仪器的一个重要发展方向是制定了 VXI 标准，这是一种插卡式的仪器。每一种仪器是一个插卡，为了保证仪器的性能，又采用了较多的硬件，但这些卡式仪器本身都没有面板，其面板仍然用虚拟的方式在计算机屏幕上出现。这些卡插入标准的 VXI 机箱，再与计算机相连，就组成了一个测试系统。

12.5　结构检测仪器

12.5.1　混凝土裂缝深度检测仪

混凝土结构的裂缝深度测试通常用超声法，超声波用于混凝土的测试，国外始于 20 世纪 40 年代，随后发展迅速，今已经在工程中广泛应用。使用的非金属超声波探测仪的组成部分，主要包括超声波的发生、传递、接收、放大、时间测量和显示等装置。

由于混凝土为弹黏塑性材料，内部构造复杂，超声波在其中传播衰减较大，为了能检测较大的距离，探测仪采用较低的频率和较大的功率。工作频率在 1MHz 以下，10～500kHz 较适用于普通混凝土，为了减少各种干扰和失真，以50～100kHz 以内较好。

检测裂缝的原理主要是声波在传播过程中遇到裂缝时，不同介质产生反射、折射、绕射、衰减以及介质应力与声速所具有的相关性。

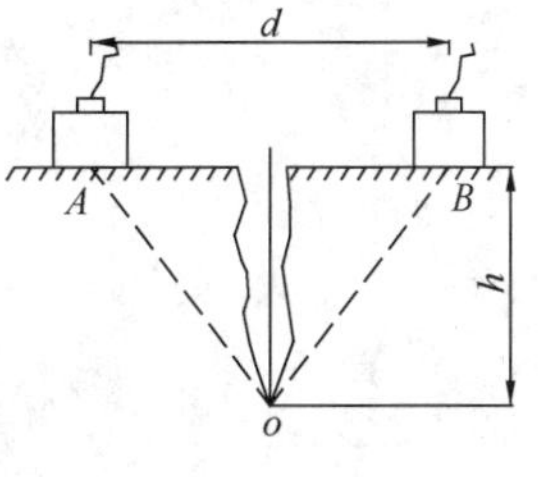

对于垂直裂缝的检测，如图 12-58 所示，发、收探头放置在对称于裂缝的混凝土表面上，彼此相距为 d，测得裂缝尖端

图 12-58　垂直裂缝量测

的声时 t_1；然后以相同距离 d 将探头置于附近无裂缝的混凝土表面，测得传播的声时 t_2，可知：

$$t_2 \cdot v = d \tag{12-21}$$

$$t_1 \cdot v = AO + BO \tag{12-22}$$

式中　v——混凝土中的声速，根据三角形关系可得裂缝深度。

条件允许时也可采用如图 12-59 所示的对测法。两探头相对，从裂缝顶部开始，逐渐向尖端移动扫描，当测得声速为混凝土声速时，即为裂缝的终止。

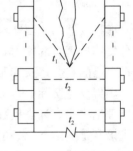

图 12-59　垂直裂缝的对测法

12.5.2　混凝土钢筋检测仪

混凝土钢筋检测仪主要用于混凝土结构中钢筋位置、钢筋分布及走向、保护层厚度、钢筋直径的探测；结构中铁磁体（如电线、管线）走向及分布进行探测。主要有以下几个方面：

1）混凝土结构施工质量验收检测；

2）对在建结构的安全性和耐久性进行评估；

3）对旧有结构进行评估、改造时对配筋量的检测；

4）对楼板或墙体内的电缆、水暖管道等分布及走向进行探测。

1. 工作原理

仪器通过传感器向被测结构内部局域范围发射电磁场，同时接收在电磁场覆盖范围内铁磁性介质（钢筋）产生的感生磁场，并转换为电信号，主机系统实时分析处理数字化的电信号，并以图形、数值、提示音等多种方式显示出来，从而准确判定钢筋位置、保护层厚度、钢筋直径。主要由以下几个方面组成：主机、信号传感器及数据传输线等（如图12-60）。

2. 操作步骤

1）连接传感器；

2）开机；

3）基本参数设置；

4）复位；

5）判定钢筋位置；

6）确定钢筋走向；

7）测量保护层厚度；

8）测量钢筋直径。

图 12-60　钢筋检测仪构造

第 13 章　结构工程试验与方法

土木结构在其服役期间要承受各种各样的作用，如：重力荷载、地震作用、风荷载等。结构的主要职能是承受荷载，因此，研究结构在荷载作用下的工作效能是结构试验与分析的主要目的。荷载可以分为静荷载和动荷载两类，严格地说，结构受到的荷载，静是相对的，而动是绝对的。在静荷载作用下，结构的反应不随时间推移而产生明显的变化，结构不产生加速度反应或加速度反应很小可以忽略；而动荷载作用下，结构的反应由于其动力特性的不同而产生明显变化，需要进行更复杂的分析。本节重点针对荷载试验在土木工程中的应用，分结构模型相似理论、静载试验、动载试验、振动台试验这四部分来介绍结构工程试验的理论和方法。

13.1　模型相似理论

13.1.1　相似理论及模型设计

确定结构物的工作性能，往往是在结构分析的同时进行结构试验。严格地讲，结构试验除了个别在原型结构上所进行的试验以外，一般的结构试验都是模型试验。进行结构模型试验，除了必须遵循试件设计的原则与要求外，结构模型还应严格按照相似理论进行设计，要求模型和原型结构的几何相似并保持一定的比例；要求模型和原型的材料相似或具有某种相似关系；要求施加于模型的荷载按原型荷载的某一比例缩小或放大；要求确定模型结构试验过程中各物理量的相似常数，并由此求得反映相似模型整个物理过程的相似条件。最终按相似条件由模型试验推算出原型结构的相应数据和试验结果。

模型设计是模型试验是否成功的关键。在模型设计中不能简单地确定模型的相似准数，而应综合考虑各种因素，如模型的类型、模型材料、试验条件以及模型的制作等，才能得到合适的相似条件，并确定各物理量的相似常数。模型设计一般按照下列程序进行：

（1）根据任务明确试验的具体目的，选择模型类型。

（2）在对研究对象进行理论分析和初步估算的基础上用方程分析法或量纲分析法确定相似条件。

（3）确定模型的几何尺寸，亦即给出长度相似常数 S_L。

（4）根据相似条件定出其他有关的各相似常数。

（5）绘制模型施工图。

结构模型几何尺寸的变动范围很大，缩尺比可从几分之一到几百分之一，需要综合考虑各种因素，如模型的类型、模型材料、模型制作条件及试验条件等才能确定出一个最优的几何尺寸。小模型所需荷载小，但制作困难，加工精度要求高，对量测仪表要求亦高；大模型所需荷载大，但制作方便，对量测仪表可无特殊要求。一般来说，弹性模型的缩尺比较小，而强度模型，尤其是钢筋混凝土结构的强度模型的缩尺比较大，因模型的截面最小厚度、钢筋间距、保护层厚度等负面都受到制作可能性的限制，不可能取得太小。目前最小的钢丝水泥砂浆板壳厚度可做到 3mm，最小的柱截面边长可做到 6mm。几种模型结构常用的缩尺比列于表 13-1 中

模型的缩尺比表 表 13-1

结构类型	弹性模型	强度模型
壳体	1/200～1/50	1/30～1/10
铁路桥	1/25	1/20～1/4
反应堆容器	1/100～1/50	1/20～1/4
板结构	1/25	1/10～1/4
坝	1/400	1/75
为研究风载用的结构	1/300～1/50	一般不用强度模型

一般情况下，相似常数的个数多于相似条件的个数，除长度相似常数 S_L 为首先确定的条件外，还可先确定几个梁的相似常数，再根据相似条件退出对其余梁的相似常数要求。由于目前模型材料的力学性能还不能任意控制，所以在确定各相似常数时，一般先根据可能条件先选定模型材料，亦即先确定 S_E 及 S_σ 再确定其他量的相似常数。

一般的静力弹性模型当以长度及弹性模量的相似常数 S_L、S_E 为设计时首先确定的条件时，所有其他量的相似常数都是 S_L 和 S_E 的函数或等于 1。表 13-2 给出了一般静载弹性模型的相似常数要求。

模型的缩尺比表 表 13-2

物理量		量纲	相似常数
材料特性	应力 σ	FL^{-2}	S_E
	弹性模量 E	FL^{-2}	S_E
	泊松比 υ	—	1
	密度 ρ	FT^2L^{-4}	S_E/S_l
	应变 ε	—	1
几何尺寸	线尺寸 l	L	S_l
	线位移 x	L	S_l
	角变位 β	—	1
	面积 A	L^2	S_l^2
	惯性矩 I	L^4	S_l^4
荷载	集中荷载 P	F	$S_E S_l^2$
	线荷载 W	FL^{-1}	$S_E S_l$
	均布荷载 q	FL^{-2}	S_E
	弯矩及扭矩 M	FL	$S_E S_l^3$
	剪力 Q	F	$S_E S_l^2$

在进行动力模型设计时，除考虑长度 L 和力 F 这两个基本物理量外，还需考虑时间 T 这一基本物理量。而且，结构的惯性力常常是作用在结构上的主要荷载，必须考虑模型

和原型结构的结构材料质量密度的相似。在材料力学性能的相似要求方面还应考虑应变速率对材性的影响。动力模型的相似条件同样可用量纲分析法得出。表 13-3 为动力模型各量的相似常数要求：其中相似常数项下的（1）栏为理想相似模型的常数要求，从中可看出，由于动力问题中要模拟惯性力、恢复力和重力三种力，所以，对模型材料的弹性模量和密度的要求很严格，为 $S_E/S_g S_\rho = S_L$。通常，$S_g = 1$，则模型材料的弹性模量应比原型的小或密度比原型的大。对于由两种材料组成的钢筋混凝土结构模型，这一条件很难满足。曾有人将振动台装在离心机上，通过增大重力加速度来调节对材料相似的要求，加附加质量也是解决材料密度相似要求的推荐，但仅适用于质量在结构空间分布的准确模拟要求不高的情况。当重力对结构的影响比地震运动等动力引起的影响小的多时，可以忽略重力影响，则在选择模型材料及相似材料时的限制就放松得多。表 13-3 中相似常数项下的（2）栏即为忽略重力后的相似常数要求。

从表中还可以看出，模型的自振频率较高，是原型的 $\sqrt{S_L}$ 倍或 $S_L(S_E/S_P)^{-1/2}$ 倍。输入荷载谱及选择振动台或激振器时，应注意这一要求。

结构动力模型的相似常数　　　　　　　　　　　表 13-3

物理量		量 纲	相似常数	
			（1）	（2）忽略重力
材料特性	应力 σ	FL^{-2}	S_E	S_E
	应变 ε	—	1	1
	弹性模量 E	FL^{-2}	S_E	S_E
	泊松比 υ	—	1	1
	密度 ρ	FT^2L^{-4}	S_E/S_l*	S_ρ
	能量 EN	FL	$S_E S_l^3$	$S_E S_l^2$
几何尺寸	线尺寸 l	L	S_L	S_L
	线位移 δ	L	S_L	S_L
荷载	集中荷载 P	F	$S_E S_L^2$	$S_E S_L^2$
	均布荷载 q	FL^{-2}	S_E	S_E
动力特性	质量 m	$FL^{-1}T^2$	$S_\rho S_L^3$	—
	刚度 K	FL^{-1}	$S_E S_L$	
	阻尼 C	$FL^{-1}T$	S_m/S_L	
	频率 ω	T^{-1}	$S_L^{-1/2}$	$S_L^{-1}(S_E/S_\rho)^{1/2}$
	加速度 a	LT^{-2}	$S_L^{-1}(S_E/S_\rho)^{1/2}$	
	重力加速度 g	LT^{-2}	1	忽略
	速度 υ	LT^{-1}	$S_L^{1/2}$	$(S_E/S_\rho)^{1/2}$
	时间、周期 t	T	$S_L^{1/2}$	$S_L(S_E/S_\rho)^{-1/2}$

＊亦可用附加质量：$(g\rho L/E)_m = (g\rho L/E)_p$。

13.1.2 模型试验应注意的问题

模型试验和一般结构试验的方法原则上相同，但模型试验也有自己的特点，具体如下：

1. 模型尺寸。在模型试验中对模型尺寸的精度要求比一般结构试验对构件尺寸的要求严格得多。所以在模型制作中控制尺寸的误差是极为重要的。由于结构模型均为缩尺比例，尺寸的误差直接影响试验的测试结果。为此，在模型制作时，一方面要对模板的尺寸把握住精度要求，另一方面还要注意选择体积稳定，不易随湿度、温度变化而有明显变化的材料作为模板。对于缩尺比例不大的结构强度模型材料以选择与原结构同类的材料为好。

2. 试件材料性能的测定。模型材料的各种力学性能、如应力-应变曲线、泊松比、极限强度等等，都必须在模型试验之前就准确地测定。通常测定塑料的性能可用抗拉及抗弯试件；测定石膏、砂浆、细石混凝土和微粒混凝土的性能可用各种小试件，形状可参照混凝土试件（如立方体、棱柱体等）。考虑到尺寸效应的影响，模型的材性小试件尺寸应和模型的最小截面和临界截面的大小基本对应。试验时要注意这些材料也有龄期的影响。对于石膏试件还应注意含水量对强度的影响；对于塑料应测定徐变的影响范围和程度。

3. 试验环境。模型试验对环境的要求比一般试验严格。一般的模型试验，为了减少温度变化对模型试验的影响，应选择温度较稳定的时间（如夜间）里进行。

4. 荷载选择。模型试验的荷载必须在试验进行之前先仔细校准。重物加载如砝码、铁块都应事先经过检验，如用杠杆和千斤顶施加集中荷载，则加载设备都要经过设计并准确制造，使用前还要进行标定。此外如试验要完全模拟实际的荷载有困难时，可改用明确的集中荷载，这样比勉强模拟实际荷载好，以使整理和推算试验结果时不会引入较大的误差。

5. 变形量测。一般模型的尺寸都很小，通常应变测量多采用电阻应变计。

模型试验的位移量测仪表的安装位置应特别准确，否则将模型试验结果换算到原形结构上会引起较大的误差。如果模型的刚度很小，则应注意量测仪表的重量和约束等的影响。

总之，模型试验比一般结构试验要求更严格，因为模型试验结果较小的误差推算到原型结构是不可忽略的较大误差。因此，模型试验工作必须考虑周全，决不能有半点马虎。

13.2　静载试验

13.2.1　概述

结构静载试验是土木工程结构试验中最基本最常见的试验。静载试验主要用于模拟结构承受静荷载作用下的工作情况，试验时，可以观测和研究结构或构件的承载力、刚度、抗裂性等基本性能和破坏机理。土木工程结构试由大量的基本构件组成的，他们主要是承受拉、压、弯、剪、扭等基本作用力的梁、板、柱等系列构件。通过静力试验可以深入了解这些构件在各种基本作用力下的结构性能和承载力问题、荷载与变形的关系以及混凝土结构的荷载与裂缝的关系，还有钢结构的局部或整体失稳等问题。

13.2.2　试验准备工作

1. 调查研究、收集资料

要进行一项静荷载试验，首先要了解试验要求、明确试验目的和任务，确定试验的性质与规模，试验的形式、数量和种类，以便正确的规划和设计试验，要达到这一目的，进行调查研究、收集资料是必不可少的。

2. 试验大纲或方案的制定

进行一项静荷载试验往往是比较复杂的，它可能牵涉到：试件设计与制作、加载设备、加载方法、观测仪器、观测方法、安全措施等等，为了保证试验能有条不紊的进行，并能成功的取得预期的试验效果，在调查研究的基础上，制定一个试验大纲或方案是十分必要的。试验大纲一般包含以下内容：概述、试件情况、试件安装与就位、试验荷载与加载方案、试验观测方案、材料力学性能试验、安全措施、试验计划、人员组织管理、附录等。

结构静载试验的程序大致可以分为三个阶段，第一阶段是试验前的准备，第二阶段是正式试验，第三阶段是数据整理与分析。试验准备阶段又可以进一步分成 7 个步骤：调查研究与收集资料、试验大纲或方案制定、试件设计与制作、材料力学性能测定、试验设备与试验场地的准备、试件准备与安装就位、加载设备和测量仪器仪表的安装；正式试验阶段则可分成 3 个步骤：试验预加载、正式试验加载与观测、卸载并观测；数据整理与分析包括：原始数据整理、计算分析和报告编写三个步骤。

3. 试件准备

试验的对象，也称试件，对生产服务性试验一般是实际工程中的结构或构件，而对科学研究性试验，也可以根据试验要求专门设计制作，因此可能是经过这样或那样的简化，当然也可以是模型，或者是结构的局部（如节点或杆件）。

试件的设计与制作应根据试验目的与有关理论，并按照试验大纲的规定进行，并应考虑试件安装、就位、加载、量测的需要，在试件上作必要的构造处理，如钢筋混凝土试件支撑点预埋钢垫板、局部截面设置加强分布筋等。还有，平面结构侧向支撑点的配件设置、倾斜加载面上设置突肩以及吊环等，都不能遗漏。

试件的制作工艺，必须严格按照相应的施工规范进行，并按要求制备材料力学性能试验的试件，并及时编号。尤其是混凝土试件，由于其水泥、砂石料差异性很大，其配比应认真设计，必要时需进行试配；另外，其养护也不能掉以轻心，力学性能试验用的试块要求与试件同条件养护。

不管是科学研究性试验还是生产服务性试验，在试验前均应对试件作详细的检查，对比设计图纸，测量各部分实际尺寸，检查构造情况、施工质量、存在的缺陷（如混凝土的蜂窝麻面、裂缝、木材的疵病、钢结构的焊缝缺陷、锈蚀等）、结构变形、安装误差等。必要时，钢筋混凝土还应检查钢筋位置、保护层厚度和钢筋锈蚀情况等。这些情况可能对试验结果产生重要影响，必须详细记录并存档。

在检查考察后，必要时对试件进行表面处理，例如除去或修补一些有碍试验观测的缺陷，钢筋混凝土表面应刷白，以便观测裂缝，并划分区格，便于荷载、测点的准确定位，并记录裂缝发生和发展过程以及描述试件的破坏形态，观测裂缝的区格根据试件的大小可取 10~30cm。

4. 材料物理力学特性测试

结构材料的力学性能指标，直接对结构性能产生影响，是结构计算分析的重要依据，也是结构试验设计、试验数据分析重要依据，会影响到结构承载能力、工作状况的判断和评估。因此，在正式试验前进行材料力学性能试验测定是非常重要的。

需要测定的力学性能项目，通常有强度、变形性能、弹性模量、泊松比、应力—应变关系等。测定方法有直接测定法和间接测定法两种。直接测定法是通过对制作结构构件时留有的小试件按相关规范标准进行测定。相关的材料试验检测技术规范主要有：

《普通混凝土力学性能试验方法标准》GB/T 50081，

《钢及钢制品力学性能试验取样位置及试样制备》GB/T 2975，

《金属材料室温拉伸试验方法》GB/T 228，

《金属材料弯曲试验方法》GB/T 232，

《砌体基本力学性能试验方法标准》GBJ 129，

《建筑砂浆基本性能试验方法》JGJ 70。

间接测定法，通常采用无损检测方法，采用专门仪器对试验结构构件进行检测，并推定其力学性能参数。

5. 试验设备与场地准备

试验计划应用的加载设备和量测仪表，试验之前应进行检查、修整和必要的率定，以保证达到试验的使用要求。率定必须有报告，以供资料整理或使用过程中修正。

试验场地，在试件进场之前必应加以清理和安排，包括水、电、交通或准备好试验中防风、防雨和防晒设施，避免对荷载和量测造成影响。

6. 试件安装就位

按照试验大纲的规定和试件设计要求，在各项准备工作就绪后即可将试件安装就位。保证试件在试验全过程都能按计划模拟条件工作，避免因安装错误而产生附加应力或出现安全事故，是安装就位的中心问题。

简支结构的两支点应在同一水平面上，高差不宜超过试验跨度的1/50。试件、支座、支墩和台座之间应密合稳固，为此常采用砂浆坐缝处理。超静定结构，包括四边支承的和四角支承板的各支座应保持均匀接触，最好采用可调支座。若带测定支座反力测力计，应调节至该支座所承受的试件重量为止。也可采用砂浆坐浆或湿砂调节。扭转试件安装应注意扭转中心与支座转动中心的一致，可用钢垫板等加垫调节。嵌固支承，应上紧夹具，不得有任何松动或滑移可能。卧位试验，试件应平放在水平滚轴或平车上，以减轻试验时试件水平位移的摩阻力，同时也防试件侧向下挠。试件吊装时，平面结构应防止平面外弯曲、扭曲等变形发生；细长杆件的吊点应适当加密，避免弯曲过大；钢筋混凝土结构在吊装就位过程中，应保证不出裂缝，尤其是抗裂试验结构，必要时应附加夹具，提高试件刚度。

7. 加载设备和量测仪表的安装

加载设备的安装，应根据所用设备的特点按大纲要求进行，并要求设备安装的牢固可靠，保证荷载的准确模拟和试验的安全进行。这里要考虑，荷载位置的准确性，如对中问题；受荷面的平整性，是否存在局部接触引起应力集中等。

仪表安装根据观测方案的要求进行，要及时对各测点的仪表、测点号、位置、连接仪器的通道号等做好记录，若调试过程中有变更，则应做好变更记录。另外，还应做好仪表的保护措施，以免仪表在试验过程中受到损坏。

8. 试验特征值的计算

根据理论模型结合材料特性参数，计算在各级试验荷载下试验结构构件特征部位的变形、应力等，作为试验控制及与测试结果的比较。尤其对生产服务鉴定性的试验，为确保试验结构本身的安全，必须事先计算出相关控制值，包括终止加载的条件。这是避免试验盲目性的一项重要工作，对试验与分析都具有重要意义。

13.2.3 试验荷载与加载方案

1. 试验荷载的确定

结构静载试验的荷载应根据试验目的和要求来确定，一般有两种荷载情况：正常使用荷载和承载能力试验荷载。检验结构正常使用性能的试验采用正常使用荷载，一般为：恒载标准值＋活载标准值，也称标准荷载。检验结构承载能力时则采用承载能力试验荷载，对生产鉴定性试验，一般为：恒载标准值×分项系数＋活载标准值×分项系数，具体应按荷载规范要求计算，对研究性试验，试验荷载要求达到结构破坏为止，所以也称破坏荷载。无论是哪种荷载，在试验前已经完成的重力荷载，必须在试验荷载中予以扣除。

2. 试验荷载的布置及等效荷载

荷载布置方式一般有两种情况：（1）根据结构实际情况按设计计算理论的荷载方式布置，这种情况在生产鉴定性试验中较多采用；（2）按等效原则进行布置，往往按照某特征截面的弯矩、剪力等内力的等效来布置试验荷载，也即采用等效荷载，这种情况在研究性试验中较多采用。

下面以简支梁为例来说明等效荷载的布置。如图 13-1 所示的简支梁，要测定均布荷载 q 作用下最大弯矩 M_{max} 和最大剪力 Q_{max}，可以采用等效的集中荷载。

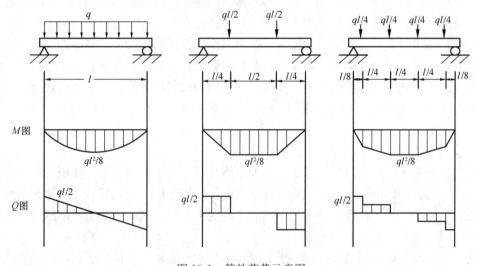

图 13-1　等效荷载示意图

采用两点集中荷载时，加载点位置在离支座 1/4 跨度处，荷载值每点为 $ql/2$；而采用四点集中荷载时，加载点位置在离支座 1/8 跨度处，荷载值每点为 $ql/4$。可以看到两种情况的端部剪力、跨中弯矩与均布荷载下均相同，但从剪力图与弯矩图可以看出，四点集中比两点集中更接近均布荷载。

3. 加载程序

荷载种类和加载图式确定后，还应按一定的程序加载。一般结构静载试验的加载程序均分为预载、正常使用荷载（标准荷载）、破坏荷载三个阶段。图 3-2 就是一种典型的静

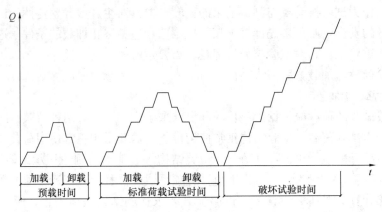

图 13-2 静载试验加载程序

载试验加载程序。对于非破坏性试验只加至正常使用荷载即标准荷载，试验后试件仍可使用。对破坏性试验，当加到正常使用荷载后，不卸载即可直接进入破坏阶段试验。

分级加（卸）载的目的，主要是为了方便控制加（卸）载速度和观测分析各种变化，也为了统一各点加载的步调。

对一般建筑结构的标准荷载试验，加载分级不少于 5 级，每级加载量不大于标准荷载的 20％，卸载可分 2～3 级完成。各级加载下的持荷时间，一般情况下为 10～15 分钟，根据具体结构构件有所不同，原则是要求试验结构构件在该级荷载下的变形达到基本稳定，即观测仪器仪表的读数已基本不变化。在达到标准荷载时，为模拟结构长期使用荷载作用，缩小试验与实际荷载作用的差异，持荷时间要求长一些，一般情况为 30min，对新型结构构件、大跨度结构构件，要求的持荷时间则更长，必要时需达到 12h。

对于需要确定初裂荷载的试验，在荷载接近初裂荷载计算值时应加密荷载分级，一般要求在 90％初裂荷载计算值后，每级加 5％的标准荷载值，直至出现第一条裂缝。

13.2.4 量测方案

1. 确定观测项目

在确定观测项目时，首先应考虑结构的整体变形，因为整体变形最能概括结构工作的全貌，结构任何部位的异常变形或局部破坏都能在整体变形中得到反映。在缺乏量测仪器的情况下，只测定最大挠度一项也能做出基本的定量分析。这说明结构变形测量时观测项目中必不可少的，也是最基本的。

另外一个是局部变形量测。如钢筋混凝土结构的裂缝出现直接说明其抗裂性能，而控制截面上的应变大小和方向则可分析推断截面应力状态，验证设计与计算方法是否合理准确。在破坏性试验中，实测应变又是推断和分析结构最大应力和极限承载力的主要指标。在结构处于弹塑性阶段时，实测应变、曲率或转角以及位移也是判定结构工作状态和结构抗震性能的主要依据。

2. 测点布置原则

用仪器对结构或构件进行内力和变形等各种参数的量测时，测点的布置有以下几条原则：1）在满足试验目的的前提下，测点宜少不宜多，以便使试验工作重点突出；2）测点的位置必须有代表性，便于分析和计算；3）为了保证量测数据的可靠性，应布置一定数量的校核性测点；4）测点的布置对试验工作的进行应该是方便的、安全的。

受弯构件的测点布置。板、梁、屋架等受弯构件的最大挠度由其相应的设计规范规定的最大挠度允许值控制，试验时应量测最大挠度值作为控制整体变形的依据。因此，除应在跨中或挠度最大位置部位测量外，还应同时量测支座沉降。压缩变形以及悬臂结构的固定端转动，在实测数据中消除由此产生的误差和影响。受弯构件量测挠度曲线的测点应沿构件跨度方向布置，包括量测支座沉降和变形的测点在内，测点不应少于5点，对于跨度大于6m的构件，测点还应适当增多。量测结构应变时，手腕构件应首先在弯矩最大的截面上沿截面高度布置测点，每个截面不宜少于2个；当需要量测沿截面高度的应变分布规律时，布置测点数不宜少于5个；在同一个截面的受拉区主筋上应布置应变测点。

柱子试验的测点布置。柱与压杆的侧向挠度变形量测可与受弯构件相同，除量测构件中部最大侧向位移外，可按侧向五点布置法量测挠度变形曲线。当采用卧位试验时，则可以与受弯构件量测挠度的布点方法一样。对于轴心受力构件，应在构件量测截面两侧或四侧沿轴线方向相对布置测点，每个截面不应少于2个。对偏心受力构件，量测截面上测点不应少于2个。如需量测截面应变分布规律时，测点布置与受弯构件相同。

屋架试验的测点布置。对屋架挠度测点应布置在下弦杆跨中或最大挠度的节点位置上，需要时亦在上弦杆节点处布置测点，同时量测结构在水平推力作用下沿跨度方向的水平位移。量测挠度曲线的测点应沿跨度方向各下弦节点处布置。需要量测杆件内力，量测方法同上轴心与偏心受力构件。如需量测截面应变分布规律时，测点布置与受弯构件相同。

13.2.5 试验数据处理

结构试验通过仪器设备直接测试得到的荷载数值和反映结构实际工作的各种参数，以及试验过程中的情况记录，都是最重要的原始资料，是研究分析试验结果的重要依据。试验过程中得到的大量原始数据，往往不能直接说明试验的成果或解答我们试验时所提出的问题，为此，必须将这些数据进行科学的整理分析和必要的换算，才能获得需要的资料。整理试验数据的目的，在于验证设计计算的假定和方法或推导出新的理论。

1. 原始资料的整理

原始资料的整理包括如下资料的整理：时间的实际几何尺寸，原始变形的大小和缺陷等；有关试件制作工艺的记录，如浇筑日期等；原材料的力学性能试验资料；试验所用仪表和设备情况的资料；加载程序及荷载分级等。

2. 试验测读数据的整理和修正

在试验加载过程中所测读记录的仪表读数，其中有一部分最主要的仪表读数可以当场计算出每级加载后的递增数值，有利于掌握整个试验工作。同时，在整理计算时，应特别注意读数和读书差值的反常情况，要对这些现象出现的规律性进行分析，大致判断其产生的原因。

（1）整体变形量测数据处理

结构构件的挠度是指构件本身的挠度值。由于在试验时受到支座沉降、结构构件自重和加载设备重力、加载图式和预应力反拱等因素的影响，而要得到结构构件在各级荷载下的短期挠度实测值，应考虑上述各项的影响，对所测的挠度值进行修正。这里以简支结构构件的跨中挠度修正方法为例，其修正后的跨中挠度计算公式为：

$$a_{s,i}^0 = (a_{q,i}^0 + a_g^c)\psi \tag{13-1}$$

$$a_{q,i}^0 = u_{m,i}^0 - \frac{1}{2}(u_{l,i}^0 + u_{r,i}^0) \tag{13-2}$$

$$a_g^c = \frac{M_g}{M_b}a_b^0 \text{ 或 } a_g^c = \frac{V_g}{V_b}a_b^0 \tag{13-3}$$

式中　$a_{s,i}^0$——经修正后的第 i 级试验荷载作用下的构件跨中短期挠度实测值；

$a_{q,i}^0$——消除支座沉降后的第 i 级试验荷载作用下的构件跨中短期挠度实测值；

a_g^c——构件自重和加载设备重力产生的跨中挠度值；

$u_{m,i}^0$——第 i 级外加试验荷载作用下构件跨中位移实测值（包括支座沉降）；

$u_{l,i}^0$，$u_{r,i}^0$——第 i 级外加试验荷载作用下构件左、右端支座沉降实测值；

M_g，V_g——构件自重和加载设备重力产生的跨中弯矩值和端部剪力值；

M_b，V_b——从外加试验荷载开始至构件出现裂的第一级荷载为止的加载值产生的跨中弯矩值和端部剪力值；

a_b^0——从外加试验荷载开始至构件出现裂缝的前一级荷载为止的加载值产生的跨中挠度实测值；

ψ——用等效集中荷载代替均布荷载进行试验时加载图式的修正系数按表 13-4 取用。当试验与实际荷载的加载图式相同时，取 $\psi=1.0$。

加载图式修正系数　　　　　　　　　　　　　　　　表 13-4

名　称	加　载　图　式	修正系数 ψ
均布荷载		1.00
二集中力四分点等效荷载		0.91
二集中力三分点等效荷载		0.98
四集中力八分点等效荷载		0.97

得到跨中挠度实测值后，需要将理论计算结果与试验结果进行比较。

（2）结构内力计算数据处理

1）弹性构件截面内力计算

受弯矩和轴力等作用的构件，按材料力学平截面假定，其某一截面上的内力和应变分布如图 13-3 所示。根据三个不在一条直线上的点可以唯一决定一个平面，只要测得构件截面上三个不在一条直线上的点所在的应变值，即可求得该截面的应变分布和内力值。对矩形截面的构件，常用的测点布置和由此求得的应变分布和内力计算公式见表 13-5。

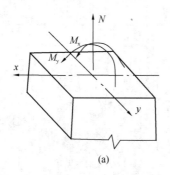
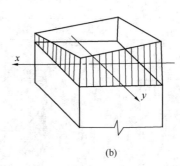

$$(a) \qquad\qquad (b)$$

图 13-3 构件截面内力和应变分析

（a）截面内力；（b）应变分布

截面测点布置与相应的应变分布、内力计算公式表 表 13-5

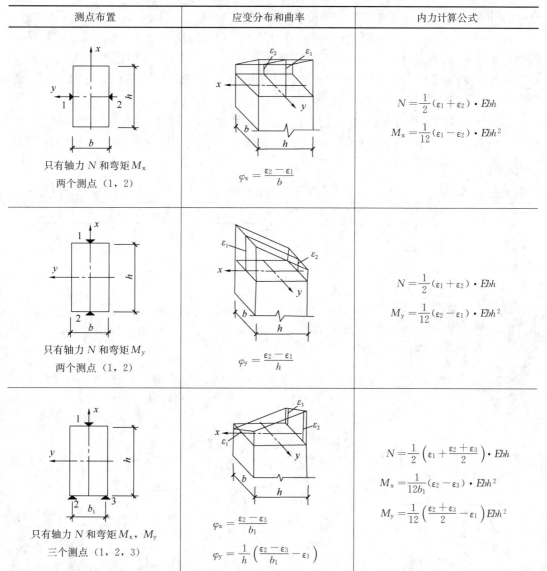

测点布置	应变分布和曲率	内力计算公式
只有轴力 N 和弯矩 M_x 两个测点（1，2）	$\varphi_x = \dfrac{\varepsilon_2 - \varepsilon_1}{b}$	$N = \dfrac{1}{2}(\varepsilon_1 + \varepsilon_2) \cdot Ebh$ $M_x = \dfrac{1}{12}(\varepsilon_1 - \varepsilon_2) \cdot Ebh^2$
只有轴力 N 和弯矩 M_y 两个测点（1，2）	$\varphi_y = \dfrac{\varepsilon_2 - \varepsilon_1}{h}$	$N = \dfrac{1}{2}(\varepsilon_1 + \varepsilon_2) \cdot Ebh$ $M_y = \dfrac{1}{12}(\varepsilon_2 - \varepsilon_1) \cdot Ebh^2$
只有轴力 N 和弯矩 M_x，M_y 三个测点（1，2，3）	$\varphi_x = \dfrac{\varepsilon_2 - \varepsilon_3}{b_1}$ $\varphi_y = \dfrac{1}{h}\left(\dfrac{\varepsilon_2 - \varepsilon_3}{b_1} - \varepsilon_1\right)$	$N = \dfrac{1}{2}\left(\varepsilon_1 + \dfrac{\varepsilon_2 + \varepsilon_3}{2}\right) \cdot Ebh$ $M_x = \dfrac{1}{12b_1}(\varepsilon_2 - \varepsilon_3) \cdot Ebh^2$ $M_y = \dfrac{1}{12}\left(\dfrac{\varepsilon_2 + \varepsilon_3}{2} - \varepsilon_1\right)Ebh^2$

测点布置	应变分布和曲率	内力计算公式
 只有轴力 N 和弯矩 M_x, M_y 四个测点（1，2，3，4）	$\varphi_x = \dfrac{\varepsilon_3 - \varepsilon_4}{b}$ $\varphi_y = \dfrac{1}{h}(\varepsilon_2 - \varepsilon_1)$	$N = \dfrac{1}{4}(\varepsilon_1 + \varepsilon_2 + \varepsilon_3 + \varepsilon_4) \cdot Ebh$ 或 $N = \dfrac{1}{2}(\varepsilon_1 + \varepsilon_2) \cdot Eb$ $N = \dfrac{1}{2}(\varepsilon_3 + \varepsilon_4) \cdot Ebh$ $M_x = \dfrac{1}{12}(\varepsilon_3 - \varepsilon_4) \cdot Ebh^2$ $M_y = \dfrac{1}{12}(\varepsilon_2 - \varepsilon_1) \cdot Ebh^2$

2）平面应力状态下的主应力和剪应力计算

对于梁的弯剪区、屋架端节点和板壳结构等在双向应力状态下工作部位的应力分析，需要计算其主应力的数值和方向以及剪应力的大小。当被测部位主应力方向已知时，则按布置相互正交的双向应变测点，即可求得主应力 σ_1 和 σ_2。当主应力方向未知时，则要由三向应变测点按不同的应变网络布置量测结果进行计算。对于线弹性匀质材料的构件，可按材料力学主应力分析有关公式（表 13-6）进行，计算时，弹性模量 E 和泊松比 ν 应按材料力学性能试验实际测定的数值。如无实测数据时，也可采用规范或有关资料提供的数值。

主应力计算公式表   表 13-6

受力状态	测点布置	主应力 σ_1，σ_2 最大剪应力 τ_{max} 及 σ_1 和 $0°$ 轴线的夹角 θ
单向应力		$\sigma_1 = E\varepsilon_1$ $\theta = 0$
平面应力 （主方向 已知）		$\sigma_1 = \dfrac{E}{1-\nu^2}(\varepsilon_1 + \nu\varepsilon_2)$ $\sigma_1 = \dfrac{E}{1-\nu^2}(\varepsilon_2 + \nu\varepsilon_1)$ $\tau_{max} = \dfrac{E}{2(1+\nu)}(\varepsilon_1 + \varepsilon_2)$ $\theta = 0$
平面应力		$\sigma_2^1 = \dfrac{E}{2}\left[\dfrac{\varepsilon_1 + \varepsilon_2}{1-\nu} \pm \dfrac{1}{1+\nu}\sqrt{2(\varepsilon_1-\varepsilon_2)^2 + 2(\varepsilon_2-\varepsilon_3)^2}\right]$ $\tau_{max} = \dfrac{E}{2(1+\nu)}\sqrt{2(\varepsilon_1-\varepsilon_2)^2 + 2(\varepsilon_2-\varepsilon_3)^2}$ $\sigma_1 = \dfrac{E}{(1+\nu)(1-2\nu)}\left[(1-\nu)\varepsilon_1 + \nu(\varepsilon_2+\varepsilon_3)\right]$ $\sigma_2 = \dfrac{E}{(1+\nu)(1-2\nu)}\left[(1-\nu)\varepsilon_2 + \nu(\varepsilon_3+\varepsilon_1)\right]$ $\sigma_3 = \dfrac{E}{(1+\nu)(1-2\nu)}\left[(1-\nu)\varepsilon_3 + \nu(\varepsilon_1+\varepsilon_2)\right]$ $\theta = \dfrac{1}{2}\arctan\left(\dfrac{2\varepsilon_2 - \varepsilon_1 - \varepsilon_3}{\varepsilon_1 - \varepsilon_3}\right)$

受力状态	测点布置	主应力 σ_1，σ_2 最大剪应力 $\tau_{\max}$ 及 σ_1 和 $0°$ 轴线的夹角 θ
平面应力	3 60° 2 60° 1	$\sigma_2^1 = \dfrac{E}{3} \cdot \left[\dfrac{\varepsilon_1 + \varepsilon_2 + \varepsilon_3}{1-\nu} \pm \dfrac{1}{1+\nu} \sqrt{2\left[(\varepsilon_1-\varepsilon_2)^2 + (\varepsilon_2-\varepsilon_3)^2 + (\varepsilon_3-\varepsilon_1)^2\right]} \right]$ $\tau_{\max} = \dfrac{E}{3(1+\nu)} \sqrt{2\left[(\varepsilon_1-\varepsilon_2)^2 + (\varepsilon_2-\varepsilon_3)^2 + (\varepsilon_3-\varepsilon_1)^2\right]}$ $\theta = \dfrac{1}{2} \arctan\left[\dfrac{\sqrt{3}(\varepsilon_2-\varepsilon_3)}{2\varepsilon_1 - \varepsilon_2 - \varepsilon_3}\right]$
平面应力	2 3 60° 60° 1 4	$\sigma_2^1 = \dfrac{E}{2}\left[\dfrac{\varepsilon_1 + \varepsilon_4}{1-\nu} \pm \dfrac{1}{1+\nu} \sqrt{(\varepsilon_1-\varepsilon_4)^2 + \dfrac{4}{3}(\varepsilon_2-\varepsilon_3)^2} \right]$ $\tau_{\max} = \dfrac{E}{2(1+\nu)} \sqrt{(\varepsilon_1-\varepsilon_4)^2 + \dfrac{4}{3}(\varepsilon_2-\varepsilon_3)^2}$ $\theta = \dfrac{1}{2} \arctan\left(\dfrac{2(\varepsilon_2-\varepsilon_3)}{\sqrt{3}(\varepsilon_1-\varepsilon_3)}\right)$ 校核公式：$\varepsilon_1 + 3\varepsilon_4 = 2(\varepsilon_2 + \varepsilon_3)$
平面应力	4 45° 3 45° 2 4 1	$\sigma_2^1 = \dfrac{E}{2} \cdot \left[\dfrac{\varepsilon_1 + \varepsilon_2 + \varepsilon_3 + \varepsilon_4}{2(1-\nu)} \pm \dfrac{1}{1+\nu} \sqrt{(\varepsilon_1-\varepsilon_3)^2 + (\varepsilon_4-\varepsilon_2)^2} \right]$ $\tau_{\max} = \dfrac{E}{2(1+\nu)} \sqrt{(\varepsilon_1-\varepsilon_3)^2 + (\varepsilon_4-\varepsilon_2)^2}$ $\theta = \dfrac{1}{2} \arctan\left(\dfrac{\varepsilon_2-\varepsilon_4}{\varepsilon_1-\varepsilon_3}\right)$ 校核公式：$\varepsilon_1 + \varepsilon_3 = \varepsilon_2 + \varepsilon_4$
三向应力	2 1 3	$\sigma_1 = \dfrac{E}{(1+\nu)(1-2\nu)}\left[(1-\nu)\varepsilon_1 + \nu(\varepsilon_2+\varepsilon_3)\right]$ $\sigma_2 = \dfrac{E}{(1+\nu)(1-2\nu)}\left[(1-\nu)\varepsilon_2 + \nu(\varepsilon_3+\varepsilon_1)\right]$ $\sigma_3 = \dfrac{E}{(1+\nu)(1-2\nu)}\left[(1-\nu)\varepsilon_3 + \nu(\varepsilon_1+\varepsilon_2)\right]$

（3）试验曲线的绘制

1）荷载—变形曲线绘制

图 13-4 所示为荷载—变形曲线。有三种基本形状：直线 1 表示结构在弹性范围内工作，钢结构在设计荷载内的荷载变形曲线就属此种形状；曲线 2 表示结构的弹塑性工作状态，如钢筋混凝土结构在出现裂缝或局部破坏时，就会在曲线上形成转折点（A 点和 B 点），由于结构内接头和节点的顺从性也会出现转折点的现象；曲线 3 一般属于异常现象，其原因可能是仪器观测上发生错

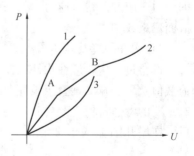

图 13-4 荷载—变形曲线

误，也可能是邻近构件、支架参与了工作，分担了荷载，而到加载后期这一影响越来越严重，但整体式钢筋混凝土结构经受多次加载后，会出现这种现象，钢筋混凝土结构在卸载时的恢复过程也是这种曲线型式。

2）荷载—应变曲线绘制

图 13-5 所示为钢筋混凝土梁受弯试件的荷载—应变曲线。图中：

测点 1——位于受压区，应变增长基本上呈直线；

测点 2——位于受拉区，混凝土开裂较早，所以突变点较低；

测点 3、4——在主筋处，混凝土开裂稍后，所以突变点稍高；主筋测点"4"在钢筋应力达到流限时，其曲线发生第二次突变；

测点 5——靠近截面中部，先受压力后过渡到受拉力，混凝土受拉区开裂后，中和轴位置上移引起突变。

荷载——应变曲线可以显示荷载与应变的内在关系，以及应变随荷载增长的规律性。

3）截面应变图绘制

图 13-6 所示为钢筋混凝土梁受弯试件的截面应变图。一般选取内力最大的控制截面绘制时，用一定的比例将某一级荷载下沿截面高度各测点的应变值连接起来。

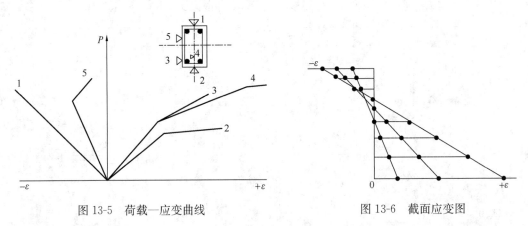

图 13-5　荷载—应变曲线　　　　　图 13-6　截面应变图

根据截面应变图，可以了解应变沿截面高度方向的分布规律及变化过程，以及中和轴移动情况等，可以在求得应力（弹性材料根据实测应变和弹性模量求应力，非弹性材料根据应力—应变曲线求应力）的条件下，算出受压区和受拉区的合力值及其作用位置，算出截面弯矩或轴力。

4）构件裂缝及破坏图

试验过程中，应在构件上按裂缝开展面和主侧面绘出其开展过程，并注上出现裂缝的荷载值及裂缝宽度，直至破坏。裂缝分布图对于了解和分析结构的工作状况、破坏特征等有重要的参考价值。绘制时，用坐标纸或方格纸按比例先作一个裂缝开展面的展开图，然后，在展开图上描出裂缝的长短、间距，注明"荷载分级/裂缝宽度"，试件方位、编号等。

13.3　动载试验

13.3.1　概述

各种类型的土木工程结构在实际使用过程中除了受静荷载外，常常还受各种动荷载作用，因此工程结构中不断有许多动载引起的振动问题所产生的不利影响需要研究解决。随着结构动力加载设备和振动测试技术的发展，结构动力加载试验研究已成为人们研究结构振动问题的重要手段。结构动载试验通常有如下几项基本内容：结构动力特性测试；振源识别和动荷载特性测定；结构动力响应测试。

13.3.2　动力特性测试

结构的动力特性主要指固有频率、振型及阻尼系数等，是结构本身固有的参数，与结构的组成形式、刚度、质量分布、材料特性等因素有关。

结构的固有频率及相应的振型虽然可由结构动力学原理计算得到，但由于实际结构形状和连接的复杂、材料性质的非线性等因素，经过简化计算得出的理论数值常常误差较大，至于阻尼系数则只能通过试验来确定。因此，采用试验手段测定各种结构物的动力特性具有重要的实际意义。

用试验法测定结构的动力特性，首先应设法使结构起振，然后，记录和分析结构受振后的振动形态，以获得结构动力特性的基本参数。

土木工程的类型各异，其结构形式很不相同。从简单的构件如梁、柱、楼板、屋架、以至整个建筑物、桥梁等，其动力特性相差很大，在不同工况下，振动频率、振幅量级和振动形态差别很大，因而，试验方法和所用的仪器设备、传感器也各不相同。下面介绍一些常用的动力特性试验方法。

1. 自由振动法

自由振动法是使结构产生自由振动（结构以初速度或初位移），通过振动测试仪器记录下有衰减的自由振动曲线，由此计算结构的基本频率和阻尼系数。

使结构产生自由振动的办法较多，如前所述采用突加荷载或突卸荷载的办法等。在工业厂房中可以通过锻锤、冲床等工作或利用吊车的纵横向制动使厂房产生垂直或水平的自由振动。对体积较大的结构，可对结构预加初位移，试验时突然释放预加位移，从而使结构产生自由振动。

用发射反冲小火箭（又称反冲激振器）的方法可以产生脉冲荷载，也可以使结构产生自由振动。该方法特别适宜于烟囱、桥梁、高层房屋等高大建筑物。国内一些单位用这种方法对高层房屋、烟囱、古塔、桥梁、闸门等做过大量试验，得到较好结果，但使用时要注意安全问题。

在测定桥梁的动力特性时，常常采用载重汽车越过障碍物的办法产生一个冲击荷载，从而引起桥梁的自由振动。

采用自由振动法时，拾振器一般布置在结构振幅较大处，要注意避开某些部件的局部振动，免得未记录到结构整体振动的信息，最好在结构物纵向和横向多布置几点，以观察结构整体振动情况。

衰减的自由振动曲线如图 13-7 所示。由实测自由振动曲线上，可以根据时间信号直接测

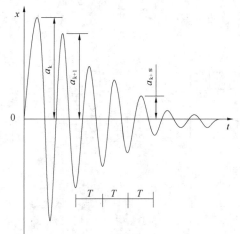

图 13-7　衰减的自由振动时间历程曲线

219

量出基本频率。为了消除荷载影响，最初的一、两个波一般不用。同时，为了提高准确度，可以取若干个波的总时间除以波数得出平均数作为基本周期，单位为秒（s），其倒数即为基本频率，单位为 Hz。

结构的阻尼特性用阻尼比表示，由于实测得到的振动记录图常常有直流分量，所以在测量阻尼时应采取图 13-7 所示，从峰到峰的测量方法，这样比较方便而且准确度高。阻尼比 D 的计算公式为

$$D = \frac{1}{2\pi n} \ln \frac{a_k}{a_{k+n}} \tag{13-4}$$

式中：a_k 和 a_{k+n} 表示两个相隔 n 个周期的振幅。用自由振动法得到的周期和阻尼系数均比较准确，但只能测出基本频率。

2. 共振法

共振法也称强迫振动法，一般采用机械激振器对结构施加简谐动荷载，在模型试验时可采用电磁激振器激振，使结构（或模型）产生稳态的强迫简谐振动，借助于对结构受迫振动的测定，求得结构动力特性的基本参数。

使用激振器时应将其牢固地安装在结构上，不使其跳动，否则会影响试验结果。激振器的激振方向和安装位置要根据试验结构的情况和试验目的而定。一般而言，整体结构强迫振动试验多为水平方向激振，楼板和梁的强迫振动试验多为垂直方向激振。激振器的安装位置应选在对所测量的各阶振型曲线都不是节点的部位。试验前最好先对结构进行初步动力分析，做到对所测量的振型曲线有一个大致的了解。

连续改变激振器的频率（频率扫描），当激振力的频率与结构的固有频率相等时，结构就发生共振，使结构产生共振的频率即为结构的固有频率。工程结构都是具有连续分布质量的系统，一般具有多个固有频率。对于一般的结构动力问题，了解其最低的基本频率是最重要的，对于较复杂的动力问题，也只需了解前几阶固有频率即可满足要求。采用共振法试验时，由低到高连续改变激振器的频率，就可得到结构的一阶、二阶、三阶固有频率等，采用电磁激振器测量结构固有频率框图如图 13-8 所示。

图 13-9 所示为对建筑物进行频率扫描试验时所得到的时间历程曲线。在记录图上找到建筑物共振峰值频率 ω_1、ω_2，再在共振频率附近逐渐调节激振器的频率，同时记录这些点的频率和相应的振幅，就可作出频率—振幅关系曲线或称共振曲线。

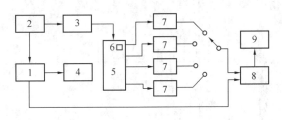

图 13-8　共振法测量框图

1—信号发生器；2—功率放大器；3—电磁激振器；
4—频率仪；5—试验结构；6—测振传感器；7—放大器；8—相位计；9—记录仪

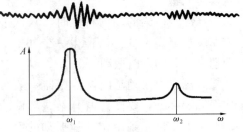

图 13-9　建筑物频率扫描试验时间
历程曲线和共振曲线

当使用离心式机械激振器时，激振力与激振器转速的平方成正比，应注意到转速不同，激振力大小不同。为使绘出的共振曲线具有可比性，应把振幅折算为单位激振力作用下的振幅，通常将实测振幅 A 除以激振器圆频率的平方 ω^2，以 A/ω^2 为纵坐标，以 ω 为横坐标绘制共振曲线，如图 13-10 所示。曲线上峰值对应频率即为结构的固有频率 ω_0。从共振曲线也可以得到结构的阻尼比，具体作法为，在纵坐标最大值 x_{max} 的 0.707 倍处作一水平线与共振曲线相交于 A 和 B 两点（称为半功率点），其对应横坐标是 ω_1 和 ω_2 则阻尼比 D 为：

$$D = \frac{\omega_1 - \omega_2}{2\omega_0} \tag{13-5}$$

由结构动力学可知，结构按某一固有频率振动时形成的弹性曲线称为结构对应于此频率振动的主振型（简称振型）。对应于一阶、二阶和三阶固有频率分别有一阶振型、二阶振型和三阶振型。

用共振法测量振型时，应将若干个测振传感器布置在结构的若干部位。当激振器使结构发生共振时，同时记录下结构各部位的振动图，此时各测点测量仪器必须严格同步，通过比较各点的振幅和相位，即可给出对应该频率的振型图。图 13-11 所示为共振法测量建筑物振型的情况。绘制振型曲线图时，要规定位移的正负值。例如在图 13-11 中规定顶层测振传感器的位移为正，则凡与它相位相同的为正，反之则为负。将各点的振幅按一定的比例和正负值画在图上连成曲线即为振型曲线。

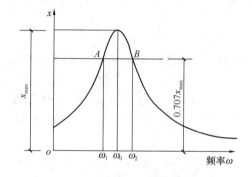

图 13-10　由共振曲线求阻尼比

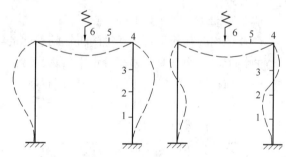

图 13-11　测量框架振型时测点布置

对结构施加激振力时，为容易获得需要的振型，要将激振力作用在振型曲线上位移较大的部位。要注意避免将激振力作用于振型曲线的"节点"处，即结构以某一主振型振动时结构上位移为"零"的不动点。为此，应在试验前进行结构动力学理论计算，初步分析或估计振型的大致形式，然后决定激振力的作用点，即安装激振器的位置。

测振传感器的布置视结构形式而定，同样应根据振型的大致形式，在振型曲线上位移较大的部位布置传感器。例如图 13-11 所示框架，在横梁和柱子的中点、1/4 处、柱端点共布置了 1～6 个测点。这样便可较好地连成振型曲线。测量前，对各通道应进行相对校准，使之具有相同的灵敏度。

当结构形式比较复杂，测点数超过已有测振传感器数量或记录装置通道数时，可以逐次移动测振传感器．分几次测量，但是必须有一个测点作为参考点，各次测量中位于参考点的测振传感器不能动，而且各次测量的结果都要与参考点的曲线比较相位。当然，参考点不能布置在节点部位。

3. 脉动法

在日常生活中，由于地面不规则运动的干扰，结构的脉动是经常存在的，但极其微弱，动位移通常在 $10\mu m$ 以下，高耸的烟囱其顶部动位移可达到 $10mm$。结构的脉动来自两个方面，一方面是地面脉动，来自于城市车辆行驶、机器设备运行的影响，附近地壳内部小的破裂以及远处地震传来的影响尤为显著；另一方面是风和气压等引起的微幅振动。结构脉动的一个重要特性是能够明显地反映出结构的固有频率。因此，若将结构的脉动过程记录下来，经过一定的分析便可以确定结构的动力特性。可以从脉动信号中识别出结构物的固有频率、阻尼比、振型等多种模态参数。

由随机振动理论可知，只要外界脉动的卓越周期接近建筑物的第一自振周期时，在建筑物的脉动图里第一振型的分量必然起主导作用，因而可以从记录图中找出比较光滑的曲线部分直接量出第一自振周期和振型，再经过进一步分析便可求出阻尼特性。

脉动测量方法，我国早在20世纪50年代就开始应用。但由于试验条件和分析手段的限制，一般只能获得第一振型及频率。20世纪70年代以来，随着计算机技术的发展和动态信号处理机的应用，这一方法得到了迅速发展和广泛，并被广泛应用于结构动力分析和研究。

测量脉动信号要使用低噪声、高灵敏度的测振传感器和放大器，并配有足够快速度的记录设备。用这种方法进行实测，不需要专门的激振设备，不受结构形式和大小的限制，适用于各种结构。

应用脉动法时应注意下列几点：

(1) 结构的脉动是由于环境随机振动引起的，带有各种频率分量，要求记录设备有足够宽的频带，使所需要的频率分量不失真。

(2) 结构脉动信号属于随机信号且信号较弱，为提高信噪比，脉动记录中不应有规则的干扰，仪器本身的背景噪声也应尽可能低。因此观测时应避开机器运转、车辆行驶的情况，比如在晚间进行试验。

(3) 为使记录的脉动能反映结构物的自振特性，每次观测应持续足够长的时间并且重复多次。

(4) 布置测点时应将结构视为空间体系，沿竖直和水平方向同时布置传感器，如传感器数量不足可做多次测量。这时应有一个传感器保持位置不动，作为各次测量的比较标准。

(5) 每次观测最好能记下当时的天气、风向、风速以及附近地面的脉动，以便分析这些因素对脉动的影响。

4. 模态分析法

建筑物的脉动是由随机脉动源所引起的响应，是一种随机过程。

随机振动是复杂的过程，每重复一次所取得的样本都是不同的，所以一般随机振动特性应从全部事件的统计特性的研究中得出，并且必须认为这种随机过程是各态历经的平稳过程。

如果单个样本在全部时间上所求得的统计特性与在同一时刻对振动历程的全体所求得的统计特性相等，则称这种随机过程为各态历经的。另外由于建筑物脉动的主要特征与时间的起点选择关系不大，它在时刻 t_1 到 t_2 这一段随机振动的统计信息与 $t_{1+\tau}$ 到 $t_{2+\tau}$ 这一段的统计信息是相关的，并且差别不大，即具有相同的统计特性，因此，建筑物脉动又是一种平稳随机过程。只要有足够长的记录时间，就可以用单个样本函数来描述随机过程的所有特性。

与一般振动问题相类似，随机振动问题也是讨论系统的输入（激励）、输出（响应）以及系统的动态特性三者之间的关系。

假设 $x(t)$ 是脉动源，为输入的振动过程，结构本身称之为系统，当脉动源作用于系统后，结构在外界激励下就产生响应，即结构的脉动响应 $y(t)$，称为输出的振动过程，它必然反映了结构的特性。图 13-12 所示是输入、系统与输出三者之间的关系。

在随机振动中，由于振动时间历程是非周期函数，用傅立叶积分的方法可知这种振动有连续的各种频率成分，且每种频率有对应的功率或能量，把它们的关系用图线表示，称为功率在频率域内的函数，简称功率谱度函数。

图 13-12 输入、系统与输出的关系

在平稳随机过程中，功率谱密度函数给出了某一过程的"功率"在频率域上的分布，可用它来判别该过程中各种频率成分能量的强弱以及对于动态结构的响应结果，是描述随机振动的一个重要参数，也是在随机荷载作用下结构设计的一个重要依据。

在各态历经平稳随机过程的假定下，脉动源的功率谱密度函数 $S_x(\omega)$ 与建筑物响应谱密度函数 $S_y(\omega)$ 之间存在着以下关系

$$S_y(\omega) = |H(i\omega)|^2 \cdot S_x(\omega) \tag{13-6}$$

式中 $H(i\omega)$——结构的传递函数；

ω——圆频率。

由随机振动理论可知

$$H(i\omega) = \frac{1}{\omega_0^2 \left[1 - \left(\dfrac{\omega}{\omega_0} \right)^2 + 2iD \dfrac{\omega}{\omega_0} \right]} \tag{13-7}$$

由以上关系可知，当已知输入、输出时，即可得到传递函数，由（13-7）式可看到结构的传递函数与结构的模态参数（固有频率、阻尼比、振型）有关。

在测试工作中通过测振传感器测量地面的脉动源 $x(t)$ 和结构响应的脉动信号 $y(t)$ 的记录，将这些符合平稳随机过程的样本由专用信号处理机（频谱分析仪）处理，即可得到结构的结构的传递函数，并进一步识别出结构的模态参数。上一世纪 70 年代出现的数字快速傅立叶变换技术（FFT）使得这一过程变得非常快捷而促使模态分析法得到广泛应用。

图 13-13 所示是应用专用信号处理机把时程曲线经过傅立叶变换得到的频谱图。从频谱曲线值法很容易定出各阶固有频率，结构固有频率处必然出现突出的峰值，一般基频处非常突出，而在二阶、三阶频率处也有明显的峰值。

5. 主谐量法

应用频谱分析法可以由输出功率谱得到建筑物的固有频率。如果输入功率谱是已知的，还可以得到高阶频率、振型和阻尼，但用上述方法研究结构动力特性参数需要专门的

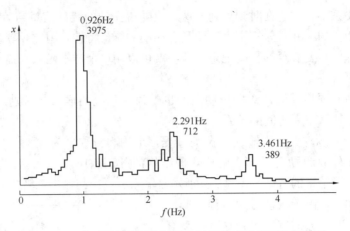

图 13-13　由时程曲线经快速傅立叶变换变换得到的频谱图

频谱分析设备及专用程序。

人们从记录得到的脉动信号图中往往可以明显地发现它反映出结构的某种频率特性。由环境随机振动法的基本原理可知，既然结构的基频谐量是脉动信号中最主要的成分，那么在记录的时间历程里就应有所反映。事实上，在脉动记录里常常出现酷似"拍"的现象，在波形光滑之处"拍"的现象最显著，振幅最大，凡有这种现象之处，振动周期大多相同，这一周期往往就是结构的基本周期，如图 13-14 所示。

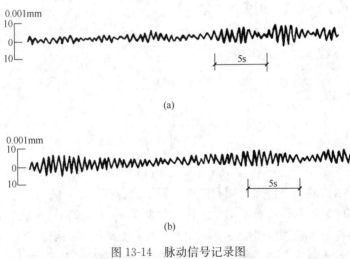

图 13-14　脉动信号记录图
（a）多层民用房屋的脉动记录；（b）钢筋混凝土单层厂房的脉动记录

在结构脉动记录中出现这种现象可样解释，因为地面脉动是一种随机现象，其频率成分丰富，当地面脉动输入到具有滤波器作用的结构时，由于结构本身的动力特性，使得远离结构固有频率的信号被抑制，而与结构固有频率接近的信号则被放大，这些被放大的信号为揭示结构动力特性提供了线索。

在出现"拍"的瞬时，可以理解为在此刻结构的基频谐量处于最大，其他谐量处于最小，因此表现出结构基本振型的性质。利用脉动记录读出该时刻同一瞬间各点的振幅，即可以确定结构的基本振型。

224

对于一般结构用环境随机振动法确定基频与主振型比较方便，有时也能测出二阶固有频率及相应振型，但高阶振动的脉动信号在记录曲线中出现的机会很少，振幅也小，这样测得的结构动力特性误差较大。此外主谐量法难以确定结构的阻尼特性。

13.3.3 振动量测试

结构物在动荷载作用下会产生强迫振动，结构会产生动位移、速度、加速度、动应力。例如，动力机械设备对工业厂房的作用，车辆运动对桥梁的作用，风荷载对高层建筑和高耸构筑物的作用，以及地震或爆炸对结构的作用等，常常对结构造成损伤，对生产中的产品质量产生不利影响，影响居住环境并对人们的生理和心理健康构成危害。

人们常常通过实测结构振动，用直接量测得到的结构振动量（动位移、速度、加速度、动应力等），来评价结构是否安全（如评价建筑施工、打桩对周围建筑物的影响），确定结构振动时的最不安全部位，通过实测数据查明产生振动的主振源，根据实测分析，提出隔振、减振、加固等治理振动环境的措施和解决方案。

1. 寻找主振源的试验方法

引起结构振动的动荷载常常是很复杂的，通常有多个振源在起作用，首先要找出对结构振动起主导作用且危害最大的主振源，然后测定其特性，即作用力的大小、方向和性质等。

结构发生振动，其主振源并不总是显而易见的，有这样两种方法可用于寻找主振源。

当有多台动力机械设备同时工作时，可以逐台开动，观察结构在每个振源影响下的振动波形，从中找出影响最大的主振源，这个方法可称为逐台开动法。

按照不同振源将会使结构产生规律不同的强迫振动的特点，可以根据结构实测振动波形间接判定振源的某些性质，作为寻找主振源的依据，这个方法可称为波形识别法法。

当振动记录图形为间歇性的阻尼振动，并有明显尖峰和自由衰减的特点时，表明是冲击性振源所引起的振动，如图 13-15（a）。

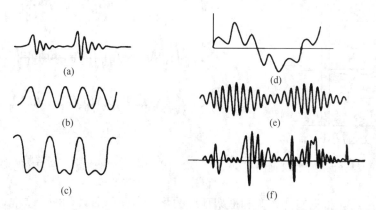

图 13-15　各种振源的振动记录图

转速恒定的机械设备将产生稳定的、周期性振动。图 13-15（b）是具有单一简谐振源的接近正弦规律的振动图形，这可能是一台机器或多台转速相同的机器所产生的振动。

图 13-15（c）为两个频率相差两倍的简谐振源引起的合成振动图形。

图 13-15（d）为三个简谐振源引起的更为复杂的合成振动图形。

当振动图形符合"拍振"的规律时，振幅周期性地由小变大，又由大变小，如图 13-15（e），这表明有可能是由两个频率接近的简谐振源共同作用；另外也有可能只有一个振源，但其频率与结构的固有频率接近。

图 13-15（f）是属于随机振动一类的记录图形，可能是由随机性动荷载引起的。例如液体或气体的压力脉冲、风荷载、地面脉动等。

对实测振动波形进行频谱分析，可以作为进一步判断主振源的依据。我们知道，结构强迫振动的频率和作用力的频率相同，因此具有同样频率的振源就可能是主振源。对于单一简谐振动可以直接在振动记录图上量出振动周期从而确定频率，对于复杂的合成振动则需进行频谱分析作出频谱图，在频谱图上可以清楚地看出合成振动的频率成分，具有较大幅值的频率所对应的振源常常是主振源。

某厂钢筋混凝土框架，高 17.5m，上面有一个 3000kN 的化工容器（图 13-16）。此框架建成投产后即发现水平横向振动很大，人站在上面就能明显地感觉到，但框架本身及其周围并无大的动力设备。振动从何而来一时看不出，于是以探测主振源为目的进行了实测。在框架顶部、中部和地面设置了测振传感器，实测振动记录见图 13-17。可以看出框架顶部 17.5m 处、8m 处和 ±0.00m 处的振动记录图的形式是一样的，不同的是顶部振动幅度大，人感觉明显；地面振动幅度小，人感觉不出，只能用仪器测出；所记录的振动明显地是一个"拍振"。这种振动是由两个频率值接近的简谐振动合成的结果。运用分析"拍振"的方法可得出，组成"拍振"的两个分振动的频率分别是 2.09Hz 和 2.28Hz，相当于 125.4 次/min 和 136.8 次/min。经过调查，原来距此框架 30 多米处是该厂压缩机车间。此车间有六台大型卧式压缩机，其中 4 台为 136 转/min，2 台为 125 转/min。因此可以确定振源是大型空气压缩机。

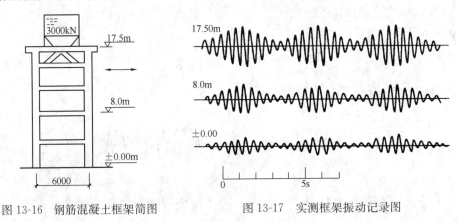

图 13-16　钢筋混凝土框架简图　　　　图 13-17　实测框架振动记录图

确定主振源后，根据实测振幅和框架顶层的化工容器的质量，进一步推算振动产生的加速度和惯性力。

2. 结构振动量的量测

对结构振动量的量测就是在现场实测结构的动力响应，在生产实践中经常会遇到，一般根据振动的影响范围，选择振动影响最大的特定部位布置测点，记录下实测振动波形，分析振动产生的影响是否有害。

例如高层建筑打桩时产生冲击荷载，使得周围建筑物发生振动，量测时需要在打桩影响范围内的建筑物布置测点，实测打桩时建筑物的振动。根据实测结果，对打桩的影响程度作出评价，如有必要应采取必要的措施，保障住户安全。

另外，校核结构动强度就应将测点布置在最危险的部位即控制断面上；若是测定振动对精密仪器和产品生产工艺的影响，则应将测点布置在精密仪器的基座处和产品生产工艺的关键部位；若是测定机器运转（如织布机和振动筛等）所产生的振动和噪声对工人身体健康的影响，则应将测点布置在工人经常所处的位置上，根据实测结果，参照国家有关标准作出结论。

图 13-18 所示为工业厂房楼层在动力机床工作时实测的振幅分布图，振源为动力机床，以振源处测得的振幅定为 1，其余各点测得的振幅与振源处的振幅之比称为该点的传布系数，将各点传布系数标在图上就可一目了然地看出振源在楼层内的影响范围和衰减情况。

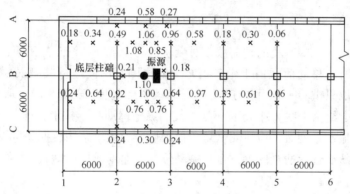

图 13-18　楼层振动传布图

×—表示测点位置；●—基点实测振幅 $1.7\mu m$

为了确定结构在动荷载作用下整体的振动状态，往往需要测定结构在一定动荷载作用下的振动变位图。图 13-19 表示振动变位图的测量方法，将各测点的振动用记录仪器同时记录下来，根据相位关系确定变位的正负号，再按振幅大小以一定比例画在变位图上，最后连成结构在实际动荷载作用下的振动变位图。这种测量和分析方法与前面讲过的确定振型的方法类似。但结构的振动变位图是结构在特定荷载作用下的变形曲线，一般说来并不和结构的某一振型相一致。

承受移动荷载的结构如吊车梁、桥梁等，常常要确定其动力系数，以判定结构的工作情况。移动荷载作用于结构上所产生的动挠度，常常比静荷载产生的挠度大。动挠度和静挠度的比值称为动力系数。结构动力系数需用试验方法实测确定。为了求得动力系数，先使移动荷载以最慢的速度驶过结构，测得挠度图如图 13-20（a），然后使移动荷载按某种速度驶过，这时结构产生最大挠度（实际测试中采取以各种不同速度驶过，找出产生最大挠度的某一速

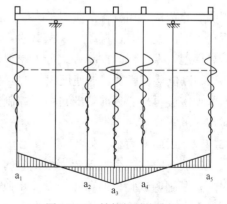

图 13-19　结构振动变位图

227

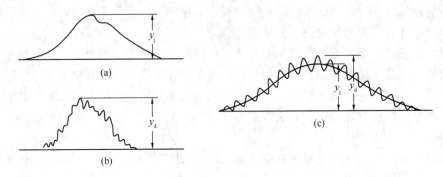

图 13-20　动力系数测定

度）如图 13-20（b）。从图上量得最大静挠度 y_j 和最大动挠度 y_d，即可求得动力系数。

$$\mu = \frac{y_j}{y_d} \tag{13-8}$$

上述方法适用于一些有轨的动荷载，对无轨的动荷载（如汽车）不可能使两次行驶的路线完全相同。有的移动荷载由于生产工艺上的原因，用慢速行驶测最大静挠度也有困难，这时可以采取只试验一次用高速通过，记录图形如图 13-20（c）。取曲线最大值为 y_d，同时在曲线上绘出中线，相应于 y_d 处中线的纵坐标即 y_j。按上式即可求得动力系数。

对结构进行振动量测时，应对测试对象振动信号的频率结构、振动量级、振动形态有一个初步估计，从而选择适当的测试量（振动位移、速度或加速度）、适当的测振传感器、放大器和记录设备等。

13.4　振动台试验

13.4.1　概述

模拟地震振动台试验可以再现各种形式地震波输入后的反应和地震震害发生的过程，观测试验结构在相应各个阶段的力学性能，进行随机振动分析，使人们对地震破坏作用进行深入的研究。通过振动台模型试验，研究新型结构计算理论的正确性，有助于建立力学计算模型。振动台的控制方式分为模拟控制与数控两种。前者又分为以位移控制为基础的 PID 和以位移、速度、加速度组成的三参量反馈控制方式；后者主要采用开环迭代进行台面的地震波再现。目前新的自适应控制方法已经在模拟地震振动台的电液伺服控制中有所应用。

13.4.2　试验方案

试验方案是整个振动台模型试验的指南，它通常依据试验目的而定。在制定试验方案时，除了阐明试验目的和初步设计相似关系外，还应包括模型安装位置及方向、传感器类型及数量、试验工况、地震激励选择及输入顺序等内容。

（1）模型安装位置及方向

首先要明确模型结构最终试验时在振动台上的安装位置及方向。安装原则是尽量使结构质心位于振动台中心，且宜限定在距台面中心一定半径的范围内；尽量使结构的弱轴方向与振动台的强轴重合，以对模型结构最不利情况进行试验。这里要特别说明，在试验输入和数据处理时，要注意不能将振动台方向和模型方向混淆。

（2）传感器布置原则

在振动台试验之前，需在模型结构上布置一定数量的传感器，以获取振动台试验反应数据。传感器布置的基本原则包括但不限于以下内容。

1）按试验目的布置传感器。

这是振动台试验的关键环节之一，旨在从宏观上把握传感器的布置方案。例如，进行考察结构扭转效应的试验时，平面上需沿模型同一方向布置至少 2 个加速度传感器，传感器宜尽量布置得靠近平面边界，以测定扭转角；进行考察多塔楼的抗震性能试验时，需在不同塔楼的相应位置布置传感器，以考察不同塔楼相互振动的差别等。

2）按计算假定布置传感器。

在结构计算中，一般假定楼层质量集中于各层楼面处，给出结构位移、剪力、倾覆力矩等宏观参数沿高度的分布。因此，在进行振动台试验时，拾取结构宏观参数分布的传感器，宜尽量布置得靠近各楼层质心位置。

3）按预期试验结果布置传感器。

在预期给出模型宏观反应沿高度的分布时，则传感器应沿模型高度均匀布置，且平面布置位置应基本一致；在预期给出模型关键构件的反应时，则传感器宜在局部进行布置。

（3）试验工况设计

振动台试验工况设计包括主要试验阶段、地震激励选择、地震激励输入顺序等内容。振动台试验一般根据试验考察目的、国家建筑抗震规范、地方规程等的要求，划分为设防烈度相应的多遇地震、基本烈度地震、罕遇地震等几个主要试验阶段。

（4）地震激励选择及输入顺序

振动台试验是根据相似理论将缩尺模型固定在振动台上，进行一系列地震动输入。对表现出非线性行为的模型来说，振动台试验过程是一个损伤累积和不可逆的过程。一方面地震波不可能选得很多，如何在选择小样本输入的情况下评估结构的抗震性能成为关键问题；另一方面振动台地震动输入要遵循激励结构反应由小到大的顺序，如果结构响应大的地震波输入先于结构响应小的地震波，那么结构响应小的地震波输入将无法激励起模型反应，对评价结构的抗震性将会带来误差。

本书提出以主要周期点处地震波反应谱的包络值，与设计反应谱相差是否不超过20％的方法选择地震波；按主要周期点处多向地震波反应谱的加权求和值大小确定地震波输入顺序。

13.4.3　振动台试验准备及试验方法

1. 试验准备

从模型制作完成到实施振动台试验这一段时间内，还需要做一些准备工作，主要内容包括模型材料性能试验、地脉动动态性能测试、调整相似关系、标定传感器、附加人工质量、布置传感器等，这些工作可分为两个阶段，基本工作流程如图 13-21。

2. 试验方法

根据试验目的的不同，在选择和设计台面输入加速度时程曲线后，试验的加载过程可选择一次性加载及多次加载等不同的方案。

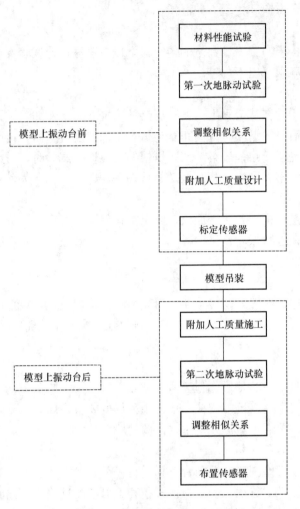

图 13-21　振动台试验准备工作示意图

（1）一次性加载

所谓的一次性加载就是在一次加载过程中，直接完成结构从弹性到弹塑性及破坏阶段的全过程。在试验过程中，连续记录结构的位移、速度、加速度及应变等输出信号，观察结构的裂缝和屈曲等现象，从而可以研究结构在弹性、弹塑性及破坏阶段的各种性能。但其存在一定的缺点，比如观测困难，如果试验经验不足，一般不采用该方法。

（2）多次加载

与一次性加载相比，多次加载法是目前的模拟地震振动台试验中比较常用的试验方法。一般有如下步骤：动力特性试验，振动台台面输入运动，加大台面输入运动，加大台面输入加速度的幅值，继续加大振动台台面运动。

进一步加大振动台台面运动的幅值，使结构变成机动体系，如果在继续增大，结构就会发生破坏倒塌。在各个加载阶段，试验结构的各种反应量测和记录与一次性加载时相同，从而可以得到每个不同试验阶段的特性。但是，多次加载会对结构产生变形积累。

13.4.4　振动台模型试验数据处理方法

1. 模型结构加速度

建筑结构振动台模型试验的加速度反应可以通过分布在模型不同位置、不同高度、不同方向上的加速度传感器直接获取，测量值即为模型的绝对加速度值。可以用来推算更多的模型信息，比如，可以通过不同高度处的加速度值与基础加速度峰值之比获得模型结构的动力放大系数；可通过对加速度数值积分获得位移等。

2. 模型结构位移

模型结构的位移可以通过位移传感器直接测量和对加速度传感器数值积分两种方法获得，因加速度传感器在试验中一般布置较多，因而经常采用加速度数值积分的方法来获得模型结构位移。需要注意的是，加速度数值为绝对加速度，而积分后的位移要与基地位移相减以获得模型结构的相对位移而进行分析。

3. 模型地震作用

（1）模型结构的惯性力

由各个加速度通道的数据，可以求得模型结构的惯性力沿高度的分布，具体步骤如下：

1）假定各层质量均集中在楼面处，计算各个集中质量 m_i；

2）将加速度计测得的绝对加速度与相应位置层集中质量 m_i 相乘，得到相应层惯性力时程；

3）利用插值计算得到未设置加速度传感器楼层的惯性力时程；

4）各层的惯性力时程叠加，得到总的惯性力时程；

5）找到与总惯性力时程峰值对应的时间点 T_{max}；

6）统计与 T_{max} 相应的各楼层惯性力数值（一般也为最大值）；

7）得到各楼层结构在不同地震烈度下的惯性力峰值沿高度分布图。

（2）模型结构的层间剪力

层间剪力数值上等于上面各层惯性力之和。

第14章 结构工程创新试验选题及指南

以上几章从结构工程试验设备、原理和方法介绍了开展结构工程试验的基本知识，本节开始着手结构工程试验的本科教学实践。土木工程结构试验是研究和发展土木工程结构新材料、新结构和新工艺的最重要手段之一。通过土木工程结构试验教学，不仅可以帮助学生加深对课题内容的理解，巩固已学习的专业理论知识，掌握必要的试验技术和先进设备的使用方法，并有助于培养学生的科学精神和创造能力。目前，基本的教学方法是"以书本为中心，以课堂为重心，以教师为核心"，在试验前，试验装置、试验材料和仪器设备等都由指导老师预先准备或调试好。试验时，由指导老师详细介绍试验目的、试验原理、设备使用方法以及注意事项，学生按试验指导书上的步骤逐一操作，机械地完成试验任务。试验后，按试验报告的固定格式填写整理试验数据，学生就可完成试验任务。显然，呆板的试验教学方法，使学生在预定的框架中被动地完成试验，只能按照设计好的模式、步骤去量测数据，试验报告千篇一律，没有机会实施自己的想法，长此以往，学生对试验的兴趣下降，在一定程度上抑制了学生的主观能动性的发挥。另外，落后的试验设备和测试手段也对教学质量有较大的影响，近年来，我们引进和建设了一批先进高端试验设备。学生可以自己选择试验对象，设计试验路线，制定试验方案，结合开放式的试验教学，充分发挥学生的主动性、积极性，培养其科学试验能力和创新精神。结合土木工程自主创新试验课程建设，经过几年探索，涌现出了一些高水平的本科生研究成果，需要学生自主学习相关知识，自主查阅文献，自主设计创新试验方案，可探索性，即试验结果是完全不确定性的，在试验过程中可能会发现新的试验现象，这也是试验吸引学生的关键。下面首先给出结构工程创新试验选题方案供学生选择课题时参考，然后选登一些学生的优秀案例。

14.1 结构工程创新试验指南

14.1.1 工字钢简支梁体外加固静载试验

1. 背景资料：结构试验课程中已有一16号简支钢梁抗弯试验，计算跨度为2m，现上部承受若干个竖向集中荷载，所产生的内力超过钢梁本身抗弯承载力，可以采用多种不同加固方法和措施提高其承载力。

2. 任务书：查阅相关文献，撰写文献综述，采用体外预应力的方法进行加固设计，对构件各部分的内力进行计算，绘制相应各节点详图，并对试验加载和测试方案进行完善，对比理论和试验的结果。不求最佳结果，允许自由发挥。

14.1.2 框架耗能减震振动台试验

1. 背景资料：地震是重大自然灾害之一，给人类带来的损失是巨大的。抗震研究是为了抵御地震把损失减小到最低限度而发展起来的一门科学。地震模拟振动台可以能够再现各种形式的地震波，使得人们能够直观地了解地震对结构产生的破坏形象，为建立相应的力学模型提供可靠的依据。随着各种减震耗能技术及基于性能设计方法的发展，需要在效能减震构件和减震器的评价方法下功夫。

2. 任务书：查阅结构动力学相关书籍，设计 1 多层钢结构小模型，水平第一频率分别控制在 5/10/15Hz。查阅减振专业书，采用消能支撑、TMD 和 TLD 减振，在地震模拟振动台在共振频率作用下和地震波作用下需取得明显效果。

14.1.3 频率法测试索力试验

1. 背景资料：预应力索在结构体系中可以充分发挥材料强度，在结构和桥梁中得到了广泛的应用，传统的索力检测主要依靠端部传感器，考虑到安装维护的不便以及随着弹性动力学发展和测试技术的进步，人们发现索力和频率之间存在对应关系。

2. 任务书：查阅弹性动力学相关书籍，掌握索力和频率之间对应方程。设计不同直径和长度的拉索，利用拉索端部的穿心千斤顶进行张拉，锚具和千斤顶之间的传感器用来检测及验证结果。学习布置加速度传感器在拉索平面内，采集采用 Cras 数据采集系统进行分析。

14.1.4 网架静载试验

1. 背景资料：空间网架结构因其施工简便，形式优美，受力合理在各类大跨度的公共建筑中得到了广泛应用。我们设计并制作了一批标准尺寸的网架构件，供学生参考选用。

2. 任务书：学生可以充分发挥想象力，自由搭设各种形状的网架，自主设定加载的位置和荷载大小，通过力学分析确定最危险杆件，布置整体变形和局部变形的测点，通过对试验数据进行整理分析，判定结构的安全性和计算方法的合理性。

14.2 结构工程创新试验案例精选

本节选登了前几届学生完成的结构工程创新试验优秀报告，这些报告是由学生撰写经老师批阅修订而成，有一定的代表性，可供修课学生参考。

多层框架消能减震地震模拟振动台试验

刘振宇，许纯泰，吴宇星，陈　苑

1　引言

　　TMD 系统是一个由弹簧、阻尼器和质量块组成的振动系统，一般支撑或悬吊在楼层间（或屋面上）。当结构在水平荷载作用下产生水平风振反应时带动 TMD 系统振动，而 TMD 系统振动产生惯性力反馈回来作用于结构本身，从而产生制振效果。TMD 作为一种减振消能装置，安装和维护价格很低，性能稳定可靠，适用范围广泛。在结构减振控制中受到较多的关注，目前已经有不少高层建筑成功运用 TMD 来控制结构的风振。

　　TMD 的控制效果取决于它的参数，质量比（TMD 质量与结构质量之比）、阻尼比、频率比（TMD 频率与结构基频之比）。因此很多相关的理论研究都致力于 TMD 的参数优化。最经典的是 DenHartog 提出的利用无阻尼单自由度结构-TMD 系统的主结构位移的传递函数来确定的 TMD 的最优参数。此后，很多学者提出了不同的确定 TMD 最优参数的方法。关于 TMD 的控制效果也有很多学者进行了研究。TMD 对简谐激励和风荷载引起振动的控制效果得到了一致的肯定。由于地震激励的复杂性，目前关于 TMD 地震控制的效果还没有一致的结论。研究结论的差异主要是因为所选结构模型的差别、地震波特性的差异和评价 TMD 有效性指标的差异。

　　研究 TMD 地震控制效果的方法通常有 2 种：

　　（1）研究特定结构在实际地震波作用下 TMD 的控制效果；

　　（2）采用白噪声或者过滤白噪声作为输入，采用随机理论研究 TMD 的控制效果。

　　前者容易由于所选结构和地震波特性的差异，而得出不同的结果；而后者所采用的输入模型并不能全面而准确地代表地震荷载的特性，从而不能准确地预测 TMD 在实际地震时的控制效果。

　　橡胶的特点是既有高弹态又有高黏态，橡胶的弹性是由其卷曲分子构象的变化产生的，橡胶分子间相互作用会妨碍分子链的运动，又表现出黏性特点，以致应力与应变往往处于不平衡状态。橡胶的这种卷曲的长链分子结构及分子间存在的较弱的次级力，使得橡胶材料呈现出独特的黏弹性能，因而具有良好的减震性能。橡胶部件广泛用于隔离震动和吸收冲击，就是因为其具有滞后、阻尼及能进行可逆大变形的特点。橡胶的滞后和内摩擦特性通常用损耗因子表示，损耗因子越大，橡胶的阻尼和生热越显著，减震效果越明显。

　　1881 年提出的基础隔震方法是在建筑物和构筑物基础部位设置橡胶支座，利用橡胶支座水平柔性形成的柔性隔离层吸收或散耗地震能量，阻止或减小地震能量向建筑物和构筑物上部结构传递，使整个建筑物和构筑物自振周期延长，从而减小建筑物和构筑物上部结构对地震的反应，最终达到减少地震对建筑物和构筑物上部结构破坏的目的。

　　在现代建成的基础隔震建筑物中，80% 以上的建筑物采用叠层橡胶隔震支座系统抗震。自 1966 年美国率先在阿巴尼大厦中使用隔震橡胶支座后，日本、法国、新西兰和我国也相继在一些重要建筑物中使用隔震橡胶支座。实践证明，这些使用隔震橡胶支座的建筑物能经受强烈的地震考验，如在 1994 年 1 月的美国洛杉矶大地震和 1995 年 1 月的日本阪神大地震中，采用叠层隔震橡胶支座系统的建筑物都显示出优异的抗震效果，不仅建筑物未倒，而且里面的设施也未被破坏。因此，近年来叠层隔震橡胶支座在国内外的应用更为广泛。

2 模型结构设计

要求设计某框架结构，层数和截面尺寸不限，其第一阶自振频率在 5Hz 附近。这里暂定设计一个两层单向的框架结构，截面尺寸采用表 1 所示：

框架结构各构件尺寸（mm）   表 1

	柱子	楼板	底板 1	底板 2	橡胶垫
尺寸	740×30×5	290×245×40	400×400×10	400×300×10	400×400×15
数量	4	2	1	1	1

将其视为两个自由度体系的无阻尼自由振动。运动方程式令等号右端强迫力一项为零，略去阻尼项影响，可得：

$$\begin{cases} m_1\ddot{x}_1 + k_{11}x_1 + k_{12}x_2 = 0 \\ m_2\ddot{x}_2 + k_{21}x_1 + k_{22}x_2 = 0 \end{cases} \tag{1}$$

上列微分方程组的解为：

$$\begin{cases} x_1 = X_1\sin(\omega t + \varphi) \\ x_2 = X_2\sin(\omega t + \varphi) \end{cases} \tag{2}$$

式中，ω—频率 φ—初相角；X_1，X_2—位移幅值。将式（2）代入式（1），可得：

$$\begin{cases} (k_{11} - m_1\omega^2)X_1 + k_{12}X_2 = 0 \\ k_{21}X_1 + (k_{22} - m_2\omega^2)X_2 = 0 \end{cases} \tag{3}$$

要使得上式有非零解，其系数行列式必须等于零，即：

$$\begin{vmatrix} k_{11} - m_1\omega^2 & k_{12} \\ k_{21} & k_{22} - m_2\omega^2 \end{vmatrix} = 0 \tag{4}$$

上式称为频率方程，展开后可得ω^2的两个实根：

$$\omega_{1,2}^2 = \frac{1}{2m_1m_2}\left[(m_1k_{22} + m_2k_{11}) \mp \sqrt{(m_1k_{22} + m_2k_{11})^2 - 4m_1m_2(k_{11}k_{22} + k_{12}k_{21})}\right] \tag{5}$$

其中数值较小的一个称为ω_1，即第一自振频率。单根柱子的层间抗侧刚度：

$$k_0 = \frac{12EI}{l^3} = \frac{12 \times 290 \times 10^9 \times 3.125 \times 10^{-10}}{0.36^3} = 16878\text{N/m} \tag{6}$$

层间抗侧刚度：$k_{11} = 4k_0 = 67515\text{N/m}$，$k_{12} = k_{21} = -4k_0 = -67515\text{N/m}$，$k_{22} = 2k_{11} = 135030\text{N/m}$。

代入式（5），从而得到自振频率：

$$\omega_1 = 33.2\text{rad/s} \tag{7}$$

从而可知：

$$T_1 = 0.189\text{s}, f_1 = 5.3\text{Hz} \tag{8}$$

至此，设定的结构的各部位尺寸满足预先设计要求。

3　耗能减震设计

通过查阅文献，采用不拘形式的耗能减震手段，对比前后的减震效果。

针对提出的研究课题，我们在阅读大量文献的基础上设计了两种方案，设计思想来源于 TMD（调谐质量阻尼器）与橡胶隔震垫方法。同时，考虑到土木工程创新试验课程的课程名称里就包含"创新"二字，因此在考虑模型结构设计时，我们竭力避免"雷同"与"复制"，尝试提出自己的想法。因此，我们提出了"可移动楼板减震"和"橡胶底板减震"两种减震方法，分别如图 1 和图 2 所示。

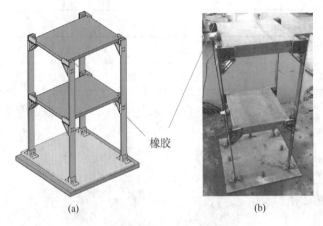

（a）　　　　　　　　　　　　　（b）

图 1　减震结构一（可移动楼板）

（a）CAD 模型；（b）实际结构

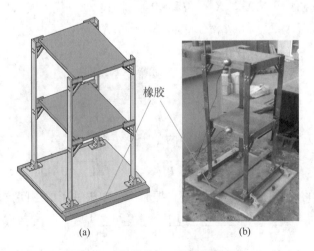

（a）　　　　　　　　　　　　　（b）

图 2　减震结构二（隔震橡胶垫）

（a）CAD 模型；（b）实际结构

（1）可移动楼板减震

结构减震的关键在于结构能量以何种形式耗散，在课堂上给展示过的在模型顶部加装水箱的设计、其目的也是通过水的震动耗散能量，不过由于水质量较轻，减震效果不明显。为此我们尝试找到更为有效的结构能量耗散方法帮助结构减震。

TMD 减震系统是一个由弹簧、阻尼器和质量块组成的振动系统。而我们设计的钢架自振频率为 5Hz，质量主要集中于楼板，为此我们想到可以通过创新楼板支承方式，改固定楼板为可移动楼板，由于楼板惯性较大，速度方向改变较刚架柱迟缓，通过楼板与钢架柱之间的撞击加快能量耗散，可以作为传统 TMD 系统的一种创新与发展。

该设计关键在于节点设计。除了节点除了自身与钢架柱、楼板的连接，同时应满足楼板移动的需求，即要有足够约束使楼板只沿振动方向发生位移，同时不会脱离刚架。基于以上考虑，我们最终完成框架整体设计。

（2）橡胶底板减震

地震破坏力主要体现在水平力上，而在建筑结构的在水平方向的抗力是相对薄弱的，所以如何建立或减少地震所引起的水平力是减震的一个重要目标。

橡胶底板减震思想来源于"减震橡胶支座"。减震橡胶垫多用于日本的民房，由于减震橡胶支座有足够韧性和抗剪切能力，利用橡胶支座水平柔性形成的柔性隔离层吸收或散耗地震能量，阻止或减小地震能量向建筑物和构筑物上部结构传递。基于这种思想以及实际设计的要求，我们大胆假设如果将只是将一整块橡胶作为结构的底板，大大增加了橡胶的作用面面积，其消能作用将大大增加。

4 振动台试验项目的实践

4.1 试验装置

（1）单向液压振动台，加速度传感器等；

（2）框架模型一个，耗能装置若干。

4.2 试验内容及步骤

（1）固定模型；

（2）安装低频压电加速度传感器；

（3）连接通讯电缆；

（4）启动振动台液压伺服控制软件，设置参数，观察仪器是否正常；

（5）进行扫频或者地震波输入，采集数据。

4.3 试验结果

试验结果以各楼层加速度的方式体现，表 2 为原结构和两种减震结构在不同频率加载时的加速度对比。原结构在 4.4Hz 时，振幅最大，达到共振状态。采用减震方法 1 时，由于中间楼板可动，进而降低了结构自振频率，在 2.9Hz 时达到共振状态。采用减震方法 2 时，自振频率并未变化。采用减震方法 1 时，中间楼板和顶层楼板加速度的分别为原结构的 43.3％和 31.4％；采用减震方法 2 时，中间楼板和顶层楼板加速度的分别为原结构的 12.4％和 27.1％。可见，两种减震方法均有良好的减震效果。相对于减震方法 1，减震方法 2 的减震效果更为明显。

由表 2 可见，采用减震方法 1 时，底层楼板的减震效果优于中间楼板。这可能是由于中间楼板可移动，对侧墙有一定的冲力作用。采用减震方法 2 时，中间楼板的减震效果明显优于顶层楼板。采用减震方法 2，中间楼板的减震效果更为明显。

減震設計加速度前後對比（m/s²）
表 2

結　構	加載方式	樓　層	2.9Hz	4.4Hz	5Hz
原結構	掃頻	中間樓板	—	4.34	—
		頂層樓板	—	2.36	—
減震結構1	掃頻	中間樓板	1.88	—	—
		頂層樓板	0.74	—	—
減震結構2	掃頻	中間樓板	0.14	0.53	0.54
		頂層樓板	0.08	0.59	0.64
	地震波	中間樓板	—	—	0.42
		頂層樓板	—	—	0.40

4.4　誤差分析

對於結構自振頻率，結算自振頻率為 5.3Hz，而實際自振頻率為 4.4Hz 明顯偏小。自振頻率偏小的原因可能是，計算過程中，認為結構的節點均為剛節點，而實際中結構均為螺栓連接，在結構振動的過程中可定存在鬆動，所以其自振頻率肯定會相對減小。所以結構設計過程中一定要注重模型與實際結構的統一。任何小小的差異都會影響實際計算與理論結果的匹配性。

频率法测试索力试验

赵宗豹，黎福海，黄长发，吴龙汉

1 索力测试原理

目前通用的索力测量方法有：电阻应变法、拉索伸长测量法、索拉力垂度关系测量法、张拉千斤顶测定法、压力传感器测定法和振动测定法。

根据结构动力学的基本原理，斜拉索的振动频率与索力之间存在一定的关系。对于某一根给定的拉索，只要测出拉索的振动频率，便可以求得该拉索的索力。

1.1 基本假定

1）拉索为等截面、材料均匀、应力应变关系符合胡克定律；

2）拉索振动时没有外力且为微幅振动；

3）拉索两端的拉力相等（忽略拉索自重）；

4）钢索两端铰接，振动时不计阻尼影响；

5）只考虑几何非线性，不考虑其他非线性。

1.2 频率法测索力公式推导

图 1 表示斜拉索模型及其坐标系。斜拉索在平面内横向自由振动方程为

$$EI \frac{\partial^4 w}{\partial x^4} - T \frac{\partial^2 w}{\partial x^2} + m \frac{\partial^2 w}{\partial t^2} = 0 \quad (1)$$

式中：EI 为斜拉索的抗弯刚度；w 为拉索的横向动位移；x 为沿斜拉索方向的坐标；T 为斜拉索张力；m 为拉索的单位长度质量。

在斜拉索两端铰支的情况下，由式（1）可解得

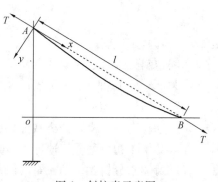

图 1 斜拉索示意图

$$T = \frac{4ml^2 f_n^2}{n^2} - \frac{n^2 \pi^2 EI}{l^2} \quad (2)$$

式中：n 为拉索自振频率阶数，$n = 1, 2, 3, \cdots$；f_n 为拉索的第 n 阶自振频率；l 为拉索的计算索长；m 为索每百米重量。如果忽略拉索抗弯刚度的影响，则有

$$T = 4ml^2 \left(\frac{f_n}{n} \right)^2 \quad (3)$$

拉索实际边界条件介于两端固定和铰接之间，由于拉索两端固定和铰接的差别是抗弯刚度影响的反映，且式（2）和（3）计算简便，工程应用中常常认为拉索两端铰接，并通过合理选择拉索的计算长度 l 甚至标定的方法来修正误差。假定把考虑抗弯刚度拉索的自振基频折算为无抗弯刚度拉索的一阶自振频率 f_1^*，则按式（2）有

$$T = 4ml^2 f_1^{*2} \quad (4)$$

由式（2）可知，在相同的索力作用下，拉索自振频率 f_n 的阶数 n 增加时，f_n/n 不是一个常数，它随 n 值的增加而增大。当低阶固有频率不能有效识别时，可由高阶固有频率推得 f_1^*，由式（4）计算索力。

2 试验项目的实践

2.1 试验装置

（1）手动液压泵，穿心千斤顶，力传感器，加速度传感器，电荷放大器，Cras 数据采集系统、反力架等。

（2）12mm 的索一根，长度为 5140mm。

仪器布置见图 2：

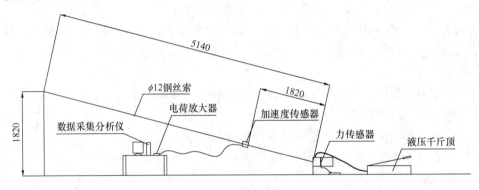

图 2　仪器布置图

2.2 试验内容及步骤

①固定斜拉索，定好加载点及布置好加载装置，张拉至某一预定拉力值；

②装低频压电加速度传感器；

③连接通讯电缆；

④启动动态信号模态分析软件，设置参数，进行示波，观察仪器是否正常；

⑤人工给予初位移或初速度，采集数据；

⑥进行频谱分析，得到拉索的前几阶振动频率值；

⑦重复试验不少于 2 次，并取其算术平均值或用最小二乘法处理数据。

2.3 试验结果

首先对 12mm 的索施加 1450N 的力，每百米的质量为 50kg，忽略抗弯刚度的影响，测试得到的频率结果及根据（3）式计算索力见表 1

试 验 数 据　　　　　　　　　　　　　　　　表 1

阶数 n	1	2	3	4	5	6	7
频率 Hz	5.5	11	17	22.5	29	35.5	40.5
拉力 N	1598.4	1598.4	1696.7	1671.9	1777.5	1849.7	1768.8

进一步给出计算索力随频率的变化图 3，然后对 12mm 的索施加 2460N 拉力，同样得到索力结果见表 2。

240

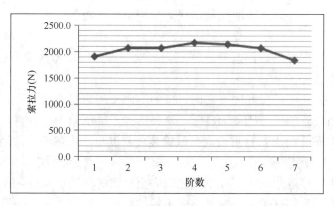

图 3　索力随频率变化图

试　验　数　据

表 2

阶 数 n	1	2	4	5	6	7	8
频 率 Hz	7	14	28	36	44	50.5	59.5
拉 力 N	2589.1	2589.1	2589.1	2739.2	2841.6	2750.1	2922.9

下面给出第二种情况下索力随频率的变化图 4

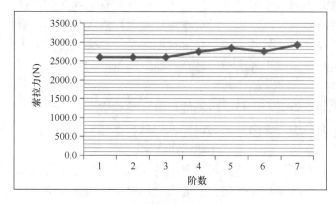

图 4　索力随频率变化图

2.4　讨论

2.4.1　结果分析

从表 1 和表 2 看出，根据频率法测得的索力变化幅度不是很大，基本上比较均匀，说明该方法具有一定的可靠性。当施加索力为 1450N 时，从图 3 得到，随着频率阶数的增加，计算得到的索力先增加，然后减少；但施加索力为 2460N 时，图 4 表现出了不一样的现象，计算索力表现为缓慢的单调增加。这说明外加索力的数值大小会影响计算索力。探究实测频率与阶数之间关系，得到计算索拉力随阶数上升有上升趋势，且高阶振动频率容易受外界因素干扰，因此舍去 5 阶以上频率数据。表 1 中 1～5 阶频率计算索拉力平均值为 1668.6N。实际索拉力 1450.4N。误差值为（1668.6-1450.4）/1450.4＝15％。表 2 中 1～5 阶频率计算索拉力平均值为 2626.6N。实际索拉力 2459.8kN。误差为（2626.6-

2459.8) /2626.6＝6.8％，这表明用频率法适合用于测试较大的索力。

2.4.2　误差分析

从上面的试验数据看出，误差不超过 15％，对多种不同误差来源分析如下：

1. 边界条件的影响

拉索的边界条件介于铰支和固支之间，按两端固支考虑更符合实际，如果不考虑垂度和斜度的影响，当拉索的抗弯刚度为零时，两种边界条件下索力的计算结果是一致的，但是我们选取的是 12mm 的索，自重较大且试验装置斜度也不可忽略，故而误差较大。

2. 拉索抗弯刚度的影响

拉索的抗弯刚度接近于索中高强钢丝之间完全粘结时的弯曲刚度，比完全不粘结时的弯曲刚度要大得多。我们试验采取的是完全不粘结拉索，刚度较小，按照上述（3）公式，在索等长的情况下，公式（3）又比（2）偏大，而我们按照（2）计算，无疑又将误差拉大了。将公式（2）变形，得到 $f_n/n = \sqrt{(T + n^2 D)/4l^2 \rho l}$，在索力一定的时候，$f_n/n$ 随着振动阶数的增加而增大，反映在频谱图上，其频谱间距逐渐增大。对于短索而言，采用（2）式计算索力，精度不易控制，为减小误差，应尽量采用低阶频率 f_n/n 来计算索力，如此误差较小。

3. 拉索垂度的影响

由于拉索自重的影响，一般情况下拉索呈悬链线布置，较长的索在较小拉力的情况下必须考虑缆索垂度的影响。该试验中索长较短且索力较大，故而拉索垂度对误差的影响没有其他因素明显。并且由文献知道采用高阶自振频率计算会减小拉索垂度的影响，这与上述拉索抗弯刚度误差影响减小办法相矛盾，故而忽略垂度的影响。

4. 温度的影响

由于温度变化，拉索会产生热胀冷缩的现象，导致索长发生改变，拉索的频率在不同时刻并非常量，从而会引起索力测试的误差。但是考虑到试验场地测试时温度变化不是很明显，且测试速度非常快，基本温度影响可以忽略。

实际上本次试验除了工作环境下可能发生的误差外，还存在着试验方法有待完善的地方，经以上分析，可以初步排除加载方式的影响而着重于频率测量方法，加速度传感器本身对索形成一定附加质量，且传感器与索本身的固定方式不牢固的话，将使得频率受到扰动而局限于一定数值范围内。

工字钢简支梁体外加固静载

褚丞一，石　轩，黄　未，王嘉西，杨建峰，尹崇岱

1　引言

钢结构具有强度高、重量轻、延性好和可靠性高等特点，因此被广泛地运用在各种工程项目中。但如果作用在钢结构上的荷载有所增加，或是由于设计、施工和使用过程中的一些原因以及意外损害使钢结构产生了损伤、缺陷，并且影响到了结构的强度、刚度和稳定性，则需要对其进行加固。其中一种较为简单易行的方法就是体外预应力加固法。体外预应力加固是当前对钢梁加固的方法中最理想的措施之一，它能大大地提高钢梁的变形性能，降低杆件中的应力，从而提高钢梁的承载能力。另外此方法较为经济，并且可以在不对日常工作造成影响的情况下进行，操作较为灵活简便。本次试验就采用了体外预应力加固的方法对一根工字钢梁进行了加固。

2　加固计算

原有体外预应力加固应采用预应力筋，预应力筋有多种布线方法，如直线形、折线形、抛物线形等。直线形布置预应力筋较为简单方便，但对承载力的提高帮助不大。考虑到另外几种布线方法较难实现，因此我们小组采用一组角钢作为支撑的方式来加固钢梁。

根据题目大意，用 sap2000 进行建模分析。建模中的钢材为 Q235，首先对单根工字钢进行建模并加荷载，受力简图如下所示：

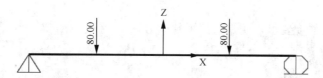

计算后得到的应力分布图如下所示，可以发现跨中部分最大的应力达到了 290kN/mm²，超过了 Q235 的强度设计值 215kN/mm²，因此需要通过增加预应力的方法增加此钢梁的承载力。

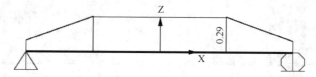

在钢梁下部根据原弯矩图的形状用了一对∠56×8 的角钢设置了支撑，并对跨中部分的弦杆施加一对力来模拟花篮螺栓所施加的预应力，其中腹杆高度为 250mm，简图如下所示：

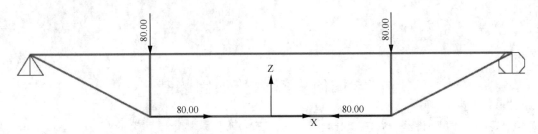

计算后得到的应力分布图如下所示:

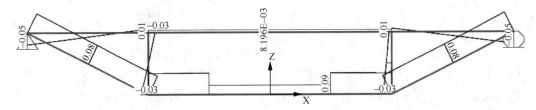

通过上图可以发现原工字钢梁的应力大大减小,最大处也只有 $50kN/mm^2$,于是减小了所施加的预应力:

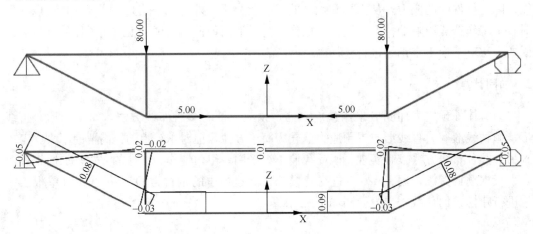

发现仍然满足强度要求,于是去掉了预应力:

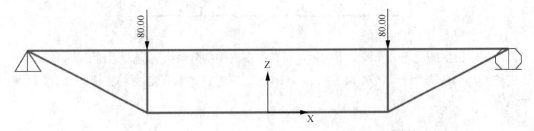

得到的应力图如下所示:

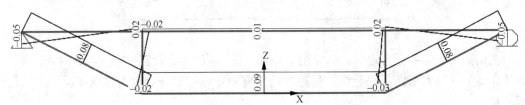

发现和较小的预应力作用时应力的分布几乎是一样的，因此最后的方案中没有对跨中下部的支撑施加预应力。

3 设计方案

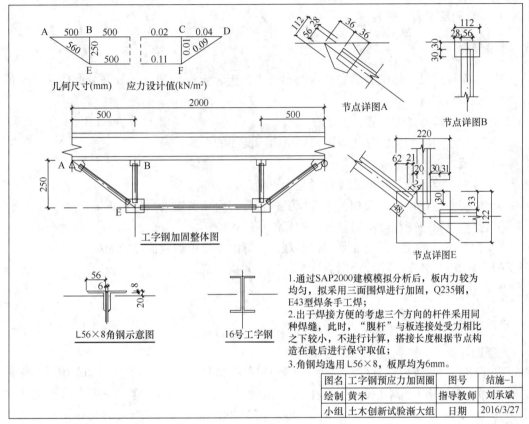

图 1　设计加工图

实际加工和设计有部分出入，具体为角钢选用由∠56×8 变为∠50×4，节点由铰接变为焊接，加载点间距由 1m 变为 0.5m，支座间钢梁长度由 2m 变为 2.2m，实际模型尺寸细节如上图。

4 测点布置与加载

我们在两个支座处和钢梁跨中共布置了 3 个百分表用以测定钢梁挠度，在 AG 杆 GH 杆和 BG 杆正中各布置了一对（正反面）延角钢长度方向的应变片，G 处节点焊板上布置了一对（正反面）应变花用以测定下部加固结构各处的应变，如图 2 所示。

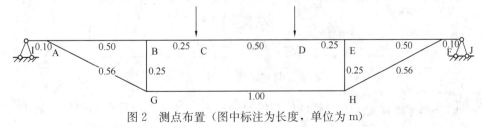

图 2　测点布置（图中标注为长度，单位为 m）

245

根据前期计算和老师的建议，将最大荷载拟定为 100kN，实际加载过程中，以下弦杆（图中 GH）应变到达未加固梁加载时最大应变（900 微应变左右为准）。实际加至 90kN 时，梁出现了明显的响声，怀疑为焊缝薄弱处开始破坏，故停止加载。故实际加载分级为 0，10kN，20.1kN，30.1kN，40kN，50.1kN，60.1kN，70kN，80kN，90kN。试验具体数据见附表（略）。

5　试验步骤

1）按设计图尺寸将试验梁安装在台座支撑架上，定好加载点，放好分配梁、千斤顶及承力架反力装置。
2）连接好液压加载装置。
3）装好电阻应变仪的连接线，接好电阻应变片的引线。
4）安装好百分表。
5）检查试验梁及荷载加载点位置是否正确。
6）检查测量仪器仪表及相关连接线是否正常，及相关连接线是否正确。
7）打开电阻应变仪电源调整每一测点的零点。
8）检查加载系统，开动油泵，按照理论计算的千斤顶加载值分级加载。
9）每一级荷载下，读数稳定后读一次应变和挠度值。
10）达到最大荷载后卸载。

6　试验结果

6.1　理论计算

利用结构力学求解器软件（原理为矩阵位移法）对试验梁进行了建模和求解。根据夏志斌老师《钢结构》课本后附表，我们对所需的材料参数进行了计算并统一单位，结果如下：图中 IJ 段为钢梁（16 工字钢），$EA = 538298.6\text{kN/m}$，$EI = 2327.8\text{kN/m}$，自重 0.201kN/m；其余下部加固结构为一对$\angle 50 \times 4$ 等边角钢 $EA = 344720.4\text{kN/m}$，$EI = 97.3556\text{kN/m}$，自重 0.060kN/m。分配梁以及传感器重量取为 0.1kN。理论计算具体结果这里从略。

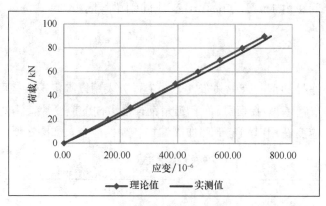

图 3　加固梁下弦杆荷载—应变

从图 3～图 5 可以看出通过软件计算得到的理论值和实际值符合得很好，其中如图 3

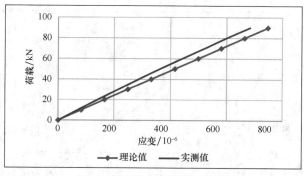

图 4　加固梁斜杆荷载—应变

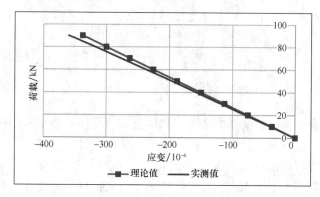

图 5　加固梁腹杆荷载—应变

所示斜杆理论值与实际值出现了稍大的偏差，实测应变小于理论应变，经观察，发现斜杆贴应变片处两条角钢中间焊接有加固用的钢片，这无疑增大了贴应变片处斜杆的截面积，使实际应变产生了一定的减小。除此之外的较小偏差，可能是由于试验材料的数据和理论计算模型中的数据存在一定的差异，实际加载过程中钢梁偏心受压（关于这个推测在后面的部分中有所叙述）等原因造成的。

6.2　钢梁应变分析

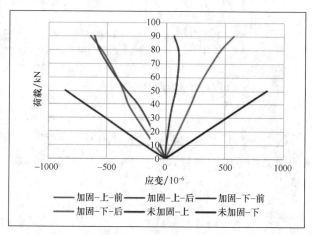

图 6　加固前后钢梁荷载—应变

（"上"表示钢梁上表面应变，"前"表示前侧应变片应变）

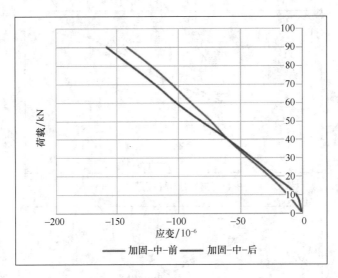

图7 加固梁钢梁中部（未加固时中性轴位置）应变

从上图中可以看出，同等荷载大小下，加固梁的应变明显小于未加固梁。加固后，下部加固结构会承担很大一部分荷载，故对应结构整体的中性轴下移，图6反映出加固梁钢梁跨中原中性轴位置存在接近上表面1/3的应变，这也很好的验证了这个推想，故钢梁下表面的应变绝对值应小于上表面。另外，实测钢梁下表面两侧应变有较大的差异，后侧应变值与上表面绝对值相当，而前侧应变值明显较小，以上异常的结果若非试验时的错误导致，可判定原因为钢梁偏心受压。

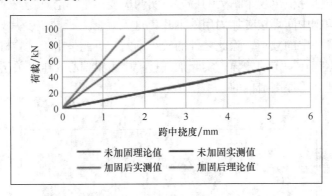

图8 钢梁跨中挠度对比

6.3 挠度分析

从以上荷载挠度曲线中可以看出，加固后，钢梁的跨中挠度明显下降。钢梁的实际挠度相比理论值有一定的超出，考虑到百分表安装的位置为钢梁下表面，推测原因同前面部分的分析为钢梁偏心受压。

第三篇参考文献

[1] 周明华主编．土木工程结构试验与检测．南京：东南大学出版社，2002
[2] 朱伯龙主编．结构抗震试验．北京：地震出版社，1989
[3] 林圣华编．结构试验．南京：南京工学院出版社，1987
[4] 李忠献编．工程结构试验理论与技术．天津：天津大学出版社，2004
[5] 王娴明编．建筑机构试验．北京：清华大学出版社，1988
[6] 姚振纲，刘祖华编．建筑结构试验．上海：同济大学出版社 1998
[7] 马永欣，郑山锁编．结构试验．北京：科学出版社，2001
[8] 康益群，叶为民编．土木工程测试技术手册．上海：同济大学出版社，1999
[9] 周颖，吕西林著．建筑结果振动台模型试验方法与技术．北京：科学出版社，2012
[10] 邱法维，钱稼茹，陈志鹏著．结构抗震实验方法．北京：科学出版社，2000
[11] 黄浩华著．地震模拟振动台的设计与应用技术．北京：地震出版社，2008
[12] 湖南大学等合编．建筑结构实验(第二版)．北京：中国建筑工业出版社，1998
[13] 姚谦峰，陈平编，土木工程结构实验．北京：中国建筑工业出版社，2003
[14] 袁海军，姜红主编．建筑结构检测鉴定与加固手册．北京：中国建筑工业出版社，2003
[15] 杨学山编．工程振动测量仪器和测试技术．北京：中国计量出版社，2001
[16] 王伯雄主编．测试技术基础．北京：清华大学出版社，2003
[17] 易成，谢和平等编．钢纤混凝土疲劳断裂性能与工程应用．北京：科学出版社，2003
[18] 傅志方，华宏星编．模态分析理论与应用．上海：上海交通大学出版社，2000
[19] 李忠献编．工程结构实验理论与技术．天津：天津大学出版社，2004
[20] 吴慧敏编．结构混凝土现场检测技术．天津：湖南大学出版社，1988
[21] 曹树谦，张文德等编．振动结构模态分析．天津：天津大学出版社，2002
[22] 邱法维，钱稼茹等编．结构抗震实验方法．北京：科学出版社 2000
[23] 蔡中民，混凝土结构试验与检测技术．北京：机械工业出版社，2005.
[24] 王柏生．土木工程试验与检测．北京：中国建筑工业出版社，2015.
[25] 李德葆，陆秋海．工程振动试验分析．北京：清华大学出版社，2004.
[26] 余世策，刘承斌．土木工程结构实验——理论、方法与实践．杭州：浙江大学出版社，2009.
[27] 张令弥．振动测试与动态分析．北京：航空工业出版社，1992
[28] 李德葆，沈观林，冯仁贤．振动测试与应变电测基础．北京：清华大学出版社，1987.
[29] 周颖，吕西林．建筑结构振动台模型试验方法与技术．北京：科学出版社，2012.
[30] 刘承斌，余世策，胡志华等．门式钢架静载实验项目开发与实践．实验室科学，2010，13(4)：52-54.
[31] 刘承斌，余世策，蒋建群，王柏生．结构试验动载实验平台的开发与实践．实验科学与技术，2010，8(6)：1-2，84.
[32] 刘承斌，余世策，蒋建群，王柏生．结构实验教学实验项目内容的改革尝试．实验室科学，2010，13(2)：12-13.
[33] 刘承斌，胡志华，蒋建群，余世策等．框架耗能减震振动台试验开发与实践．实验技术与科学，

2017，15（1）：70-72，91.

[34] 刘承斌，胡志华，蒋建群，万五一．频率法测试索力实验开发与实践．实验室科学，2015，18（2）：20-23.

[35] 刘承斌，蒋建群，余世策，胡志华等．体外预应力钢梁静动载实验开发．实验科学与技术，录用，Cnki 网络优先发表.

[36] 郑山锁，李磊．型钢高强高性能混凝土结构基本性能与设计．北京：科学出版社，2012.

[37] ［日］北村春幸．基于性能设计的建筑振动解析．西安：西安交通大学出版社，2004.

[38] 张荣山．工程振动与控制．北京：中国建筑工业出版社，2003.

[39] 陈绍蕃．钢结构．北京：中国建筑工业出版社，1994.

[40] 陆赐麟，尹思明，刘锡良．现代预应力钢结构．北京：人民出版社，2003.

[41] 韩林海，陶忠，王文达．现代组合结构和混合结构——试验、理论和方法．北京：科学出版社，2009.

[42] 陈志鹏，王宗纲，聂建国．土木工程结构试验与检测技术暨结构试验课教学研讨会论文集．北京：中国建筑工业出版社，2006.

第四篇　风　工　程

第15章 概　　述

15.1　风灾与结构风损

风灾是自然灾害中影响最大的一种，它发生频次高，次生灾害大，影响范围广，给人类带来巨大的生命和财产损失。据联合国 20 世纪 90 年代的有关统计，人类遭遇的各种自然灾害中，风灾给人类造成的经济损失超过地震、水灾、火灾等其他灾害的总和。1991年孟加拉国风灾造成 14 万人丧生，损坏或摧毁民房 100 万间，造成 30 亿美元的损失。1992 年安德鲁飓风横扫美国佛罗里达州，将 100 多万平方英里的地区夷为平地，损失达300 亿美元。据我国近年来统计，在我国沿海登陆的台风造成的年平均经济损失约 260 亿人民币和约 570 人死亡，仅 1994 年在浙江温州登陆的 9714 号台风，就造成 80 多万间房屋倒塌和损坏，死亡 1000 多人，直接经济损失达 108 亿人民币。随着人类改造自然、利用自然程度的不断加大，全球气候日趋恶劣，风灾发生的广度和烈度也呈逐年递增趋势。

风对人类造成的灾害，有很大部分是通过破坏构筑物而产生的。低层房屋的毁坏或倒塌是风灾中影响最大的一种风损，从 1989 年美国南加利福尼亚 Hugo 飓风实地调查结果表明，低矮建筑物 49％的仅有屋面受损，损害的情形各异，有局部的屋面覆盖物或屋面桁架被吹走或破坏，甚至整个屋面结构被吹走，从破坏部位来看，大多数屋面风致破坏发生在屋面转角、边缘和屋脊等部位。多层和高层建筑在强风中的破坏也时有发生，1926年的一次大风使得美国一座叫 Meyer-Kiser 的十多层大楼的钢框架发生塑性变形，造成围护结构严重破坏，大楼在风暴中严重摇晃，但高层建筑风损破坏最普遍的是强风对外墙饰面、门窗玻璃及玻璃幕墙的破坏。美国波士顿约翰汉考克大楼自 1972 年夏天至 1973 年 1月，由于大风的作用，大约有 16 块窗玻璃破碎，49 块严重损坏，100 块开裂，后来不得不调换了所有的 10348 块玻璃。除了建筑结构以外，大型体型复杂的构筑物也是风敏感结构，如输电塔、冷却塔、通讯塔、大跨度空间结构等在历史上都出现过严重的风损事件，这些重大工程大多是生命线工程，对人类造成的影响空前巨大。当然，风灾对重大工程风损最严重的当属历史上最著名的美国塔科玛海峡桥风毁事件，1940 年 11 月 7 日前半夜，建成才 4 个月的主跨 853m 的美国旧塔科马海峡大桥在风速约 19m/s 的八级大风作用下经历了几个小时的竖向振动后，诱发了强烈的风致扭转发散振动而坍塌。桥梁摇晃振动形态和坍塌过程恰好被因担心悬索桥振动而来到现场的华盛顿大学的法库哈森教授拍摄了下来，使我们如今能够看到那时桥梁的摇动和垮塌的情景。塔科马海峡这一可怕的风毁事故强烈地震惊当时的桥梁工程界，并拉开了全面研究大跨度桥梁风致振动和气动弹性理论的序幕。

15.2 风工程研究方法

研究风对结构的作用第一步必须了解不同地理区域气候意义上风的一般特性，以及局部极端气候的风特性。众所周知，风是由空气流动引起的一种自然现象，它是由太阳辐射热引起的。太阳光照射在地球表面上，使地表温度升高，地表的空气受热膨胀变轻而往上升。热空气上升后，低温的冷空气横向流入，上升的空气因逐渐冷却变重而降落，由于地表温度较高又会加热空气使之上升，这种空气的流动就产生了风。风常根据其具体成因的不同而被分成不同的类型，如大气环流风、季风、热带气旋、温带气旋、下山风（钦诺克风、焚风、布拉风）、急流效应风、雷暴风和龙卷风等，其中囊括了所有的宏观和微观气象的风类型，是研究风工程的基础。第二步要确定受到地表不同地形影响的低层大气的局部风特性，对于低层大气中的风，由于空气运动受地表摩擦阻滞的影响，不仅其平均风速随高度的降低而降低，而且它还表现出的较强的紊流特性和随机性，特别是受到周边邻近构筑物的影响而产生的风扰动效应使得对局部风的描述或处理显得更加困难。第三步则要研究由风产生的作用在结构上的荷载，包括静力荷载和动力荷载，结构上风荷载的时间和空间变化规律极为复杂，本质上是结构与流体的相互作用和耦合问题，是风工程研究非常重要的环节。第四步是研究风荷载引起的结构响应，包括静力响应和动力响应。确定结构的静力响应相对较简单，而确定结构的动力响应要复杂得多，结构的风致振动包括了平均风作用下的由旋涡脱落引起的横风向涡激共振、由与结构运动相关的自激力引起的分散性自激振动（如颤振、驰振）、由自然风的紊流特性和结构所致特征紊流（气流绕过结构时产生的不同尺度旋涡脱落所造成）引起的顺风向随机抖振以及在上游结构产生的尾流区中风速的横风向尾流驰振等。第五步研究的问题是如何把前四个环节中的研究成果总结成尽可能简洁、准确的标准条文，应用到实际结构的抗风设计上。

所有风工程问题均围绕以上五步展开，主要研究方法可分为现场测试、风洞试验和理论计算三种。现场测试是一种最直接的研究方法，比较直观和真实，但需要花费大量的人力、物力和时间，而且试验的气象、地形等条件难以人为地控制和改变，结构本身的特性也很难准确掌握。因此，现场测试方法不适用于对风工程现象的规律性和机理的研究，也无法在工程建设实施前解决相关的实际问题。理论计算包括解析计算和数值计算。解析计算一般仅对一些流线形结构的简单空气动力学问题有效。由于风工程研究的多半是钝体空气动力学问题，因此要实现完全的数学解析分析是几乎不可能的。数值计算又可以分为一般的基于风洞试验所得气动参数的半经验半理论数值分析方法和基于计算流体动力学（CFD）的纯数值方法。CFD方法在进行变参数影响研究、不同结构设计方案的气动性能比选等方面具有更大的灵活性和经济性，可以考虑实际结构的大尺度、高雷诺数等问题，但是其由于地形效应和空气动力效应的复杂性以及紊流模型的不完善，仅靠纯理论分析和计算流体动力学都是不可能完全解决空气动力学所面临的全部问题、不可能为细致的工程设计提供其所需要的全部空气动力学数据。风洞试验是风工程研究最重要的方法，与现场测试方法相比，既保留了直观性的优点，又比较节约人力、物力和时间，而且在风洞试验中可以在很大程度上人为地控制、调节和重复一些试验条件，因此是一种很好的研究风工程现象的变参数影响和机理的手段。要深入了解由于空气流动所引起的许多复杂作用，物理风洞试验仍然是非常必要的，这对于处在近地大气边界层中的具有钝体外形的建筑结构为主要研究对象的风工程领域更是如此。

15.3　风洞试验

风洞试验是依据运动的相似性原理，将试验对象（如大型建筑、飞机、车辆的模型或实物）固定在风洞试验段地面人工环境中，通过驱动装置（如风机）使风道产生人工可控制的气流，以此模拟试验对象在实际气流作用下的性态，获取试验对象的风荷载、安全性、稳定性等性能。

世界上第一座风洞于 19 世纪末在英国建成，风洞的出现最早主要是用在航空航天领域，随着工业技术的发展，风洞开始在一般工业以及土木工程领域中应用。丹麦人Irminger 于 1894 年在风洞中测量建筑模型的表面风压，开启了结构风洞的先河，20 世纪30 年代，英国国家物理实验室（NPL）在低湍流度的航空风洞中进行了风对建筑物和构筑物影响的研究工作，指出了在风洞中模拟大气边界层湍流结构的重要性。1950 年代末，丹麦的 Jensen 对风洞模拟相似率问题作了重要阐述，认为必须模拟大气边界层气流的特性。1965 年，在结构风工程先驱 Davenport 负责下，加拿大西安大略大学建成了世界上第一座大气边界层风洞，即具有较长试验段、能模拟大气边界层内自然风的一些重要紊流特性的风洞。在 Davenport 带领下新的大气边界层风洞不断涌现，边界层风洞试验技术得到不断发展，已经成为现代土木工程抗风设计不可或缺的技术手段。

我国的风工程研究起步较晚。20 世纪 70 年代初开始在实际高层建筑物上进行风压观测；1984 年北京大学建成了我国首座长试验段大气边界层风洞，试验段高 2m、宽 3m、长 32m，风洞采用吸式开口直流布局。广东省建筑科学研究院也于 1986 年建成了一个回流式双试验段边界层风洞，其大试验段为闭口式，长 10m×宽 3m×高 2m，小试验段采用闭口或开口两种形式，长 9m×宽 1.2m×高 1.8m。同济大学土木工程防灾国家重点实验室自 1990 年起陆续建成了大、中、小四座不同尺寸和用途的大气边界层风洞，其中，于1994 年建成的 TJ-3 风洞的试验段宽 15m、高 2m、长 14m，其宽度居当时的世界第二。于 1996 年 11 月通过验收的汕头大学风洞试验段宽 3m、高 2m、长 20m，最高风速达45m/s，属于国内较早开展风工程研究的风洞。进入 21 世纪，风工程研究越来越受到重视，西南交通大学、复旦大学、长安大学、湖南大学、大连理工大学、石家庄铁道学院、哈尔滨工业大学、浙江大学、华南理工大学、武汉大学、上海交通大学、湖南科技大学、长沙理工大学、中南大学等也相继建造了中小型边界层风洞，经过 30 多年的努力，我国结构抗风试验技术和风工程研究水平已进入了与世界同步的轨道，风工程研究得到了蓬勃的发展。

对建筑物模型进行风洞试验主要是为了获取建筑物原型的风荷载、风致振动响应特性等，这一技术从根本上改变了传统的设计和规范方法，成为大桥、电塔、大坝、高层建筑、大跨屋盖等超限建筑抗风设计的重要手段。

第 16 章　风工程试验设备

16.1　风洞

　　所谓风洞，是指在一个按一定要求设计的管道系统内，使用动力装置驱动一股可控制的气流，根据运动的相对性和相似性原理进行各种气动力试验的设备。按流动方式，风洞可以分为闭口回流式风洞和开口直流式风洞；按试验段形式，风洞分为封闭式风洞和敞开式风洞；按风速大小，风洞可以分为低速风洞、高速风洞和高超声速风洞等；按应用领域，可分为航空风洞、汽车风洞、建筑风洞、环境风洞等；按运行时间，风洞可分为连续式风洞和暂冲式风洞。相对于航空风洞来说，用于土木工程结构的风洞一般都是风速较低的低速风洞，并且通常采用封闭式试验段。为了能在风洞中对建筑结构所处的大气边界层风场进行合理的模拟，其试验段长度一般较大，因此，通常被称为边界层风洞。

16.1.1　低速风洞气动构造与功能介绍

　　图 16-1 和图 16-2 分别为一典型的直流式低速风洞和回流式低速风速的构造图，这类风洞一般由动力段、扩散段、稳定段（包括蜂窝器和阻尼网）、收缩段、试验段、导流片等组成，现对其各部分及功能进行详细介绍。

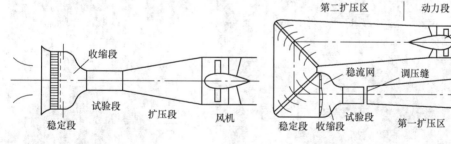

图 16-1　典型的直流式低速风洞　　　　图 16-2　典型的回流式低速风洞

　　1）动力段。动力段是低速风洞的动力产生部件，一般由动力段外壳、风扇、电机、整流罩、导向片和止旋片等构成，动力段的功能是向风洞内的气流补充能量，保证气流以一定的速度运转。

　　2）扩散段。扩散段是一种沿气流方向扩张的管道，其作用是使气流减速，以减少风洞中空气的能量损失，降低风洞工作所需要的功率。相关研究表明，相应于能量损失时最佳扩散角≤5°时，能保证气流在通过扩散段时不产生分离，否则不仅对扩散段本身性能，而且对位于扩散段下游的各段性能均会造成不良的影响。

　　3）稳定段。稳定段是一段横截面相同的管道，其特点是横截面积大、气流速度低，其设计包括截面、湍流衰减装置的结构与布局（蜂窝器和阻尼网）。稳定段的作用是为下游收缩段创造均匀来流的进口条件，如果稳定段内气流不均匀，则流出的气流经过收缩段后也将不均匀。当再经过扩散段后，气流速度和方向更加不均匀，甚至主流中还可能存在大尺度的旋涡。只有经过蜂窝器和阻尼网后，气流才能变得均匀，从而保证试验段流场的品质。另外，稳定段的长度对流场中气流的品质也有影响，一定长度的等截面管道有利于导直气流、稳定气流和均匀流场，对于大收缩比风洞，其长度应该为直径的 0.5 到 1.0 倍。

4）蜂窝器。常见的蜂窝器的格子形状有圆形、方形、六角形和梯形等形状，不同形状的格子损失系数不同。实践证明，六边形格子的损失系数最小，管道内的气流流动均匀、压力损失小，对降低湍流度的效果非常显著，如图 16-3 所示。蜂窝器对气流起导向作用，使气流旋涡尺度减小，在相当于网眼直径 5～10 倍的长度范围的湍流成分几乎完全被消除了，为了达到最大的效益，眼孔的长度应等于其直径的 6～8 倍。

5）阻尼网。阻尼网是直径较小的钢丝组成的小网眼金属网，可有一层或数层，如图 16-4 所示，可以使旋涡尺度进一步减小，气流紊流度明显下降，阻尼网的选择跟网的开闭比取值有直接的关系，如果网孔的开闭比太小，由于气流的合并，在网后气流可能出现不稳定；开闭比太大，对气流的整流作用又会削弱。同时，若同一张网上开闭比分布不均匀、网孔形状不规则的话，这种扰动作用会增强。通常，稳定段中阻尼网的开闭比一般大于 0.5。而低湍流度风洞多用 0.57＜开闭比＜0.6 的大开闭比网，且要求网孔均匀、规则、清洁、网面平整。阻尼网空间约等于稳定段直径的 0.2 倍是比较合适的，且最后一个阻尼网与收缩段进口之间的最佳距离为断面直径的 0.2 倍。如果比这个距离短得多，经过最后一个阻尼网的气流将会显著的失真，如果比这个距离长得多，就会出现附面层增厚。

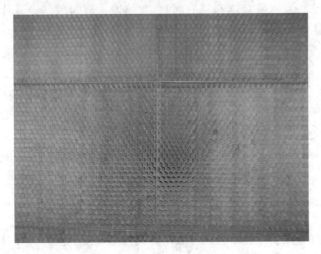

图 16-3　蜂窝器

图 16-4　阻尼网和拐角导流片

6）收缩段。收缩段是低湍流度风洞中至关重要的部分，其作用在于增大平均速度，把平均速度和波动速度的变化量都减少到平均速度的几分之一。收缩段的性能主要取决于收缩比、收缩长度和收缩曲线。收缩比 C 是指稳定段截面积与收缩段出口处截面积之比，从国内外常规低速风洞的设计和使用经验来看，收缩比取值通常为 $C=6～9$。收缩段的长度越长，越能避免分离层，但是这样做势必增大风洞长度，增加投资成本和出口附面层厚度，一般取收缩段的长度为其入口当量直径的 0.5～1.0 倍。收缩曲线的选取对收缩段也十分关键，常见的几种收缩曲线包括维辛斯基曲线、双 3 次曲线、5 次方曲线和多轴维辛斯基曲线。维辛斯基曲线进口处收缩快，有一个明显的逆压梯度，但其在出口部分则收缩缓慢，而且其轴向速度分布不会出现过冲现象，出口速度较其他两种收缩曲线均匀，因此应用更为广泛。维辛斯基三维收缩曲线计算公式如式（16-1）：

$$H = \frac{H_2}{\sqrt{1 - \left[1 - \left(\frac{H_2}{H_1}\right)^2\right] \cdot \frac{(1 - 3X^2/A^2)^2}{(1 + X^2/A^2)^3}}} \tag{16-1}$$

式中，H 为某截面半高，H_1 为入口截面半高，H_2 为出口截面半高，X 为从收缩段入口到某截面的轴向距离，$A = \sqrt{3}l$，其中 l 为收缩段计算长度。

7）试验段。试验段是风洞中模拟流场，进行模型空气动力试验的部件，是整个风洞的核心，为了模拟实际结构的流场，必须要求试验段具有一定的几何尺寸和气流速度，还应保证试验段气流稳定、速度大小和方向在空间分布均匀，背景紊流度低、轴向静压梯度低等。

8）导流片。在回流风洞中气流会经过拐角，在拐角处的外壁和拐角后的内壁处会发生分离，出现很多漩涡，由于离心力的作用，从内壁向外壁压力逐渐增大而速度减小，而在内壁上，由于离心力的作用，压力比较低。因此在拐角处必须设置拐角导流片，目的是防止分离和改善流动。在实践中一般都把导流片做成圆弧形，在前后缘加一短的延长，便于转动和压装，如图 16-4 所示。

16.1.2 浙江大学 ZD-1 边界层风洞

浙江大学 ZD-1 边界层风洞自 2005 年开始筹划，根据浙江大学现有的相关优势学科，拟定的风洞方案具有建筑、桥梁、交通、工业空气动力学、航空航天等方面的试验和研究功能。从目标功能上分析，首先风洞试验段要求有较大的截面，以满足大比例建筑、桥梁模型的风洞试验；其次风洞试验段要求有较宽的风速范围，以满足地面交通工具和工业空气动力学试验以及雷诺数效应试验对高风速的要求；最后试验段还应具有较高的流场品质，以满足低背景湍流的航空航天类或其他基础空气动力学研究的需求。为满足上述要求，并结合现有的条件，最终确定的风洞主要设计参数如表 16-1 所示。

风洞主要设计参数 表 16-1

参数名称	参数内容
风洞型式	单回路单试验段立式
试验段尺寸	（宽×高×长）4m×3m×18m
风速范围	3～55m/s
风洞收缩比	4∶1
风扇直径	4.8m（罩壳比为 0.50）
风扇叶片	10 枚（复合材料结构）
整流罩最大直径	2.4m
整流罩全长	7.2m
动力段总长	10m
直流电动机	1000kW，529r/min
调速方式	可控硅直流无级调速系统
控制方式	自动闭环和手动开环控制
风洞结构	钢和混凝土混合结构
最大气动尺寸	（宽×高×长）8m×18m×50.58m

ZD-1 风洞由 1 个动力段、3 个扩散段、1 个等截面段、1 个收缩段、1 个试验段、4 个拐角段组成，为抵消附面层增厚对速度均匀性的影响，风洞试验段采用水平微幅扩散的方法，当量扩散角小于 7°，可避免发生气流分离现象，为平衡风洞内外的压力差，在试验段与第一试验段交界处设置了宽 180mm 的压力平衡缝。风洞采用了钢结构与混凝土结构相结合的立式混合结构型式，其中稳定段、收缩段、试验段、第一扩散段和动力段采用钢结构、第二、第三扩散段、等截面段和四个拐角段均采用混凝土结构，动力段位于地下一层，最低点标高为-7.0m，试验段位于二层，最高点标高约为 10.0m，结构示意图如图 16-5 所示。

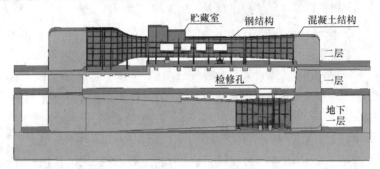

图 16-5 风洞结构示意图

风洞气流动力驱动系统是风洞的核心部件，ZD-1 风洞动力采用的是 1000kW 的直流电机驱动，根据该风洞动力系统的需求和工况分析，考虑到整体投资造价以及系统的先进性与可靠性，最终设计了小触大的控制驱动方案。具体来说，风洞动力控制系统以工控机为速压控制主机，全数字直流调速/驱动器为调速驱动核心，可编程控制器 PLC 为系统逻辑、连锁控制核心，直流电机配增量式脉冲编码器作为速度反馈装置，以实现高精度速度闭环控制。安装于风洞试验段中的速压传感器测量实际速压值，作为反馈量送入工控机，工控机内的数字速压控制算法完成高精度稳速压控制。同时风洞还设开环控制方式直接控制电机转速，这样一旦闭环控制系统失灵，也可以采用人工控制风速运行。

转盘机构是建筑结构风洞试验必备的装置，用来调节模型的风偏角，ZD-1 风洞在同一试验段内设置了大小两个转盘，大转盘直径 3.3m，距试验段入口处 13.5m，主要用于大气边界层流场风洞试验，小转盘直径 1.5m，距试验段入口 3.75m，主要用于覆面层较薄的均匀流场风洞试验，转盘机构采用外置式 β 角无级变速，可以正反转，最小转角步长 0.1°，最低转速不小于 1.0°/s（满负载时），转盘角度给定及限位保护由计算机控制，控制精度为±0.05°，转动范围为±180°。在结构设计时增加立柱高度达到 0.5m 以上，将立柱中间约 1m 直径的圆盘设计成可拆卸，同时转台中间设连接支座，用于安装天平等测试设备。经过改良的转盘结构可塑性强，大大提高了模型安装的灵活性和效率，转盘机构立面设计图如图16-6 所示。

ZD-1 风洞最大的特色是配置了带收藏机构的三维移测架，该移测架有效

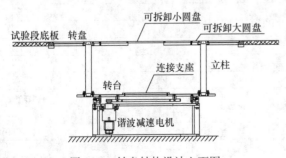

图 16-6 转盘结构设计立面图

行程为纵向 2.0m，横向 2.0m，竖向 1.5m，定位精度为单次移动 ±0.2mm，累计移动 ±1.0mm，两根 15m 轴向工字钢导轨通长固定于试验段顶壁两侧，采用移测架在导轨上滚动再锁紧的方式使风速探头游测于整个风洞试验段的大部分试验空间。移测架带半自动收藏机构，试验段进口部位上方设专用贮藏室（如图 16-5 所示），当流场调试结束时移测架通过收藏机构收藏于专用贮藏室内，三维移测架的结构如图 16-7 所示。三维移测架使风洞流场调试的效率和质量大大提高，除了流场调试外移测架还可以用于风环境试验和其他需要附加支撑的风洞试验。

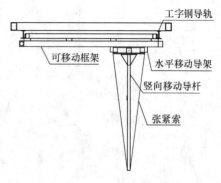

图 16-7 带收藏功能的移测架

ZD-1 边界层风洞于 2010 年建成，建成后风洞试验段和风洞外观如图 16-8，16-9 所示。

图 16-8 风洞试验段

图 16-9 风洞外观

16.2 风洞测试设备

风洞测试设备可以分为风速测试设备、风压测试设备、风力测试设备及风振测试设备这几种，除风振测试设备具有通用性以外，其他测试设备均有区别于其他测试领域的新特点，这里主要介绍风速、风压及风力的测试设备。

16.2.1 风速测试设备

目前风洞试验中进行风速测量的主要仪器设备有皮托管、Irwin 风速探头、五孔风速探头、眼镜蛇脉动风速测量仪和热线（膜）风速仪等。

1. 皮托管

由空气动力学的伯努力方程，对于低速（即风速不超过 0.3 倍音速，约 100m/s）、不可压缩的流动，沿某一流线作稳定流动的不可压缩无黏性气流应满足如式（16-2）：

$$P_0 + \frac{1}{2}\rho U^2 = P \tag{16-2}$$

式中，ρ 为空气密度（kg/m³），在一个标准大气压（101325Pa）、15℃气温条件下，干燥空气的密度约为 1.225kg/m³，U 为各点的风速，P_0 为各点的气流静压，P 是常数称为总压，对于不同的流线 P 值可能不同。由此式可知，当风速从 U 降为零时，气流的压力将增加 $\rho U^2/2$ 此即为由自由气流风速所能提供的单位面积上的风压，称为动压。

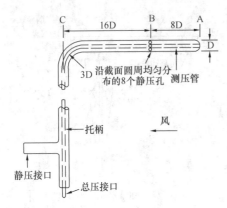

图 16-10　标准皮托管构造

皮托管（也称风速管），即是根据上述原理进行风速测量的设备，标准皮托管的构造如图 16-10 所示，其头部为半球形，后为一双层套管，测速时头部对准来流，头部中心处小孔（总压孔）感受来流总压 P，经内管传送至总压接口，头部后约 8D 处的外套管壁上均匀地开有一排孔（静压孔），感受来流静压 P_0，经外套管传至静压接口。根据式(16-2)，则该点的风速为：

$$U = \sqrt{2(P-P_0)/\rho} \qquad (16-3)$$

总压孔有一定面积，它所感受的是驻点附近的平均压强，略低于总压，静压孔感受的静压也有一定误差，其他如制造、安装也会有误差，故测算流速时应加一个修正系数 ζ。ζ 值一般在 $0.98 \sim 1.05$ 范围内，在已知速度之气流中校正或经标准皮托管校正而确定。皮托管的静压接口和总压接口分别与测压设备相连，可直接测出两者的压差即动压，由于皮托管与测压设备之间的导管一般较长，因此主要用来测量风洞流场的平均风速。

2. Irwin 风速探头

Irwin 探头由加拿大 RWDI 公司 Irwin 博士发明，主要用来测量接近地面的行人高度上任意风向的水平风速。考虑到加工方便，对 Irwin 博士设计的风速探头的构造进行了简化处理，得到简易型风速探头，如图 16-11 所示，探头为圆柱体，直径为 10mm，高度为 15mm，探头上部分挖去直径为 6mm，深度为 10mm 的圆柱体，形成一个大的测压孔 K1，将一根外径为 1mm，内径为 0.8mm 的钢管安装在圆柱体的中央，钢管顶部测压孔 K2 距离圆柱体上表面距离为 h，用来测定钢管上端的压力 P_2，另一根同样的钢管出口端安装于圆柱体内部，用来测定测压孔的压力 P_1，根据 Irwin 的理论，当探头上表面与地面齐平时，存在如下关系：

$$V = \alpha\sqrt{P_1 - P_2} + \beta \qquad (16-4)$$

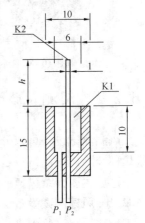

图 16-11　风速探头设计图（单位：mm）

其中，V 为 h 高度处的来流风速，α 和 β 为标定系数，可通过风洞试验进行标定，由于风速探头的轴对称特点，这种风速探头又称为无风向探头。

由于行人高度的标准是确定的，一般为 2m，这样对于不同比例的模型试验，Irwin 探头的探针伸出基座顶面的高度是不同的，标定系数 α 和 β 也是不同的，由于制造误差的影响，它们的标定系数也是存在一定的差别，但制造工艺好的探头，同一规格探头的标定系数的差别不大。调节风速探头高度并利用移测架调节皮托管的高度并保持两者同高，测得不同风速下的皮托管风速 V 和 $\sqrt{P_1 - P_2}$，采用最小二乘法对两者进行拟合，得到不同探头高度时的实验结果和拟合曲线，如图 16-12 所示，其中不同探头高度时的标定系数 α 和 β 结果如表 16-2 所示，可以看出，随着探头高度的增加，α 即拟合曲线的斜率逐渐减小，当 $h > 15$mm 后趋于稳定，而 β 则在 0 附近波动。Tsang 得到 $h=10$mm 时的标定系数为

$\alpha=1.66$，$\beta=0.01$ 与表 16-2 结果极为接近，充分说明了结果的可信度。

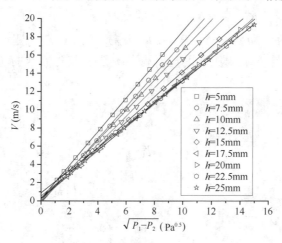

图 16-12　探头高度不同时标定曲线

探头高度不同时标定系数

表 16-2

h（mm）	α	β	h（mm）	α	β
5	1.8449	0.2164	17.5	1.3139	0.2573
7.5	1.7615	−0.2216	20	1.3331	0.1868
10	1.6551	0.0199	22.5	1.2384	0.8694
12.5	1.5629	−0.0825	25	1.2653	0.5231
15	1.3906	0.3038			

3. 五孔风速探头

测量低速、定常不可压三维流场时，经常采用五孔探针来测量气流的方向、总压、静压和速度等气动参数，这种方法具有原理简单，使用维护方便、探头不易损坏及费用低廉等优点，因此得到了广泛的应用。五孔探针构造与皮托管有相似之处，其在两个垂直的平面内有五个测压孔，两个平面（偏转面和俯仰面）的交线通过中心孔（图 16-13）。常用的五孔探针有束状和球头型式，偏转角、俯仰角和空间三个方向的速度分量如图 16-14 所示。应用五孔探针测量三维风速通常有三种方法，包括对向测量法、半对向测量法和非对向测量法。对向及半对向测量法测量的探针校准工作及处理试验数据量较少，但需要复杂的转动机构以及长时间找孔与孔之间的压力平衡，不适用于大批量测点的流场测试。非对向测量法操作简单，直接采集五孔压力值，根据校准曲线即可求取偏转角、俯仰角、速度、总压和静压等，但探针校准和实验数据处理的工作量较大。

采用非对向测量法时，从图 16-14 上可以看出，只需得到风速 V、侧滑角 α 和仰俯角 β 便可以得到三个正交分量的风速，而在实验中只能得到探针五个测压孔的压力数据，因此通常是利用数学模型来建立两者之间的联系。一般五孔探针的校准系数包括 α 校准系数、β 校准系数、总压校准系数和静压校准系数，由于本书关心三维风速，因此不考虑总压和静压的校准系数，这里只给出了 α 角、β 角和动压校准系数 K_α、K_β 和 K_q 的定义如下：

$$K_\alpha = (P_2 - P_4)/[P_1 - 0.5(P_2 + P_4)] \tag{16-5}$$

$$K_\beta = (P_3 - P_5)/[P_1 - 0.5(P_3 + P_5)] \tag{16-6}$$

$$K_q = (P_a - P_0 - P_1)/(P_1 - \overline{P}) \tag{16-7}$$

其中，$\overline{P} = 0.25(P_2 + P_3 + P_4 + P_5)$，$P_a$ 为来流总压，P_0 为测点静压，P_1、P_2、P_3、P_4、P_5 分别为五孔探针五个测压孔的压力，各测压孔编号在坐标系中的相对位置如图 16-13 所示。

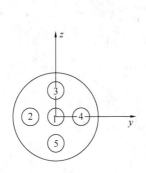

图 16-13　探针五个测压孔
　　　　　位置定义

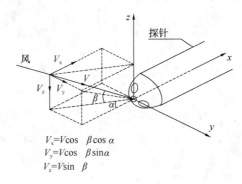

$V_x = V\cos\beta\cos\alpha$
$V_y = V\cos\beta\sin\alpha$
$V_z = V\sin\beta$

图 16-14　五孔探针的角度定义

图 16-15 为三个校准风速下五孔探针的 α-K_q 曲线，其中同样图标的三条曲线代表三个校准风速的结果，从图中可以看出，动压校准系数 K_q 在 $\alpha = 0°$ 时最小，在 $\alpha = \pm 24°$ 时达到最大，且 α 为正偏角时的动压校准系数略小于 α 为负偏角的结果，从动压校准系数随 β 角的变化曲线可以看出，β 角绝对值越大，动压校准系数越大，而且 β 角绝对值相等的校准曲线几乎重合，当 α 角和 β 角绝对值均小于等于 8 度时，动压校准曲线相差不大，K_q 也基本相等且接近于零。同时可以发现，不同校准风速的校准曲线非常接近，表明动压校准系数对风速并不敏感。图 16-16 为三个校准风速下五孔探针的 K_α-K_β 曲线，图中的散点代表各工况的 α 和 β 校准系数结果，可见 81 个散点呈阵列状，各行列所代表的侧滑角 α 和俯仰角 β，图中各散点分散有序，三个校准风速下的校准结果几乎完全重合，表明角度校准曲线对风速也是不敏感的。应用校准曲线便可以通过插值法或最小二乘法拟合得到实际风速、侧滑角和俯仰角等参数。

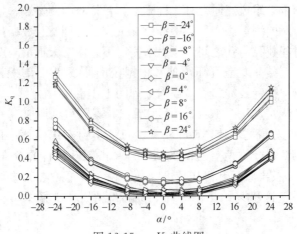

图 16-15　α-K_q曲线图

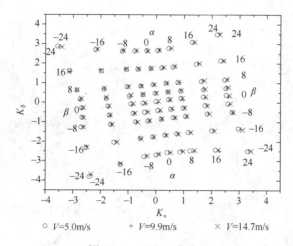

○ V=5.0m/s   + V=9.9m/s   × V=14.7m/s

图 16-16 K_α-K_β曲线图

4. 眼镜蛇探针

眼镜蛇探针属于多孔探针的一种，设计原理与前述五孔探针类似，它是一种头部布置四个测孔的特殊探针，其头颈部与一条直立的眼镜蛇相似（如图 16-17），因此而得名。眼镜蛇探针同样采用压力测量的方式得到三向风速，但由于其将传感器直接安装在探针的手柄内，克服了测压管路对频响的影响，因此可以用来测量三向高频脉动风速。

 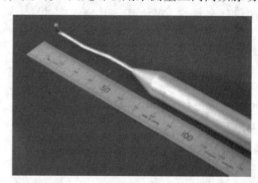

图 16-17   眼镜蛇探针

目前国内使用的眼镜蛇探针都是澳大利亚 TFI 公司生产的 Series100 系列眼镜蛇探针，可达到的参数指标如下：

1）测量风速范围 2～100m/s；

2）可测量风偏角/攻角的角度范围不小于±45°，角度误差不小于 1°；

3）能够同时测量 u、v、w 三向压力或风速时程，风速测量误差不大于 5%（压力测量误差约 0.3%）；

4）仪器频响范围 0～2000Hz；

5）探头尺寸规格 2.6mm。

眼镜蛇探针测试的三向风速分量及测试俯仰角和侧滑角定义如图 16-18 所示，测试得到三个风向的风速时程，测试安装时应尽可能使探头中心孔对准来流，若测试中只记录来流合速度的大小，则安装时存在一定的偏角同样可以得到准确的结果。

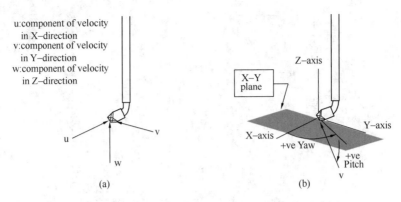

图 16-18　眼镜蛇探针测量的三个脉动风量坐标示意图

5. 热线（膜）风速仪

热线（膜）风速仪发明于 20 世纪 20 年代，其基本原理是利用探头上的热线（膜）在气流流过时由于散热量增加而降温从而导致电阻变化的原理来测量风速。标准的热线探头由两根支架张紧一根短而细的金属丝组成，如图 16-19 所示，金属丝通常用铂、铑、钨等熔点高、延展性好的金属制成，常用的丝直径为 $5\mu m$，长为 2mm。根据不同用途，热线探头还做成双丝、三丝、斜丝及 V 形、X 形等，图 16-20 为 X 形二维热线探头，三维热线探头不常用，由于热线之间相互干扰较严重，误差要大于一维和两维探头。为了增加强度，有时用金属膜代替金属丝，通常在一热绝缘的基底上喷镀一层薄金属膜，称为热膜探头，热膜探头尺寸相对较大，一般都是一维的。

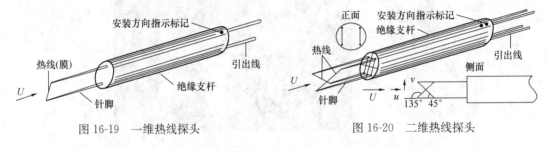

图 16-19　一维热线探头　　　　　　图 16-20　二维热线探头

热线（膜）风速仪的优点是：（1）探头体积小，对流场干扰小；（2）适用范围广，不仅可用于气体也可用于液体，在气体的亚声速、跨声速和超声速流动中均可使用；（3）除了测量平均速度外，还可测量脉动值和湍流量；（4）频率响应高，可高达 1 MHz；（5）测量精度高，重复性好。热线（膜）风速仪的缺点是热线容易断裂，每次使用前都要经过校准，对校准技术的要求较高。

热线（膜）风速仪的功能还可以进行拓展，可用来测量湍流中的雷诺应力及两点的速度相关性、时间相关性，测量壁面切应力（通常是采用与壁面平齐放置的热膜探头来进行的，原理与热线测速相似），还可以用于测量流体温度（事先测出探头电阻随流体温度的变化曲线，然后根据测得的探头电阻就可确定温度）。

16.2.2　风压测试设备

1. 微压计

液体式压力计是最早使用的测压仪器，其工作原理是液体静力平衡，利用液柱自重产生的压力与被测压力平衡，用液柱高度差来进行压力测量，主要包括补偿式微压计和倾斜式微压计。作为高准确度的液体式微压标准压力计，补偿式微压计应用较广，补偿式微压计主要由盛水小容器 5、大容器 2、连接胶管 1、刻度盘 3、刻度尺、螺杆、反光镜等组成，图 16-21 为补偿式微压计的构造图。补偿式微压计的工作原理是：较大压力的胶管接到"＋"接头与 2 相通，小压力接到"－"接头与 5 相通，2 中水面下降，水准头露出，同时 5 内液面上升。旋转螺杆以提升容器 5，同时 2 中水面随着上升，直到 2 中水面回到水准头原来所在的水平面为止。此时刻度尺和刻度盘上的读数总和即为所测的压力（mmH$_2$O）。其原理的实质，是通过提高容器 5 的位置，用水柱高度来平衡（补偿）压力差造成的 2 中水面的下降，使 2 中水面恢复到原来的零位位置，这时 5 所提高的高度就是两容器压力差所造成的水柱高度。

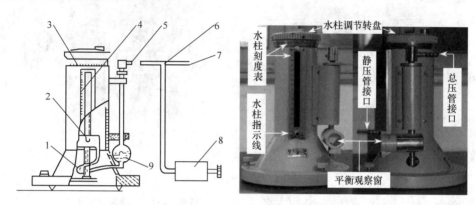

图 16-21　补偿式微压计

1—容器连接胶管；2—大容器（疏空）接嘴；3—旋转标尺；4—垂直标尺；

5—小容器（加压）接嘴；6—三通导压管；7—连接标准器管口；

8—压力源；9—读数尖头

　　应变式测压传感器的工作原理是利用被测压强作用于弹性元件上使之变形，导致弹性元件上的电阻应变片产生应变而改变电阻值，从而使由电阻应变片组成的电桥电路输出与压强成一定关系的电压信号，根据校准曲线得到被测压强值（如图 16-22）；压阻式测压传感器的工作原理是利用固体受到作用力后，电阻率会发生变化的压阻效应制成，其核心

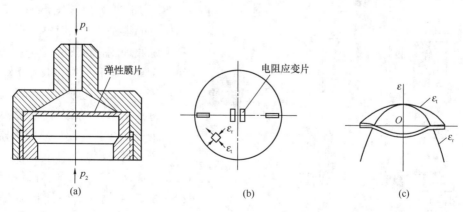

图 16-22　应变式测压传感器原理图

265

部分是一块圆形的硅膜片，在硅模片上采用集成电路工艺设计四个等值电阻组成一个平衡电桥，当被测压强作用于膜片上时，膜片各点产生应力，由于压阻效应而使四个电阻在应力作用下产生电阻变化，使电桥失去平衡，输出电压信号，根据校准曲线确定相应的压强；电容式测压传感器是利用金属弹性膜片作为电容器的一个可动极板，另一个金属平板作为固定极板，组成一个简单的平板电容器，当被测压强作用于弹性膜片时，膜片受力变形，使传感器的电容量发生变化，根据由校准所确定的压强与电容式测压传感器的电容量之间的函数关系，来确定被测量的压强值。测压传感器的输出量是与被测压强成比例的电量，可供数据采集和处理系统自动记录和处理，体积小、对压强变化反应快、灵敏度高，但易受温度影响，必须经常校准。典型的测压传感器实物如图 16-23 所示。

图 16-23　测压传感器

2. 电子压力扫描阀

风压测试中往往需要测量大量测点的压力，如果各测压点都单独使用一个测压传感器，则不仅增加传感器的校准工作量，还会增加实验费用，甚至降低实验结果的准确度，因此对于多点测压普遍采用压力扫描阀装置，20 世纪 70 年代出现的机械压力扫描阀以机械扫描的方法，用一只高精度测压传感器对应几十个通道，靠机械转动将多通道压力逐一对应在公用的传感器上，机械式压力扫描阀通道数有限、压力平衡时间长、滞后大、扫描速率低限制其大规模应用，直至 80 年代出现了电子压力扫描阀系统，电子压力扫描阀系统有先进的设计思想，每个待测点各自对应一个测压传感器，采用高精度压力校准器进行联机实时在线自动校准并考虑对温度的自动修正，速度快、精度高。

图 16-24 为由美国 Scanivalve 公司生产的 DSM3200 型电子压力扫描阀系统原理图，由 8 个压力扫描阀模块、系统控制和数据采集单元、伺服压力校正单元和电磁阀控制单元等组成，每只 ZOC33 压力扫描阀模块含有 8 组集成在一起的测压传感器、每组 8 个，共 64 个测压传感器，8 个模块共计 512 个测压传感器，DSM3200 数据采集系统提供了 8 个 A/D 板，分别连接 8 个扫描阀模块，

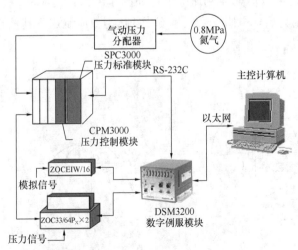

图 16-24　电子压力扫描阀系统原理图

每个 A/D 板的最高采样频率为 40kHz，采样方式是对每个扫描阀模块上的所有 64 个通道循环地逐个通道轮流采集，两相邻通道的最小采样延时为 1/40kHz＝25μs，同一通道两次采样的最小延时为 25×64/1000＝1.6ms，即最高采样频率为 625Hz。严格来讲，这种电子压力扫描阀系统真正同步测量的只有 8 个模块的对应通道，其他通道的测量是有延时的，只是由于延时很小，可近似认为各通道的测量是同步的。图 16-25 为电子压力扫描阀的实物图。

 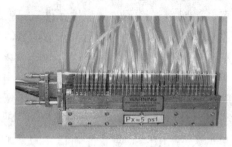

图 16-25　电子压力扫描阀系统

由于电子压力扫描阀能测量高频压力信号，故常用于大批量测点动态风压的测量。在测压试验中模型表面的压力是通过测压管路传输到压力传感器上的，从空气动力学的角度出发，当测量对象是脉动压力时，这种压力传输是通过压力波的形式实现。当测压管路太短时，压力波在管端将发生反射，并与入射波叠加形成驻波，当与管路系统固有频率接近时就会产生管腔共振，使脉动压力增大；而当测压管路太长时，会使管路系统的固有频率显著降低，从而起到低通滤波器的作用，使压力信号中的高频成分显著衰减，影响测量精度。因此在实际应用中常采用缩短测压管路的长度、增大内径或在测压管的适当位置加入限流器等方法来改善测压管路的信号畸变问题，或者采用理论修正的方法来考虑由于信号畸变造成的脉动压力测量误差。

16. 2. 3　风力测试设备

天平是风洞测力试验中的主要测力装置，用于直接测量作用在试验模型上的空气动力荷载的一种测量装置。天平可以将作用在模型上的风荷载按天平的直角坐标系分解成三个互相垂直的力分量和绕三个坐标轴的力矩分量，并分别测量，通过坐标转换的方法可以把天平坐标系中的静风荷载转换到所需的坐标系统中，从而确定作用在模型上的风荷载的大小、方向和作用点。天平有多种分类方法。根据安装型式可分为外式天平、内式天平；根据测量原理可分为机械天平、应变天平和压电天平等；按所测分量的多少，可分为单分量天平、三分量天平、五分量天平和六分量天平等。以下分别对各种不同测量原理的天平进行介绍。

1. 机械天平

机械天平是在低速风洞中使用的一种空气动力测量装置。机械天平由模型支撑系统、模型姿态角机构、力与力矩分解机构、传力系统、平衡测量元件、架车与天平测量控制系统等组成。机械天平采用力平台与力矩平台进行力与力矩的分解，根据静力学平衡原理进行测量。机械天平将作用在模型上的空气动力分解成各个空气动力分量，由每个平衡测量元件进行独立测量，因此有很高的测量精度；通过调整可使各个空气动力分量之间的相互干扰减到最小程度，因此有很高的测量准度；机械天平有较大的刚度，一般不需要对模型进行弹性角修正；机械天平有较宽的载荷测量范围，通过调整可有很高的灵敏度；机械天平受环境影响小，有较好的长期稳定性。机械天平按结构形式进行分类主要可分为塔式天平和台式天平两大类。

2. 应变天平

应变天平是一种通过测量弹性受力元件表面应变的方法来确定作用在被测物上荷载的测力装置，一般由天平元件（弹性元件）、应变计与测量电路（测量电桥）组成，试验时应变天平承受作用在模型上的空气动力荷载，并且把它传递到支撑系统上。天平元件在空气动力荷载作用下产生形变，其应变与外力大小成正比。粘贴在天平元件表面的应变计也同时产生变形，使其电阻值产生增量，这个电阻增量由应变计组成的惠斯顿全桥测量电路把它转换成电压增量，该电压增量值与应变天平所承受的空气动力荷载值成正比。将电压信号通过 A/D 转换后，输入到计算机上进行处理，即得到作用在模型上的空气动力与力矩。与机械天平相比，应变天平有质量轻、响应快、电信号容易传输的特点，应变天平体积小，可放在模型腔内，不仅可测量作用在全模型上的空气动力与力矩，而且可测量作用在部件模型或外挂物模型上的空气动力与力矩。应变天平按结构形式进行分类主要可分为杆式天平和框式天平两大类。

杆式应变天平一般设计成整体结构（如图 16-26），国外一些结构复杂的杆式天平也有装配式的。轴向力元件多采用"I"型元件；其他分量测量元件型式有：三片式、四片式、五片式和矩形截面元件。典型结构如图 16-26 所示。易于小型化（$\phi6\text{mm}\sim\phi120\text{mm}$ 或更大），适用范围广，但机械分解能力差，分量间的干扰较大（如其他载荷对阻力的总干扰量可以达到 30%），刚度小，天平公式复杂，数据处理要求高。通常仅用作内式天平，主要用于尾撑、腹撑或外挂物试验。该种天平在高、低速风洞中都有大量的应用，但主要应用于模型空间尺寸小、载荷大的环境以及外挂物试验中，在能使用框式天平或外式天平的试验中一般不使用该种天平。

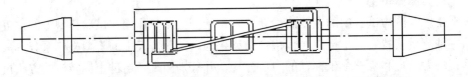

图 16-26　杆式天平构造图

框式应变天平可细分为拆卸式（装配式）和整体式两类，整体式框式天平的典型结构如图 16-27 所示。在框式天平中结构最紧凑（宽度 50~300mm 或更大），适用范围广，机械分解能力较好，分量间的干扰较小（如其他载荷对阻力的总干扰量可以控制在 10% 以

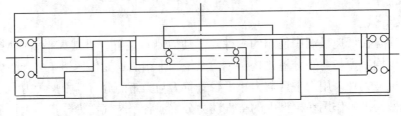

图 16-27　整体框式天平构造图

内），刚度较大，刚度达不到要求时，可修正弹性角。

可拆卸式框式天平典型结构如图 16-28 所示。在框式天平中应用最广（宽 100～300 mm 或更大），元件或连杆损坏可更换，适用范围大，机械分解能力好，分量间的干扰小（如其他载荷对阻力的总干扰量可以控制在 10％以内），刚度大，刚度达不到要求时，可修正弹性角。可用作外式天平和内式天平，作内式天平用时主要用于尾撑或腹撑试验。该种天平在低速风洞中有大量的应用，常应用于模型空间尺寸较大、刚度要求大的模型试验，在能使用大型框式天平的试验中一般不使用杆式天平。

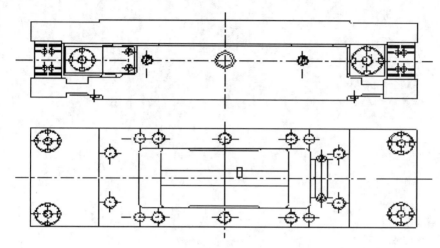

图 16-28　可拆卸框式天平构造图

除了常规应变天平外，为适应特殊的测力要求，产生了一系列特种应变天平，其中包括动导数天平、铰链力矩天平、外挂天平、喷流天平、马格努斯力天平、旋转天平、螺旋桨天平、旋翼天平、高频底座天平等，高频底座天平是风工程领域应用最为广泛的天平测试系统，用于测量作用在高耸结构物模型上的动态风荷载，与一般应变天平测量不同，高频底座天平测量的是广义力谱，再通过机械导纳求得高耸结构物的动态响应谱。为了获得作用在模型上的广义力谱，天平—模型系统的基阶固有频率要远离模型结构响应的频率范围，因此高频底座天平要有高的刚度，一般要求天平的固有频率在 200Hz 以上。另外为了保证天平各分量的准确测量，特别是动态荷载的准确测量，天平要有较好的力和力矩的分解能力，各分量干扰要小，灵敏度要高。图 16-29 为 ZD-1 风洞中应用的德国 ME-SYSTEME 高频测力天平，该天平量程定制，共设置了三个量程，分别为量程 1：$Fxy=20N$，$Fz=40N$，$Txyz=4Nm$；量程 2：$Fxy=130N$，$Fz=260N$，$Txyz=26Nm$；量程 3：$Fxy=260N$，$Fz=520N$，$Txyz=52Nm$，测量精度达到 $0.3％F.S.$，采样频率能达到

图 16-29　德国 ME-SYSTEME 高频天平

1kHz，天平固有频率达到 300Hz。

3. 压电天平

压电天平是利用压电材料受力后在其表面产生电荷的压电效应的原理来测量作用在模型上的空气动力荷载，当压电材料受到一定方向的外力作用时，在它的两个表面上会产生极性相反、电量相等的电荷，其电荷量值与外力的大小成正比。当作用力方向改变时，其电荷的极性也随之改变；当外力去掉后，又恢复到不带电状态。压电天平具有结构简单，灵敏度高，线性度好，刚度大，载荷范围宽以及频率响应快等特点，其缺点是低频特性差。

第 17 章 风工程试验理论与方法

风洞试验在土木工程中的应用主要包括结构抗风试验和建筑风环境试验等，需要进行抗风试验的一般是超限的结构或构筑物，包括高层建筑、大跨建筑、大跨桥梁、高耸输电塔等，通过风洞试验方法获得结构或构筑物表面的风荷载以及风效应，风环境试验主要是针对建筑周边流场特征的研究。本节重点针对风洞试验在土木工程中的应用，分为结构风洞试验相似理论、大气边界层流场模拟、测压试验、测力试验、测振试验、风环境试验这五部分来介绍风工程试验的理论和方法。

17.1 相似理论

在进行建筑结构风洞试验时，必须考虑在风洞中使用的与实际建筑形状相同的缩尺模型、输入与实际风性状相同的风、作用于模型上的风荷载是否与实际情况相同，因此关于风洞缩尺模型实验的相似准则，在实物与模型之间采用相同的无量纲化参数显得非常重要。根据 Buckingham's π 定理，通过量纲分析或直接从质量、动量和能量守恒方程，以及流体的状态方程，可推导出进行的风洞试验所要满足的相似准则。与该相似准则有关的参数，除结构物几何断面形状相似外，还有表 17-1 所列的无量纲参数，要求在实际结构物和风洞模型之间满足这些参数的一致性条件。作为振动试验，还必须保持模型与原型在质量分布、刚度分布上相似。事实上，要完全满足表中所列的相似参数是不可能的，除非模型就是原型物。如雷诺数与弗劳德数就是无法共存的两个相似参数。而雷诺数往往因几何缩尺而使模型的雷诺数比原型小二至三个量级。因此，在模型设计及流场模拟时，相似参数必须根据研究对象和目的进行取舍，做到重要参数忠实地相似，而放弃次要参数或尽可能地修正由此而带来的误差。

相似参数 表 17-1

	无量纲参数	名称	物理意义
脉动气流中的相似参数	均匀流中的相似参数		
	ρ_s/ρ_f	惯性参数(密度比)	结构物惯性力/流体惯性力
	$E/\rho U^2$	弹性参数(柯西数的倒数)	结构物弹性力/流体惯性力
	gD/U^2	重力参数(F_r: 弗劳德数)	结构重力/流体惯性力
	$\rho DU/\mu$	黏性参数(R_e: 雷诺数)	流体惯性力/流体黏性力
	δ_s	结构衰减率	$\dfrac{1 个振动周期的耗散能量}{振动总能量}$
	需要在紊流中实验时，除以上参数外，还要求以下参数相似。		
	脉动气流相似参数		
	U_z/U_G	速度剖面	决定风速垂直剖面的速度变化
	$\dfrac{\sqrt{\overline{u^2}}}{U_z}, \dfrac{\sqrt{\overline{v^2}}}{U_z}, \dfrac{\sqrt{\overline{w^2}}}{U_z}$	紊流强度	表示脉动风速各分量的总能量

	无量纲参数	名称	物理意义
脉动气流中的相似参数	脉动气流相似参数	$\dfrac{fS_u(f)}{\sigma_u^2}$ $\dfrac{fS_v(f)}{\sigma_v^2}$ $\dfrac{fS_w(f)}{\sigma_w^2}$	规一化了的功率谱	紊流能量的频率分布
		fL/U	斯特罗哈数或换算频率（换算风速的倒数）	时间尺度
	结构物与脉动气流间的相似参数	L/D	尺度比	紊流边界层和结构物之间的长度比（尺度比）
		f/f_s	频率比	紊流边界层和结构物之间的频率比或时间比

注：均匀流中的流体-结构体系的基本相似物理量：

U—均匀风速　　D—结构物特征长度　　δ_s—结构物的结构（对数）衰减率

ρ_f—空气密度　　E—结构物弹性系数　　g—重力加速度

μ—空气黏性系数　　ρ_s—结构物材料密度　　f_s—结构物频率

脉动气流的基本相似物理量：

U_z—高度 z 处的平均风速　　U_G—紊流边界层外的平均风速

u，v，w—主流，与主流垂直，铅直各方向的脉动风速分量

L—紊流的空间特性的长度（紊流尺度）　　f—紊流频率

$S_u(f)$，$S_v(f)$，$S_w(f)$—各脉动风速分量的功率谱

其中，$\sigma_u^2 = \overline{u^2}$，$\sigma_v^2 = \overline{v^2}$，$\sigma_w^2 = \overline{w^2}$ 为各脉动风速的方差。

17.2　大气边界层流场模拟

17.2.1　大气边界层流场特性

进行地表结构物的风洞试验必须首先模拟自然风的风场特性，而模拟自然风的风场特性，必须首先明确用哪些物理量能表现自然风的风场特性。对于建筑抗风设计来说，最大的问题是抗强风设计，风特性主要受地表状态影响，可不考虑低风速下由气温变化引起的热力影响，自然风具有以下两种特征：其一是风速随着离地高度的增加而增大；其二是风在时间和空间上均具有随机脉动的特征。

强风中的平均风速随高度方向的分布可用指数率或对数率来描述，采用指数率描述时，可表示为：

$$\frac{V_z}{V_r} = \left(\frac{Z}{Z_r}\right)^\alpha \tag{17-1}$$

其中 Z_r 是参考高度，V_r 是参考风速，α 是确定风速分布的幂指数，其数值是由相应的地貌情况来确定的，我国现行规范将地面粗糙度规定为海上（A 类）、乡村（B 类）、城市（C 类）和大城市中心（D 类）四类，指数分别取 0.12、0.15、0.22、0.30。

采用对数率描述平均风速分布为：

$$V_z = \frac{v^*}{\kappa} \ln \frac{Z}{Z_0} \qquad (17\text{-}2)$$

其中，Z_0 是决定风速分布形状的系数，称为粗糙长度，粗糙长度在海上约为 0.003m，在大城市可达到 3m。v^* 为摩擦速度，κ 为 Karman 常数。

风的湍流即风速的脉动特性，与平均风速分布随高度增大的表达式不同，要描述风的湍流特性，最重要的物理量是表征脉动离散程度的方差或其均方根值（标准偏差），对于风速而言，用风速标准偏差与平均风速的比值表示脉动的程度，这个系数即为湍流强度，表达式为：

$$I_u = \frac{\sigma_u}{V} \qquad (17\text{-}3)$$

其中，σ_u 为风速脉动的标准偏差，V 为平均风速。与平均风速相同，湍流强度也是随着高度变化的，因此湍流强度大小及其分布形状也需要与自然风保持一致。我国现行规范建议湍流强度在竖向分布的公式为：

$$I_u = I_{10} \left(\frac{Z}{10} \right)^{-\alpha} \qquad (17\text{-}4)$$

其中，α 是地面粗糙度指数，I_{10} 为 10m 高名义湍流度，对于 A 类、B 类、C 类、D 类四类粗糙度，分别取 0.12，0.14，0.23，0.39。

模拟近地面湍流时，虽然湍流强度是一个非常重要的相似参数，但仅凭这一点还不足以表现风的湍流特性。风速脉动是不同周期、不同大小的信号叠加，形成的是不规则的随机信号。因此，如果不能模拟自然风中不同周期的脉动特性，就不能称试验来流与自然风相似。表示这种不规则脉动周期和大小的参数即为功率谱密度。根据观测结果，自然风湍流能量集中在数秒到几十秒以上的长周期内，无量纲化后的功率谱密度可表示为：

$$\frac{nS_u(n)}{\sigma_u^2} = \frac{4n^*}{(1 + 70.8n^{*2})^{5/6}} \qquad (17\text{-}5)$$

其中，n^* 为无量纲频率，由下式定义：

$$n^* = \frac{nL_x}{V} \qquad (17\text{-}6)$$

L_x 表征湍流的空间尺度，称为湍流积分尺度。此外，对功率谱密度进行无量纲转化时，将其除以风速脉动的均方差后，还必须乘以频率。

经观测，湍流积分尺度随着高度增大的模型可表示为下式：

$$L_x = 100 \left(\frac{Z}{30} \right)^{0.5} \qquad (17\text{-}7)$$

无量纲功率谱密度一致时，可用湍流积分尺度与建筑物的高度比 H/L_x 来考察风速脉动周期的相似。

17.2.2 大气边界层流场模拟的相似准则

黏性大气流附着地面附近流动时，因地面粗糙度的影响，形成了很大的沿垂直方向的风速梯度，其相对增量因地表摩擦不同而异，通常称为大气边界层，风洞试验必须按结构物所处环境模拟风速梯度沿高度的变化规律。从相似理论的观点出发，大气边界层紊流特性的模拟需要满足几何、运动和动力三个相似条件。

几何相似是风洞试验的基本原则，除了要求模型外形按一定缩尺比满足几何相似外，还要求来流紊流的尺度也按同一几何缩尺比缩小，即边界层模拟的几何缩尺比要与结构模拟的几何缩尺比一致。对于构筑物的风载和风振问题，需要考虑的主要是湍流积分尺度。

运动相似对紊流特性的模拟主要有下述三个方面的要求。第一个要求是模型流场中各点的气流速度和原型流场中相应点的气流速度之比均应等于统一的风速比，为了模拟风速沿高度的变化规律，只要使表示平均风速分布的系数 α 或 Z_0 与实际情况相似即可，α 为无量纲系数，因此风洞试验可采用与自然风作用下相同的数值，而 Z_0 的量纲是长度单位，可采用无量纲的 Jensen 数（$=H/Z_0$）来模拟。第二个要求是模型流场中的无量纲的紊流强度的分布应和原型流场中的一致；第三个要求是模型和原型流场中的紊流频率成分相似，即模型和原型流场中对应点的脉动风速无量纲自功率谱、对应的任意两点之间脉动风速无量纲互谱（空间和时间相关性）相同。紊流频谱主要反映了紊流的脉动能量在不同频率也即不同尺度涡上的分布。对于结构物的风载和风振问题，主要要求精确模拟在构筑物固有频率附近以及自然风卓越频率附近的紊流谱的形状，但后者的难度较大，实践中模拟流场的低频能量往往较低，达不到要求。

动力相似原则上要求紊流的雷诺数相同，这一点往往由于难以做到而被忽视。

除上述参数外，模拟自然风还必须考虑的一个参数是大气边界层高度。在充分远离地面的高空处，可以忽略地面粗糙度的影响，此时风速不再随着高度变化，即计算得到的气压结果都相等，这一高度称为边界层高度。对此高度的实测数据少，无法得到确切的数值，普遍认为在 $500\sim1000\mathrm{m}$ 范围都是可能的。除了超高层建筑物以外，大部分建筑物的高度与边界层高度相比都非常小。因此，在风洞实验中要使建筑模型完全处于湍流边界层内是非常重要的。此外，由于边界层高度可以反映在湍流强度分布中，所以如果湍流强度分布一致，可认为边界层高度相似的条件也能大致满足。

17.2.3 被动模拟技术

紊流场的被动模拟技术不需要能量输入，是指利用粗糙元、格栅和尖塔阵等被动紊流发生装置形成所需模拟紊流场的模拟技术。风洞中较早出现的被动紊流模拟装置是平板格栅，利用不同宽度和间距的平板组合在风洞下游足够远处形成各向同性紊流，紊流的强度与尺度一般与平板的尺度有关。采用变间距平板格栅可以模拟大气边界层风速剖面，但是由于其模拟的平均风剖面光滑性不佳，因此实际应用中主要用于模拟空间均匀的紊流场，很少用来模拟大气边界层流场。

尖塔阵和粗糙元模拟是目前最常用的边界层风场模拟技术，始于 20 世纪 60 年代末。这种技术利用安装在试验段入口附近的一排尖塔阵和按一定规律布置在模型上游风洞地板上的若干排粗糙元来产生所需要的模拟风场。粗糙元一般采用长方体形，尖塔的基本结构如图 17-1 所示，由迎风板和顺风向的隔板组成。迎风板尺寸下大上小，有弧形迎风板、梯形迎风板、三角形迎风板和由三角形板和矩形板组合而成的异形迎风板。两片迎风板也可制作成可绕中心立轴转动，用来模拟不同的湍流强度和湍流积分尺度。

在长试验段风洞中模拟大气边界层紊流场是目前技术水平下用被动模拟方法所能达到的最好效果，即使在入口处不使用尖塔阵等被动装置，也不能完全达到模拟流场和实际流场中的紊流相似性，如果在入口处采用了尖塔阵、格栅等被动装置，紊流的相似性将更差。即便如此，限于目前流场模拟的技术水平和费用限制，尖塔阵和粗糙元模拟技术以其

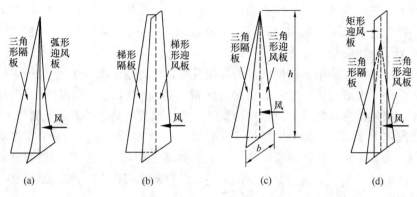

图 17-1　尖塔结构示意图

（a）弧形迎风板；（b）梯形迎风板；（c）三角形迎风板；（d）异形迎风板

经济和简便的特点仍成为大气边界层风洞模拟的主流技术，其最大优点是很容易生成平均风速剖面，并在一定高度范围内获得较大的紊流强度，但其对低频紊流的模拟不足，紊流积分尺度难以随高度增加而增大的缺陷，仍是被动模拟技术应用的软肋。

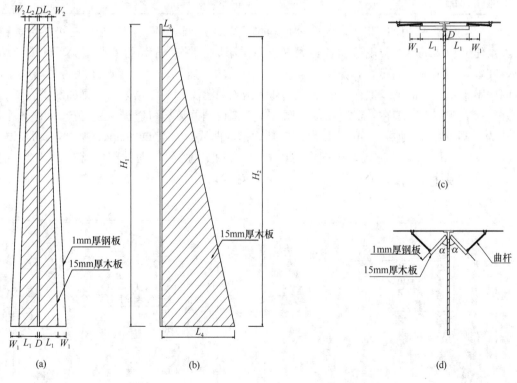

图 17-2　多功能尖塔结构示意图

（a）正面图；（b）侧面图；（c）俯视图；（d）机构展开俯视图

被动模拟技术存在流场变换困难的缺点，以往的模拟模拟装置可变换程度不高，地形变化时只能更换模拟装置，对流场参数的调节不灵活，只能在不断的尝试中得到近似能满足需要的流场，使流场的调试成为一件人力物力投入非常大的工作，对于一个风洞而言，需要多年积累才能具备对各种流场的准确模拟能力，这样的流场调试技术显然不能满足应用的需求。浙江大学 ZD-1 风洞自行研制了一种新型的流场模拟装置，应用该装置可以大幅度提高流场调试的质量和效率。

多功能模拟装置主要用于模拟大气边界层流场，可兼用于均匀湍流场的调试，该装置主要由若干个梯形尖塔组成，梯形尖塔由导流板和挡风板组成 T 形构件，与普通梯形尖塔不同的是该挡风板左右两半可以绕中轴旋转，且梯形尖塔斜边的斜率及斜边平均宽度可以在一定范围内无级调节，梯形尖塔的设计图如图 17-2 所示，尖塔设计参数如表 17-2 所示。为了便于安装横隔板和竖隔板，梯形尖塔上预留孔洞，同时为了保障流场均匀性，梯形尖塔可在风洞断面上改变安装位置。从上述设计方案不难看出，多功能流场模拟装置具备多重微调机构，显示其功能强大。

梯形尖塔设计参数取值　　　　　　　　　　　　　　　　　表 17-2

参数	D	H_1	H_2	L_1	L_2
数值（mm）	10	2500	2400	180	50
参数	L_3	L_4	W_1	W_2	α
数值（mm）	90	690	30～90	30～50	0°～90°

应用多功能流场模拟装置，配合地面粗糙元，通过调节 W_1、W_2 和 α 三个参数，在数天内便成功调试出符合规范的各种大气边界层流场。图 17-3 为两种典型流场的模拟结果，其中 h 为风洞内高度，I_u 为湍流强度，v 为平均风速，v_g 为参考点高度的平均风速，从图中不难看出，流场模拟得到的平均风剖面结果和湍流度剖面结果与目标曲线吻合得非常好，这表明由于装置在外形上可以微调，使模拟得到的流场可以最大程度接近目标。图 17-4 为 B 类 1∶250 地貌 0.5m 高度顺风向功率谱的曲线，并与 Davenpot 谱、Karman 谱、Kaimal 谱、Harris 谱作比较，由图中可以看出，模拟出的顺风向脉动风谱和 Karman 谱较为接近，经计算湍流积分尺度 L_u 为 0.64m，对应原型为 160m，属于正常范围，可以用于工程实践。

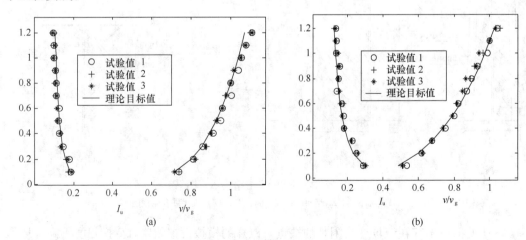

图 17-3　典型流场风剖面调试结果

(a) B 类地貌，1∶250（$W_1=W_2=50$mm，$\alpha=68°$）；(b) D 类地貌，1∶200（$W_1=30$mm，$W_2=80$mm，$\alpha=75°$）

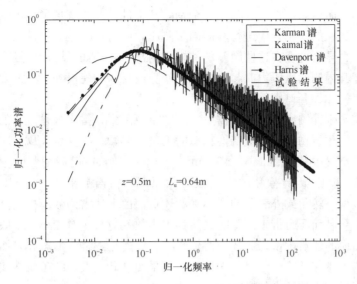

图 17-4 B 类 1︰250 地貌 0.5m 高度顺风向功率谱

17.2.4 主动模拟技术

主动模拟技术是指利用可控制运动机构装置形成所需模拟紊流场的模拟技术，主动模拟装置有振动翼栅、变频调速风扇阵列等。主动模拟和被动模拟的主要区别在于紊流涡发生器的工作原理不同，被动模拟依靠障碍物的尾流模拟大气涡团，而主动模拟则依靠运动机构向风洞中的气流注入随机脉动能量。

17.3 测压试验

17.3.1 测压试验的目的

测压试验是通过测压计测得作用于模型上风压力的试验，这种试验多用于获得围护结构上的风荷载，也可用于得到主体结构上的风荷载，有时也用于建筑的风致响应分析来获得考虑风致振动的等效静力风荷载以及评价其居住性能。作用于围护结构上的风荷载是由外表面所受压力与内压之差得到，作用于建筑物整体或局部的风荷载可以通过对建筑物表面上作用的风压力进行积分求得，当建筑物受风致振动产生的附加气动力影响很小时，建筑物的风致响应可以用测压试验得到的脉动风荷载直接计算得到。

17.3.2 测压试验模型设计

在测压试验模型设计时，首先需要根据风洞试验段的尺寸和待测建筑物原型的尺寸并考虑安装测压管和测压设备所需的空间等因素确定模型的几何缩尺比，模型的堵塞度（即最大阻风面积与风洞试验段横截面面积之比）应尽量控制在 5% 以下，以充分降低风洞壁面效应的影响。根据所选定的几何缩尺比用合适的材料如有机玻璃、木材、ABS 塑料、泡沫塑料等制作与原型保持外形相似的模型和干扰体等，理想情况下最好能准确地制作测压试验模型，但由于模型缩尺比的制约，不可能将模型的细部构造都精确地再现，由于作用于曲面上的风压力受表面凹凸状况影响较大，因此对曲面部分进行模型制作时要加以充分考虑。对于房屋建筑，除了雨蓬等个别敞开部件外，大部分区域为封闭结构，只需对其外表面进行测压，而对雨蓬、屋顶围墙等个别敞开部件以及体育场顶棚等敞开式结构，由于两个表面均受到风的作用，应进行双面同步测压，此时这些敞开部件的外形均需严格模拟，测压管和压力导管应埋在这些敞开部件模型内部，此外如果墙面等处有间隙或建筑物存在百叶，测量其内侧的风压力时，除了注意间隙或百叶的建模外，还需要充分考虑墙面模型的刚性、气密性、开口率等。

雷诺数效应是刚性测压试验模型需要考虑的重要因素，雷诺数是流体的惯性力与黏性力的比值，是表征建筑物周围绕流特性相似的无量纲参数，定义为 VD/v，其中 v 为流体的动黏性系数，空气中其值为 $1.5 \times 10^{-5}\,\text{m}^2/\text{s}$。由于模型的几何缩尺比一般小于 $1/100$，风速比约为 $1/2 \sim 1/4$，因此模型的雷诺数要比原型的雷诺数小 $2 \sim 3$ 个数量级。研究表明，对于具有棱角、转角或外表面凹凸不平的建筑，由上述雷诺数模拟失真对建筑物表面附近的绕流形态和表面压力带来的影响（简称雷诺数效应）相对较小，一般可以忽略；但对于具有光滑曲面的建筑，雷诺数效应对建筑物表面附近的绕流形态和表面压力具有一定甚至明显的影响，应在试验中予以考虑，一般可采用磨砂、粘贴绊条或绊线等粗糙化模型表面的方法来降低雷诺数效应的影响。

测压点布置是模型设计的重要环节，直接影响测压试验结果。由于建筑物表面风压的分布是不均匀的，因此测压点也应不均匀地布置，一般应按照原型结构每 $120\,\text{m}^2$ 表面内不少于 1 个测压点的原则布置测点。对于高层建筑，有时要在产生局部大风压的墙面拐角附近密布测点，此外高层建筑也会在下部较低层墙面上产生很大风压，因此还需要在低层墙面处设置较多的测点，若屋面或墙面有曲面部分，在风压变化大的区域也同样需要密布测点，形状特殊的位置，有可能受周边建筑物影响使风压增大的部位均应密布测点。根据测量对象的不同，风压测点可多达数百个，有时需要考虑扫描阀的同步测压点数来考虑测点的布置数量。

17.3.3　测量系统

在刚性模型测压试验中一般需要使用两套测量系统：其一是风速测量系统，试验流场的参考风速一般是用皮托管和微压计来测量和监控；其二是风压测量系统，模型表面的风压是通过由安装在模型表面垂直测压孔上的测压管、压力导管和压力传感系统、A/D 板、PC 机、信号采集程序及数据处理软件组成的测压系统来测量（如图 17-5）。实际应用中，测压管一般为较短的细金属管，压力导管一般为具有较好弹性的塑料软管，用来连接测压管和扫描阀上的压力传感器，作用于建筑物模型上的风压力是由表面的测压孔经测压管到达测压计获得，皮托静压管感受的总压和静压也经测压管到达测压计获得，建筑物模型上测量得到的风压力值与参考静压之差即为该测点的风压值。

17.3.4　测量条件的选择

测量条件的选择对风压测试的结果至关重要。测量条件主要包括风洞来流及周边建筑和地形的模拟、参考静压点的选取、实验风速的选择、实验风向的确定、数据采样参数的确定等。

1. 风洞来流及周边建筑和地形的模拟

首先风洞来流要模拟建筑物拟建地点的自然风，为此需要通过参考地图等来掌握拟建建筑物周边的地况，以判断地面粗糙度的类型，然后才能采用前述被动模拟技术来模拟大气边界层流场。当周边建筑物会对拟建建筑物产生影响时，还应该注意对周边建筑物的模

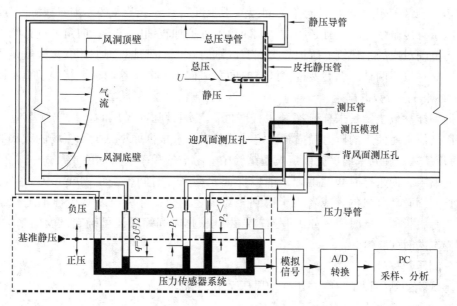

图 17-5　风压测量系统示意图

拟，通常认为模拟周边建筑物的距离需达到周边建筑物高度的 10 倍，如果预先知道实验建筑物周边将来可能发生的变化，不仅要根据现有状况进行实验，最好还要对变化后的状况进行实验。另外，当该建筑物周围的地形非常复杂，规范也难以给出参考信息时，可采用 1/1000 到 1/5000 的大缩尺地形比例模型，通过比较模型的风速与气象部门测得的风速，用来推测拟建场所的风速。当建筑建造在斜坡上时，在实验时必须把建筑周边底座高低的变化包含在内，将建筑周边环境模型化，使实验中包括这种地形的影响。

2. 参考点的选取

测压试验时需要在风洞中设置一个参考点，在该参考点处安装一个皮托管，用来监测和控制试验参考风速，参考点应按其流动受风洞底壁和模型干扰足够小但又能反映主建筑位置处来流特性的原则设置，一般将参考点置于模型前略高于模型顶部的位置。试验中，在测量各测点处风压的同时也测试参考点处的总压和静压，用来推算参考点处的来流动压，以便计算各测压点处与参考点高度有关但与试验风速无关的无量纲风压系数。

3. 试验风速和风向的选择

试验风速应根据压力传感器的量程和灵敏度、模型的实际刚度和强度、模型的安装情况以及风洞试验风速范围等因素确定，既要保证有足够大但不超过传感器量程的风压作用在模型上，又要保证试验中模型不出现明显的振动现象。根据现有测压计的最小分辨率为 $p = 5\text{Pa}$，风压系数的分辨率为 $C = 0.05$，取空气密度为 $\rho = 1.225\text{kg/m}^3$，则由 $V \geqslant \sqrt{2p/\rho C}$，得到试验风速不小于 12.8m/s。测量脉动风压力时，试验风速要根据无量纲风速来进行设定，即需要考虑风速比和设计风速来确定试验风速。此外，作用于曲面部分的风压力根据雷诺数的不同有很大差异，必须了解在适当的试验风速范围内其作用风压力的变化趋势再谨慎选取。

作用于建筑物上的风压力随风向角有很大变化，因此设定试验风向时必须充分注意这种情况。试验风向一般选取 0°～360° 范围内不同风向进行，0° 风向角一般对应正北风，

90°风向角一般对应正东风,风向角的间隔一般取 10°～15°。当局部风压很大时,或随风向变化风压有显著变化时,有必要在该风向角附近增加较细的试验风向角来进行测量。当不同风向范围对应的主建筑上游地貌类别有区别时,考虑到地貌类型的变化一般是逐渐过渡的,因此对位于两种地貌类型过渡区域的两个风向角需要按这两种地貌类型重复试验。

4. 数据采样参数的确定

数据采样参数主要是采样频率和采样时间。当测量脉动风压时,采样频率应尽可能高,其最高值由所使用的压力扫描阀决定。试验时一般根据原型结构和流场的频率的上限(一般为几赫兹)和频率缩尺比确定模型试验中应考虑的频率上限,再放大 2～3 倍作为采样频率的下限。而采样时间的确定一般以保证原型采样时间不小于 10min 为宜,有时为了考虑长周期脉动分量的,或者为了得到相对稳定的数据序列需要数个样本进行整体平均,需要有更长的采样时间(如 1h 左右),由此根据时间缩尺比可确定试验的采样时间,即每个样本的时间长度。

17.3.5 测压数据处理

测压试验的结果评价一般采用平均风压系数、脉动风压系数,体型系数以及用于围护结构设计的最大及最小峰值风压。

1. 风压系数

风压系数的计算方法系按目前国内外风工程惯用的方法,即按式(17-8)计算:

$$C_p = \frac{P - P_\infty}{P_0 - P_\infty} \tag{17-8}$$

式中,C_p 是风压系数,P 是风压值,P_0 和 P_∞ 分别试验时参考高度处的总压和静压。内外表面同步测量的测压点上的净风压系数可由式(17-9)计算:

$$C_p = \frac{P_u - P_d}{P_0 - P_\infty} \tag{17-9}$$

式中,P_u 是外表面风压值,P_d 是内表面风压值。

这里的风压系数是瞬时风压系数,对风压系数时程可以按统计学方法得到平均风压系数 C_{pmean} 和均方根风压系数 C_{prms}:

$$C_{pmean} = \sum_{j=1}^{n} C_{pj}/n \tag{17-10}$$

$$C_{prms} = \sqrt{\sum_{j=1}^{n} (C_{pj} - C_{pmean})^2/(n-1)} \tag{17-11}$$

式中,C_{pj} 为第 j 个风压时程系数值,n 为风压时程点数。由于风洞内流场已按实际流场模拟,因此认为模型上各测点的风压系数即为实物对应点的风压系数。

2. 各测压点的局部体型系数

由《建筑结构荷载规范》GB 50009—2012 规定,在不考虑阵风脉动和风振效应时,作用在建筑物表面某一点"i"的风压 W_i 计算公式为:

$$W_i = \mu_{si}\mu_{zi}W_0 \tag{17-12}$$

式中 W_0 为标准地貌下 R 年重现期、10m 高度处、10min 平均的基本风压。μ_{si} 为 i 点的风载体型系数;μ_{zi} 为 i 点的风压高度变化系数。规范根据不同的地貌规定了风压高度变化系数的公式为:

A 类地貌：
$$\mu_{zi} = 1.284 \left(\frac{z_i}{10}\right)^{0.24}$$

B 类地貌：
$$\mu_{zi} = 1.000 \left(\frac{z_i}{10}\right)^{0.30}$$

C 类地貌：
$$\mu_{zi} = 0.544 \left(\frac{z_i}{10}\right)^{0.44}$$

D 类地貌：
$$\mu_{zi} = 0.262 \left(\frac{z_i}{10}\right)^{0.60}$$

式中，z_i 为 i 点的高度，由风洞试验得出的风压计算公式为：

$$W_i = C_{pi} W_r \tag{17-13}$$

式中，C_{pi} 为模型试验所得的 i 点的风压系数，W_r 为试验参考点所对应的实物高度上的压力。又根据风压与风速的关系及风速随高度变化的指数公式，可得参考点对应的实物风压为：

$$W_r = \left(\frac{Z_r}{Z_0}\right)^{2\alpha} W_{0\alpha} = \left(\frac{Z_r}{Z_0}\right)^{2\alpha} \left(\frac{H_{T0}}{Z_0}\right)^{2\alpha_0} \left(\frac{H_{T\alpha}}{Z_0}\right)^{-2\alpha} W_0 \tag{17-14}$$

式中，Z_r 为试验参考点所对应的实物高度；$W_{0\alpha}$ 为地貌指数为 α 时的基本风压；Z_0 为确定基本风压的高度，在我国 $Z_0 = 10\text{m}$；α 为大气边界层地貌指数；α_0 为标准地貌指数，规范规定 $\alpha_0 = 0.15$，相当于 B 类地貌的地貌指数；H_{T0} 为标准地貌的大气边界层高度，$H_{T0} = 350\text{m}$；$H_{T\alpha}$ 为地貌指数为 α 时的大气边界层高度。而式（17-14）中

$$\left(\frac{Z_r}{Z_0}\right)^{2\alpha} \left(\frac{H_{T0}}{Z_0}\right)^{2\alpha_0} \left(\frac{H_{T\alpha}}{Z_0}\right)^{-2\alpha}$$

恰好为参考点 Z_r 处的风压高度变化系数 μ_{zr}，因此有 $W_r = \mu_{zr} W_0$，将此代入式（17-13）中得：

$$W_i = C_{pi} \mu_{zr} W_0 \tag{17-15}$$

比式（17-12）与式（17-15）便可得到风载体型系数 μ_{si} 与风压系数 C_{pi} 的关系为

$$\mu_{si} = C_{pi} \mu_{zr} / \mu_{zi} \tag{17-16}$$

3. 围护结构设计的峰值风压

在进行围护结构及其覆面设计时，应使用最大及最小峰值风压。确定最大及最小峰值风压的方法主要有两大类。第一类常在缺乏建筑物表面脉动风压的试验数据而只有平均风压数据时应用，此时一般假定作用在建筑物表面的风压的脉动主要由大气边界层风场中的风速脉动所造成，即把最大峰值风压理解为考虑了阵风效应的阵风风压，其表达式为：

$$\hat{W}_i = \beta_{gz} C_{pimean} \mu_{zr} W_0 \tag{17-17}$$

其中，β_{gz} 为阵风系数，与地貌类别和离地高度有关，可按现行规范取值。第二类情况针对建筑物外形复杂，加上主建筑物及其周边建筑对来流的干扰效应，作用在建筑物表面上的风压的脉动特性和来流的风压脉动特性之间往往存在着显著的差别，采用阵风因子法得到的最大峰值风压可能会与实现情况有较大差别，此时可以利用试验得到的动态风压时程以概率统计的方法来确定最大瞬时风压，而目前峰值因子法是应用最为广泛的方法。采用峰值因子法来计算最大瞬时风压的公式为：

$$\begin{cases} \hat{W}_{imax} = (C_{pimean} + k C_{pirms}) \mu_{zr} W_0 & C_{pimean} \geqslant 0 \\ \hat{W}_{imin} = (C_{pimean} - k C_{pirms}) \mu_{zr} W_0 & C_{pimean} < 0 \end{cases} \tag{17-18}$$

其中，$\hat{W}_{imax}$ 为最大峰值风压，$\hat{W}_{imin}$ 为最小峰值风压，$k=2\sim4$ 为峰值因子，一般取 3.5。在实际应用中为了安全起见，可偏安全地选取这两种计算方法中最不利的一组作为围护结构设计的最大瞬时风压。

4. 基于风压积分的风荷载统计

作用于建筑物整体或局部的风荷载可以通过对建筑物表面上作用的风压力进行积分求得，用于积分的风压测点必须同步测量，在荷载积分时须注意总荷载作用方向与建筑表面法向的夹角以及测点控制面积的确定，提高风压积分的精度。

17.4 测力试验

17.4.1 测力试验的目的

测力试验是为测得作用在建筑物整体或其中一部分上的风荷载而进行的试验。测力试验是将建筑物模型固定于测力天平上，测得被固定模型整体上的风荷载（包括阻力、升力、倾覆弯矩和扭矩等），由测得的风荷载可以进行荷载的设定或将其作为外力施加在建筑物模型上进行响应分析，但测力试验无法得到由于建筑物风致振动而产生的附加气动力。此外，即使试验对象的结构动力特性不明确，只要确定了建筑物的外形，就可以进行试验，计算风振响应时，可以把建筑物的结构特性作为参数进行分析，这些都是测力试验的优点。

17.4.2 测力试验模型设计

在测力试验模型设计时，首先需要根据风洞试验段的尺寸和待测建筑物原型的尺寸并考虑天平安装的可行性来确定模型的几何缩尺比，模型的堵塞度（即最大阻风面积与风洞试验段横截面面积之比）应尽量控制在 5% 以下，以充分降低风洞壁面效应的影响。制作测力试验模型需要满足的相似条件是几何相似条件，而不一定要满足动力相似条件，为了满足模型的几何相似性，最好尽可能地忠实再现模型细部，由于模型－天平测量体系要求具有很高的固有频率，测力试验模型应尽可能选用轻质的刚性材料。

17.4.3 测量系统

根据测量对象的不同风力天平有许多种类，一般在建筑领域内使用的是通过应变片来测得由于外力使测量仪的感应部位发生微小变形的高频测力天平。该感应部位与刚性模型一起形成整体的振动体系，仅以风荷载的平均值为测量对象时毫无问题，但要测量脉动分量时，必须保证测量的频率范围不在天平－模型构成的振动体系的共振范围内。另外，在刚性模型测力试验中一般需要采用皮托管和微压计来测量和监控试验流场的参考风速。

17.4.4 测量条件的选择

测量条件的选择对测力试验的结果也至关重要，测力试验的测量条件与测压试验基本相同，仅试验风速的选择需考虑测力试验的特点。测力试验中的试验风速除了根据天平的量程和灵敏度以及风洞试验风速范围等因素确定之外，高频测力试验还需要考虑相似准则的限制。在求解风致响应时，多采用频域分析方法，用谱表示风力的脉动特性。一般情况下，风洞试验得到的脉动风力谱采用无量纲形式表达，其横轴为无量纲频率 $n^* = nB/V$（其中 n 为频率，B 为特征尺寸，V 为风速），纵轴为无量纲化的谱值 $S^* = nS(n)/\sigma^2$（其中 $S(n)$ 为谱值，σ^2 为脉动外力的方差）。采用上述无量纲的形式来表示谱，其形状基本不会有变化。其中由于考察频率范围及模型的大小是固定的，因此无量纲频率范围会随风速的变化而变化。为了能用统一的谱来探讨风速范围内的响应结果，还要满足在测得的外力无量纲范围内含有建筑物无量纲固有频率，即

$$\frac{n_{cr}B_m}{V_m} > \frac{n_0 B_p}{V_{min}} \qquad (17-19)$$

其中，n_{cr} 为测量对象的频率上限，n_0 为原型一阶固有频率，B_m 和 B_p 分别为模型及原型的特征尺寸，V_{min} 为该建筑抗风设计考虑的建筑物顶部最小风速，则试验风速 V_m 应该满足：

$$V_m < \frac{n_{cr}\lambda_B V_{min}}{n_0} \qquad (17-20)$$

其中，λ_B 为几何缩尺比。值得注意的是，如果为了扩大解析范围而任意减小风速，会导致风荷载减小，测量精度也随之降低，可见，在原型设计参数和几何缩尺比确定的前提下，提高测量对象的频率上限能提高试验风速，并有效提高测量精度，因此应尽可能提高模型－天平系统的固有频率。

17.4.5　测力数据处理

测力试验的数据处理主要包括弯矩的修正和风力系数的计算，对于高层建筑则涉及基于一阶振型的等效风荷载计算等。

1. 弯矩的修正

天平测得的风力包括模型的整体力和弯矩，当模型的弯矩中心与测量中心不同时，需要进行弯矩修正。如测量仪的弯矩测量中心是建筑物底部再向下 l_0 处，由测得的整体力 $F(t)$ 和 $M(t)$，则建筑物基底弯矩应根据下式进行修正：

$$M'(t) = M(t) - F(t) \cdot l_0 \qquad (17-21)$$

用该修正方法对时程数据进行数值计算，即可得建筑物的倾覆弯矩。

2. 风力系数

对测得的各风荷载一般采用无量纲化的风力系数来表示，一般各风力系数定义如下：

$$C_F = \frac{F}{\frac{1}{2}\rho V_H^2 A} \qquad (17-22)$$

$$C_M = \frac{M}{\frac{1}{2}\rho V_H^2 AL} \qquad (17-23)$$

其中，C_F、C_M 为风力系数，V_H 为参考风速（通常取屋盖平均高度处的平均风速），ρ 为空气密度，A 为特征面积，L 为特征长度。

3. 基于一阶振型的等效风荷载

高频测力天平用于测量高层建筑的风荷载时，可假定一阶振型为卓越振型，取一阶振型为 $\mu_1(z) = z/H$（其中 H 为建筑高度），便可建立广义外力和倾覆弯矩的功率谱之间的关系，从而得到以倾覆弯矩表达的广义位移平均值和均方根：

$$\overline{X} = \frac{M_{mean}}{(2\pi n_0)^2 M_1 \cdot H} \qquad (17-24)$$

$$\sigma_X = \frac{\sigma_M^2}{(2\pi n_0)^2 M_1 \cdot H}\left[1 + \frac{\pi}{4\eta_1} \cdot \frac{n_0 S_M(n_0)}{\sigma_M^2}\right]^{1/2} \qquad (17-25)$$

其中，M_{mean} 为基底倾覆力矩的平均值，σ_M 为基底倾覆力矩的均方根，n_0 为高层建筑一阶固有频率，η_1 为高层建筑一阶振动阻尼比，$S_M(n_0)$ 为基底倾覆力矩的功率谱在一阶固有频率处的谱值，M_1 为一阶振型的广义质量，即：

$$M_1 = \int_0^H m(z)\mu_1(z)\mathrm{d}z \tag{17-26}$$

其中，$m(z)$ 为 z 高度的质量，由此可得建筑不同高度的最大位移为：

$$X_{max}(z) = (\overline{X} + g\sigma_X)\mu_1(z) \tag{17-27}$$

设计风荷载为：

$$\hat{W}(z) = \overline{W}(z) + m(z) \cdot (2\pi n_0)^2 \cdot X_{max}(z) \tag{17-28}$$

其中，$\overline{W}(z)$ 为 z 高度的平均风荷载，即

$$\overline{W}(z) = C\left(\frac{z}{H}\right)^\beta \cdot \left(\frac{1}{2}\rho V_H^2\right) \cdot B \tag{17-29}$$

其中，B 为 z 高度的迎风宽度，系数 C 和 β 分别为：

$$C = \frac{C_F C_M}{C_F - C_M} \tag{17-30}$$

$$\beta = \frac{2C_M - C_F}{C_F - C_M} \tag{17-31}$$

17.5 测振试验

17.5.1 测振试验的目的

测振试验是将建筑物的振动特性进行模型化并采用弹性模型在风洞内重现建筑物在风作用下的动力行为。刚度、质量和阻尼均较小的结构，风致振动幅度较大，风和结构的耦合作用对结构响应的影响不可忽略，如高度超过 500m 的超高层建筑或高耸结构，或者长细比大于 15 的重要结构，风-结构耦合效应可能较强，忽略耦合效应对结构响应的估算可能产生较大影响，采用测压试验和测力试验得到的外力结果可以进行响应计算，而测振试验则是直接对包括加速度、位移等响应进行测量，其优势是可以掌握建筑平移振动和扭转振动的耦合作用及试验模型上各自由度之间的耦合作用，此外气弹模型测振试验可以获得由于模型振动而产生的附加气动力与外力共同作用下的响应，这是测压和测力试验无法得到的。由于气动弹性模型风洞试验通常只观测结构上少数部位前几阶模态的风致振动位移或加速度响应，其产生的信息量不足以对主体结构和围护结构风荷载提供全面的评估，因此通常需要与刚性模型的高频天平测力风洞试验或表面风压测量风洞试验结合使用。

17.5.2 测振试验模型设计

与测压试验及测力试验不同，测振试验模型设计的关键是需要准确模拟结构的质量、刚度和阻尼等特性，以下将对各个参数的相似模拟进行详细介绍。

1. 质量模拟

气弹模型测振试验的一个主要用途就是考察由于流固耦合作用在结构上产生的气动附加质量影响，因此在设计模型时，结构的惯性力与气体惯性力之比应保持与原型相等，即

$$\left(\frac{\rho_s}{\rho}\right)_m = \left(\frac{\rho_s}{\rho}\right)_p \tag{17-32}$$

其中，ρ_s 和 ρ 分别为结构和气体密度。由此，可得到模型与原型的质量和质量惯性矩之比：

$$\frac{M_m}{M_p} = \frac{\rho_m}{\rho_p} \cdot \frac{L_m^3}{L_p^3} \tag{17-33}$$

$$\frac{I_m}{I_p} = \frac{\rho_m}{\rho_p} \cdot \frac{L_m^5}{L_p^5} \tag{17-34}$$

2. 阻尼模拟

结构的阻尼对共振响应影响很大，结构原型和模型中都采用量纲为一的阻尼比来反映阻尼的影响，模型中采用与原型相同的阻尼比即可。

3. 刚度模拟

结构刚度反映了结构抵抗外力作用下发生变形的能力，结构原型和模型的刚度之比采用等效刚度的形式：

$$C_E = \frac{(E_{eq})_m}{(E_{eq})_p} \tag{17-35}$$

根据目标建筑物的研究内容按以下几种来进行评价：

1）以细长建筑物的弯曲应力为对象时：

$$E_{eq} = \frac{EI}{L^4} \tag{17-36}$$

2）以桁架结构及加强索上的轴应力为对象时：

$$E_{eq} = \frac{EA}{L^2} \tag{17-37}$$

3）以壳或膜等面状建筑物的膜应力为对象时：

$$E_{eq} = \frac{Eh}{L} \tag{17-38}$$

其中，E 为弹性模量，L 为特征长度，I 为截面的二阶矩，A 为截面面积，h 为厚度。刚度的缩尺比不是可随意选择的，对于不同的结构要求不同。对于自重作用对气弹影响小的结构，如高层高耸结构、大跨屋盖结构、桁架桥梁等，应保持原型和模型的柯西数 C_a 相等：

$$C_a = \left(\frac{E_{eq}}{\rho V^2}\right)_m = \left(\frac{E_{eq}}{\rho V^2}\right)_p \tag{17-39}$$

对于自重作用对气弹影响大的结构，如悬索桥、拉索结构、膜屋盖等，应保证弗劳德数 F_r 相等：

$$F_r = \left(\frac{V^2}{gL}\right)_m = \left(\frac{V^2}{gL}\right)_p \tag{17-40}$$

其中，g 为重力加速度。以膜屋盖等为对象的试验还需要附加一些相似条件。由于悬挂屋盖的变形会引起面外刚度急剧变化，因此必须考虑初始变形相似，当初始张力仅由重力作用引起时，可按重力相似情况考虑。关于初始变形的相似条件可以用下式表示：

$$\left(\frac{N_0}{E\Omega}\right)_m = \left(\frac{N_0}{E\Omega}\right)_p \tag{17-41}$$

其中，N_0 为初始张力，Ω 为振动体截面积。当室内的空气体积变化与振型有关时，需要满足室内空气的无量刚气承刚度的相似条件可表示为：

$$\left(\frac{\pi L^4 \rho a_s^2}{N_0 \,\forall_0}\right)_m = \left(\frac{\pi L^4 \rho a_s^2}{N_0 \,\forall_0}\right)_p \tag{17-42}$$

其中，a_s 为声速，$\forall_0$ 为室内体积。当建筑物内部存在较大的连接室内外的开口时，还需要满足无量纲气动阻尼比的相似条件：

$$(\eta_a)_m = (\eta_a)_p \tag{17-43}$$

该相似条件同样表示室内体积变化与振型有关，膜结构模型必须满足这些条件。充气膜结构除满足上述相似条件外，还需要模拟内压速压比的相似条件：

$$\left(\frac{p_i}{q}\right)_m = \left(\frac{p_i}{q}\right)_p \tag{17-44}$$

其中，p_i 为内压，q 为速度压。对于特定模态的振动分析，还应保证该模态频率对应的斯特拉哈数 St 相等：

$$St = \left(\frac{f_0 L}{V}\right)_m = \left(\frac{f_0 L}{V}\right)_p \tag{17-45}$$

测振试验气弹模型应该根据具体需要研究的对象按以上相似准则进行设计，常可设计成为近似模型、等效模型和截断模型等。对于主要质量和刚度都分布在外表面的结构，如烟囱、冷却塔等管状结构，模型的几何、质量和刚度布置都可以与原型近似，它可以模拟结构气动的所有特性；对于高层建筑等结构体系，需要采用等效模型来模拟，这种模型外表面与原型近似，它只能模拟结构气动的部分行为。对于细长结构如大跨桥梁、高塔、输电塔线等可处理成二维模型的结构，可采用部分截断模型进行实验，支座可为刚性或弹簧，可研究模型的部分振动模态或气动导纳系数。

测振试验气弹模型又可分为单自由度气弹模型与多自由度气弹模型。单自由度气弹模型是通过模拟结构的一阶广义质量、阻尼系数、刚度和外加风荷载来考虑结构的一阶风致响应，多自由度模型反映结构与风之间相互作用，可以考虑非理想模态、高阶振动、耦合等问题，但模型的制作和调试非常费时，而且不经济。

17.5.3 测量系统

测振试验一般需要获取结构关键位置的加速度响应、位移响应等振动数据，测量系统可采用加速度传感器、位移传感器等，最新发展起来的非接触视频测量仪也为风振的测试提供了很好的平台。

对于全气弹模型，需要具有足够重量的基底，而且通常要把其基础部位与基底刚接，以免产生不必要的振动。对于节段模型，应具备可调刚度和阻尼的测振支架，确保边界条件与原型保持一致。测振试验最大的难度在于振动系统的调整，其中包括气弹模型的频率调整、振型调整和阻尼调整，整个过程需耗费相当大的精力。

17.5.4 测量条件的选择

测量条件的选择对测振试验的结果也至关重要，测振试验的测量条件与测压试验基本相同，但气弹模型测振试验需要更多地考虑相似关系。气弹模型振动试验需要通过相似条件建立试验风速与原型无量纲风速间的关系，通常试验风速取建筑物顶部的风速为特征风速。由相似条件可确定模型的固有频率，若单纯由试验风速与原型无量纲风速的比例关系来计算，会得到过小的试验风速，风洞风速竖向分布形式会发生变化，流场的形式也难免会有变化，因此应尽可能提高试验风速值。气弹振动试验中可通过改变风洞风速或模型固有频率来模拟实物无量纲风速的变化。通常情况下，会采用改变风洞风速来实现，而最好不改变模型的力学特性。但是由于试验结果的响应值多数是风速的三次方，会产生急剧变化，测量系统有可能在低风速下得不到足够精度的结果，此时可通过提高模型的固有频率来提高试验风速。对于气动弹性模型试验，风和结构的耦合效应不可忽略，而这一耦合效应的强度随试验风速和结构振动幅度的变化而变化，不能从一个试验风速下的结果推算出其他风速下的结果，必须在可能出现的风速范围中进行多级风速试验。

目前的测振设备通常具备较高的采样频率，测振试验的采样频率范围最好能达到模型固有频率的 10 倍以上，采样时间要相当于设计风速作用下的实际 600s 的 5 倍的时间，气动弹性模型的稳定振动通常滞后于风速条件的改变，风洞试验中，试验风速调整后，要经过一段时间风速才会稳定，而结构在这一风速下的动力响应还要再经过一定的时间才会稳定，所以，在试验风速调整后，必须经过一段相对较长的稳定期，比如 30s 后才能采集响应信号。试验数据中包含的噪声采用模拟或数字过滤器去除，此时的截断频率多取对象固有频率的 2～3 倍。

17.5.5 测振数据处理

测振试验能得到需要的风振响应结果，因此其数据处理相对比较简单。气动弹性模型通常是缩尺试验，风荷载和风振响应有不同的相似比，因而应当将试验时的风速和试验结果按照相似关系换算到原型，按统计时间（通常为 600s 实际时间）将数据进行分割，以分别求得响应的平均值、标准偏差、最大值等，再在此基础上进行整体平均以得到最后的结果。统计结果包括加速度响应和位移响应等，将位移换算成加速度数据时，会突出在高频成分附带的噪声，因此要特别注意去除噪声。在得到各层位移响应峰值时，可直接采用式（17-28）计算等效风荷载。

17.6 风环境试验

17.6.1 风环境试验的目的

在建造新建筑物时，会对建筑周边的风环境产生影响，特别是高层、超高层建筑或大型构筑物，常常不能忽略风状况改变带来的影响。在建筑物覆盖区域内和其周围地表附近产生的强风，会给步行、行车带来困难，在建筑物的通道、阳台等中高层建筑居住者可利用的外部空间上产生的强风，常常造成一些纠纷和障碍。风环境试验的目的主要有以下几点：一是预测新建建筑物周围的地表附近以及中高层建筑中居住者利用的外部空间（如阳台等）中由于强风而形成的风环境问题；二是掌握建筑物建造前后风环境的变化情况，采取相应措施，并预测措施实施后的效果。

17.6.2 风环境试验模型设计

风环境试验模型一般采用刚性模型，模型的缩尺比应根据风洞实验段的截面大小、风洞转盘的大小、模拟区域范围、测量仪器的特性、风洞堵塞比、壁面效应及风洞流场的相似条件来确定，其中需要重点关注的是测量仪器的影响，在风环境风洞试验时，多数要在步行者高度处进行测量，而人行高度不超过 2m，而风速探头的高度小于 2mm 时，要进行测量位置处的风速测量是很困难的，因此风环境试验的缩尺比不宜小于 1/1000。由于风环境试验对周边干扰最为敏感，因此模型的制作精度要求很高，建筑物轮廓上的凹凸特别是拐角切去的部分也需考虑再现，模型 1mm 以上的凹凸变化均需模拟，当测量对象为建筑物的阳台、出入口附近、舞台等建筑物细部时，必须将对象部位的模型制作到清晰可见的程度，模拟街区时，街道树、路灯等的模拟起着重要的作用，为了降低建筑物周边由于建筑而形成的强风，树木的模型化不可忽视，树木的模型要考虑树木的轮廓、通风性进行制作。

17.6.3　测量系统

建筑物周边的气流是三维复杂流动，应根据试验内容选择相应的测量装置和系统。具有代表性的测量仪器有：热敏电阻风速仪、热线风速仪（I 型一维探针、X 型二维探针等）、PIV 系统、Irwin 无风向探头等，其中应用最为广泛的为 Irwin 无风向探头。根据使用仪器的不同，测得的响应特性也不同，热线风速仪响应特性最好，Irwin 无风向探头采用风压测量的方式获取风速，频响特性受管路影响较大，因此以瞬时值为测量对象时要特别注意仪器的频响特性。

Irwin 无风向探头可以测定人行高度处的风速标量，但无法测得风向。当需要进行风向测定时，可以基于可视化的判定方法，在测点上设置旗或绒球，或者用烟雾发生器来观察风向及流动状况。此外，也可用测量时间内得到的相应曝光时间的照片，根据照片中记录的绒球及旗的变化来求得风向，还可以将可视化和测量仪器联合起来，拍摄旗的变化，甚至可以用录像的方法，分析这些图像，并将其进行数字化处理，或采用 PIV 系统来处理等。

17.6.4　测量条件的选择

测量条件的选择对风环境测试的结果至关重要。测量条件主要包括风洞来流及周边建筑和地形的模拟、参考静压点的选取、试验风速的选择、试验风向的确定、数据采样参数的确定等。

1. 风洞来流及周边建筑和地形的模拟

风洞来流应尽可能与实际气流一致，对平均风竖向分布指数、边界层高度、粗糙度长度、湍流积分尺度以及湍流强度均应考虑，测量目的最低限度是平均风速，若考虑平均风速的竖向分布及边界层高度或粗糙度长度，也能得到有效数据，如果平均风速剖面再按指数率来模拟，就可以基本不用考虑粗糙度长度，当以脉动风速或最大瞬时风速等为测量目的时，就必须满足湍流积分尺度及湍流强度的相似条件。边界层高度对地面风环境影响较大，对于超高层建筑等建筑取建筑物高度 1.5 倍以上、较低的繁华街区取该街区内建筑物高度的 2～4 倍，若边界层高度满足以上要求，边界层厚度以上的气流不满足相似条件对地面风环境影响便可忽略。

风环境试验必须再现对象建筑物的周边状况，范围越广越好，至少要再现可能受目标建筑物影响的城市街区范围，一般而言，以目标建筑物为中心半径为 5 条通道范围内，或者在目标建筑物高度 2～3 倍以内，若在周边地域存在对高层建筑影响大的建筑时，必须将相应的模型化范围加大，当地形的凹凸、倾斜对地表面附近风速影响很大时，也应尽量模拟。

2. 试验风速和风向的选择

风环境试验的试验风速应考虑根据风洞的性能和测量仪器的性能来确定，特别应注意保证近地面风速测量的精度，多选择 5～15m/s 的范围内进行试验，若需测量脉动风速或瞬时最大风速，就需要考虑无量纲风速（tV/D）与实际情况一致，通常风环境评价是通过实际 10min 平均风速进行，因此试验时需要在统计时间和试验风速的确定上作平衡，由于统计时间过短会得到不稳定的数据，此时可通过多次测试通过整体平均以得到稳定的数据。此外，若建筑物形状存在棱角时，建筑物的周边气流状况受雷诺数影响不大，对于曲面建筑物的情况，雷诺数影响就很大，此时仍无法在风速选择上作调整，必须在模型加工阶段及试验结果判断阶段充分考虑各种影响因素。

风环境试验的试验风向越多越好，但至少要对以下几种风向进行试验：一是考虑建筑区域内年发生频率高的风向；二是发生频率低但容易发生台风等极端风的风向；三是应考虑风影响的重要场所、易对建筑物产生影响的风向；四是由于周边建筑物的关系对目标建筑物会产生极大影响的风向。一般情况下，分析试验结果要结合气象部门的实测数据，多采用 $0°\sim360°$ 范围内，间隔 $22.5°$ 共 16 个风向进行试验。

3. 数据采样参数的确定

数据采样参数主要是采样时间和采样频率。使用气象数据进行风环境评估时，测量时间必须为实际的 10min，考虑无量纲风速（tV/D）与实际情况一致，根据测量时间比可计算得到测试的时间，由于测点处存在长周期脉动，过短的测量时间会存在误差，因此为了得到稳定的数据必须要有足够的测量时间，因为要兼顾风速而没有足够的测量时间时，需要进行多次测量，用整体平均数据进行评估，总测量时间大于 15s，测量时间对风速评估的影响就小，能够得到有稳定平均值的研究结果；一般而言测量时间在 15s 到 40s 比较合适。

采样频率也要根据时间比来确定，确定的标准是能够得到实际相当于间隔 $2\sim3s$ 的数据，即 $2\sim3s$ 采样间隔按时间比换算到模型尺度，得到采样频率的下限。

17.6.5　风环境数据处理

风环境舒适度通常采用风速比作为评价指标。风速比既可用表示瞬时阵风放大比例的极值风速比，也可采用表示平均风速放大比例的平均风速比。采用极值风速比作为评价指标时，要求风洞试验获得准确的风速脉动值，因此对测试设备有较高要求。一般采用平均风速比作为评价指标，但也允许采用其他指标评价风环境的舒适度，平均风速比的定义为：

$$R = V_r/V_0 \tag{17-46}$$

式中，V_r 为样本点的平均风速；V_0 为当地标准地貌 10m 高度处的平均风速。

行人高度风环境的舒适度是一个较为主观的概念。通常采用反向指标来定义它，即根据设计用途、人的活动方式、不舒适的程度，结合当地的风气象资料，判断大风天气的发生频率。如果发生频率过高，则认为该区域的不舒适性是不可接受的。界定可接受的发生频率就是通常所说的"舒适性评估准则"。如何评估风环境对行人的影响，到目前为止并没有一致的标准。但原则上，无论采用何种评估方法，都应当明确：（1）适当的行人舒适性风速分级标准，（2）各级风速标准的容许发生频率。风环境舒适度与风速、风向密切相关，一般情况下都应当结合当地的气象资料对舒适度进行评估。但对于确实难以获得气象资料的建筑工程，也可采用简化方法进行舒适度的评估。用简化方法时要求在各种风向下，所有样本点的平均风速比不大于 1.2，且不小于 0.2。

第 18 章　风工程创新试验选题及指南

以上几章从风工程试验的试验设备和试验原理和方法介绍了开展风工程试验的基本知识，本章开始着手风工程试验的本科教学实践。一直以来，我国高校风洞试验室主要作为国家及省部级纵向科研基金及重大工程项目抗风性能研究的试验场所，使用群体主要是高校教师、硕士、博士研究生及其他相关科研人员，而本科生试验教学的效能基本没有得到发挥。通常做法都是将本科生带到风洞参观，简要介绍一下试验室的构造、功能及所完成的风洞试验项目，大学生不可能有机会参与使用。主要原因有以下几点：首先风洞试验室投资大，基本在千万元以上，建设的初衷及定位也一般都未纳入本科生试验教学；其次风洞试验室纵向科研课题及横向服务项目都较多，很难专门抽出时间为本科生进行试验教学；再次风洞试验室仪器比较精密贵重，很多是进口设备，本科生直接操作维护困难，一旦损坏，维修费用高，周期长，另外风洞仪器一般都是单机形式，若采用试验教学，风洞试验成本高，而且也很难每人都有机会操作。为了克服上述困难，浙江大学土木水利工程试验中心建立了先进的管理模式，积极引导大型试验平台向本科生开放，从 2012 年开始，《土木工程自主创新试验》课程正式开设风工程专题试验，受到了广大本科生的欢迎。经过几年的探索，在风工程创新试验教学取得了丰富的实践经验，凝练出一系列可供本科生选择的试验项目，这些试验项目具备一些共同的特点：其一是前沿性，这些试验项目是当前风工程学术界和工程界都关心的热门课题，是学科发展的前沿，这样的课题对学生的吸引力无疑是强烈的；其二是自主性，需要学生自主学习相关知识，自主查阅文献，自主设计创新试验方案；其三是模型制作成本不高，模型制作成本是风洞试验最主要的成本之一，创新试验采用的材料成本低，加工方便；其四是可探索性，即试验结果是完全不确定性的，在试验过程中可能会发现新的试验现象，这也是试验吸引学生的关键。经过几年探索，涌现出了一些高水平的本科生研究成果，其中获批国家级大学生创新创业计划项目 2 项，下面首先给出风工程创新试验选题方案供学生选择课题时参考，然后选登一些学生的优秀论文。

18.1　风工程创新试验选题指南

18.1.1　建筑结构体型系数的风洞测压试验

1. 背景资料：《建筑结构荷载规范》GB 50009—2012 规定，垂直于建筑物表面上的风荷载标准值，计算主要受力结构时，应按下式计算：

$$w_k = \beta_z \mu_s \mu_z w_0 \tag{18-1}$$

式中：w_k ——风荷载标准值（kN/m^2）；

　　　β_z ——高度 z 处的风振系数；

　　　μ_s ——风荷载整体体型系数；

μ_z ——风压高度变化系数；

w_0 ——基本风压（kN/m^2）。

计算围护结构时，应按下式计算：

$$w_k = \beta_{gz}\mu_{sl}\mu_z w_0 \qquad (18\text{-}2)$$

式中：β_{gz} ——高度 z 处的阵风系数；

μ_{sl} ——风荷载局部体型系数。

上述公式中的风荷载体型系数是指风作用在建筑物表面一定面积范围内所引起的平均压力（或吸力）与来流风的速度压的比值，它主要与建筑物的体型和尺度有关，也与周围环境和地面粗糙度有关。由于它涉及的是关于固体与流体相互作用的流体动力学问题，对于不规则形状的固体，问题尤为复杂，无法给出理论上的结果，一般均应由试验确定。鉴于原型实测的方法对结构设计的不现实性，目前只能根据相似性原理，在边界层风洞内对拟建的建筑物模型进行测试。规范对于常用的房屋和构筑物给出了一系列的表格供设计参考，如图 18-1 所示的典型建筑，这些都是根据国内外的试验资料和国外规范中的建议性规定整理而成，当建筑物与所列出的体型类同时可参考应用，当无资料时宜由风洞试验确定，同时也指出对于重要且体型复杂的房屋和构筑物，应由风洞试验确定。.

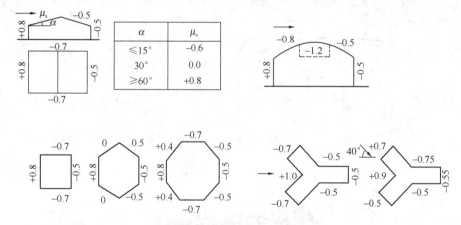

图 18-1　典型建筑风荷载体型系数

2. 任务书：查阅相关文献，撰写文献综述，自行设计一种体型的建筑模型，根据抗风设计的要求布置风压测点，绘制模型加工图，自行制作测压模型，自行设计试验工况，将模型置于指定标准流场中测试建筑模型表面风压分布，对试验结果进行数据统计，计算局部体型系数，并与规范规定结果进行对比，撰写研究论文。

18.1.2　建筑结构风致干扰效应的风洞测压试验

1. 背景资料：《建筑结构荷载规范》GB 50009—2012 规定，当多个建筑物，特别是群集的高层建筑，相互间距较近时，由于旋涡的相互干扰，房屋某些部位的局部风压会显著增大，设计时应予注意，此时宜考虑风力相互干扰的群体效应；一般可将单独建筑物的体型系数 μ_s 乘以相互干扰系数，根据国内大量风洞试验研究结果给出的。试验研究直接以基底弯矩响应作为目标，采用基于基底弯矩的相互干扰系数来描述基底弯矩由于干扰所引起的静力和动力干扰作用。相互干扰系数定义为受扰后的结构风荷载和单体结构风荷载的比值。在没有充分依据的情况下，相互干扰系数的取值一般不小于 1.0。建筑高度相同的单个施扰建筑的顺风向和横风向风荷载相互干扰系数的研究结果分别见图 18-2 和图 18-3，图中假定风向是由左向右吹，b 为受扰建筑的迎风面宽度，x 和 y 分别为施扰建筑离受扰建筑的纵向和横向距离。建筑高度相同的两个干扰建筑的顺风向荷载相互干扰系数见图 18-4。图中 l 为两个施扰建筑 A 和 B 的中心连线，取值时 l 不能和 l_1 和 l_2 相交。图中给出的是两个施扰建筑联合作用时的最不利情况，当这两个建筑都不在图中所示区域时，应按单个施扰建筑情况处理并依照图 18-2 选取较大的数值。

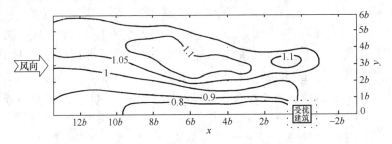

图 18-2　单个施扰建筑作用的顺风向风荷载相互干扰系数

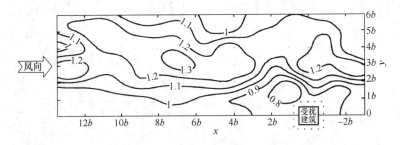

图 18-3　施扰建筑作用的横风向风荷载相互干扰系数

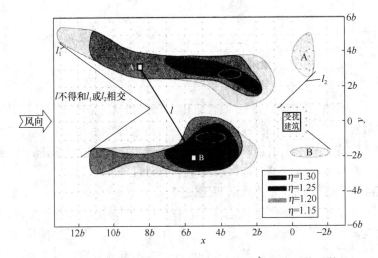

图 18-4　两个施扰建筑作用的顺风向风荷载相互干扰系数

根据上述试验结果，相互干扰系数可按下列规定确定：

（1）对矩形平面高层建筑，当单个施扰建筑与受扰建筑高度相近时，根据施扰建筑的位置，对顺风向风荷载可在 1.00～1.10 范围内选取，对横风向风荷载可在 1.00～1.20 范

292

围内选取；

（2）其他情况可比照类似条件的风洞试验资料确定，必要时宜通过风洞试验确定。

2. 任务书：自行设计一种规则体型的建筑模型作为受扰模型，设计一种或几种规则体型的建筑模型作为施扰模型，或者将建筑本身的部分作为施扰体，研究建筑结构受干扰后的风荷载，根据抗风设计的要求布置风压测点，绘制模型加工图，制作测压模型，设计试验工况，将模型置于流场中测试建筑模型表面风压，对试验结果进行数据统计，计算基底风力，干扰系数等，并与规范规定结果进行对比，撰写研究论文。

18.1.3 建筑结构周边风环境风洞试验

1. 背景资料：在大风季节时，高层建筑及其群体的布局，可能造成对自身及其周围的不良风环境，甚至风灾的课题，已刻不容缓地展现在今日城市规划、建筑设计部门、施工单位的面前。如同城市中大气污染、噪声污染、光污染、采光权纠纷等环境问题一样，能否在高层建筑的规划与布局伊始，就周密地考虑到优化风环境，防范不测风灾，而进行认真的论证和试验，这已成为评估城市建设规划优劣的一个重要衡量指标。显然，良好的建筑风环境指的是，在气象工作者给出的某一大区域内风特性的条件下，为了使人们工作、居住生活与活动有一个舒适的环境，城市规划与设计部门力求以最小的代价去营造一个安全而舒适的风环境，来满足广大人民群众安居乐业之需。建筑物作为钝体出现在城市的近地面流场中，由于下冲、狭管流、角流、穿堂风以及阻塞、尾流等效应，会使高楼建成后，出现过去没有的局地强风现象；局地强风的出现，会造成行人活动困难，以及建筑物的门窗和建筑外装饰物等破损、脱落、伤人等事故的发生。

根据高层建筑物的外形，相互布局情况及风的相对方向，可能测得的建筑物外部环境的不舒适参数值是不同的。常见几种高层建筑群体，布局间相互干扰而引发的不舒适风环境的试验值如下。

（1）压力连通效应：如图 18-5 所示，当风垂直吹向错开排列的高层建筑物时，若建筑物间的距离小于建筑物的高度，则有部分压力较高的风流向背面压力较低的区域，形成街道风，在街道上形成不舒适区域。该区不舒适参数 Ψ 是建筑物高度的函数。一般而言，对 $10\sim11$ 层，约 $35\sim40m$ 高者，街道风的 $\Psi\approx1.3\sim1.6$；对塔式高层建筑，当相互间隔不大时（如约为 1/4 楼高），其 $\Psi\approx1.8$。

（2）间隙效应：如图 18-6 所示，当风吹过突然变窄的剖面时（如底层拱廊），在该处形成不舒适区域，其不舒适参数 $\Psi\approx1.2\sim1.5$，主要取决于建筑物的迎风面积与变窄剖面面积的比值或建筑物的高度。通常对 7 层楼高，底部不舒适参数 $\Psi\approx1.2$；楼高超过 $50m$ 时，取 $\Psi\geqslant1.5$。

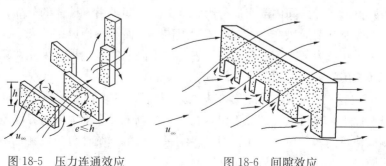

图 18-5　压力连通效应　　　　　图 18-6　间隙效应

（3）拐角效应：如图 18-7 所示，当风垂直吹向建筑物时，在拐角处由于迎面风的正压与背面风的负压连通形成一个不舒适的拐角区域；有时，当两幢并排建筑物的间距 $L \leqslant 2d$（d 为建筑物沿风向的长度）时，两幢间也形成不舒适区域；它们的 $\Psi \approx 1.2$。对 $35 \sim 45m$ 高的塔式建筑物，其 $\Psi \approx 1.4$；对 100m 以上的塔式建筑物，其 $\Psi \approx 2.2$。

（4）尾流效应：如图 18-8 所示，在高层建筑物尾流区里，自气流分离点的下游处，形成不舒适的涡流区。随着建筑物高度的增高，不舒适影响区增大，一般塔式建筑物的 $\Psi \approx 1.4 \sim 2.2$，其影响范围与塔式建筑物的宽度与高度相近。对低矮的建筑物，其 $\Psi \approx 0.5 \sim 1.6$，影响区域纵深约为建筑物高度的 $1 \sim 2$ 倍。

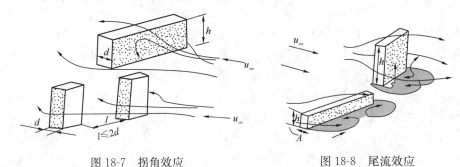

图 18-7　拐角效应　　　　　　　　　　图 18-8　尾流效应

（5）下洗涡流效应：如图 18-9 所示，当风吹向高层建筑物时，自驻点向下冲向地面形成涡流。若前面低矮建筑物的高度 h' 与两楼间间距大致相等（$e = h'$）时，则不舒适影响最显著，其不舒适参数 $\Psi \approx 1.5 \sim 1.8$，由于有垂直向下的风速分量，故更令人感到不舒适。图中阴影线为高风速区。

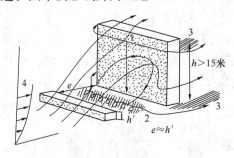

图 18-9　下洗涡流效应

2. 任务书：自行设计一座或几座建筑，绘制模型及布置图，制作建筑模型，在建筑周围布置风速探头，自行设计试验工况，在风洞中调试出标准大气边界层流场，将模型置于流场中测试建筑周边的风环境，对试验结果进行数据统计分析，撰写研究论文。

18.1.4　建筑内部通风的风洞试验

1. 背景资料：随着人们对建筑室内健康通风的需求和可持续绿色建筑理念的提出，自然通风的优越性更明显的体现出来。自然通风除了受建筑所处地区的地域性气候条件影响外，还与建筑体型、开窗形式和房间内部布局等因素有关。房间内由于墙体的分隔，以及门的不同开启位置，都会对开窗通风产生不同的流动阻碍，从而影响通风率的大小。在同样的外部风环境下，由于建筑内部的不同分隔，会表现出不同的通风效果，因此在建筑通风的研究中，应认真考虑房间内部的阻隔优化问题。

2. 任务书：自行设计一座建筑，绘制模型及内部分隔布置图，制作建筑模型，在建筑内部布置风速探头，自行设计试验工况，在风洞中调试出标准大气边界层流场，将模型置于流场中测试建筑内部的风速分布，对试验结果进行数据统计分析，评估不同风向下建筑内部各个区域的通风率，撰写研究论文。

18.1.5 雷诺数效应对工程结构风荷载影响的风洞试验研究

1. 背景资料：工程结构的雷诺数效应一直是风工程界关注的重要基础问题。近年来，超高层建筑越来越柔，大跨桥梁趋于长大轻型化，抗风研究要求更为精细化，因而在研究中考虑雷诺数效应就更显重要。以往土木结构模型的风洞试验通常较少模拟雷诺数效应，主要原因如下：① 对于带有曲面的结构，其气动参数存在雷诺数效应已是共识，但至今尚无精确模拟雷诺数效应的方法。② 对于带有尖锐边角的结构，人们认为，尖锐边角使流体分离，流体的分离位置是固定的，与雷诺数无关。只要模型的雷诺数与实际建筑的雷诺数相差不是很大，则雷诺数效应可以忽略。事实上，实际情况可能并不是如此简单，带有尖锐边角的断面也有可能受雷诺数效应的影响，气流在前缘尖锐边角分离之后有可能会再附于结构上，这时流体的流动状态可能取决于雷诺数。③大部分土木结构都处于大气边界层以内，而来流的湍流度可降低结构的雷诺数效应。然而，人们对这一问题至今并没有清晰的认识。

对于不可压缩流体，惯性力和黏性力是影响其流动形态的两个最主要参数，它们之间的相互关系成为确定可能出现哪种类型流动特性或现象的指标，这个指标就用一个称为雷诺数（Reynolds number）的无量纲（或称量纲为 1）的参数来表示，它反映了流体的惯性力和黏性力之间的比例关系，其定义如下：

$$Re = \rho UL / \mu = UL / v \tag{18-3}$$

这里，$v = \mu / \rho$ 为空气的分子运动黏性系数（简称动黏性系数），表征了由层流流体各层之间的分子运动所引起黏性力的大小。当 Re 较大时，惯性效应起主要作用，反之则黏性效应起主要作用。对于空气，在一个大气压和 20℃ 气温的条件下，其分子运动黏性系数为 $v = 1.5 \times 10^{-5} \text{m}^2/\text{s} = 0.15\text{St}$，其中 St（撕托克）为运动黏性系数的常用单位，$1\text{St} = 1\text{cm}^2/\text{s} = 10^{-4}\text{m}^2/\text{s}$。

这样，对于一个大气压和 20℃ 气温的条件下的流动，其雷诺数的近似计算公式为

$$Re = 69000UL \tag{18-4}$$

应当注意，雷诺数是一个局部性的概念，它与对流动产生影响的边界有关，也就是说，在计算雷诺数时，如何选择特征长度 L 要取决于我们所感兴趣的局部具体情况。所以，一个给定物体上的流动，可以具有较宽的雷诺数范围，它将由我们所要研究的具体区域而定。当我们作为一个整体讨论包围给定物体的流动时，L 一般可取为大约等于该物体的总体代表尺寸。

圆柱体的二维绕流与雷诺数有着密切的关系，如图 18-10 所示，在层流流场中，随着雷诺数从低逐渐变到高，圆柱体的二维绕流会依次出现许多的流动形态。当雷诺数很低时（$Re \approx 1$），绕流将对称地附着在整个圆周上（见图 18-10a）。当 $Re \approx 20$ 时，绕流形态仍是对称的，但在背风侧出现了流动分离，并形成一对始终停留在圆柱体背风侧表面附近的大尾流旋涡（见图 18-10b）。当 $30 \leqslant Re \leqslant 5 \times 10^3$ 时，旋涡将在圆柱体两侧交替脱落，并在下游形成一条清晰稳定、交错排列的"涡迹"或"涡街"（见图 18-10c），这些交错排列的旋涡以略低于周围流体的速度向下游移动。由于该现象最早是由冯·卡门（Von Karman）等人发现，因此常被称为冯·卡门涡迹或冯·卡门涡街，但关于这一现象的形成和发展的机理至今仍未完全认识，因此仍然是大量理论和试验研究的焦点。在这一雷诺数范围内，除了旋涡本身外，圆柱体后的尾流是比较平滑而规则的，流动虽然是非定常的，但

基本上可认为是层流。当雷诺数继续升高到落到 $5\times10^3<Re\leqslant2\times10^5$ 范围内时，有规则的冯·卡门涡迹消失，分离点上游的附着流仍是层流，在分离点处可观察到三维流动。尾流由层流向紊流过渡，随着雷诺数的升高，分离点也逐步向上游移动，尾流的宽度逐步增加，尾流中层流向紊流的过渡的部位从离圆柱的较远的下游处逐步靠近圆柱体表面，尾流的紊乱程度也逐步增加。当雷诺数接近临界点（约 2×10^5）时，分离点的位置圆柱两侧的边缘（图 18-10d 中的 A 和 B 两点），此时，尾流宽度相当大，超过了圆柱体的直径，而旋涡的脱落仍是颇有规律的。当雷诺数超过临界点（约 2×10^5）时，流动的分离点突然迁移到下游（从图 18-10d 中的 A 和 B 两点分别迁移到从图 18-10e 中的 A′和 B′两点），使得尾流变窄，同时旋涡的脱落也变得相当随机而无规律。其中，$2\times10^5\sim5\times10^5$ 雷诺数范围对应了圆柱表面上所形成的边界层（附着流）内发生层流向紊流过渡的状态。当雷诺数超过约 4×10^6 后，虽然尾流仍然十分紊乱，但圆柱体上的旋涡脱落又变得颇有规律。一些试验已经发现，这一有规律旋涡脱落现象出现的最高雷诺数约为 10^8。根据圆柱体的绕流、表面边界层和旋涡脱落的特点，可把雷诺数的范围分成亚临界（$Re=30\sim2\times10^5$，旋涡有规律脱落，边界层为层流）、临界（$Re=2\times10^5\sim5\times10^5$，旋涡随机脱落，边界层从层流过渡到紊流）、超临界（$Re=5\times10^5\sim4\times10^6$，旋涡随机脱落，边界层为紊流）和高超临界（$Re>4\times10^6$，旋涡有规律脱落）四个独特的区域。

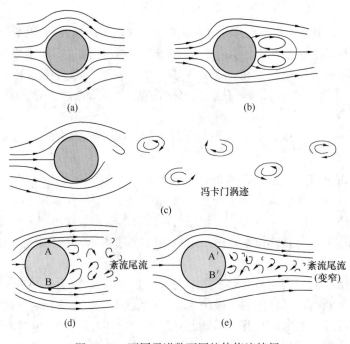

图 18-10　不同雷诺数下圆柱体绕流特征

(a) $Re\approx1$；(b) $Re\approx20$；(c) $30\leqslant Re\leqslant5\times10^3$；

(d) $5\times10^3<Re\leqslant2\times10^5$；(e) $5\times10^5<Re\leqslant4\times10^6$

　　2. **任务书**：查阅相关文献和规范，对雷诺数效应对工程结构的影响进行分析，完成研究现状和展望分析报告，提出新的研究方案，设计几种模型，进行模型制作，设计测压或测力试验内容，安装传感器，将模型置于层流流场中进行测压或测力试验，进行不同风速下的试验，研究雷诺数效应对建筑表面风压分布和整体风荷载的影响，对试验结果进行数据统计，撰写试验研究论文。

18.2 风工程创新试验案例精选

本节选登了前几届学生完成的风工程创新试验优秀论文，这些论文是由学生撰写，经老师批阅修订而成，有一定的代表性，可供修课学生参考。

门型建筑风荷载特性的风洞试验研究

魏智锴，董小洋，胡浩瑶，刘菀迪，汪儒灏

摘 要： 以风洞试验为基础，研究了门型建筑的风荷载特性。对试验数据进行处理，着重分析了各风向角下模型表面的平均风压分布，确定最大正压区域和最大负压区域；同时分析各风向角下，测点集合的平均风压系数和脉动风压系数的变化曲线，确定最不利风向角；而且通过体型系数与规范的对比分析，得出各表面的体型系数建议取值，为结构设计提供参考。最后比较了有门洞和无门洞两种情况下模型各表面的风压差别。得出的主要结论有：1. 门型建筑表面负压需要重点关注，特别是当建筑物表面覆盖玻璃幕墙时；2. 风向与模型 A、B 面法线夹角为±10°时，为最不利风向角；3. 在最不利风向角下，得出各表面体型系数建议取值；4. 开洞使得建筑迎风面风压反而增大，而对迎风面的局部体型系数影响不大，对其余各面效应增强。

关键词： 门型建筑；风压分布；脉动风压系数；平均风压系数；体型系数

中图分类号： TU351 **文献标识码：** A

Experimental Investigation of Wind Loads on a Portal-Type Building

WEI Zhikai，DONG Xiaoyang，HU Haoyao，LIU Wandi，WANG Ruhao

Abstract： This paper is on the basis of wind tunnel experiment，we study the characteristics of the wind load on the portal-type building. On the basis of the wind tunnel experimental data，we study the average wind pressure distribution with different direction angle，which derives the most-positive pressure region and maximum negative pressure region. We also draw the variation curve of average wind pressure coefficient and fluctuating wind pressure coefficient with regard to direction angle，which determines the most unfavorable wind direction angle. Through the contrastive analysis between the shape coefficient and the standard，we can lead to the recommended values of shape coefficient on various surfaces，providing reference for structure design. Finally，we compare the difference of wind pressure distribution on whether or not having a hole. The main conclusions are：1. The negative pressure on the surface of the portal-type building should be focused on，especially the surface is covered by reflection glass curtainwall；2. When The wind direction with the model surface' s normal line of A and B is plus or minus 10°，It is the most unfavorable wind direction Angle；3. On the most unfavorable wind direction Angle，we can lead to the recommended values of shape coefficient on various surfaces；4. The hole makes the pressure on the surface which the wind is loading on increased，but the impact on windward side is not significant and the rest of the surface effect increased.

Key words：portal-type building；wind pressure distribution；fluctuating wind-pressure coefficient；average wind pressure coefficient；shape factor

1 前言

近年来，随着现代超高层建筑的快速发展，在超高层建筑的舒适性和结构设计中，风荷载都起着重要的控制作用，过强的风速会引起建筑表面、局部或整体结构的损伤或破坏。然而，随着建筑设计上对于形态需求的提高，截面形式变化多异，复杂多变体型的超高层建筑将会面临更严峻的风荷载考验。风灾对结构的影响一般需要通过模型风洞试验来模拟。利用风洞试验测量结构承受的风荷载乃至动力响应，为结构设计提供参考，是现阶段工程结构抗风研究的主要方法和手段。

目前，关于建筑物表面风压和风振研究较为深入，相关文献较多。但专门对门型建筑表面风荷载特性的研究并不多。门型建筑与连体双塔高层建筑类似，这方面的研究可以借鉴侯加健[1]和朱一凡[2]等人的研究。

本文首先介绍了试验概况，包括模型设计与测点布置、试验设备和风场模拟以及试验参数和试验工况，然后进行数据处理，着重分析了各风向角下模型表面的平均风压分布，确定最大正压区域和最大负压区域；同时分析各风向角下，测点集合的平均风压系数和脉动风压系数的变化曲线，确定最不利风向角；并且通过体型系数与规范的对比分析，得出各表面的体型系数建议取值，为结构设计提供参考。最后比较了有门洞和无门洞两种情况下模型各表面的风压差别。

2 试验概况

2.1 模型设计与测点布置

研究对象为一对称门型建筑，研究对象的原型为一栋高度 210m 的门式建筑，上部连廊高 36m，底部裙房高 30m，本试验模型高 70cm，单楼平面图为正方形，从底部至顶部随高度线性缩进。风洞试验所采用模型的缩尺比为 1：300，图 1（a）为风洞中的模型图。

由于结构具有对称性，在模型顶面布置 8 个测点，分别在左右外侧面布置 14 个测点，内侧面布置 10 个测点，洞顶封板布置 2 个测点，正反面布置 40 个测点，总计 146 个测点，测点布置如图 1（b）所示。

2.2 试验设备与风场模拟

本次试验在浙江大学的 ZD-1 边界层风洞中进行的。ZD-1 边界层风洞为单回流闭口立式钢结构和混凝土结构相结合的混合结构型式。试验段为闭口式，长 18m，截面尺寸为宽 4m、高 3m；风洞的最高风速 55m/s。风洞配备可收藏式全自动三维移测架系统，采用具有自主知识产权的多功能尖劈隔栅组合装置和大小两种粗糙元，可快速模拟出与缩尺模型相匹配、不同地形的大气边界层气流。本课题采用 B 类地貌作为试验风场（GB 50009—2012），图 2 中给出了风速剖面和湍流度剖面的模拟结果，图 3 为原型 120m 高度处脉动风速谱模拟结果，与 Karman 谱较为相近，流场特性满足要求。

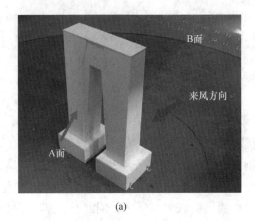

(a)

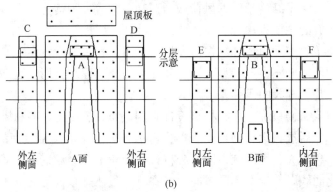

(b)

图 1 模型及测点布置示意图

（a）模型及 0°风向角时各面位置示意图；（b）测点布置示意图

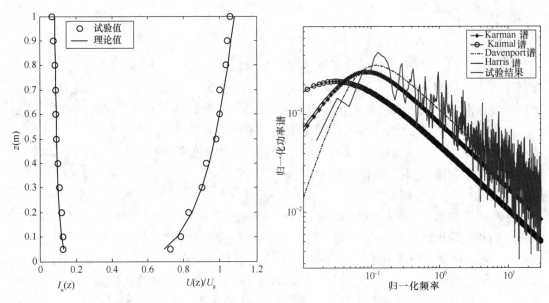

图 2 B类地貌平均风速和湍流度分布模拟结果　　　图 3 120m 高度脉动风速谱

2.3 试验参数与试验工况

本次模型试验的缩尺比为 1：300，模型外观如图 1 所示，模型在风洞中最大阻塞比小于 6%，满足风洞试验要求，试验所得的无量纲参数，可直接应用于建筑物实体。试验风速参考点选在风洞高度为 0.7m 处，参考风速 12.7m/s，在缩尺比 1：300 的情况下对应于实际高度 210m。50 年重现期，基本风压为 0.45kPa，10m 高度处 10min 平均风速为 26.8m/s，参考点（屋顶 210m 处）风速 $26.8 \times (210/10)^{0.15} = 42.3$m/s，因此风洞风速比为 1：3.3。根据模型的几何缩尺比，由相似原理可得，风洞试验的时间比为 1：91。试验中风压测量、记录及数据处理系统由美国 Scanivalve 扫描阀公司的电子压力扫描阀、A/D 数据采集板、PC 机以及自编的信号采集及数据处理软件组成，在测压孔和扫描阀之间的所有管道上都串联了压扁管，压扁管的频响特性经过严格标定以保证所测得的脉动压力信号不失真。试验中确定采样时间 32s，相当于实际时间 49min，每个测点每一工况采集的数据总量为 10000 个，试验的采样频率为 312.5Hz。

在 B 类风场下，试验风向角为 0°～360°，以 10° 为增量逐渐增加，共 36 个工况，0°时 B 为迎风面，A 面为背风面（见图 1 及 4），在风压下结构每次逆时针转 10°，90°时外左侧面为迎风面，270 度时外右侧面为应风面。为探究建筑门型洞口对建筑风压分布的影响，增测将门型洞口封住时，0°试验风向角的建筑表面风压。试验共 37 个工况。

2.4 数据处理

模型表面测点的风压系数采样值按下式计算：

$$C_{pi}^{j} = \frac{P_i^j - P_\infty}{0.5\rho V_\infty^2} \tag{1}$$

式中，C_{pi}^{j} 是模型表面测点 i 第 j 个采样点的风压系数，P_i^j 是测点 i 第 j 个采样点的压力值，P_∞ 是参考点静压值，V_∞ 是参考点的风速，这里约定压力沿表面外法向指向表面为正，反之为负，$\rho = 1.225$kg/m³ 为空气密度。对试验测得的风压系数采样数据进行统计分析，可以得到各测点的平均风压系数与脉动风压系数。计算公式如下，其中 $N = 10000$。

$$C_{pimean} = \frac{1}{N}\sum_{j=1}^{N} C_{pi}^{j} \tag{2}$$

$$C_{pirms} = \sqrt{\frac{1}{N-1}\sum_{j=1}^{N}(C_{pimean} - C_{pi}^{j})^2} \tag{3}$$

3 平均风压与脉动风压的分布特性

门型建筑的风压分布主要受到中间门型洞口的影响，使得其风压分布有别于一般不开洞高层建筑。通过分析各风向角下模型表面的平均风压分布，发现在风向角与建筑两对称轴平行（即风向角为 90 倍数时），模型表面平均风压分布具有良好的对称性。同时在 0°和 180°风向角下，模型表面风载合力较大。图 5 给出了 0°风向角下模型各面上平均风压系数的等值线图，从图中可以发现：①在来流作用下，迎风面为正压，其中位于上部

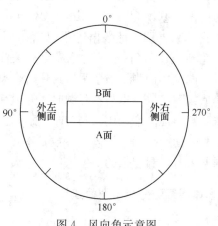

图 4　风向角示意图

门型洞口边缘的平均风压系数较大，最大值集中在洞口稍高处，最大值达到 0.91，越往下，等值线越稀疏，压力梯度减小。②四个接近于平行来流方向的侧面，受气流分离及漩涡脱落的影响，整个立面均承受负压（吸力），且分离区前缘吸力较大，沿高度向变化较为均匀。内侧面这种负压影响更加显著，最大平均风压系数达到 -1.45，因此对于这种门型建筑而言，其通道表面负压需要重点关注，特别是当建筑物表面覆盖玻璃幕墙时。③位于尾流区的背风面，受漩涡脱落及尾流影响，承受吸力；但是整个背风立面承受的吸力较两个侧风面要小；整个背风面，在建筑的洞口上边缘有较小的负压，负压向下逐渐增大。受尾流干扰影响，背风面上的脉动风压最小。

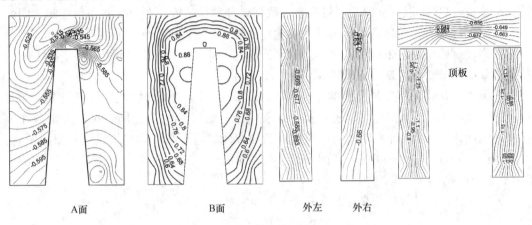

图 5　0°风向角下各面平均风压系数等值线图（左右均相对 A 面而言）

取各个面上同一高度层上的具有类似变化的测点组成集合 A-F（见图 1），得到各个风向角下测点集合的平均风压系数和脉动风压系数的变化曲线，如图 6 所示。从曲线可以发现：各个相对面的曲线呈现一定重现性，故分析时可以按每 90°风向角作分析。风向角为 180°±10°之间时，B 面平均风压系数达到最大，风向角为 180°±10°时，其余各面负压均达到最大，因此当风向和 A、B 面法线夹角为 10°时为最不利风向，需要引起注意。各面上脉动风压系数每 90°其变化趋势重现一次，且各个面当风向和建筑某一立面平行时，该面上风脉动风压系数达到峰值点，说明气流分离区的脉动风压非常剧烈，均方根值一定程度上反映出气流分离和漩涡脱离的情况。各风向角下，建筑洞口的内侧面基本为负压，其平均风压系数同脉动风压系数的变化规律是一致的，准定常理论适用。从统计数据还可以看出屋顶处风压系数在各风向角时也均为负值，最大负压达到 -1.8，在设计时也需重点关注。

试验还加测了门型洞口封住时模型表面风压分布，平均风压系数等值线图见图 7。从等值线图可以看出与不开洞时，迎风面的平均风压系数及压力梯度均有所减小，最不利风压系数出现高度相比开洞时略有下降。迎风面和侧面脉动风压系数和开洞时基本相同。两个外侧面及顶面平均风压系数基本无变化，均为 -0.66 左右。说明此类门型建筑把洞口封起来时，封起来的部位风压比较大，边上相对会小点，有洞口时则相反。

4　体型系数分析与取值建议

为了便于工程应用及与规范相对照，本文将模型风洞试验测得的风压系数转换成相应

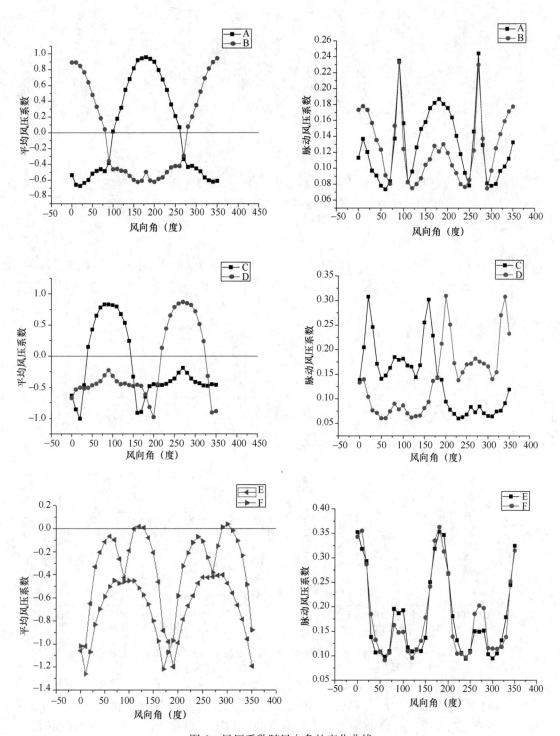

图 6 风压系数随风向角的变化曲线

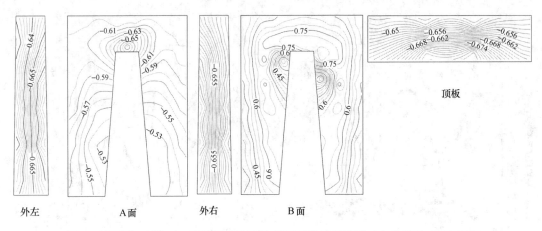

外左　　　　A面　　　　外右　　　　B面

图7　门型洞口封住时0度风向角下平均风压系数等值线图（左右相对A面而言）

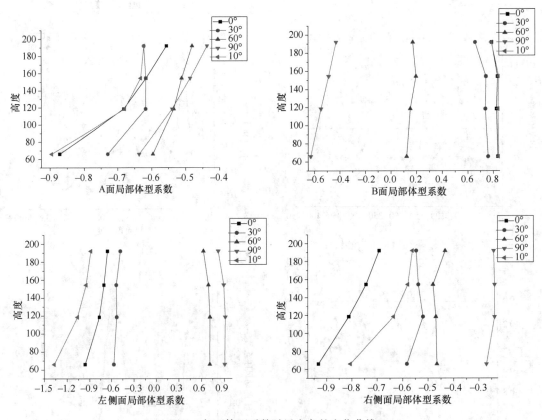

图8　各面体型系数随风向角的变化曲线

的体型系数，该体型系数为建筑物各测点处的局部体型系数，并非平均意义上的整体体型系数。由于各测点各风向角下的风压变化较大，本文按模型沿高度变化将其分成4层（见图1），各层上的每个面分块，每个分块取测点的平均压力系数。由每层上各分块按面积加权平均得到各层的局部体型系数。由于建筑双轴对称，取0°到90°风向角分析，得到各个立面每层局部体型系数随风向角的变化，如图8所示，其可代表所有风向角下建筑各面体型系数的变化规律。

从曲线可以看出各风向角下，A面局部体型系数沿高度方向呈现明显递减趋势，而其余各面沿高度向变化较为不明显，说明底部裙房对体型系数影响不大。上述结果也表明规范中取一个体型系数代表一个面的做法不尽合理。在风向角为0°时，各面的体型系数绝对值均达到最大，和前述最不利风向角相统一。0°风向角时，计算洞口封住时正面局部体型系数，发现其值略小于0.8，侧面局部体型系数约为−0.7，均和规范中矩形截面高层建筑体型系数取值0.8和−0.7较为接近。而开洞后建筑迎风面局部体型系数仍可取0.8，而侧面最大负值达−1.4，较不开洞时大得多。分析各面体型系数沿风向角的变化，可以发现不同高度处的体型系数绝对值最大值大都出现在10°，与前述最不利风向相统一。

此处各个面的体型系数建议值取各风向角下的最大值，在10°风向角下，前后两正面体形系数绝对值相近，迎风面取0.9，背风面取−0.9。左侧面体型系数绝对值明显大于右侧面，侧面峰值达−1.4，根据对称性，可取左右两侧面体型系数为−1.4。建筑中间开洞处由于狭道效应，此处的体型系数明显变大，两面系数相近，可取−1.6。顶面平屋顶取−0.7，狭道中间平面取−1.5。

5 狭道效应分析

（1）0°风向角下由于洞口之间的狭道效应，洞口内侧由于气流无法直接通过狭缝而产生较大的负压；洞口之间的内侧斜风面的体型系数绝对值逐渐下降，负压（绝对值）缓慢提高。而在两栋主楼的外侧面也呈现相同的随高度递减的趋势，底部风压约为顶部的1.5倍左右。相比其他双塔型建筑，可以发现底部裙房以及洞顶连廊对体型系数变化规律的影响：由于顶部连廊的影响，使得气流的通过洞口受阻，在洞顶高度出现了涡流现象，相比底部的无连廊遮挡区域，体型系数较低。

（2）0°风向角下狭道效应对脉动风压有极大的影响，并且A、B区域靠近角点的风压均方根相对于同高度测点区域C、D区域也有明显的增大，这说明有部分气流无法从中间通过而从两边通过，所引起的脉动风压增强。各角点区域的脉动风压在正风向时均相对其他区域有所提高。

6 结论

通过对门型建筑风洞试验与分析，得出以下结论：

（1）本文所研究的门型建筑，其通道表面负压需要重点关注，特别是当建筑物表面覆盖玻璃幕墙时。

（2）当风向角和A、B面法线夹角为10°、−10°时为最不利风向。

（3）得到最不利风向角下各面体型系数建议取值（见第四部分体型系数分析与取值建议）。

（4）分析了建筑开洞对建筑表面风压分布的影响，发现开洞使得建筑迎风面风压反而增大，而对迎风面的局部体型系数影响不大，对其余各面效应增强。

参考文献

[1]　侯家健，韩小雷，谢壮宁．复杂连体双塔高层建筑的风荷载特性[J]．华南理工大学学报（自然科学版），2008，03：121-127.

[2]　朱一凡．双塔高层建筑风荷载与风致响应研究[D]．浙江大学，2008.

[3]　GB 50009—2001，建筑结构荷载规范[S]．北京：中国建筑工业出版社，2002

单一建筑干扰下工业厂房屋盖平均风压研究

朱 谊，严 巘，柯锦涛，张倩婧，黄思翀

摘 要：工业厂房通常处于工业厂区内，受周边建筑的干扰，其表面风压分布与单个独立厂房不同，相邻建筑会对风荷载产生影响。基于单个厂房与两个串列厂房刚性模型风洞试验，给出了不同工况下屋面的平均风压，分析了屋盖典型点以及横向、纵向端部与中部测点的平均风压分布规律，研究了施扰厂房高度、施扰厂房与受扰厂房之间的净间距、风向角等因素对屋盖平均风压的影响作用。试验结果表明：施扰厂房对受扰厂房屋盖的平均风压与两者间距有关，且存在一个临界间距使干扰效应最大；干扰效应与施扰厂房高度有关，施扰厂房低于受扰厂房时干扰效应不明显；干扰效应与风向角有关，随风向角改变，干扰效应变化明显。

关键词：工业厂房；风洞试验；平均风压系数；干扰效应

中图分类号：TU312.1 **文献标志码**：A

Research of mean wind pressures on industrial building roof affected by a surrounding building

ZHU Yi，YAN Huan，KE Jintao，ZHANG Qianjing，HUANG Sichong

Abstract：Due to the aerodynamic interference effects，wind pressure distributions on roofs of industrial buildings surrounded by similar buildings are different from those of isolated buildings. Wind tunnel tests for an industrial building interfered by a similar building were carried out and the data of average pressures on its roof were obtained. The average wind pressures distributions on the roof were studied for different test cases. The average wind pressures for the interference cases were compared with those for isolated conditions. The results show that the interference effects vary with different wind directions，different height of the building，and different distance of these two buildings.

Keywords：industrial building；wind tunnel test；average wind pressure coefficient；interference effect

1 引言

多次的风灾调查表明[1-2]，低矮建筑物破坏造成的损失超过总的建筑物破坏损失总和的半数，风灾中量大面广的低矮房屋的毁坏或倒塌及其带来的人员伤亡是造成风灾损失巨大的主要原因。风工程界针对单个低矮建筑的表面风荷载开展了大量研究[3-5]，许多成果已经编入各国荷载规范。但是，工业厂房常受厂区内周边建筑的干扰，表面风压分布与单个独立建筑有所不同，因此在结构抗风设计中应该考虑周边建筑的气动干扰效应。各国荷载规范均未考虑干扰效应，进行风洞模拟试验研究工业厂房风致干扰效应是十分必要的。低矮建筑干扰研究兴起于最近 20 年，Ahmad 与 Kumar[6] 进行了单个与三个建筑施扰的四坡低矮建筑风洞试验，研究了屋盖不同区域平均、脉动、极值干扰因子。研究发现，单个干扰物处于不同位置时，表现出显著的干扰或者放大效应，最大放大因子为脉动干扰因子，可达 1.66，最大遮挡因子为平均干扰因子，可达 0.66；Surry 与 Lin[7] 通过风洞试验研究了工业与商业区典型布置时，试验模型的极值风压变化情况，结果表明，建筑屋盖角部区域极值风压受到极大的干扰，极值最大遮挡效应可达 40%。Chang 与 Meroney[8] 借助 CFD 方法与风洞试验研究了阵列建筑对试验模型表面风压的干扰特性，阵列建筑的流场与单个建筑周围流场完全不同，中心位置建筑常受到遮挡效应，数值模拟方法可以较好地反映流场的变化趋势。由于干扰工况过于复杂多变，所以干扰效应难以形成公式等供实践使用。本文对无干扰独立厂房工况及单个干扰建筑工况进行了刚性模型测压风洞试验，对比研究了无干扰与有干扰条件下厂房屋盖表面平均风压分布变化。借鉴美国金属建筑结构手册（MBMA2002）[9] 的分区方法对屋面进行合理分区，重点研究了风向角以及建筑之间的相对距离对分区测点风压系数的影响。

2 试验概况

本次试验在浙江大学的 ZD-1 边界层风洞中进行的。ZD-1 边界层风洞为单回流闭口立式钢结构和混凝土结构相结合的混合结构型式。试验段为闭口式，长 18m，截面尺寸为宽 4m、高 3m；风洞的最高风速 55m/s。风洞配备可收藏式全自动三维移测架系统，采用具有自主知识产权的多功能尖劈隔栅组合装置和大小两种粗糙元，可快速模拟出与缩尺模型相匹配、不同地形的大气边界层气流。本课题采用 B 类地貌作为试验风场（GB 50009—2012），图 1 中给出了风速剖面和湍流度剖面的模拟结果，图 2 为原型 40m 高度处脉动风速谱模拟结果，与 Karman 谱较为相近，流场特性满足要求。

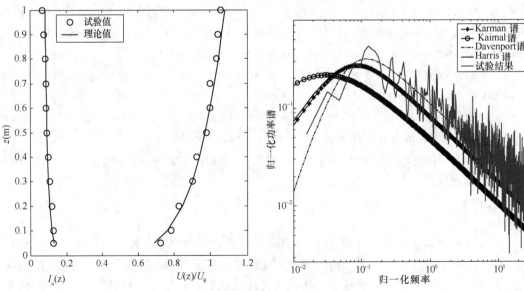

图 1　B 类地貌平均风速和湍流度分布模拟结果　　　图 2　40m 高度脉动风速谱

3 模型设计与试验工况

风洞测压试验模型的原型为一高一低典型双坡工业厂房，试验时取其一为施扰厂房，另一个为受扰厂房，施扰厂房与受扰厂房可相互转变。定义厂房沿山墙方向为横向，长边方向为纵向，则施扰厂房与受扰厂房纵向等长，高厂房原型纵墙长度 $L=80m$，山墙长度 $B=48m$，厂房脊高 60m，屋盖坡角为 8°；低厂房原型纵墙长度 $L=80m$，山墙长度 $B=42m$，厂房脊高 40m，屋盖坡角同样为 8°。试验模型与施扰模型均为刚性模型，试验模型和施扰模型均用 5mm 厚的 ABS 塑料板制成，本次模型试验的缩尺比为 1：200，模型外观如图 3 所示。图 4 为试验厂房的测点布置及施扰厂房相对位置图。测点命名规则为"屋盖编号-x-y"，其中 x 为每个屋盖的行编号（以沿纵向为行），y 为每一行上的点编号。屋盖编号以及每一行的起始点与终止点已经在图 4（a）中给出，其中 AB 表示小厂房的屋盖编号，CD 表示大厂房的屋盖编号。试验模型屋盖表面共布置有 112 个测点。在有干扰工况时，施扰厂房分别布置于 5 个位置，两个厂房的相对距离与受扰厂房跨长比值 D/B 分别为 0.0、1.5、2.0、2.5、3.0，分别定义为干扰工况 2～6，无干扰独立厂房定义为工况 1。风向角的定义如图 4 所示，以风垂直吹向山墙方向为 0°风向角，按逆时针方向风向角增大。

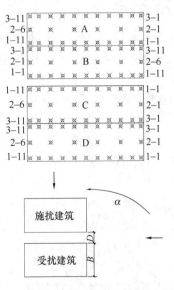

| 图 3 风洞测压模型 | 图 4 试验厂房测点布置及其与施扰厂房相对位置 |

模型在风洞中最大阻塞比小于 6%，满足风洞试验要求，试验所得的无量纲参数，可直接应用于建筑物实体。试验风速参考点选在风洞高度为 0.3m 处，参考风速为 11.1m/s，在缩尺比 1：200 的情况下对应于实际高度 60m 处，50 年重现期，基本风压为 0.5kPa，10min 平均风速为 37m/s，因此风洞风速比为 1：3.33。根据模型的几何缩尺比，由相似原理可得，风洞试验的时间比为 1：60。试验中在测压孔和扫描阀之间的所有管道上都串联了压扁管，压扁管的频响特性经过严格标定以保证所测得的脉动压力信号不失真。试验中确定采样时间 32s，相当于实际时间 32min，每个测点每一工况采集的数据总量为 10000 个，试验的采样频率为 312.5Hz。

4 数据处理

模型表面测点的风压系数采样值按下式计算

$$C_{pi}^j = \frac{P_i^j - P_\infty}{0.5\rho V_\infty^2} \tag{1}$$

式中，C_{pi}^j 是模型表面测点 i 第 j 个采样点的风压系数，P_i^j 是测点 i 第 j 个采样点的压力值，P_∞ 是参考点静压值，V_∞ 是参考点的风速，这里约定压力沿表面外法向指向表面为正，反之为负。对试验测得的风压系数采样数据进行统计分析，可以得到各测点的平均风压系数与脉动风压系数。计算公式如下，其中 $N=10000$。

$$C_{pimean} = \frac{1}{N} \sum_{j=1}^{N} C_{pi}^j \tag{2}$$

$$C_{pirms} = \sqrt{\frac{1}{N-1} \sum_{j=1}^{N} (C_{pimean} - C_{pi}^j)^2} \tag{3}$$

5 屋盖平均风压分布特性

不同风向角时来流风在结构表面不同区域的绕流流态以及特征湍流产生机理不尽相同，故本文分析屋盖表面风压分布特性时重点考察典型测点平均风压系数变化规律以及横向端部与中部测点与纵向端部与中部测点风压变化规律。典型测点与横向及纵向测点示意图见图4。

5.1 典型测点平均风压系数随风向角的变化

如图5所示，横坐标为厂房的风向角（见图5a），纵坐标为测点平均风压系数。不同风向角时，施扰厂房与试验厂房相对位置不断变化，其施扰效应不同，屋盖表面不同位置受扰程度亦不尽相同。先以小厂房作为受扰厂房的情形进行分析。边沿测点 A1-1 和中部测点 A1-6 位于屋脊，受施扰厂房影响较小，但是随着风向角从60°到90°增大，风压系数绝对值随角度的增大而减小，说明大厂房的施扰效应增大。在风向角较小时大厂房的施扰效应较小，但随着风向角增大至90°，施扰建筑对风压系数的折减可达到60%甚至以上。而测点 A3-1 和 A3-6 位于屋檐，受施扰厂房影响较大。对于角部测点 A3-1，在施扰与不施扰状态下，风压系数绝对值都呈现出先增后减的状态，在75°时达到最小值，但不施扰状态下的风压系数在较大角度时远远大于施扰状态，说明在较大角度时，施扰厂房会对风力进行有力地消减，减少试验厂房受风力的冲击。边沿测点 A3-6 的表现与 A3-1 点类似，但在施扰状态下75°时都表现出了正压趋势，说明风在施扰厂房后侧形成湍流，其影响在 $D=315mm$ 时达到最大。对大厂房作为试验厂房的情形进行分析。在不施扰状态下，各点风压系数随角度变化规律及数值大小与小厂房类似。不同点在于：

（1）位于屋脊的测点 C3-1 和 C3-6 施扰状态与不施扰状态，各工况风压系数的变化较小厂房小。其中测点 C3-1 测得的风压系数几乎不受施扰厂房的影响。这很可能是由于大厂房屋脊测点高于小厂房，高于受扰动的风力高度。

（2）小厂房测点 A3-6 分别在不施扰状态90°以及施扰状态 $D=315mm$，75°的工况下产生正压，而对应大厂房测点 C1-6 却未出现此类状况。经分析，可能造成的原因有：制作误差导致大厂房屋盖与墙面贴合不严密，存在缝隙；尺寸大小差异导致风力涡流尺寸对

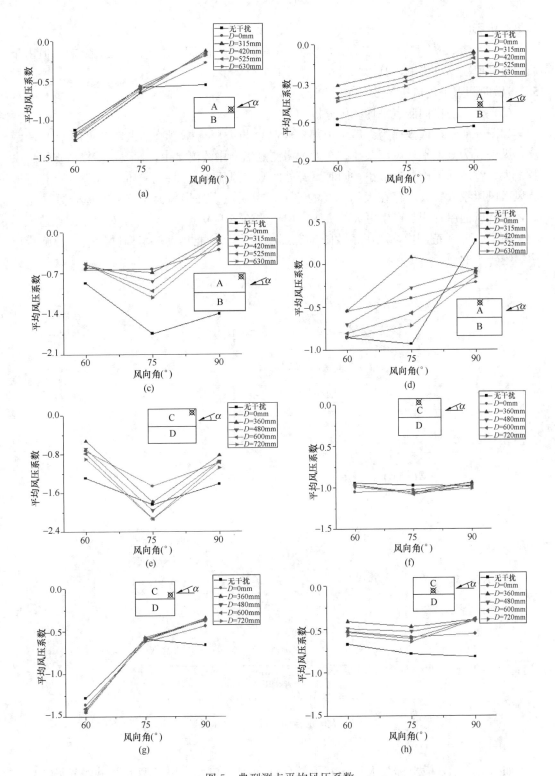

图 5 典型测点平均风压系数

(a) 小厂房测点 A1-1；(b) 小厂房测点 A1-6；(c) 小厂房测点 A3-1；(d) 小厂房测点 A3-6；

(e) 大厂房测点 C1-1；(f) 大厂房测点 C1-6；(g) 大厂房测点 C3-1；(h) 大厂房测点 C3-6

结果产生影响。

（3）参考 A3-1 和 A3-6 点，大厂房 C1-6 点同样受施扰厂房产生的涡流影响，但由于厂房尺寸以及高度影响，其影响大小小于小厂房工况。

5.2 横向测点平均风压系数分布

（1）大厂房横向测点平均风压分析

如图 6 所示，横坐标为大厂房中部横向测点与大厂房模型上部纵墙（见图 6a）的距离，纵坐标为测点平均风压系数。在大厂房测点纵向中线测量中，迎风面屋檐测点风压系数最大，背风面屋檐测点最小，同时屋脊处的测点风压也达到一个极值，屋脊测点相近但背风面风压系数较大，存在大约 0.2 的差值。说明风力经迎风面干扰后在屋脊处产生湍流，对背风面屋脊测点产生更大的负压，但该湍流影响范围较小，并未对屋檐测点造成影响。在 60°到 90°范围内，风压系数随工况影响不大，可能是大厂房高度较高，受施扰厂房影响较小的原因所致。

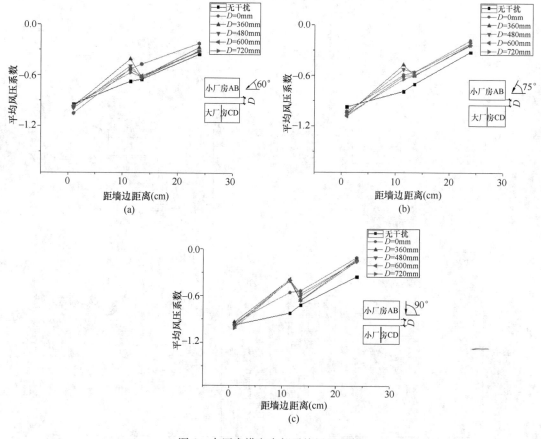

图 6　大厂房横向中部平均风压系数
(a) 60°风向角；(b) 75°风向角；(c) 90°风向角

如图 7 所示，横坐标为大厂房右侧端部横向测点与大厂房模型上部纵墙（见图 7a）的距离，纵坐标为测点平均风压系数。大厂房测点纵向侧边测量中，总体上是迎风面屋檐的测点风压最大，同时屋脊处测点风压达到较大值，尤其是当风向角较小，只有 60°时，屋脊测点风压甚至超过迎风面屋檐测点风压。当角度为60°时，测点风压系数呈近似对称分布，屋檐测点风压系数绝对值较小，屋脊测点较大。角度为90°时，侧边测点风压系数与中线测点类似，迎风面风压系数较大，背风面测压系数较小，屋脊处产生湍流对背风面屋脊测点造成影响。60°工况下，不施扰状态与施扰状态，迎风面屋檐测点风压系数变化较大，其余测点几乎无影响，印证了典型点分析提到的厂房高度对测点风压系数的影响。

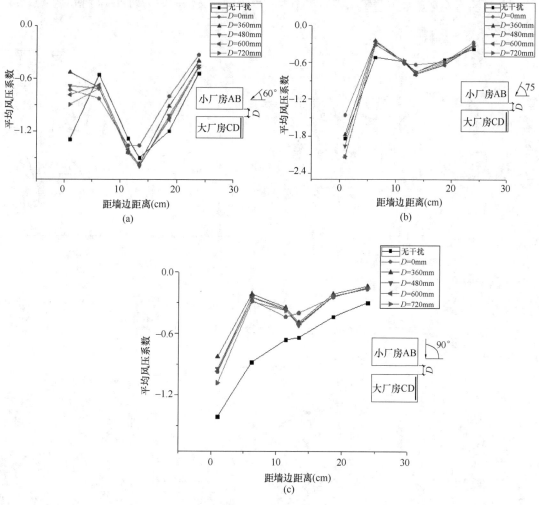

图7　大厂房横向端部平均风压系数
（a）60°风向角；（b）75°风向角；（c）90°风向角

（2）小厂房横向测点平均风压分析

如图8所示，横坐标为小厂房中部横向测点与小厂房模型上部纵墙（见图8a）的距离，纵坐标为测点平均风压系数。总体上看，屋脊和迎风面屋檐测点风压较大，由于施扰建筑较受扰建筑高，所以在屋脊处，迎风面风压要高于背风面。60°风向角时，无施扰情况下，横向中部屋脊处测点风压系数最大，其余点均较小。当有施扰建筑时，由于施扰建筑的遮挡，平均风压系数绝对值减小，随着施扰与受扰建筑间距的增大，遮挡效应减弱，当间距为跨度的3倍时，减弱效果非常小，对于屋脊处的测点基本无影响。当间距为跨度

1.5 倍，也就是 $D=315mm$ 时，遮挡效果最好。75°风向角时，横向中部屋脊处测点风压系数最大，其余点均较小。当有施扰建筑时，施扰建筑对受扰建筑起到遮挡作用，影响较60°时要大。当间距增大，施扰建筑产生的遮挡效应先增大后减小。由表中可得，当间距为跨度的 1.5 倍也就是 $D=315mm$ 时，施扰建筑的遮挡效应最大。90°时，无施扰情况下仍是屋脊处测点风压系数最大。有施扰建筑时，其遮挡效应明显，遮挡之后，横向中部各点风压无太大差别，且随间距增大影响不大，但仍可以看出间距为跨度 1.5 倍时，遮挡效果最好。

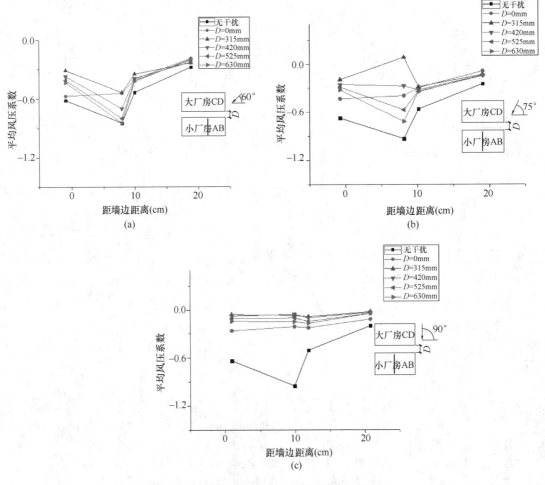

图 8　小厂房横向中部平均风压系数
(a) 60°风向角；(b) 75°风向角；(c) 90°风向角

如图 9 所示，横坐标为小厂房右侧端部横向测点与小厂房模型上部纵墙（见图 9a）的距离，纵坐标为测点平均风压系数。总体上看，迎风面屋角处的风压系数远远高于其他测点风压，只有在风向角较小时该趋势不是特别明显，有被屋脊处测点风压超过。当风向角增大，除迎风角外的各测点风压相差不大，但是屋脊处风压在其余测点中始终处于中上水平。60°风向角时，无施扰情况下，横向的迎风角和屋脊处风压系数最大，其余点均较小。当有施扰建筑时，迎风角处由于施扰建筑的遮挡，平均风压系数绝对值减小，随着施

314

扰与受扰建筑间距的增大，遮挡效应略有增加。屋脊处测点风压系数由于施扰建筑的影响，绝对值有微小增加。当有施扰建筑时，横向端部上各测点的风压系数受间距变化的影响不大。75°风向角时，仅迎风角处的测点风压系数较大，沿 y 增加风压系数均较小。当有施扰建筑时，施扰建筑对受扰建筑起到遮挡作用，但是仅对迎风角的测点影响较大，对其他点基本无影响。当间距增大，施扰建筑产生的遮挡效应减小，所以随着间距增大，迎风角的测点风压系数相应增大，但是仍小于无干扰下的风压系数。90°时，无施扰情况下横向端部风压系数随 y 增大而减少。有施扰建筑时，其遮挡效应明显，尤其是对迎风角测点。随着间距增大，遮挡效应有所减弱。

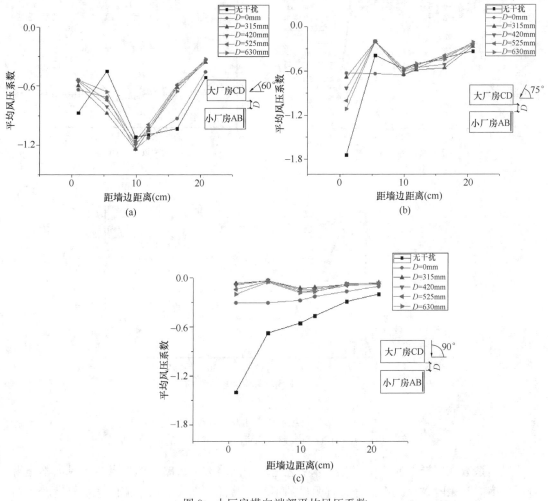

图 9　小厂房横向端部平均风压系数

（a）60°风向角；（b）75°风向角；（c）90°风向角

5.3　纵向测点平均风压系数分布

（1）大厂房纵向测点平均风压分析

如图 10 所示，横坐标为大厂房中部纵向测点与大厂房模型左部山墙（见图 10a）的距离，纵坐标为测点平均风压系数。当风向角较小时，厂房迎风山墙上的风压测点有最大值且远高于其他测点，当风向角增大，纵向风压分布趋向平均。虽然大厂房的高度要高于小厂房高度，但是在不受扰情况下的曲线总是在所有曲线的最下方，说明施扰建筑对受扰建筑的遮挡效应总是有利的，即使风压系数减小。当风向角减小时这种有利的遮挡效应逐渐减弱。当 α 减小到 60 度时遮挡效应几乎消失。而施扰建筑对受扰建筑风压系数的减小效应随着距离的改变，无论何种风向角下，都在 $D=360$mm 时有一峰值。也即风压系数在 $D/B=1.5$ 附近时最小。

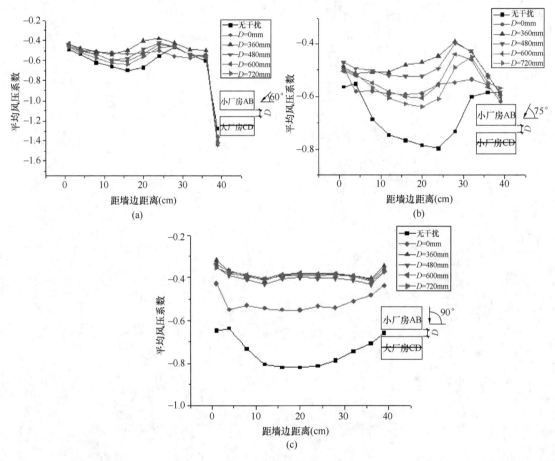

图 10　大厂房纵向中部平均风压系数
（a）60°风向角；（b）75°风向角；（c）90°风向角

　　风压系数在屋脊上的分布情况总体来说呈现中间略大两头略小的特点。当风向不是沿着厂房横向吹来时，风压系数分布有明显的不均匀特征，在靠近风来流向的一侧有较大的激增，在 α 减小到 60 度时已十分明显。

　　如图 11 所示，横坐标为大厂房上侧端部纵向测点与大厂房模型左部山墙（见图 11a）的距离，纵坐标为测点平均风压系数。同样可以看出当风向角增大，由于没有明显的迎风测点，测点风压趋向平均分布，但是在靠近山墙的角点处还是均出现了较大值。风压系数在屋盖下部的分布总体来说呈现中间略小两头略大的情况。当风向不是沿着厂房横向吹来时，风压系数分布有明显的不均匀特征，在靠近风来流向的一侧有较大的激增，但与屋脊

316

处的分布不同出现激增的部位在离端第二测点处，较屋脊处略靠内侧一些。

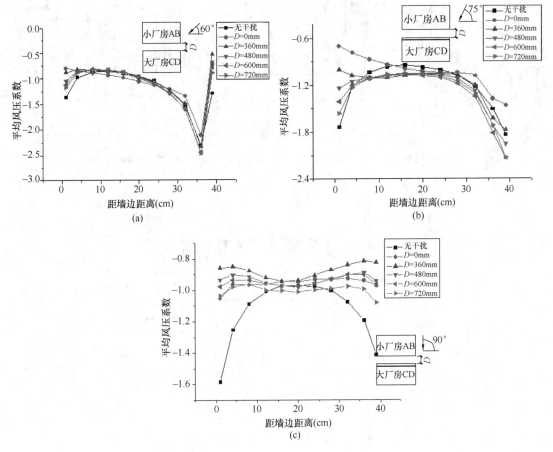

图 11 大厂房纵向端部平均风压系数

（a）60°风向角；（b）75°风向角；（c）90°风向角

施扰建筑对受扰建筑的遮挡总体来说仍使屋盖下部风压系数减小，且减小的同时还有使风压系数分布趋于均匀的趋势。但当风向角减小时这种有利的遮挡效应逐渐减弱。当 α =75°和 60°，有利的效应几乎消失而部分区段风压系数反而增加了。故施扰建筑的遮挡对屋脊附近的有利作用要强于对屋盖下部的。而在 90°风向角下，施扰建筑对受扰建筑风压系数的减小效应随着距离的改变，在 D=360mm 时有一峰值。也即风压系数在 D/B=1.5 附近时最小。

（2）小厂房纵向测点平均风压分析

如图 12 所示，横坐标为小厂房中部纵向测点与小厂房模型右部山墙（见图 12a）的距离，纵坐标为测点平均风压系数。当风向角较小时，靠近迎风山墙处的测点有最大值且远高于其他测点，当风向角逐渐增大，纵向风压分布趋向平均，并在靠近山墙的两端有最大值。60°风向角时，无施扰情况下，纵向中部测点风压系数呈现两头大，中间小的特点，其中迎风角附近的测点风压是最大的。当有施扰建筑时，除了间距为 0 时测点风压趋向于均匀分布，其他情况下测点风压分布规律与无施扰时分布规律相似。由于施扰建筑的遮

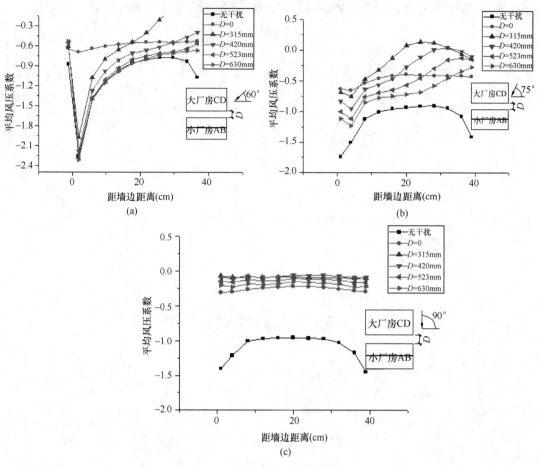

图 12　小厂房纵向中部平均风压系数

(a) 60°风向角；(b) 75°风向角；(c) 90°风向角

挡，平均风压系数绝对值有略微减小，其中间距为跨度 1.5 倍时遮挡效果最好。75°风向角时，无干扰下纵向中部测点风压系数分布与 60°时类似，但两个端点的风压系数大小差距变小。当有施扰建筑时，施扰建筑对受扰建筑起到遮挡作用，随着间距增大，遮挡效应呈先增大后减小的趋势，当间距为跨度 1.5 倍也即 $D=315\text{mm}$ 时，遮挡效应最大。90°时，无施扰情况下纵向中部测点风压系数为两边大中间小，且两个端点风压系数大小相等。有施扰建筑时，其遮挡效应明显，风压系数呈平均分布，各种工况均减少 60％以上。遮挡之后，仍可以看出间距为跨度 1.5～2 倍时，遮挡效果最好。

　　如图 13 所示，横坐标为小厂房上侧端部纵向测点与小厂房模型右部山墙（见图 13a）的距离，纵坐标为测点平均风压系数。60°风向角时，无施扰情况下，纵向端部迎风角处测点风压系数最大，其余点均较小。当有施扰建筑时，由于施扰建筑的遮挡，平均风压系数绝对值有略微减小，但是迎风角处基本不受影响。随着间距增大，遮挡效应呈现先增大后减小的趋势，在间距为跨度的 1.5 倍，即间距为 $D=315\text{mm}$ 时遮挡效应最大。75°风向角时，无干扰下纵向端部测点风压系数趋向于平均分布。当有施扰建筑时，施扰建筑对受扰建筑起到遮挡作用，对迎风角遮挡效果不明显，对其他点影响较大。随着间距增大，遮

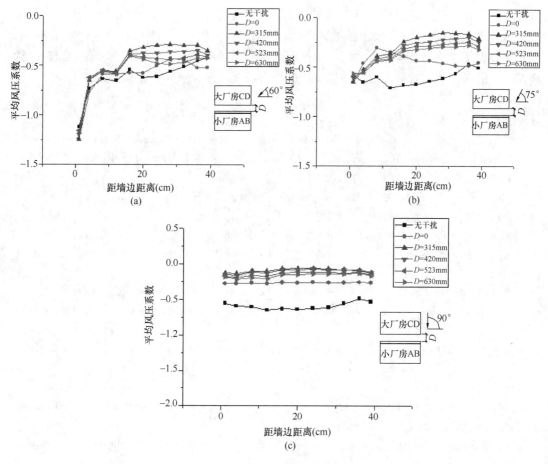

图13　小厂房纵向端部平均风压系数

(a) 60°风向角；(b) 75°风向角；(c) 90°风向角

挡效应呈先增大后减小的趋势，当间距为跨度1.5倍也即$D=315mm$时，遮挡效应最大。90°时，有无施扰情况下纵向端部测点风压系数均为均匀分布。有施扰建筑时，其遮挡效应明显，各种工况均减少50％以上。遮挡之后，仍可以看出间距为跨度1.5倍时，遮挡效果最好。

6　结论

通过无干扰单个厂房与典型干扰工况的刚性模型风洞试验，分析不同工况时的屋盖纵横向端部与中部的测点风压分布规律，对比无干扰工况与干扰工况下的屋盖表面风压分布，得到如下结论：

（1）对于一个厂房的屋盖，一般来说风压最大的地方是屋脊部分以及迎风角的角点，故厂房屋盖设计时应加强屋脊与角点的强度设计。

（2）对于施扰建筑来说，施扰建筑高度高于受扰建筑会使其遮挡效应更加明显，施扰建筑高度低于受扰建筑，有一定的遮挡效应，但效果不显著。

（3）风向角对施扰建筑造成的受扰建筑屋面测点风压系数折减影响较大，从试验中可以得知情况相同时，90°的折减效果最好，一般都能折减一半以上；而风向角在60°时，折减效果很小，有些情况几乎没有影响。

（4）施扰建筑与受扰建筑的间距对屋盖风压系数折减效果的影响存在一个临界间距，一般来说施扰建筑与受扰建筑之间的净间距为受扰建筑跨长的 1.5 倍时，施扰建筑对受扰建筑产生的风压折减效果最好，随着间距的增大或者减小，折减效果均降低。

参考文献

［1］ U. S. Department of Housing and Urban Development. Assessment of damage to single-family homes caused by Hurricanes Andrew and Iniki ［M］. Washington，DC：Economic Development Publication，1993.

［2］ Mitigation Assessment Team. Hurricane Katrina in the gulf coast ［M］. Washington DC：U. S. Department of Homeland Security，FEMA，2006.

［3］ Davenport A G，Surry D，Stathopoulos T. Wind loads on low-rise buildings：final report of phases I and II：boundary layer wind tunnel report［R］. BLWT-SS8-1977. London：University of Western Ontario，1977.

［4］ Eaton K J，Mayne J R，Cook N J. Wind loads on lowrise buildings：effects of roof geometry［C］// Fourth International Conference on Wind Effects on Buildings and Structures. London：Cambrige University Press，1997.

［5］ Ginger J D，Holmes J D. Effect of building length on wind loads on low-rise buildings with a steep roof pitch ［J］. Journal of Wind Engineering and Industrial Aerodynamics，2003，91（11）：1377-1400.

［6］ Ahmad S，Kumar K. Interference effects on wind loads on low-rise hip roof buildings ［J］. Engineering Structures，2001，23(12)：1577-1589.

［7］ Surry D，Lin J X. The effect of surroundings and roof corner geometric modifications on roof pressures on lowrise buildings ［J］. Journal of Wind Engineering and Industrial Aerodynamics，1995，58（1）：113-138.

［8］ Chang C H，Meroney R N. The effect of surroundings with different separation distances on surface pressures on low-rise buildings ［J］. Journal of Wind Engineering and Industrial Aerodynamics，2003，91(8)：1039-1050.

［9］ MBMA 2002 Metal building systems manual ［S］.

高矮建筑间风环境的风洞试验研究

戴伟顺，温作鹏，黄腾腾，林天帆，徐矜群，葛昌嘉

摘　要： 风环境是影响人居舒适度的重要因素。设计了系列风洞试验研究高矮建筑间行人高度风速的分布规律和建筑表面风压分布特性，探索了建筑间距、建筑高度等参数对楼间风环境的影响。研究表明，楼间行人高度处最大风速出现在楼间中点附近，最大风速比可达到 1.7 左右，建筑表面出现大面积负压区，楼间距和楼高比对楼间风环境影响很大，本文的研究成果对城市建筑规划和设计有一定的参考价值。

关键词： 高矮建筑；风环境；风洞试验；风压分布；人行高度风速；下洗涡流效应

中图分类号： G642.0　**文献标识码：** A

Wind Tunnel Research of Wind Environment between High-rise and Low-rise Buildings

Dai Weishun，Wen Zuopeng，Huang Tengteng，Lin Tianfan，Xu Jinqun，Ge Changjia

Abstract： Wind environment is an important factor in the impact of living comfort. A series of wind tunnel tests were designed and carried out to study the pedestrian height wind speed distribution between a high-rise and a low-rise buildings and the surface pressure distribution on the buildings. The effect of distance between buildings，building height and and other parameters were explored. It is shown that，the maximum wind speed appears near the midpoint between the two buildings，the maximum wind speed ratio can reach about 1.7，a large negative pressure area apperas on two buildings，the impact of distant between two buildings and the height ratio of buildings is great，results of this study has some reference value on urban planning and architectural design.

Keywords： High-rise and low-rise buildings；Wind environment；Wind tunnel test；the distribution of the wind pressure；Pedestrian height wind speed；Downwash vortex effect

1　前言

随着社会的发展，人们越来越关注生活和工作环境的舒适和健康，一个城市的宜居程度成为衡量城市生活品质的重要指标。在国外，风环境问题早已成为公众关注的问题，在北美许多大城市如波士顿、纽约、旧金山、多伦多等，新建建筑方案在获得相关部门批准之前，都需进行建前和建后该地区建筑风环境的评估。随着国内城市化水平的不断提高，高层建筑不断涌现，城市风环境问题也越来越突出，该问题在未来的城市规划中势必成为非常重要的关注方向。

在我国现代的普通小区中，建筑前低后高排布是一种很常见的现象。从立面设计考虑，"前低后高"的布置有利于减少房屋之间的挡风，改善通风条件[1]，但同时这种布局往往伴随着下洗涡流效应，事实上造成非常严重的风环境问题。针对前低后高的建筑布局现象，国内已经有一些数值模拟方面的研究，如郁有礼[2]研究了二维流场内前低后高建筑在不同楼间距下的流场规律，得到涡旋和压力的分布变化规律，并提出存在一个极值楼间距使得前后楼之间相互影响最大。张爱社[3]在二维流场中研究前低后高建筑分布，在控制楼间距等于上游矮楼高度条件下，改变前后楼高之比，得到建筑物周围流场分布情况。时光[4]研究了7种不同楼高和间距情况下竖向空间内风场流动特性等。实际上研究风环境问题最理想的方式还是风洞试验，White[5]阐释了通过风洞试验进行风环境测试的可行性，Tsang[6]等通过风速探头对典型的高层建筑风环境进行了研究。Stathopoulos[7]介绍了单体建筑和两个并排建筑的风环境风洞试验成果。本文将采用风洞试验对正面风作用下高矮建筑间的风环境问题进行系统定量研究，在风洞试验中通过改变矮楼高度以及高矮楼的间距，对建筑表面风压和楼间行人高度风环境进行研究，对下洗涡流效应的影响进行分析，为未来城市建筑考虑风环境问题时的规划设计提供参考。

2 试验概况

2.1 模型设计

为了使本文的研究有一定的代表性，将高楼（A楼）原型尺寸定为60m（宽）×160m（高）×18m（深），这种体量在国内非常常见，而矮楼（B楼）宽度定为120m，深度也为18m，高度共五种，分别为20m、32m、44m、56m和68m。两个建筑布置的侧面图和平面图如图1所示。试验的几何缩尺比为1：200，模型采用工程塑料制作，矮楼采

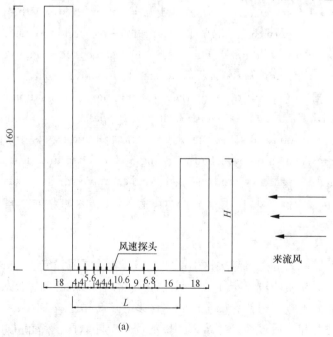

图1 建筑侧面、立面布置及风速探头布置（单位：m）（一）

（a）侧面图；

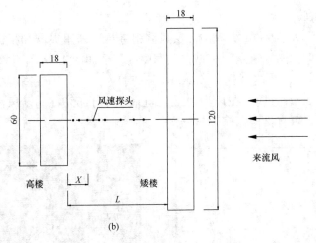

图 1　建筑侧面、立面布置及风速探头布置（单位：m）（二）

(b) 平面图

用拼装的形式，试验时将制作好的模块拼装成不同高度的模型。

2.2　测点布置

采用 Irwin 全风向风速探头测定人行高度处风速分布，探头直径为 1.0 mm，高度均为 1cm，对应原型 2m 高行人高度。探头布置在中轴线上，分别距离高楼底边 $x = 4$、8、13.6、17.6、21.6、27.6、38.2、47.2、56m 处，如图 1 所示。为了研究气流对建筑表面风压分布的影响，在两栋建筑内侧面布置了一系列测点，高楼内侧共布置 22 层，共 66 个测点，矮楼内侧按高度布置不同的测点，最高的矮楼布置 48 个测点，因模型对称性测点布置也只布置一半，测点布置如图 2 所示。

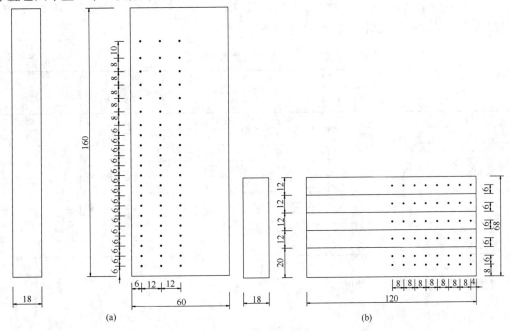

图 2　建筑风压测点布置（单位：m）

（a）高楼测点布置图；（b）矮楼测点布置图

2.3 流场模拟和试验工况

本次试验在浙江大学 ZD-1 大气边界层风洞中进行。采用尖劈和粗糙元模拟标准 B 类地貌，流场模拟结果如图 3 所示，模型在风洞中的情形如图 4 所示。试验风速参考点选在高楼顶面高度 0.8m 处，参考风速为 14.0m/s，对应于原型 10m 高度处即风洞内 0.05m 高度处的风速为 9.2m/s。模型在风洞中最大阻塞比小于 5%，满足风洞试验要求，试验所得的无量纲参数，可直接应用于建筑物实体。

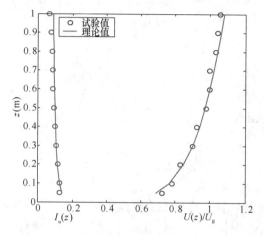

图 3　B 类地貌平均风速和湍流度分布模拟结果　　　图 4　试验模型示意图

本次试验仅研究来流垂直于建筑的情形，风向如图 1 所示，为便于分析，将各尺寸进行无量纲化，定义楼间距与矮楼高度之比为 $\lambda = L/H_B$，定义矮楼与高楼高度之比为 $\beta = H_B/H_A$，试验中改变矮楼的高度 H_B 和楼间距 L，λ 从 0.6 到 1.4 变化，β 从 0.125 到 0.425 变化，各试验工况对应的楼间距尺寸如表 1 所示。

各试验工况对应的楼间距 L（单位：m）　　　　　　　　　　表 1

β \\ λ	0.125	0.2	0.275	0.35	0.425
0.6	12.0	19.2	26.4	33.6	40.8
0.7	14.0	22.4	30.8	39.2	47.6
0.8	16.0	25.6	35.2	44.8	54.4
0.9	18.0	28.8	39.6	50.4	61.2
1.0	20.0	32.0	44.0	56.0	68.0
1.1	22.0	35.2	48.4	61.6	74.8
1.2	24.0	38.4	52.8	67.2	81.6
1.3	26.0	41.6	57.2	72.8	88.4
1.4	28.0	44.8	61.6	78.4	95.2

3　楼间人行高度风速分布规律

3.1　风速比定义

根据《建筑工程风洞试验规程》，行人高度风速可采用风速比来评估，风速比表达式为：

$$R_i = V_i / V_{ref} \tag{1}$$

式中，R_i 是第 i 个测点的风速比，V_i 为各工况各测点的平均风速，V_{ref} 是对应于原型 10m 高度处即风洞内 0.05m 高度处的风速，$V_{ref} = 9.2\text{m/s}$。

3.2 风速比分布规律分析

为探究不同距高比情况下的楼间风速分布情况，图 5 和图 6 分别为 $\beta = 0.425$ 和 $\beta = 0.2$ 时风速比与测点相对位置关系图，可以看出不同距高比 λ 情况下，最大风速比 R_{max} 出现的位置变化不大，大部分落在 $x/L = 0.5 \sim 0.6$ 之间两楼间中轴线中点附近的位置，这表明此时两楼中间位置沿道路的横向风速很大。

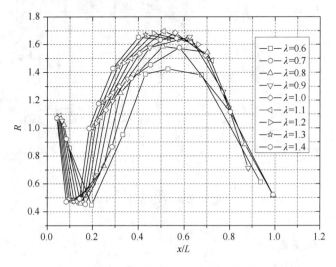

图 5　不同距高比 λ 的 R-x/L 图（$\beta = 0.425$）

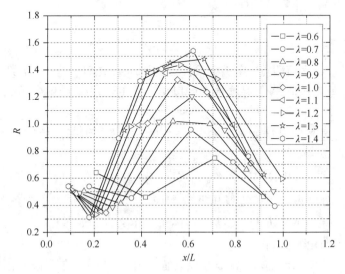

图 6　不同距高比 λ 的 R-x/L 图（$\beta = 0.2$）

最大风速比是评估风环境一个重要指标，图 7 为不同 β 情况下的 R_{max}-λ 图。从图中可知，当 β 一定即矮楼高度不变时，随着 λ 的增加，R_{max} 基本上呈上升趋势，然后进入平稳阶段，这说明在本文研究的距高比范围内，并不存在一个明显的峰值。当 λ 一定时，随着矮楼高度的增大，R_{max} 也相应增大，这表明矮楼越高，下洗涡流效应产生的气流强度越大。在本文进行的所有工况中，最大风速比达到了 1.7，远超规范中规定的 1.2 的限值，这说明这样的高矮楼组合的确产生了非常严重的风环境问题。

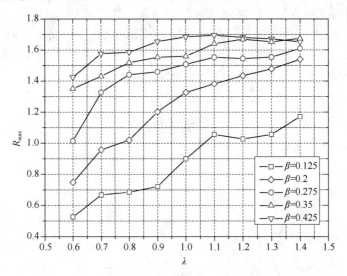

图 7   不同 β 情况下的 R_{max}-λ 图

4   两楼表面风压分布规律

4.1   风压系数定义

模型表面测点的风压系数采样值按下式计算：

$$C_{pi}^{j} = \frac{P_i^j - P_\infty}{0.5\rho V_\infty^2} \tag{2}$$

式中，C_{pi}^{j} 是模型表面测点 i 第 j 个采样点的风压系数，P_i^j 是测点 i 第 j 个采样点的压力值，P_∞ 是参考点静压值，V_∞ 是参考点的风速，这里约定压力沿表面外法向指向表面为正，反之为负。

极值风压系数是幕墙设计的重要参数，这里采用峰值因子法估算各测点的极值风压系数：

$$C_{pm} = \overline{C}_{pi} \pm g\sigma_{pi} \tag{3}$$

式中：正负号分别表示极值正风压系数和极值负风压系数；$\overline{C}_{pi}$ 为各测点平均风压系数；σ_{pi} 为脉动风压系数的标准差，g 为峰值因子，本文取为 3。

4.2   高楼迎风面风压分布规律

图 8 为 $\beta=0.275$，$\lambda=1.0$ 时高楼迎风表面风压分布图，在可以看出当矮楼存在时，高楼迎风面风压自上而下呈"正－负－正"三个区域分布，高楼中上部为正风压区，中部为负风压区，底部部分区域为正风压区，可见由于下洗涡流效应，在高楼表面产生了显著的负压区，由于风的吸力，楼上居民的衣物等可能被吸出窗外，引起楼层居民工作和生活的不便，负风压越大，负压影响区域越大，其不利影响也越显著。图 9 为 $\beta=0.35$ 时所有

工况下的高楼表面中轴线上平均风压系数曲线图，无矮楼时的结果也画出作为对比。从图上可以看出，当矮楼高度 H_B 一定，改变楼间距时，高楼表面的正风压最大值基本不变，即矮楼的影响很小。与无矮楼工况相比，矮楼的阻挡使高楼下部产生很大的负压区，当矮楼高度一定且距高比 λ 从 0.6 变化到 1.4 时，上部零风压值点高度大致保持不变，而下部的零风压等值点逐渐向上部移动，负压区高度范围相对缩小，即矮楼高度一定时，楼间距越大，受扰高楼表面负压区范围越小，负风压对高楼表面的影响越小。

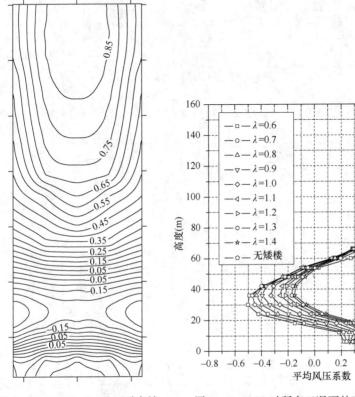

图 8 $\beta=0.275$、$\lambda=1.0$ 时高楼　　　图 9 $\beta=0.35$ 时所有工况下的高楼表面中轴线
迎风表面风压分布图　　　　　　　　　　上平均风压系数曲线图

极值风压更能体现楼表面受到的瞬间荷载，图 10 为高楼表面最大极值负风压系数随 β 和 λ 的变化，可以发现，当矮楼高度一定时，随着距高比 λ 的增大（即两楼间距的增大），高楼表面负风压区的最大值不断减小。而当 λ 一定时，矮楼高度 H_B 越大，则负风压区的最大负压极值越大。

4.3　矮楼背风面风压分布规律

矮楼背风面的风压分布也受到下洗涡流效应的影响，图 11 为 $\beta=0.425$、$\lambda=1.0$ 时矮楼背风表面风压分布图，可以看出矮楼背风面以负压为主，同样将矮楼背风表面最大极值负风压系数随 β 和 λ 的变化绘于图 12，当矮楼高度一定时，随着距高比 λ（即两楼间距）的增大，矮楼表面负风压极值呈减小的趋势，只是在矮楼很矮时存在一个最优 $\lambda=0.8$。相比图 10 矮楼背风压的负风压极值更大些，表明矮楼背风面其实更为不利。

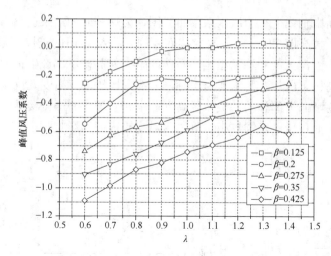

图 10　高楼表面最大极值负风压系数

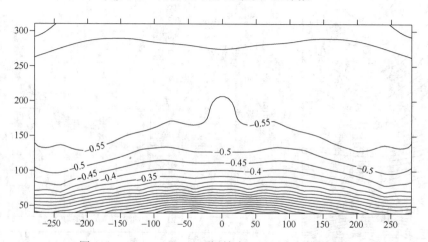

图 11　$\beta=0.425$、$\lambda=1.0$ 矮楼表面风压分布等值线图

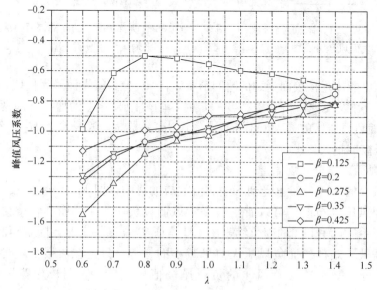

图 12　矮楼背风表面最大极值负风压系数

综上所述，增大两楼间距和降低矮楼高度都能够降低建筑表面风压的不利影响，而增大楼间距的方法相对更为有效。

5 结论

本文对针对下洗涡流效应对高矮楼在正面风作用下的风环境进行试验研究，得到以下结论：

（1）矮楼高度不变时，楼间距越大，则两楼表面负风压极值越小，而两楼间行人高度处最大风速比越大。因此在现实规划中，存在一个妥协的最优间距，避免产生楼间距过大造成楼间恶劣风环境，同时也需避免楼间距过小导致两楼表面负风压峰值过大。

（2）楼间距与矮楼高度比值不变时，矮楼越高，则两楼表面负风压的绝对值越大，且两楼间行人高度处最大风速比越大。因此在规划时矮楼高度不宜过高，需要设置高度小于某个值，避免过大的风速及过大的负风压对居民生活产生不利影响。

（3）在一定范围内，行人高度处最大风速比出现的位置在两楼中点附近区域，因此可在两楼间中心位置设置绿化设施，以减弱强风对行人的影响。

参考文献

［1］ 陈红，赵冉．自然通风在住宅建筑设计中的运用[J]．中外建筑，2008，26(3)：42-44.

［2］ 郁有礼．高层建筑物绕流风场的数值模拟研究[D]．西安建筑科技大学，2005.

［3］ 张爱社，张陵，周进雄．两个相邻建筑物周围风环境的数值模拟[J]．计算力学学报，2003，20(5)：553-558.

［4］ 时光．引入风环境设计理念的住区规划模式研究[D]．长安大学，2010.

［5］ White B R. Analysis and wind-tunnel simulation of pedestrian-level winds in San Francisco[J]. Journal of Wind Engineering and Industrial Aerodynamics，1992，44(1)：2353-2364.

［6］ Tsang C W, Kwok K C S, Hitchcock P A. Wind tunnel study of pedestrian level wind environment around tall buildings：Effects of building dimensions，separation and podium[J]. Building and Environment，2012，49：167-181.

［7］ Stathopoulos T, Wu H, Bédard C. Wind environment around buildings：a knowledge-based approach [J]. Journal of Wind Engineering and Industrial Aerodynamics，1992，44(1-3)：2377-2388.

第四篇参考文献

[1] 王元，张鸿雁，吴延奎．风工程学与大气边界层风洞[J]．西安建筑科技大学学报，1997，29(3)：110-114.

[2] 李强，丁珏，翁培奋．上海大学低湍流度低速风洞及气动设计[J]．上海大学学报(自然科学版)，2007，13(2)：203-207.

[3] 余世策，蒋建群，楼文娟，孙炳楠．大型回流边界层风洞研制[J]．实验技术与管理．2014，31(3)：51-54.

[4] 余世策，陈勇，李庆祥，黄艳．建筑风环境风洞试验中风速探头的研制与应用[J]．实验流体力学，2013，27(4)：83-87.

[5] Tsang C. W.，Kwok K. C. S.，Hitchcock P. A.，Wind tunnel study of pedestrian level wind environment around tall buildings：Effects of building dimensions，separation and podium[J]．Building and Environment. 2012，49：167-181.

[6] 余世策，沈国辉，等．小尺寸管式五孔探针研制与校准[J]．实验技术与管理．2004，31(12)：65-69.

[7] [日]风洞实验指南研究委员会．建筑风洞实验指南[M]．孙瑛，武岳，曹正罡译．北京：中国建筑工业出版社，2011.

[8] 埃米尔．希缪，罗伯特．H. 斯坎伦．风对结构的作用—风工程导论[M]．刘尚培，项海帆，谢霁明译．上海：同济大学出版社，1992.

[9] 余世策，吴钟伟，冀晓华，胡志华，蒋建群．边界层风洞多功能流场模拟装置的研制[J]．实验室研究与探索，2012，(04)：9-11.

[10] 许福友，张哲，姜峰，黄才良．高校风洞试验室本科生实验教学[J]．科技创新导报，2009，29：151-152.